Handbuch des Umweltschutzes und der Umweltschutztechnik

Springer

Berlin
Heidelberg
New York
Barcelona
Budapest
Hong Kong
London
Mailand
Paris
Santa Clara
Singapur
Tokio

Heinz Brauer (Hrsg.)

Handbuch des Umweltschutzes und der Umweltschutztechnik

Band 5:
Sanierender Umweltschutz

Mit 117, teilweise farbigen Abbildungen und 30 Tabellen

 Springer

Professor Dr. h.c. mult. Dr.-Ing. Heinz Brauer
Technische Universität Berlin
Institut für Verfahrenstechnik
Straße des 17. Juni 135
10623 Berlin

ISBN 3-540-58062-x Springer-Verlag Berlin Heidelberg New York

Die Deutsche Bibliothek – CIP-Einheitsaufnahme

Handbuch des Umweltschutzes und der Umweltschutztechnik /
Heinz Brauer (Hrsg.). – Berlin ; Heidelberg ; New York : Springer.
ISBN 3-540-58062-x
NE: Brauer, Heinz [Hrsg.]
Bd. 5. Sanierender Umweltschutz
ISBN 3-540-58062-x

Herstellung: : Christiane Messerschmidt, Rheinau
Satz: Fotosatz-Service Köhler OHG, Würzburg
Einbandgestaltung: Meta Design GmbH, Berlin
SPIN 10120836   02/3020 – 5 4 3 2 1 0 – Gedruckt auf säurefreiem Papier

Autorenverzeichnis

Dr.-Ing. Carsten Drebenstedt
Gesellschaft für Montan- und Bautechnik mbH, Knappenstraße 1, 01968 Senftenberg

Dr. Stephan Fitz
Umweltbundesamt, Bismarckplatz 1, 14193 Berlin

Dr. rer. nat. habil. Franz Glombitza
C&E Consulting und Engeneering GmbH, Fachbereich Verfahrensentwicklung/Biotechnologie, Jagdschänkenstraße 2, 09117 Chemnitz

Dr. rer. nat. Helmut Guhr
UFZ Umweltforschungszentrum Leipzig-Halle GmbH, Institut für Gewässerforschung Magdeburg, Am Biederitzer Busch 12, 39114 Magdeburg

Dr. Ing. Norbert Jentzsch
Borggrevestraße 4 d, 13403 Berlin

Prof. Dr. rer. nat. habil. Helmut Klapper
UFZ Umweltforschungszentrum Leipzig-Halle GmbH, Institut für Gewässerforschung Magdeburg, Am Biederitzer Busch 12, 39114 Magdeburg

Dr. habil. Ralph Meißner
UFZ Umweltforschungszentrum Leipzig-Halle GmbH, Institut für Gewässerforschung Magdeburg, Am Biederitzer Busch 12, 39114 Magdeburg

Dipl.-Geol. Manfred Nahold
Stadtgasse 19, A-4470 Enns

Dipl.-Ing. Horst Rauhut
LAUBAG Lausitzer Braunkohle AG, Knappenstraße 1, 01968 Senftenberg

Dr. rer. nat. Burkhard W. Scharf
UFZ Umweltforschungszentrum Leipzig-Halle GmbH, Institut für
Gewässerforschung Magdeburg, Am Biederitzer Busch 12, 39114 Magdeburg

Dr. rer. nat. habil. H.-J. Voigt
UWG Gesellschaft für Umwelt- und Wirtschaftsgeologie mbH Berlin,
Invalidenstraße 44, 10115 Berlin

Doz. Dr. sc. Jutta Zeitz
Humboldt-Universität Berlin, Institut für Grundlagen der
Pflanzenbauwissenschaften, Josef-Nawrocki-Straße 7, 12587 Berlin

Vorwort

Das letzte Jahrhundert des 2. Jahrtausends der christlichen Zeitrechnung geht zur Neige. Das 1. Jahrhundert des 3. Jahrtausends kündigt sich an. Alle Anzeichen deuten darauf hin, daß sich nicht nur die Jahrhundert- und Jahrtausendzahl ändert, sondern die Menschheit in eine neue Ära geistiger Weltorientierung eintaucht. Die Welt der abgegrenzten Regionen tritt in den Hintergrund menschlichen Tuns und Denkens. Der Mensch ist auf dem Weg, beides universal zu orientieren und zu verantworten.

In der 1. Periode der Menschheitsgeschichte begab sich der Mensch freiwillig, Schutz und Hilfe erflehend, in das System der Theozentrie. Die Götter leiteten und bestimmten des Menschen Tun und Denken. In den verschiedenen Regionen der Welt bildeten sich die großen Religionen aus. Die Theozentrie, häufig zur Theokratie ausgestaltet, etablierte sich mit fester, alle Aspekte menschlichen Daseins bestimmender Herrschaft.

Mit der Renaissance beginnend schuf sich der christliche europäische Mensch ein neues Weltbild. Die 2. Periode der Menschheitsgeschichte nahm ihren Lauf. Mutig, aber mit einem kräftigen Schuß Überheblichkeit, setzte der Mensch dem theozentrischen sein neues, sein anthropozentrisches Weltbild entgegen. Er fand in der Bibel nicht nur die Berechtigung für sein Denken und Handeln, sondern direkt den Auftrag, sich die Welt untertan zu machen, die Welt zu beherrschen. Er setzte sich auf den Weltenthron, beherrschte und gestaltete die Welt allein nach seinen Bedürfnissen mit einer ihm unbegrenzt erscheinenden Herrschermacht.

Aber als die Theozentrie überwunden wurde, erkannte der Mensch im ausgehenden Jahrhundert, daß er den Thron in der von ihm geschaffenen anthropozentrischen Welt, die zur egozentrischen entartet war, aufgeben mußte. Die Welt der Anthropozentrie hat sich in rasch steigendem Maß zur anthropophoben Welt gewandelt.

Der Mensch beginnt zu begreifen, daß er nicht Beherrscher allen Lebens dieser Erde, sondern daß er in dieser Welt Partner in der Gemeinschaft aller Lebewesen ist, und nur in dieser Form am Leben teilhaben kann. Er ist, dank seiner geistigen Kräfte, seiner Kreativität, dazu berufen, in Verantwortung für alles Leben zu handeln und zu gestalten. Das anthropozentrische wird vom physiozentrischen Weltbild überwunden.

In dieser neuen Periode der Menschheitsgeschichte wird der Mensch zum Träger des holophysischen Mandats. In der Verantwortung für alles Leben muß er die Natur mit ihrer immanenten Dynamik und somit die Welt, in die er hineingeboren ist, gestalterisch erhalten.

Nur gestaltend kann der Mensch in dieser dynamischen Welt ein Gleichgewicht allen Lebens suchen und versuchen, es zu erhalten. In diesem Sinne ist Gestaltung der Welt zugleich Schutz der Umwelt, denn diese ist die Welt des Menschen, in der er lebt und wirkt. Der Homo faber besinnt sich dabei auf seine Verpflichtungen als Homo morales.

Die auf 5 Bände angelegte Buchreihe soll hauptsächlich Ingenieuren und Naturwissenschaftlern deutlich machen, welche technischen Möglichkeiten sie bei der Gestaltung unserer dynamischen Welt, auch zu deren Schutz, zur Verfügung haben, um Fehler zu korrigieren, die der handelnde Mensch niemals ausschließen kann. Die Buchreihe ist wie folgt gegliedert:

1. Emissionen und ihre Wirkungen
2. Produktions- und Produktintegrierter Umweltschutz
3. Additiver Umweltschutz: Behandlung von Abluft und Abgasen
4. Additiver Umweltschutz: Behandlung von Abwässern
5. Sanierender Umweltschutz

Der den Emissionen in Luft, Wasser und Boden sowie deren Wirkungen gewidmete 1. Band schließt die medizinischen Probleme praktisch aus. In vorbereitenden Diskussionen stellte sich immer deutlicher heraus, daß diese Probleme weit gründlicher behandelt werden müssen, als in diesem Band mit seiner Zielsetzung möglich gewesen wäre.

Von besonders großer Bedeutung ist der 2. Band, in dem der Produktions- und Produktintegrierte Umweltschutz behandelt werden. Der Produktionsintegrierte Umweltschutz zielt darauf hin, nur die Stoffe nach Quantität und Qualität in den Produktionsprozeß einzuleiten, die für das gewünschte Zielprodukt direkt erforderlich sind. Jedes Zuviel an eingeleiteten Stoffen muß im Prozeßablauf zwangsläufig, in unveränderter sowie durch unerwünschte oder unkontrollierbare Begleitprozesse während der Stoff- und Energieumwandlungen, zur Produktion von Schadstoffen führen. Diese werden am Ende des Prozesses teilweise emittiert oder erfordern zusätzliche Auf- und Verarbeitungsprozesse. Aber auch dann, wenn dem Prozeß nur die für das Zielprodukt erforderlichen Rohstoffe zugeführt werden, können durch Unvollkommenheiten einer chemischen und einer physikalischen Stoffumwandlung unerwünschte Neben- oder Begleitprodukte, somit auch Schadstoffe, produziert werden.

Das Ziel des Produktionsintegrierten Umweltschutzes ist die größtmögliche Vermeidung einer Einleitung und Produktion von Schadstoffen. Die damit verbundenen Probleme sind in starkem Maße von den sehr unterschiedlichen Produktionsprozessen abhängig. Es war daher auch nicht zu umgehen, daß diesem Band eine gewisse Heterogenität eigen ist. Mit fortschreitender wissenschaftlicher Durchdringung der Produktionsprozesse wird diese Heterogenität jedoch überwunden werden. Gleichzeitig wird aber auch, durch Einschluß der Produkte in alle Überlegungen, der Weg zur Kreislaufwirtschaft beschritten.

Der 3. und der 4. Band beinhalten den additiven Umweltschutz, die Reinhaltung von Luft und Wasser. Bei allen Erfolgen, die der Produktionsintegrierte Umweltschutz erreicht hat und weiter anstrebt, werden wir niemals ohne additive Maßnahmen auskommen. Jedoch werden die herkömmlichen Verfahren zu einer Spurstofftechnologie weiterentwickelt werden müssen.

Der 5. und letzte Band ist dem sanierenden Umweltschutz gewidmet. Auch dieses Gebiet ist noch stark in der Entwicklung begriffen. Seine gegenwärtige Bedeutung ist jedoch außerordentlich groß und könnte sogar noch zunehmen.

In der vorliegenden Form legt die Buchreihe nicht nur Zeugnis dafür ab, welche Schäden der Mensch durch seine Tätigkeit der Umwelt zugefügt hat, sondern, und dieses ist für alle im Umweltschutz tätigen und verantwortlichen Ingenieure und Chemiker mindestens ebenso wichtig, daß er die erkannten Schäden wieder beseitigen und durch vorausschauende Planung zukünftig vermeiden kann. Er darf aus dieser Buchreihe die Hoffnung schöpfen, neu aufkommende Probleme erfolgreich bearbeiten zu können. Er darf auf seine Fähigkeiten und Kreativität als Triebkräfte für die Gestaltung unserer Zeit vertrauen.

Für jeden Band haben sich zur Bearbeitung der Probleme zahlreiche technisch und wissenschaftlich hervorragend ausgewiesene Fachkollegen zur Verfügung gestellt. Ihnen allen ist der Herausgeber zu großem Dank verpflichtet. Es ist ihr Verdienst, wenn die Buchreihe „Umweltschutz" den angestrebten Erfolg erzielt. Die Buchreihe hätte aber auch nicht realisiert werden können ohne das große Engagement des Springer-Verlages.

Frau Dr. Hertel hat mit großem Einsatz, mit viel Verständnis und Geduld die Arbeit an diesem Projekt gefördert. Ihr gebührt ganz besonderer Dank.

Die Buchreihe ist all den Menschen gewidmet, die sich gestaltend dem Schutz der Umwelt verpflichtet sehen. Die Kritik der Gestalter und Schützer unserer Umwelt, einer Welt, in der wir in voller Verantwortung für alles Leben zu handeln verpflichtet sind, ist willkommen.

Naturam protegere necesse est

H. Brauer   Berlin 1996

Vorwort zu Band 5:
Sanierender Umweltschutz

Der sanierende Umweltschutz befaßt sich mit der Beseitigung von Mängeln und Schäden, die in der Vergangenheit durch Emissionen in der Umwelt angerichtet und erst heute als solche erkannt werden. Seit langem bekannt ist die Sanierung von Gebäuden, ohne daß man jedoch die Ursachen der festgestellten Schäden gründlich untersuchte.

Erst in neuerer Zeit hat man begonnen, die Wirkung von Emissionen aus anthropogenen und natürlichen Quellen auf die Kompartimente unserer Umwelt, nämlich Luft – Wasser – Boden, sowie auf Bauwerke sorgfältig zu analysieren. Die Sanierung des Kölner Doms war in diesem Zusammenhang ein Meilenstein für die Sanierungstechnik, die bei Bauwerken angewendet werden kann. Dieses Beispiel zeigt aber auch, daß die Sanierung von Bauwerken als lokales Problem angesehen wird.

Grundsätzlich ist das Sanierungsproblem niemals lokal begrenzt. Es ist seit längerem bekannt, daß Emissionen in Luft und Wasser Auswirkungen von globaler Bedeutung haben. Das gleiche darf man, mit Einschränkungen, auch für Emissionen in den Boden annehmen, obwohl unsere Kenntnisse über die Ausbreitung von Schadstoffen und den dabei gleichzeitig auftretenden Stoffwandlungen noch sehr unvollkommen sind. Bodensanierung wird heute noch weitgehend als Problem von lokaler Begrenzung gesehen. Dagegen ist die Schädigung der Lufthülle der Erde eindeutig ein Problem von globaler Bedeutung. Eine Zwischenstellung nimmt die Sanierung von Gewässern ein. Die Sanierung von Teichen, Seen, Flüssen und Meeresbuchten muß lokal erfolgen. Die in Flüsse und Meeresbuchten eingeleitete Schmutzfracht kann jedoch durch Weitertransport in die Ozeane zum globalen Sanierungsproblem führen.

Der 5. Band der Buchreihe zum Umweltschutz vermittelt einen Eindruck vom heutigen Stand der Sanierungstechnik. Es wird dabei gleichzeitig deutlich, daß noch sehr viel Arbeit in Forschung und Entwicklung geleistet werden muß, um Sanierungsprobleme von globalem Ausmaß lösen zu können.

H. Brauer   Berlin 1997

Inhaltsverzeichnis zu Band 5:
Sanierender Umweltschutz

Inhaltsverzeichnis der Bände 1, 2, 3 und 4

Band 3

Band 4

1 Sanierung von kontaminierten Böden

N. Jentzsch

1.1 Einleitung

Der Boden ist der oberste Bereich der festen Erdrinde und bildet zusammen mit der Atmosphäre, Lithosphäre, Hydrosphäre und Biosphäre die Kompartimente des terrestrischen Ökosystems. Als Teil dieses Systems ist er „Lebensgrundlage" und nicht beliebig zur Verfügung stehender „Lebensraum" für Menschen, Tiere und Pflanzen.

Der Boden ist durch die Versiegelung seiner Oberfläche und den Eintrag von (Schad-)Stoffen in der Vergangenheit ständigen Veränderungen unterworfen worden. Diese Veränderungen haben nicht nur seine Funktionen stark eingeschränkt oder teilweise zerstört. Durch die bestehenden Wechselwirkungen mit der Umwelt können sich die in den Boden eingetragenen Schadstoffe ausbreiten und Schädigungen bei Mensch und Umwelt hervorrufen.

Nachdem der Boden lange als schützenswertes Gut vernachlässigt worden ist, soll er nun vor einer weiteren Verunreinigung durch ein direktes Gesetz geschützt werden. In dem vorliegenden Gesetzentwurf sind Maßnahmen hinsichtlich

- der Flächeninanspruchnahme,
- der andauernden (Schad-)Stoffeinträge in Böden und physikalische Belastungen sowie
- der Sanierung bereits vorhandener Bodenbelastungen

vorgesehen. Die beiden ersten Aufgaben, also der quantitative und qualitative Bodenschutz, haben die Erhaltung der Böden und ihrer Funktionen zum Ziel, während es sich bei der Sanierung um die „Reparatur" bereits vorhandener Schädigungen mit dem Ziel der Gefahrenabwehr und -beseitigung handelt [1].

Bodenkontaminationen können durch die industrielle und öffentliche Nutzung, durch einen großflächigen Eintrag von Düngemitteln und Pestiziden, durch die Randstreifenbelastungen von Verkehrswegen, durch die Verrieselung von Abwässern, durch Sedimentablagerungen bei Überschwemmungen, durch Staubemissionen oder durch Leckagen oder Havarien verursacht werden oder worden sein. Insbesondere sind sie jedoch eng mit dem Vorhandensein von „Altlasten" oder „Altlastenverdachtsflächen" verbunden.

Bei Altlasten oder -verdachtsflächen handelt es sich um punktförmige oder kleinflächige Belastungen mit einer abgeschlossenen Entstehung. Demzufolge gelten als „altlastenverdächtig" prinzipiell alle gewerblichen und öffentlichen Grundstücke, auf denen in der Vergangenheit umweltgefährdende Stoffe, die jedoch nicht dem Atomgesetz unterliegen, gelagert, produziert oder verarbeitet worden sind.

Im Fall von Altlasten oder -verdachtsflächen wird zwischen Altablagerungen und Altstandorten unterschieden.

- Bei den **Altablagerungen** handelt es sich vornehmlich um stillgelegte Anlagen zum Ablagern von Abfällen, stillgelegte Aufhaldungen und Verfüllungen mit Bauschutt oder Produktionsrückständen, oder um „wilde" Ablagerungen jeglicher Art.
- **Altstandorte** sind gewerblich oder öffentlich genutzte Flächen oder Grundstücke stillgelegter Anlagen, auf denen umweltgefährdende Stoffe produziert oder verarbeitet worden sind.

Einen speziellen Bereich stellen die „militärischen" Altlasten dar. Hier kann eine Differenzierung in Altstandorte mit Kontaminationen militärspezifischer Art (z.B. chem. Kampfstoffe, Sprengstoffe, Zündmittel, Rauch- und Nebelstoffe, Brandmittel, militärchemische Entgiftungsmittel, Totalherbizide) und Altstandorte mit Kontaminationen, die auch im „zivilen" Bereich auftreten (z.B. Tanklager, Reparaturwerkstätten), vorgenommen werden [2].

Bei ungesicherten Altablagerungen haben die in den Bodenkörper eingedrungenen Sickeröle meist bereits eine weitgehende Zerstörung der Bodenfunktion bewirkt. Diese Altlasten stellen daher primär eine Grundwassergefährdung dar, wobei fallweise auch Oberflächengewässer beeinträchtigt werden können. Bei den Altstandorten liegen kontaminierte Böden vor, deren Regelfunktionen je nach Bindungsvermögen und Anreicherungsgrad der Schadstoffe eingeschränkt sind. Darüber hinaus gibt es auch Altstandorte, bei denen Grundwasserbeeinträchtigungen oder -gefährdungen vorliegen oder sogar im Vordergrund stehen.

In der Bundesrepublik Deutschland sind bisher ca. 145 000 Flächen als „altlastenverdächtig" registriert worden [3]. Kostenschätzungen gehen von einem finanziellen Aufwand von über 100 Milliarden DM für erforderliche Sanierungsmaßnahmen aus. Angesichts dieser Dimension und der nur begrenzten finanziellen Mittel hat die Altlastenproblematik somit eine enorme Bedeutung [4].

Das von Altlasten, -verdachtsflächen oder Bodenkontaminationen ausgehende Gefährdungspotential liegt darin begründet, daß sich die eingetragenen Schadstoffe weiter ausbreiten können. Die Schadstoffe können durch Ausgasen oder Staubemissionen in die Atmosphäre oder durch Auswaschen in das Grundwasser oder in Oberflächengewässer freigesetzt sowie durch Pflanzenaufnahme in die menschliche Nahrungskette eingeschleust werden. Die gesundheitliche Gefährdung des Menschen besteht in der *inhalativen:* Einatmen von leichtflüchtigen Schadstoffen oder lungengängigen, schadstoffhaltigen Stäuben,

oralen: Verzehr von belasteten Nutzpflanzen bzw. tierischen Produkten, Trinken von belastetem Grundwasser aus unkontrollierten Brunnen und

dermalen: Ablagerung von belasteten Stäuben auf der Haut; spielt meistens eine untergeordnete Rolle.

Aufnahme der Schadstoffe [5]. Bei Kleinkindern muß zusätzlich die Möglichkeit einer direkten, oralen Aufnahme von kontaminierten Böden berücksichtigt werden.

Für die Abschätzung und Bewertung des vorliegenden Gefährdungspotentials werden schadstoff-, standort- und nutzungsbezogene Parameter herangezogen. Hierzu gehören die Art und Menge der Schadstoffe, ihr toxisches Potential, ihre räumliche Verteilung im Boden, die Möglichkeiten für eine Ausbreitung in die Umwelt oder für die Aufnahme durch Pflanzen sowie die Berücksichtigung der früheren und der derzeitigen Nutzung.

Für die Beurteilung des Gefährdungspotentials wird gegenwärtig auf Wertelisten zurückgegriffen, die bundeslandspezifisch sind. In den Listen sind verschiedene Kategorien von Bodenwerten angegeben, denen Begriffe, wie „Referenzwert" für die natürliche Bodenbelastung, „Prüfwert" für eine weitergehende Untersuchung und „Maßnahmenwert" oder „Eingreifwert" für das Einleiten von Sanierungsmaßnahmen zugeordnet werden können [6]. Bei den Zahlenangaben handelt es sich um nutzungs- und schutzgutbezogene Schadstoffkonzentrationen, denen teilweise toxikologische Ableitungskriterien und -modelle zugrundegelegt worden sind.

Beim Überschreiten des Maßnahme- oder Eingreifwertes besteht grundsätzlich ein Handlungsbedarf. In Detailuntersuchungen werden die geologischen und hydrogeologischen Verhältnisse im Bodenkörper, die Art, Menge, Verteilung und Ausbreitung der Schadstoffe, die betroffenen Schutzgüter, planungsrechtliche Vorgaben (z. B. Naturschutz) sowie die aktuelle und die vorgesehene Nutzung ermittelt. Die Festlegung des Sanierungszieles beruht auf einer Abwägung zwischen der Angemessenheit des Aufwandes und der erreichten Verbesserung der Umweltbilanz. Als Orientierungsrahmen werden Konzentrationswerte verwendet, wie „Referenzwert" oder „Einbauwert" als grundsätzliche Anforderung, um den ursprünglichen Zustand wiederherzustellen, oder „Prüfwert" als allgemeine Mindestanforderung, um eine weitere Gefahr für Schutzgüter auszuschließen. Können diese Werte mit einem angemessenen Aufwand nicht erreicht werden, dann kann das Sanierungsziel auch als eine auf den einzelfallbezogene Mindestanforderung festgelegt werden.

Auf diesen Grundlagen erfolgt die Auswahl des Sanierungsverfahrens, wobei zeitliche Vorgaben, der finanzielle Aufwand, standortbezogene Fragestellungen (z. B. Bebauungen, u. a.), die Verfügbarkeit und die erreichbaren Sanierungsziele in die Betrachtungen einbezogen werden. Die zur Auswahl stehenden Sanierungsverfahren können eingeteilt werden in

– Sicherungsverfahren und
– Dekontaminationsverfahren.

Bei den Sicherungsverfahren werden die Schadstoffe nicht beseitigt, sondern ihre Emission in die Umwelt durch Umlagerung, passive hydraulische Maßnahmen, Einkapselung oder Immobilisierung verhindert bzw. eingeschränkt. Die eigentliche Schadstoffproblematik wird somit „temporär" verschoben. Da konkrete Aussagen über die Dauerhaftigkeit einer Sicherungsmaßnahme noch nicht vorliegen, wird diesen Verfahren teilweise die Bedeutung einer Sofort-, einer Schutz- oder einer Beschränkungsmaßnahme zugeordnet.

Die Dekontaminationsverfahren, die früher als Sanierungsverfahren bezeichnet worden sind, zielen auf die Entfernung der Schadstoffe. Sie können in Ex-Situ- und In-Situ-Maßnahmen unterschieden werden.

Bei den Ex-Situ-Verfahren wird das kontaminierte Bodenmaterial ausgekoffert, zu der On-Site- oder einer Off-Site-Anlage transportiert und gereinigt. Für die Ex-Situ-Reinigung sind thermische, physikalisch-chemische und mikrobiologische Verfahrenstechniken entwickelt worden. Im allgemeinen werden mit diesen Verfahren die durch die Sanierungszielwerte vorgeschriebenen Restkonzentrationen für den Schadstoff erreicht. Das gereinigte Bodenmaterial kann vor Ort wieder eingebaut werden oder einer anderen Verwendung zugeführt werden.

Bei den In-Situ-Verfahren erfolgt die Schadstoffentfernung ohne den Aushub des kontaminierten Bodens. Diese Verfahren sind dadurch in ihrer Wirkung und Anwendbarkeit von den geologischen und hydrogeologischen Bodenverhältnissen abhängig. Zu den In-Situ-Reinigungsverfahren gehören u. a. die Bodenluftabsaugung, aktive hydraulische Maßnahmen und mikrobiologische Verfahren.

Das Verfahrensspektrum für die Altlastensanierung reicht somit von einer Umlagerung des unbehandelten, kontaminierten Abfall/Bodenmaterials bis hin zur aufwendigen thermischen Reinigung kontaminierter Bodenmaterialien in einer Off-Site-Anlage. Welches Verfahren zur Anwendung kommt, hängt vom jeweiligen Einzelfall ab.

Unabhängig vom Verfahren ist eine Überwachung der Maßnahme und eine Kontrolle in der Nachsorgephase erforderlich. Bei den Sicherungsverfahren gilt das Interesse der Wirksamkeit der Sicherungselemente, wie u. a. der Güte der Abdichtungen, dem Langzeitverhalten der Immobilisate oder dem Migrationsverhalten der Schadstoffe; bei den Dekontaminationsverfahren der Mobilität und Mobilisierbarkeit der restlichen Schadstoffe, der Einhaltung der Sanierungszielwerte, der bodenkundlichen Kennwerte der gereinigten Materialien und im Fall von In-Situ-Maßnahmen den Inhomogenitäten, den erreichten Schadstoffendkonzentrationen, etc.

Die hier angedeuteten Zusammenhänge sollen in den folgenden Abschnitten näher erläutert werden. Aufbauend auf den bodenkundlichen und schadstoffspezifischen Grundlagen sowie den rechtlichen Vorschriften gilt das Hauptaugenmerk den technischen Möglichkeiten für die Sicherung oder Dekontamination verunreinigter Böden. Zusätzlich sollen die logistische Vorgehensweise und die Schwierigkeiten bei der Erfassung und Bewertung von Altlastverdachtsflächen sowie die Kriterien, die für die Festlegung des Sanierungszieles und für die Auswahl des Sanierungsverfahrens von Bedeutung sind, aufgezeigt werden. Der Bereich der militärischen Altstandorte, auf denen

Kampf- oder Sprengstoffe produziert, gelagert oder verarbeitet worden sind, soll aufgrund der Besonderheiten der vorliegenden Schadstoffe nicht Gegenstand weitergehender Betrachtungen sein.

1.2
Grundlagen

Der Boden ist trotz seiner wichtigen Funktion als „Lebensgrundlage" und nur begrenzt zur Verfügung stehender „Lebensraum" im Gegensatz zum Wasser und zur Luft bisher nur indirekt durch verschiedene Gesetze geschützt worden. Durch die Versiegelung seiner Oberfläche und den Eintrag von (Schad-)Stoffen wird er Veränderungen unterworfen, die nicht nur seine den Wasser- und Stoffhaushalt regelnden Funktionen nachhaltig beeinträchtigen, sondern zerstört haben. Dies hat bereits dazu geführt, daß Nutzungseinschränkungen für „belastete" Böden ausgesprochen werden mußten.

Böden bilden für die verschiedenen Ausbreitungspfade von Stoffströmen eine natürliche Barriere, so daß durch eine fortgesetzte anthropogene Belastung sich umweltgefährdende Stoffe in einer beachtlichen Konzentration anreichern können. Durch Veränderungen in den chemischen oder biologischen Milieubedingungen können reversibel gebundene Schadstoffe wieder remobilisiert werden und sich in den Umweltmedien ausbreiten. Kontaminierte Böden stellen somit grundsätzlich eine Gefahrenquelle für Schutzgüter dar.

Eine besondere Bedeutung haben in diesem Zusammenhang Bodenkontaminationen, die mit Altablagerungen oder Altstandorten verbunden sind. Von diesen abgrenzbaren Flächen geht bereits eine erwiesene bzw. begründete Gefahr für die menschliche Gesundheit und/oder das Grundwasser aus. Bodenkontaminationen werden aber auch durch den großflächigen Eintrag von Düngemitteln und Pestiziden, durch Randstreifenbelastungen bei Verkehrswegen, durch die Verrieselung von Abwässern, durch Sedimentablagerungen bei Überschwemmungen sowie durch Schadstoffeintrag über Staubemissionen, Leckagen oder Havarien durch Fahrzeuge und toxische Produktionsanlagen hervorgerufen.

Die von kontaminierten Böden ausgehende Gefahr beruht somit darauf, daß durch die mögliche bzw. schon eingetretene Freisetzung von Schadstoffen die menschliche Gesundheit und/oder das Grundwasser geschädigt werden. Die Freisetzung der Schadstoffe kann prinzipiell durch das Ausgasen leichtflüchtiger Verbindungen oder durch Staubemissionen in die Atmosphäre, durch Auswaschung in das Grundwasser oder in Oberflächengewässer oder durch Pflanzenaufnahme und Einschleusung in die menschliche Nahrungskette erfolgen.

Die Notwendigkeit zur Sanierung eines kontaminierten Bodens ergibt sich unmittelbar aus der Abwehr oder Beseitigung dieser Gefahren. Im Sinne des geplanten, umfassenden Bodenschutzes kann die Sanierung zusätzlich die Bedeutung einer „Reparaturmaßnahme" erhalten, um schadstoffbelastete Flächen mit einer eingeschränkten Nutzung einer möglichst uneingeschränkten Wiedernutzung zuzuführen.

Die Verteilung und Ausbreitung der Schadstoffe im Untergrund, aber auch die Eignung eines Sanierungsverfahrens werden wesentlich von den Boden- und Schadstoffeigenschaften bestimmt:

- Beispielsweise besitzen humusarme, grobkörnige Böden nur eine geringe Speicherkapazität und eine hohe Durchlässigkeit, so daß sich Mineralölkohlenwasserstoffe relativ schnell bis in das Grundwasser ausbreiten können. Demgegenüber verfügen bindige und humusreiche Böden über ein hohes Speichervermögen und weisen zusätzlich nur eine geringe Durchlässigkeit auf, so daß die Gefahr einer Ausbreitung von Mineralölkohlenwasserstoffen bis in das Grundwasser abnimmt, aber langfristig bestehen bleibt.
- Beispielsweise sind für die Sanierung In-Situ-Dekontaminationsverfahren bei gering durchlässigen Böden oder Bodenwaschverfahren bei höheren Anteilen an bindigen und/oder organischen Bestandteilen nur bedingt geeignet. Die Bodenluftabsaugung scheidet bei Schadstoffen mit einem niedrigen Dampfdruck aus. Mikrobiologische Verfahren sind für nicht abbaubare Schadstoffe ungeeignet.

Als Maß für die Bewertung des von kontaminierten Böden ausgehenden Gefährdungspotentials und für die Festlegung des Sanierungszieles sind schutzgut- und nutzungsbezogene Richtwerte aufgestellt worden, denen teilweise toxikologische Ableitungskriterien und -modelle zugrunde gelegt worden sind.

1.2.1
Bodenkundliche Grundlagen

Im sanierungstechnischen Sinne werden unter dem Begriff „kontaminierter Boden" verunreinigte, unverfestigte Sedimente verstanden, die aus Lockgesteinen, organischen Bestandteilen und Bioorganismen bestehen. Die Sedimente weisen eine vertikal geschichtete Struktur mit einer großen horizontalen Ausdehnung und einer unterschiedlichen Zusammensetzung auf. Die verbleibenden Hohlräume sind in wechselnden Anteilen mit Bodenwasser und Bodenluft gefüllt.

Neben den natürlichen Böden werden insbesondere auf Industriearealen häufig auch Auffüllungen angetroffen. Bei den Auffüllmaterialien handelt es sich um umgelagerte natürliche Lockergesteine, wie Flußsedimente, Steinbruchmaterial oder Lehm sowie um anthropogene Abfallstoffe, wie Schlacken, Aschen, Bauschutt, Müll, Industrie- und Hafenschlämme.

Kontaminierte Böden sind somit ein komplexes Mehrphasensystem, in dem die Schadstoffe je nach ihren stofflichen Eigenschaften dispers verteilt, reversibel an den Oberflächen der Partikeln angelagert oder in den Transportmedien Bodenwasser und Bodenluft enthalten sind. Die Ausbreitung und Verteilung der Schadstoffe im Untergrund, aber auch die Eignung von In-Situ-Dekontaminationsverfahren hängen maßgeblich von der Durchlässigkeit und dem Schadstoffbindungsvermögen der Böden sowie den Milieubedingungen ab. Außerdem können durch mikrobiellen Angriff und chemische Reaktionen organische Schadstoffe abgebaut und Schwermetalle in unlösliche Verbindungen umgewandelt werden.

1.2.1.1
Bodenart und Bodengefüge

Je nach Bodenart und Bodengefüge bilden sich unterschiedliche Bodenporen aus, durch deren Größe, Durchmesserverteilung, Gestalt und Kontinuität die Durchlässigkeit des Untergrundes beeinflußt wird. Die Bodenporen werden hierbei in körnungsbedingte Primärporen und gefügebedingte Sekundärporen unterteilt.

Das Schadstoffbindungsvermögen hängt von der mineralogischen Zusammensetzung und dem Gehalt an organischen Substanzen ab. Insbesondere humose Bestandteile, Tonminerale, gefällte Eisen(hydr)oxide und Manganoxide sind in der Lage, je nach pH-Wert, Redoxpotential und Temperatur Schadstoffe reversibel an ihren Oberflächen zu sorbieren.

Die Bodenarten werden nach ihrer Partikelgröße und -Partikeldurchmesserverteilung, den plastischen Eigenschaften und dem Gehalt an organischen Substanzen eingeteilt.

Die alleinige Klassifikation der Bodenart nach der Partikelgröße erfolgt nach DIN 4022, Teil 1. Hiernach werden mineralische Partikeln nach ihrem Durchmesser in Steine, Kies, Sand, Schluff und Ton eingeteilt (Tabelle 1.1). Die Bezeichnung „Ton" muß in diesem Falle keine Mineralbezeichnung darstellen.

Sandige und schluffige Böden bestehen überwiegend aus Quarz, Glimmer, primären Silicaten, sekundären Oxiden und Hydroxiden. In der Tonfraktion sind neben den Tonmineralen Quarz sowie in geringen Anteilen Glimmer, primäre Silicate und sekundäre Oxide und Hydroxide enthalten. Außerdem können in den Böden unterschiedliche Carbonatanteile vorliegen.

Tabelle 1.1. Einteilung der Lockergesteine nach ihrer Partikelgröße gemäß DIN 4022, Teil 1

Partikeldurchmesser in mm	Benennung	Symbol
> 63	Steine	X
63 bis 20	Kies grob	gG
20 bis 6,3	Kies mittel	mG
6,3 bis 2	Kies fein	fG
2 bis 0,6	Sand grob	gS
0,6 bis 0,2	Sand mittel	mS
0,2 bis 0,06	Sand fein	fS
0,06 bis 0,02	Schluff grob	gU
0,02 bis 0,006	Schluff mittel	mU
0,006 bis 0,002	Schluff fein	fU
< 0,002	Ton	T

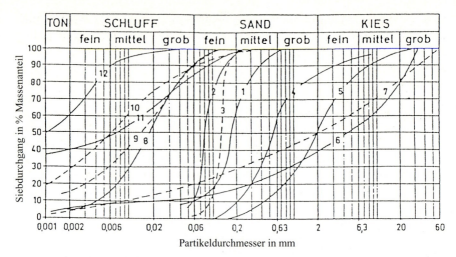

Abb. 1.1. Typische Partikeldurchmesserverteilungen ausgewählter Lockergesteine nach [7]. *1* Fein-/Mittelsand; *2* Feinsand (Tertiär); *3* Flugsand (Holozän); *4* (Flußsand, naß gebaggert; *5* Kiessand; *6* (Hochterrassenkiese (Pleistozän); *7* Verwitterungslehm, steinig-sandig (ähnlich auch Geschiebelehm); *8* Löß; *9* Lößlehm; *10* Lehm, tonig (Schluff, stark tonig, leicht feinsandig); *11* Ton, stark schluffig (Tertiär); *12* Ton, schluffig (Tertiär)

Die Lockersedimente setzen sich prinzipiell aus unterschiedlichen Massenanteilen dieser Partikeln zusammen. Die Massenanteile werden nach der DIN 18123 bei Partikeln > 0,06 mm durch Sieb- und für Partikeln < 0,06 mm durch Sedimentationsanalyse ermittelt. Typische Partikeldurchmesserverteilungen für Lockersedimente sind in Abb. 1.1 dargestellt.

Die Bodenarten können nach ihren Partikeldurchmesserverteilungen in grob-, gemischt- und feinkörnige Böden unterschieden werden. Zusätzlich enthalten die Böden unterschiedliche Anteile an organischen Substanzen.

Grobkörnige Böden haben eine hohe Lagerungsdichte und eine geringe Porosität. Durch die überwiegend groben Bodenporen weisen sie eine gute Durchlässigkeit und ein geringes Wasserrückhaltevermögen auf. Demgegenüber haben Böden mit hohen Tonanteilen eine geringe Lagerungsdichte und eine hohe Porosität. Sie sind durch enge Bodenporen gekennzeichnet, so daß sie nur eine geringe Durchlässigkeit und durch die Saugspannung ein hohes Wasserrückhaltevermögen besitzen. Die gemischtkörnigen Böden nehmen im allgemeinen eine Mittelstellung ein. Im Extremfall der vollständigen Ausfüllung der Poren zwischen den gröberen Partikeln durch Feinkorn werden die Bodenporengröße und somit die Durchlässigkeit deutlich verringert. Mit steigenden Anteilen an organischen Substanzen werden grundsätzlich die Durchlässigkeit vermindert und das Wasserrückhaltevermögen erhöht.

Das Makrogefüge wird je nach Grad des Zusammenhalts der Bodenpartikeln und nach Art der Verklebung und Verkittung bzw. Absonderung in Einzelkorn-, Kohärent-, Aggregat- und Segregatgefüge eingeteilt. Für die Ausbildung des Gefüges sind die Bindungskräfte zwischen den Bodenpartikeln und die Kräfte, die zu einer Abtrennung führen, bestimmend. Zu den Bindungskräften gehören u. a. die elektrostatischen Anziehungskräfte zwischen geladenen Oberflächen (Tonminerale, org. Substanz), die durch den Ionenbelag hervorgerufenen Brückenbildungen, die Kapillarkräfte des Wassers und die Verkittung durch Kalk-Ausfällungen oder Eisenoxid-Hüllen. Den Bindungskräften entgegen stehen die im Boden durch die Durchwurzelung der höherwertigen Pflanzen, Wechsel von Schrumpfung und Quellung, sowie von Gefrieren und Tauen, und durch Bioturbation hervorgerufenen Scherkräfte.

Beim Einzelkorngefüge liegen die Bodenpartikeln isoliert nebeneinander vor, z.B. loses Grobkorn, sowie Schluff- und Tonpartikeln im wassergesättigten, dispergierten Zustand. Beim Kohärentgefüge bilden die Bodenpartikeln ein eng zusammenhängendes Gefüge dichtester Packung, z.B. Mineralkörner mit dichten Umhüllungen von Calciumcarbonat, kolloidaler Kieselsäure, Fe- und Al-oxiden und -hydroxyden, stark zersetzte Humusstoffe sowie Schluff- und Tonpartikeln im getrockneten, schrumpfrißfreien Zustand. Beim Aggregatgefüge bilden die mineralischen und organischen Bodenpartikeln durch lockere Anlagerung und Kopplung Aggregate unterschiedlicher Größe und Form. Beim Segregatgefüge bilden die vorwiegend mineralischen Bodenpartikeln vor allem durch Austrocknungs- und Schrumpfvorgänge kleinere oder größere Absonderungs-Formen, die als Segregate bezeichnet werden.

Ein Elementargefüge bewirkt bei einer vorgegebenen Partikeldurchmesserverteilung die Bildung von groben Bodenporen. Das Kohärentgefüge begünstigt die Bildung von Feinporen. Aggregatgefüge wirken ausgleichend auf den Partikeldurchmessereinfluß, so daß bei Sand der Mittel- und Feinporenanteil und bei Ton der Grobporenanteil erhöht werden. Bei dem Segregatgefüge liegen sehr große Poren und Hohlräume zwischen und Mittel- und Feinporen innerhalb des Segregates vor.

Die Bodenporen werden nach ihren Durchmessern in weite und enge Grobporen, Mittelporen sowie in Feinporen eingeteilt (Tabelle 1.2). Die Einteilung der Porengrößenbereiche ist hierbei nach den Wasserhaushalt des Bodens charakterisierenden Kennwerten gewählt worden [8].

Die Bodenporen sind in wechselnden Anteilen mit dem Bodenwasser oder der Bodenluft erfüllt. In den weiten und engen Grobporen versickert

Tabelle 1.2. Einteilung der Bodenporen nach dem Durchmesser und der Wasserspannung (in cm Wassersäule bzw. als pF-Wert in log cm WS) nach [8]

Bezeichnung	Durchmesser (in µm)	Wasserspannung	
		Wassersäule (in cm)	pF-Wert (in log cm WS)
weite Grobporen	> 50	1 bis 60	0 bis 1,8
enge Grobporen	10 bis 50	60 bis 300	1,8 bis 2,5
Mittelporen	0,2 bis 10	300 bis 15 000	2,5 bis 4,2
Feinporen	< 0,2	> 15 000	> 4,2

das Wasser, wobei die weiten Grobporen schnell und die engen Grobporen langsamer dränieren. Nach dem Abzug des Wassers werden die Grobporen mit Bodenluft gefüllt. Sie sind meist wasserfrei und dienen der Durchlüftung des Bodens. Demgegenüber wird Wasser durch die Kraftwirkungen an den Phasengrenzflächen Wasser/Bodenpartikel und Wasser/Luft sowie durch die Kohäsionskräfte zwischen den Wasserdipolen in die Mittel- und Feinporen gesaugt. Das unter Spannung stehende Wasser wird entgegen der Schwerkraft in den Poren gehalten. Die Spannung wird in der Bodenkunde als Wasserspannung bezeichnet und in der Einheit cm Wassersäule oder als sog. pF-Wert in der Einheit log cm Wassersäule angegeben. Die Mittelporen enthalten das pflanzenverfügbare Wasser. Sie sind nur bei Austrocknung mit Bodenluft gefüllt. Die Feinporen halten aufgrund der Wasserspannung das meist nicht pflanzenverfügbare Wasser. Durch den kapillaren Aufstieg wird das Wasser in den Feinporen aus dem Grundwasser ergänzt. Die Feinporen sind daher nur bei einer sehr starken Austrocknung mit Bodenluft gefüllt.

1.2.1.2
Bodenwasser

Sind alle Bodenporen mit dem Bodenwasser gefüllt, wird der Boden als gesättigt, andernfalls als ungesättigt bezeichnet. Das Bodenwasser wird nach Verhalten und Aufenthaltsort gemäß Abb. 1.2 in Sickerwasser, Haftwasser, Stauwasser und Grundwasser unterteilt.

Sickerwasser ist das in den Boden eindringende, also der Schwerkraft folgende Wasser. *Haftwasser* ist das durch Dipol-Dipol-Wechselwirkungen, Wasserstoffbrücken oder elektrostatische Kräfte vom Boden gegen die Schwerkraft festgehaltene Wasser. Beim Haftwasser unterscheidet man zwischen Adsorptionswasser und Kapillarwasser. *Adsorptionswasser* ist der Anteil des Haftwassers, der als Film direkt an der Oberfläche der Partikeln angelagert ist und unter dem Einfluß der Schwerkraft praktisch unbeweglich ist. *Kapillarwasser* ist der Anteil des Haftwassers, der durch Kohäsion und Grenzflächenspannungen entgegen der Schwerkraft festgehalten wird. Der Bereich, in dem sämtliche Poren mit Kapillarwasser ausgefüllt sind, wird als geschlossener Kapillarraum bezeichnet. Sind die Poren nur teilweise mit Wasser gefüllt, dann spricht man von offenem Kapillarraum. *Stauwasser* ist das nur zeitweilig über einer undurchlässigen Schicht auftretende Wasser. *Grundwasser* ist das auf einer undurchlässigen Schicht (Grundwassersohle) ganzjährig aufgestaute, alle Porenvolumen füllende ungebundene Wasser, das sich in Richtung des Potentialgradienten bewegt.

1.2.1.3
Bodenluft

Alle vom Bodenwasser nicht gefüllten Poren sind mit Bodenluft erfüllt. Die Bodenluft steht in physikalischen Wechselwirkungen mit den Partikeln, dem

Sickerwasser

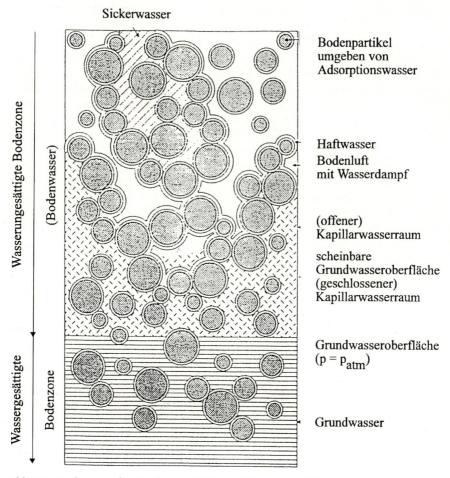

Bodenpartikel
umgeben von
Adsorptionswasser

Haftwasser
Bodenluft
mit Wasserdampf

(offener)
Kapillarwasserraum

scheinbare
Grundwasseroberfläche
(geschlossener)
Kapillarwasserraum

Grundwasseroberfläche
$(p = p_{atm})$

Grundwasser

Abb. 1.2. Erscheinungsformen des unterirdischen Wassers, nach [9]

Bodenwasser und der Atmosphäre. Die Bodenluft weist meistens eine vollständige Wasserstättigung auf. Aerobe mikrobiologische Prozesse erhöhen gegenüber der Atmosphäre den Kohlendioxid- und vermindern den Sauerstoffgehalt. Unter anaeroben Bedingungen werden Methan, Schwefelwasserstoff, Stickoxide und Stickstoff gebildet.

1.2.1.4
Verteilung und Ausbreitung der Schadstoffe

Der Schadstoffeintrag in den porösen Bodenkörper erfolgt vornehmlich von der Geländeoberkante in reiner Flüssigphase, mit dem Sickerwasser oder bei Altdeponien mit dem Sickeröl/Sickerwasser-Gemisch. Die Schadstoffe sind hierbei in disperser, gelöster, gemischter und/oder emulgierter Form in der Flüssigphase enthalten.

Die gelösten oder vollständig mischbaren Schadstoffe verhalten sich fluiddynamisch wie Wasser, wobei jedoch Änderungen in der Dichte und Viskosität berücksichtigt werden müssen. Bei den emulgierten Schadstoffen treten Verdrängungsströmungen auf. Disperse Schadstoffe werden zunächst durch mechanische Filtration in dem porösen Bodenkörper zurückgehalten. Durch die Umströmung mit Sickerwasser können Schadstoffe herausgelöst werden und bis in das Grundwasser eindringen.

In der wasserungesättigten Bodenzone verläuft der Schadstofftransport im wesentlichen in vertikaler Richtung. Die Durchsickerungsgeschwindigkeit wird von der Durchlässigkeit, der vom Porendurchmesser abhängigen Wasserspannung und dem von der Partikelgröße abhängigen Wassersättigungsgrad des Bodens bestimmt. Je geringer die Durchlässigkeit ist, desto stärker wirkt die kapillare Steighöhe des Wassers. In einzelnen Fällen können sich „Kapillarsperren" aufbauen, durch die der weitere vertikale Fluß des Sickerwassers unterbunden wird [10, 11].

In der wassergesättigten Bodenzone verläuft der Schadstofftransport primär in horizontaler Richtung. Die Fließgeschwindigkeit des Grundwassers hängt von der Durchlässigkeit des Grundwasserleiters und dem hydraulischen Gradienten ab. Die Ausbreitung der Schadstoffe wird von Dispersionsvorgängen überlagert, die auf ungleichförmige Fließgeschwindigkeitsverteilungen bei der Durchströmung des Bodenkörpers infolge von Haftbedingungen, unterschiedlichen Porendurchmessern und Querversetzungen beruhen. Hierdurch kann es zu einer Aufweitung der Schadstofffahne in transversaler, aber auch in longitudinaler Richtung kommen. Bei Fließgeschwindigkeiten $< 5 \cdot 10^{-6}$ m/s muß zusätzlich der diffusive Transport berücksichtigt werden.

Für die Verteilung und Ausbreitung der Schadstoffe, aber auch für die Eignung eines In-Situ-Dekontaminationsverfahrens, sind folgende Vorgänge von Bedeutung:

– Konvektiver und diffusiver Schadstofftransport im Boden und
– Schadstoffspeicherung im Boden.

Zusätzlich muß der Abbau von Schadstoffen durch biotische oder abiotische Reaktionen berücksichtigt werden.

Diese Vorgänge werden durch verschiedene chemische, physikalische und biologische Faktoren beeinflußt. Auf Grund der Vielfalt und Komplexität der ablaufenden Vorgänge, sowie der Inhomogenitäten im Boden ist es meistens nur mit mehr oder minder stark vereinfachten Modellen möglich, die tatsächlichen Verhältnisse angenähert zu beschreiben.

Bei laminaren Strömungsverhältnissen gilt für den konvektiven Transport der Flüssigphase durch einen porösen Körper das Gesetz von Darcy. Hiernach ist die Fließgeschwindigkeit eine Funktion des hydraulischen Gradienten und des effektiven Porenvolumens. Der Proportionalitätsfaktor wird als Durchlässigkeitsbeiwert k_f bezeichnet. In der DIN 18130 sind für verschiedene Lockergesteine die auf Wasser bezogenen K_f-Werte angegeben. Kiesige und sandige Böden weisen k_f-Werte von 10^{-1} bis 10^{-6} m/s auf. Mit steigenden

Anteilen an Schluff, Ton und organischen Bestandteilen nimmt die Durchlässigkeit auf k_f-Werte von bis zu 10^{-11} m/s ab.

Diffusive Konzentrationsausgleichsvorgänge sorgen bei nur gering durchlässigen Böden für die weitergehende Ausbreitung von Schadstoffen bis in das Grundwasser oder in die Mikroporen der Partikeln. Besondere Bedeutung haben die diffusiven Vorgänge in erster Linie als meist geschwindigkeitsbestimmender Schritt bei In-Situ-Dekontaminationsmaßnahmen und beim Transport von Schadstoffdämpfen innerhalb der Bodenluft.

Die Sorptionseigenschaften eines Bodens werden insbesondere durch den Anteil an humosen Substanzen und Tonmineralen bestimmt. Als Maß für die Sorptionseigenschaften dient der Sorptionskoeffizient K_d. Er gibt das Verhältnis aus dem am Feststoff gebundenen und dem frei in der Bodenlösung vorhandenen Schadstoff an. Der Sorptionskoeffizient kann über die Adsorptionsisothermen nach Freundlich oder Langmuir ermittelt werden. Für die verschiedenen Schadstoffe variieren die K_d-Werte zwischen < 0,5 und > 1000. In Abhängigkeit von den unterschiedlichen Eigenschaften der Bodenhorizonte können die K_d-Werte für einen einzelnen Schadstoff um einen Faktor 100 und mehr schwanken.

Lipophile organische Schadstoffe werden bevorzugt an den humosen Substanzen in den Böden angelagert. Bei diesen Stoffen besteht somit eine enge Korrelation zwischen der Sorptionsfähigkeit und dem Gehalt an organischen Substanzen im Boden. Zur besseren Vergleichbarkeit werden die Sorptionskoeffizienten auf den jeweiligen Gehalt an organischem Kohlenstoff bezogen und als K_{OC}-Wert angegeben. Der K_{OC}-Wert kann mittels empirischer Gleichungen aus dem Verteilungskoeffizienten P_{OW}, mit dem die Lipophilie eines Stoffes angegeben wird, berechnet werden.

Tonminerale, humose Bestandteile, gefällte Eisen(hydr)oxide und Manganoxide besitzen zudem die Fähigkeit, ionogen in der Bodenlösung vorliegende Schadstoffe durch Ionenaustausch an ihren Oberflächen zu binden. Tonminerale weisen unabhängig vom pH-Wert der Bodenlösung eine permanente negative Oberflächenladung auf. Humose Bestandteile haben demgegenüber eine variable, vom pH-Wert abhängige Oberflächenladung. Die Fällung von Eisen(hydr)oxiden und Manganoxiden wird durch den pH-Wert und das Redoxpotential bestimmt.

Die Schadstoffspeicherung ist grundsätzlich reversibel. Bei Veränderungen des pH-Wertes, der Konzentrationen in der Bodenlösung, der Temperatur und des Redoxpotentials werden die angereicherten Schadstoffe je nach ihren stofflichen Eigenschaften wieder freigesetzt und können weiter in den Bodenkörper eindringen. Während die Löslichkeit von Schwermetallen mit sinkendem pH-Wert zunimmt, werden die meisten organischen Schadstoffe in verstärktem Maße vom Boden sorbiert.

An kolloidalen Bodenpartikeln, wie Huminstoffen und ultrafeinsten Tonmineralpartikeln, angelagerte Schadstoffe werden trotz ihrer Fixierung mit der Bodenlösung weiter transportiert. Die an den gelösten Huminstoffen gebundenen Schadstoffe können darüber hinaus von Pflanzen aufgenommen werden.

Die Schadstoffe können durch abiotischen oder biotischen Abbau umgewandelt werden. Mögliche chemische Abbauwege sind photochemische Reaktionen, die Hydrolyse, die Oxidation und die chemische Fällung bzw. Mitfällung. Durch Mikroorganismen bedingte Reaktionen sind u. a. die Hydrolyse, Oxidation, Abspaltung und Ersatz von Substituenten (Halogene, aliphatische Gruppen) und Ringspaltung. Günstige Bedingungen für den mikrobiologischen Abbau liegen bei feuchten, luft- und nährstoffreichen Böden vor. Die Abbauintensität wird hierbei wesentlich von der Temperatur beeinflußt. Durch höhere Gehalte an leicht zersetzbarer organischer Substanz und höhere Nährstoffgehalte wird der Abbau gefördert, während durch die Schadstoffanlagerung Huminstoffe und Tonminerale ihn hemmen können. Auch Wasser- oder Luftarmut erschwert den Abbau; bei den chlorierten Kohlenwasserstoffen wird er allerdings durch Sauerstoffmangel gefördert.

In besonders biologisch stark populierten Bereichen des Untergrundes, z. B. in der Reduktionszone unterhalb einer Kontamination, kann es zur Inkorporation von Schadstoffen in Organismen kommen. Inkorporierte, toxisch wirkende Schadstoffe führen zum Absterben der Organismen, so daß die vorher akkumulierten Stoffe wieder freigesetzt werden.

1.2.2
Schadstoffspezifische Grundlagen

Als umweltgefährdende Schadstoffe sind grundsätzlich die Stoffe oder Stoffgemische anzusehen, die beim Eintrag in das Ökosystem (Boden, Wasser, Luft) eine Schädigung von Schutzgütern hervorrufen können. Zu den besonders umweltbelastenden Eigenschaften eines Schadstoffes werden das toxische und ökotoxikologische Potential, das Langzeitgefährdungspotential mit und ohne krebserzeugender Wirkung, die Mobilität und Mobilisierbarkeit, die Persistenz und die biologische und die geologische Akkumulationsfähigkeit gezählt.

Die relevanten Stoffe oder Stoffgruppen können, gemäß Tabelle 1.3, in anorganische und organische Verbindungen untergliedert werden.

Eine besondere Bedeutung haben jene Schadstoffe, die eindeutig krebserregend sind oder im begründeten Verdacht einer kanzerogenen Wirkung stehen. Zu diesen Stoffen gehören Arsen, Cadmium, Chrom, Nickel, Benzol, Benzo(a)pyren und andere 4- und mehrringige polycyclische aromatische Kohlenwasserstoffe, polychlorierte Biphenyle, 1,1-Dichlorethen, 1,1,2,2-Tetrachlorethan, Tetrachlorkohlenstoff und andere leichtflüchtige chlorierte Kohlenwasserstoffe, Dibenzodioxine und -furane und die Pestizide (z. B. Aldrin, DDT, Lindan).

Mobilität und Mobilisierbarkeit der Schadstoffe hängen von den physikalischen Eigenschaften, wie Aggregatzustand, Dampfdruck und Wasserlöslichkeit, den Verteilungskoeffizienten n-Octanol/Wasser (= P_{OW}), den Milieubedingungen (pH-Wert, Redox-Potential), sowie von der Durchlässigkeit, den Sorptionseigenschaften und der Pufferkapazität des Bodens ab. Wesentliche Hinweise auf die Mobilität und Mobilisierbarkeit der Schadstoffe und damit auf ihre Verlagerbarkeit können aus den Adsorptionsisothermen abgeleitet werden.

Tabelle 1.3. Für Altlasten relevante Schadstoffe und Schadstoffgruppen

Anorganische Stoffe und Stoffgruppen	Organische Stoffe und Stoffgruppen
Schwermetalle und ihre Verbindungen, z. B.: – Arsen – Blei – Cadmium – Cobalt – Kupfer – Nickel – Quecksilber – Zink – Zinn Sonstige anorganische Stoffe, z. B.: – Cyanide – Sulfate – Phosphate – Nitrite – Nitrate – Ammonium – Fluoride	Aliphatische und aromatische Kohlenwasserstoffe, z. B.: – Mineralöl-Kohlenwasserstoffe – Benzol – Toluol – Xylol – Ethylbenzol Polycyclische aromatische Kohlenwasserstoffe, z. B. – Naphthalin – Anthracen – Phenanthren – Naphthacen – Benzo(a)anthracen – Chrysen – Pyren – Benzo(a)pyren – Perylen – Inden – Fluoren – Fluoranthen Aliphatische und aromatische halogenierte Kohlenwasserstoffe, z. B.: – Dichlormethan – Trichlormethan – 1,1,1-Trichlorethan, – Trichlorethen, – Tetrachlorethen – Tri-, Tetra-, Penta- und Hexachlorbenzol – Pentachlorphenol – polychlorierte Biphenyle – Dioxine – Furane Phenole und Alkohole, z. B.: – Alkylphenole (Kresole, Xylenole) Pestizide, z. B.: – Hexachlorcyclohexan – chlorierte Diene – Dichlordiphenyltrichlorethan

Diese Schadstoffe bzw. Schadstoffgruppen können, wie Tabelle 1.4 zeigt, verschiedenen Altstandorten zugeordnet werden.

Schwermetalle können ionogen, austauschbar an Tonmineralen, adsorptiv an der Oberfläche von Eisen- und Manganoxiden oder komplex an Huminstoffen reversibel gebunden vorliegen. In welchem Ausmaß die Schwermetalle zurückgehalten werden, wird wesentlich vom pH-Wert und dem Redoxpotential bestimmt. Die Böden im europäischen Raum weisen pH-Werte

Tabelle 1.4. Umweltrelevante Schadstoffe und Schadstoffgruppen nach [12]

Altstandort	mögliche Kontaminationen
Gaswerke u. Kokereien	Schwermetalle, Cyanide, Ammonium, Säuren/Basen, Mineralölkohlenwasserstoffe, Polycyclische aromatische Kohlenwasserstoffe, Benzol, Toluol, Xylol, Kresole, Phenol und Teeröle
NE-Metallerzbergbau	Schwermetalle, Cyanide, Säuren/Basen, Phenol und Kresole
Mineralölverarbeitung/-lagerung	Schwermetalle, Säuren/Basen, Mineralölkohlenwasserstoffe, Benzol, Toluol, Xylol, polycyclische aromatische Kohlenwasserstoffe, polychlorierte Biphenyle, Phenole, Pentachlorphenol, Dioxine, Furane und leichtflüchtige chlorierte Kohlenwasserstoffe
Eisen- und Stahlerzeugung	Schwermetalle, Cyanide, Fluoride, Säuren/Basen, Phenol und Mineralölkohlenwasserstoffe
NE-Metallhütten	Schwermetalle, Cyanide, Fluoride und Säuren/Basen
NE-Umschmelzwerke	Schwermetalle, Cyanide, Fluoride, Säuren/Basen und Mineralölkohlenwasserstoffe
Metallgießereien	Schwermetalle, Cyanide und Säuren/Basen
Oberflächenveredlung/ Härtung von Metallen	Schwermetalle, Cyanide, Fluoride, Säuren/Basen, Benzin, Benzol und chlorierte Kohlenwasserstoffe
Herstellung von Batterien, Akkumulatoren	Schwermetalle, Fluoride und Säuren/Basen
Herstellung von anorganischen Grundstoffen und Chemikalien	Schwermetalle, Cyanide, Fluoride, Fluorsilicate, Säuren/Basen, chlorierte Kohlenwasserstoffe
Herstellung von Handelsdünger	Schwermetalle, Fluorsilicate und Säuren/Basen
Herstellung von Kunststoffen	Schwermetalle, Cyanide, Fluoride, Säuren/Basen, halogenierte Kohlenwasserstoffe, polycyclische aromatische Kohlenwasserstoffe, Benzol, Toluol, Phenole und Kresole
Herstellung von Farben und Lacken	Schwermetalle, Cyanide, Fluoride, Säuren/Basen, Mineralölkohlenwasserstoffe, Benzol, Toluol, Xylole, polycyclische aromatische Kohlenwasserstoffe, chlorierte Kohlenwasserstoffe, Kresole und Teeröle
Herstellung von Pflanzenschutz-mitteln, Schädlingsbekämpfungs-mitteln, usw.	Schwermetalle, Cyanide, Fluoride, Fluorsilicate, Säuren/Basen, Pestizide, chlorierte Kohlenwasserstoffe, Phenol, Kresole und Teeröle
Herstellung von Munition und Explosivstoffen	Schwermetalle, Säuren/Basen, chlorierte Kohlenwasserstoffe, Dinitrophenol, Dinitrotoluol, Nitrobenzol und Phenol
Tierkörperbeseitigung und -verwertung	Ammonium, Benzin, Tetrachlorethen
Herstellung u. Verarbeitung von Glas	Schwermetalle, Cyanide, Fluoride und Benzol

Tabelle 1.4 (Fortsetzung)

Altstandort	mögliche Kontaminationen
Bearbeitung, Imprägnierung, Verarbeitung von Holz	Schwermetalle, Cyanide, Fluoride, Fluorsilicate, Säuren/Basen, Mineralölkohlenwasserstoffe, polycyclische aromatische Kohlenwasserstoffe, chlorierte Kohlenwasserstoffe, Benzin, Toluol, Xylole, Kresole, Pestizide und Teeröle
Herstellung und Verarbeitung von Papier, Pappen und Textilien	Schwermetalle, Cyanide, Säuren/Basen, Mineralölkohlenwasserstoffe, Benzol und chlorierte Kohlenwasserstoffe
Verarbeitung von Gummi, Kunststoffen und Asbest	Schwermetalle, Cyanide, Fluoride, Benzin, Benzol, Toluol, polycyclische aromatische Kohlenwasserstoffe, chlorierte Kohlenwasserstoffe, Phenol, Teeröle und Asbest
Erzeugung und Verarbeitung von Leder	Arsen, Chrom, Quecksilber, Fluoride, Naphthalin, Pentachlorphenol, Kresole, Phenol und Tetrachlorkohlenstoff
Herstellung von Speiseölen und Nahrungsfetten	Benzin, Benzol, Nickel, Säuren/Basen und chlorierte Kohlenwasserstoffe
Chemische Reinigungen	Benzin, Benzol und chlorierte Kohlenwasserstoffe
Schrott- und Autowrackplätze	Benzin, Mineralölkohlenwasserstoffe, polychlorierte Biphenyle, Tetrachlorethen, Trichlorethen
Flugplätze	Benzin, Mineralölkohlenwasserstoffe, Tetrachlorethen, Trichlorethen
Metallverarbeitung	Schwermetalle, Cyanide, Mineralölkohlenwasserstoffe und chlorierte Kohlenwasserstoffe

zwischen 3 und 8 auf. Bei neutraler Bodenreaktion ist die Mobilität von Schwermetallen mit Ausnahme von Cadmium (ab pH-Werten $< 6,5$), Thallium (pH-Wert unabhängig) und Zink (ab pH-Werten < 6 bis $5,5$) gering [8]. Mit sinkenden pH-Werten steigt die Mobilität der Schwermetalle in der Reihenfolge Nickel, Kupfer, Arsen, Chrom, Blei und Quecksilber an. Eine Folge der Persistenz von Schwermetallen ist ihre Anreicherung in der Nahrungskette, wobei Konzentrationen auftreten können, die um ein Vielfaches höher liegen als im Wasser oder in der Luft. Der Übergang von Schwermetallen aus dem Boden in die Pflanzen ist von Metall zu Metall verschieden. Eine besonders hohe Transferrate weisen Zink, Cadmium und insbesondere das toxische Thallium auf.

Die Mobilität von Cyaniden wird wesentlich von der Bindungsform bestimmt. Die Alkalisalze des freien Cyanids sind besonders gut wasserlöslich, während die komplexen Verbindungen ein unterschiedliches Lösungsverhalten besitzen. Die Erfahrungen zeigen, daß mit zunehmendem Alter der kontaminierten Böden der Komplexcharakter des Cyanids zunimmt. Bei ehemaligen Gas- und Kokereistandorten liegen die Cyanide überwiegend komplex gebunden und damit meist in relativ ungefährlicher Form vor.

Bei den Mineralölkohlenwasserstoffen handelt es sich um Stoffgemische aus gesättigten aliphatischen und aromatischen Kohlenwasserstoffen,

Heteroverbindungen und Asphaltenen. Das Verhalten der verschiedenen Verbindungen in Böden wird in erster Linie von ihrem Dampfdruck, ihrer Viskosität, Persistenz und Bindungsstärke gegenüber den Bodenbestandteilen bestimmt. Niederkettige Alkane, Benzol und Toluol werden mit dem Sickerwasser bis in das Grundwasser oder durch den hohen Dampfdruck in die Bodenluft verlagert sowie durch mikrobiellen Angriff vollständig zu Kohlendioxid abgebaut bzw. in Heteroverbindungen und Asphaltene umgebaut. Die Heteroverbindungen, die Asphaltene und die stärker adsorbierten Aromaten werden langfristig im Untergrund angereichert.

Die BTX-Aromaten, Benzol, Toluol und Xylol, werden in einem nur geringem Maße von den Bodenbestandteilen gebunden. Sie können sich daher über das Grundwasser und infolge ihrer relativ hohen Dampfdrücke über die Bodenluft bis in die Atmosphäre ausbreiten. Ein ähnliches Verhalten weisen leichtflüchtige chlorierte Kohlenwasserstoffe auf.

Bei den polycyclischen aromatischen Kohlenwasserstoffen (PAK) handelt es sich um Verbindungen mit unterschiedlicher Anzahl an kondensierten Benzolringen im Molekül. Von den einigen Hundert Verbindungen werden Benzopyren, Benzofluoranthen und Fluoranthen als Leitsubstanzen verwendet. Die PAK werden überwiegend an Huminstoffen adsorbiert, wobei die Bindungsstärke mit der Zahl der Benzolringe ansteigt. Höherkondensierte PAK besitzen eine außerordentlich geringe Löslichkeit. Eine Verlagerung dieser Stoffe findet nur bei Anwesenheit von Lösungsvermittlern, wie niedersiedende PAK und Benzol, vorwiegend durch Diffusionsprozesse statt. Während die niedersiedenden zwei- und dreiringigen PAK durch mikrobiellen Angriff innerhalb von wenigen Monaten abgebaut werden können, werden die höher kondensierten PAK infolge der starken Adsorption und geringen Löslichkeit nur zu geringen Anteilen mikrobiologisch abgebaut. PAK mit zwei und drei Benzolringen können von Pflanzen aufgenommen werden, während höher kondensierte PAK in den Wurzeln und auf den Wurzeloberflächen ausgeschieden werden.

Polychlorierte Biphenyle (PCB) und polychlorierte Dibenzodioxine und -furane werden überwiegend an den organischen Substanzen und in einem geringeren Maße an den Tonmineralen gebunden. In humusarmen, sandigen Böden kann daher eine beachtliche Schadstoffverlagerung in den Untergrund stattfinden. Die Intensität der Bindung hängt von dem jeweiligen Chlorierungsgrad ab. Für die PCB sind K_{OC}-Werte > 20000 und für die polychlorierten Dibenzodioxine und -furane von > 100000 ermittelt worden. Für ihre Verlagerung sind der Chlorierungsgrad, die Löslichkeit und der Dampfdruck entscheidend. Diese Verbindungen besitzen im allgemeinen eine hohe Geoakkumulierbarkeit, so daß sie bei älteren Schadensfällen bis in das Grundwasser gelangen können. Durch die Anlagerung an organischen Substanzen liegen die Verbindungen vor einem mikrobiellen Angriff in einer geschützten Form vor, so daß der Abbau nur außerordentlich gering ist. Die biologischen Halbwertszeiten schwanken zwischen mehreren Jahren und mehreren Jahrzehnten. Pflanzen nehmen PCB und polychlorierte Dibenzodioxine und -furane nur in geringen Mengen, überwiegend in der äußeren Rinde auf. Durch Staubemissionen können die häufig an Stäuben angelagerten Schadstoffe jedoch mit der Staubschicht auf den Blättern abgelagert werden.

1.2.3
Rechtliche Aspekte

Der Begriff Altlast oder -verdachtsfläche wird durch die Anwendung stofflicher, zeitlicher und räumlicher Prüfkriterien genauer definiert:

stoffliche Kriterien: Ablagerung von Abfällen und Produktionsrückständen bzw. möglicher Umgang mit potentiell umweltgefährdenden Stoffen;

zeitliche Kriterien: Aktivität bzw. Kontamination ist in der Vergangenheit erfolgt und auch beendet;

räumliche Kriterien: örtlich abgegrenzte Nutzung bzw. Belastung.

Bei Altlasten oder -verdachtsflächen handelt es sich somit um punktförmige oder kleinflächige Belastungen mit einer abgeschlossenen Entstehung. Demzufolge gelten als „altlastenverdächtig" prinzipiell alle gewerblichen und öffentlichen Grundstücke, auf denen in der Vergangenheit umweltgefährdende Stoffe, die nicht dem Atomgesetz unterliegen, gelagert, produziert oder verarbeitet worden sind.

Im Fall von Verdachtsflächen oder Altlasten werden im „zivilen" Bereich Altablagerungen und Altstandorte unterschieden.

– Bei den *Altablagerungen* handelt es sich vornehmlich um stillgelegte Anlagen zum Ablagern von Abfällen, stillgelegte Aufhaldungen und Verfüllungen mit Bauschutt oder Produktionsrückständen oder um „wilde" Ablagerungen jeglicher Art.
– *Altstandorte* sind gewerblich oder öffentlich genutzte Flächen oder Grundstücke stillgelegter Anlagen, auf denen umweltgefährdende Stoffe produziert, verarbeitet oder gelagert worden sind.

Einen speziellen Bereich stellen die „militärischen" Altlasten dar. Für diesen Bereich wird eine Differenzierung in Altstandorte mit Kontaminationen militärspezifischer Art (z.B. chem. Kampfstoffe, Sprengstoffe, Zündmittel, Rauch- und Nebelstoffe, Brandmittel, militärchemische Entgiftungsmittel, Totalherbizide) und Altstandorte mit Kontaminationen, die auch im „zivilen" Bereich auftreten (z.B. Tanklager, Reparaturwerkstätten), vorgeschlagen [2].

Für die Ermittlung, Gefahrenabschätzung und Sanierung von Altlastverdachtsflächen und Altlasten kommen bis zur Einführung des in einem Entwurf bereits vorliegenden Bundes-Boden-Schutzgesetzes als Rechtsgrundlagen das Abfallgesetz, das Wasserhaushaltsgesetz, das Immissionsschutzgesetz, das Bergrecht, das Arbeitsschutzgesetz, das Chemikaliengesetz, das Naturschutzgesetz sowie das Bau- und Denkmalschutzgesetz in Betracht [13].

Die Zuständigkeit und Veranlassung für die Erfassung und Bewertung von Altlastverdachtsflächen sowie zur Planung und Durchführung von Sanierungsmaßnahmen von Altlasten obliegt den Behörden der einzelnen Bundesländer. Infolgedessen bietet sich derzeit ein relativ uneinheitliches Bild von Landesgesetzen mit unterschiedlichen Ansatzpunkten und Regelungsdichten. Die Altlastverdachtsflächen und Altlasten betreffenden Vorschriften sind in den Ländern überwiegend im Abfallrecht, vereinzelt im Wasserrecht und neuerdings auch in Bodenschutzgesetzen angesiedelt worden. Teilweise gehen die Regelungen für die Sanierung über eine reine Gefahrenabwehr hinaus, so daß sie nicht auf das allgemeine Polizeirecht gestützt werden können. [14]

Hierdurch haben sich länderspezifische Unterschiede in den Definitionen für die Verdachtsflächen, Altlasten und Sanierungszielen entwickelt. Diese Unterschiede beruhen auf den jeweiligen Bestimmungen für die Schutzgüter, wie z. B. „Wohl der Allgemeinheit" oder „öffentliche Sicherheit und Ordnung", und verschiedenen Kriterien für die Einstufung als Verdachtsfläche oder Altlast, wie z. B. „Beeinträchtigungen", „wesentliche Beeinträchtigungen", „Gefahr" oder „Gefährdung". Demnach wird eine Fläche prinzipiell als „altlastverdächtig" bezeichnet, wenn die Möglichkeit einer Gefährdung für die menschliche Gesundheit besteht. Für die Beurteilung des Gefährdungspotentials wird auf Bodenwerte zurückgegriffen, die in zahlreichen Wertelisten angegeben sind. Ergibt die Prüfung, daß von der Fläche eine erwiesene Beeinträchtigung, wesentliche Beeinträchtigung, Gefahr oder Gefährdung ausgeht, wird sie zur Altlast mit der Folge, daß Sanierungsmaßnahmen zur Abwendung der Gefahr eingeleitet werden müssen.

In den meisten Landesgesetzen bildet der Umgang mit umweltgefährdenden Stoffen ein wichtiges Element der Definition von Altstandorten. In Hessen und Thüringen wird von dieser stofflichen Eingrenzung abgesehen, so daß bei einer nicht ganz engen Auslegung praktisch jedes Grundstück mit einer stillgelegten Anlage zunächst als Verdachtsfläche anzusehen ist.

Ausgehobener kontaminierter Boden gilt nach § 1 Abs. 1 AbfBestV in Verbindung mit der Anlage, Abfallschlüssel Nrn. 31423 oder 31424, als besonders überwachungsbedürftiger Abfall. Beide Elemente des objektiven Abfallbegriffs liegen vor. Der Abfall stellt eine Gefährdung des Allgemeinwohls dar. Die geordnete Entsorgung ist als Möglichkeit zur Abwendung der Gefahr geboten. Aus diesem Grunde bedürfen die Einrichtung und der Betrieb von Deponien einer Zulassung nach den anlagenrechtlichen Bestimmungen des Abfallgesetzes. Dagegen besteht durch die Dekontamination die grundsätzliche Möglichkeit, Bodenmaterialien zu reinigen und einer Wiederverwendung zuzuführen.

Stationäre Bodenreinigungsanlagen, die über einen zu erwartenden Zeitraum von mehr als zwölf Monaten an einem Standort betrieben oder in denen von anderen Orten entnommene Bodenmaterialien gereinigt werden, unterliegen als Anlagen zur Lagerung und Behandlung von Abfällen den Vorschriften des Bundesimmissionsschutzgesetzes. Sie sind deshalb nach dem vollständigen Verfahren gemäß dem Anhang der 4. BImSchV genehmigungsbedürftig.

Stationäre Bodenreinigungsanlagen, in denen ausschließlich am Standort entnommenes kontaminiertes Bodenmaterial auch über längere Zeiträume gereinigt wird, oder stationäre Versuchsanlagen, die nicht länger als drei Jahre an einem Standort betrieben werden, können nach einem vereinfachten Verfahren (§ 19 BImSchG, § 2 Abs. 3 Satz 1 der 4. BImSchV) ohne Beteiligung der Öffentlichkeit genehmigt werden. Unabhängig hiervon sind sowohl die Bodenreinigungsanlage selbst als unter Umständen auch die Aufschüttung ausgehobenen Bodens nach den Bauordnungen der meisten Länder separat genehmigungsbedürftig.

Mobile Anlagen bedürfen seit der Änderung der 4. BImSchV (1993) dann keiner Genehmigung mehr, wenn sie voraussichtlich weniger als zwölf Monate am gleichen Standort betrieben werden. Sie sind auch von der Erfordernis einer wasserrechtlichen Erlaubnis befreit, müssen der Wasserbehörde aber angezeigt werden [15]. Diese Befreiung gilt nur, wenn keine nachteilige Veränderung der Eigenschaften des Wassers und keine andere Beeinträchtigung des Wasserhaushalts zu erwarten ist. Unabhängig von der Erlaubnisfreiheit ist der Betreiber derartiger Anlagen nach dem Wasserhaushaltsgesetz (§ 22) schadensersatzpflichtig, wenn die eingesetzte Sanierungstechnik eine nachteilige Veränderung des Grundwassers verursacht.

Die beschriebenen Erleichterungen für den Betrieb mobiler oder nur kurzzeitig betriebener Bodenreinigungsanlagen werden durch die rechtlichen Anforderungen an die Zwischenlagerung von kontaminierten Bodenmaterialien relativiert. Die Zwischenlagerung besonders überwachungsbedürftiger Abfälle als Teil der gesamten Anlage erfordert, auch für an sich genehmigungsfreie Bodenreinigungsanlagen, daß im Normalfall zeitaufwendige Genehmigungsverfahren nach § 10 BImSchG, wie es sich aus dem § 4 BImSchG in Verbindung mit der 4. BImSchV, Anhang Nr. 8, 9 und 10 ergibt.

Nach dem vollständigen Inkrafttreten des Kreislaufwirtschaftsgesetzes im Oktober 1996 handelt es sich bei den kontaminierten Bodenmaterialien um Abfälle zur Beseitigung. Die Reinigung des kontaminierten Bodenmaterials stellt kein ausschließliches Verwertungsverfahren dar, da der Hauptzweck der Dekontamination die Beseitigung der Schadstoffe und nicht die Wiederverwendung des gereinigten Bodenmaterials ist. Bodenreinigungsanlagen unterliegen daher in jedem Falle dem abfallrechtlichen Regime. Sie werden entweder der Gruppe D 2 (In-Situ-Behandlung), D 8 (Mikrobiologische Behandlung), D 9 (Chemisch-physikalische Behandlung) oder D 10 (Verbrennung an Land) des Anhanges II A zu § 3 Abs. 2 des Kreislaufwirtschaft/Abfallgesetzes zugeordnet. Durch die Reinigung wird der einheitliche Abfall „kontaminierter Boden" in zwei Fraktionen getrennt: die gereinigten Bodenmaterialien sind unter der Voraussetzung, daß die Höchstwerte für die nach der Reinigung verbliebenen Schadstoffe die Ungefährlichkeit der Wiederverwendung des gereinigten Bodenmaterials sicherstellen, „Abfälle zur Verwertung". Die nicht zerstörten Schadstoffe sind, wenn sie nicht weiter verwertet werden können, „Abfälle zur Beseitigung".

Die Besonderheiten und Schwierigkeiten der rechtlichen Beurteilung militärischer Altlasten ergeben sich in erster Linie aus der Frage der Verantwortlichkeit, d.h. aus der Frage des Haftungsüberganges und der Rechtsnachfolge. Bei den vormals von auswärtigen Streitkräften genutzten Liegenschaften müssen zusätzlich noch Fragen berücksichtigt werden, die sich aus der zeitlichen Abfolge besatzungsrechtlicher Bestimmungen und völkerrechtlicher Verträge ergeben. Außerdem spielt das Nacheinander innerstaatlicher Entschädigungsregelungen und völkerrechtlicher Haftungsbestimmungen oder auch -ausschlüsse eine Rolle.

Gemäß der Definition von militärischen Altlasten muß zwischen Altstandorten des Militärbetriebes, die meistens in staatlichem Eigentum standen, und Altstandorten der Militärproduktion, deren Eigentümer meist privatrechtlich organisiert waren, unterschieden werden. Hinsichtlich der Zustands- wie der Verhaltensverantwortlichkeit handelt es sich um unterschiedliche Rechtssubjekte, die entsprechend unterschiedlichen Normen unterliegen.

1.2.4
Bodenwerte

Für die Beurteilung des Gefährdungspotentials wird gegenwärtig auf landesspezifische Wertelisten zurückgegriffen [16]. In den Listen sind verschiedene Kategorien von Bodenwerten aufgeführt, denen grundsätzlich die Begriffe „Referenzwert", „Prüfwert" und „Maßnahmenwert" zugeordnet werden können. Eine bundeseinheitliche Festlegung von Bodenwerten ist im Entwurf des Bundesbodenschutzgesetzes vorgesehen.

Der Referenzwert gibt die „durchschnittliche Hintergrundbelastung" des nicht anthropogen belasteten Bodens an. Demzufolge liegt bei seinem Überschreiten eine nachweisbare Kontamination vor.

Der Prüfwert besagt, daß bei seinem Überschreiten eine Bodenkontamination vorhanden ist, die eine nähere Untersuchung erfordert, wenn die Art und die Konzentration der Schadstoffe sowie der Standort so geartet sind, daß die Möglichkeit einer erheblichen Gefährdung für die Gesundheit oder die Umwelt besteht.

Der Maßnahmenwert kennzeichnet das Vorhandensein einer Bodenverunreinigung, die bei seinem Überschreiten die Einleitung von Sanierungsmaßnahmen auslöst.

Bei den Zahlenangaben für den Prüf- und Maßnahmenwert handelt es sich um nutzungs- und schutzgutbezogene Schadstoffkonzentrationen, denen teilweise toxikologische Ableitungskriterien und -modelle zugrunde liegen. Nutzungsbezogene Schadstoffkonzentrationen richten sich nach den Nutzungsarten:

- Kinderspielplätze,
- Wohngebiete, Haus- und Kleingärten mit Nutzpflanzenanbau,
- Sport- und „Bolz"plätze,
- Park- und Freizeitanlagen,
- Industrie- und Gewerbeflächen,
- landwirtschaftliche Nutzflächen,
- nicht agrarisch genutzte Flächen (Wald und Forstgebiete, Ödländer),
- Grundwasserschutzgebiete und
- Naturschutzgebiete.

Die Regelungen mit nutzungsbezogenen Werten geben toxikologische Begründungen nur für einen Teil dieser Werte, beispielsweise für Kinderspielplätze sowie für Haus- und Kleingärten, an, während die Werte für andere Szenarien nicht oder zumindest nicht toxikologisch begründet werden. Trotz dieser Unterschiede in der Ableitung schwanken die Zahlenangaben in den verschiedenen Listen für gleiche Stoffe und gleiche Nutzungsszenarien selten mehr als um den Faktor 10.

Als besonders zu schützende Güter gelten die menschliche Gesundheit und das Grundwasser. Teilweise werden Pflanzen, Tiere und die natürliche Umwelt einbezogen. In Einzelfällen werden auch Bodenorganismen, Bodenqualität sowie der Arbeitsschutz bei der Sanierung berücksichtigt.

Die Festlegung des Sanierungszieles beruht auf einer Abwägung zwischen der Angemessenheit des Aufwandes und der erreichbaren Verbesserung der Umweltbilanz. Als Orientierungsrahmen werden nutzungs- und schutzgutbezogene Konzentrationswerte verwendet:

- Referenzwert oder Einbauwert: Grundsätzliche Anforderung, um den „ursprünglichen" Zustand vor der Belastung wiederherzustellen.
- Prüfwert: Allgemeine Mindestanforderung, um eine weitere Gefahr für Schutzgüter auszuschließen.

Der Prüfwert dient der Sicherstellung eines angemessenen Schutzes für die Menschen, unter Beachtung seiner wichtigsten Umweltnutzungen und des Grundwassers. Er sollte zumindest die Schutzgüter Grundwasser, Grundwassernutzungen, Gesundheit von Menschen auf kontaminierten Flächen, den Boden und das Schutzgut Pflanzen berücksichtigen. Können diese Werte mit einem angemessenen Aufwand nicht erreicht werden, dann kann das Sanierungsziel auch als eine auf den Einzelfall bezogene Mindestanforderung festgelegt werden.

1.3
Erfassen und Bewerten des Gefährdungspotentials

Eine wesentliche Quelle für das Vorhandensein von kontaminierten Böden stellen prinzipiell Altlastverdachtsflächen dar. Hinweise auf das mögliche Vorhandensein derartiger Flächen können beispielsweise auf Klagen aus der Bevölkerung, wie z.B. über Geruchsbelästigungen oder Brunnenverunreinigungen oder auf die bei Bauarbeiten und Routineüberwachungen durch Behörden gewonnenen Erkenntnisse beruhen. Bei gewerblichen oder öffentlichen Altstandorten können mögliche Verdachtsflächen durch das Erstellen branchenspezifischer Schadstoffkataloge (siehe hierzu auch Abschn. 1.2.2) lokalisiert werden.

Voraussetzung für das Vorhandensein einer als „altlastverdächtig" einzustufenden Fläche ist es, daß stoffliche, zeitliche und räumliche Kriterien erfüllt sind (siehe hierzu auch Abschn. 1.2.3). Flächen, bei denen auch nur ein Kriterium nicht erfüllt ist, fallen aus dem Sachgebiet „Altlast" heraus. Diese Flächen können aber Gegenstand des allgemeinen Bodenschutzes sein oder aus anderen Gründen erfaßt und dokumentiert werden.

Von „altlastverdächtigen" Flächen muß nicht zwangsläufig ein Gefährdungspotential ausgehen. Aus diesem Grunde ist es zunächst erforderlich, vorhandene Altlastverdachtsflächen zu registrieren und auf ihr Gefährdungs-

potential hin abzuschätzen. Die Abschätzung muß sich für jeden Einzelfall auf
die Art, Konzentration und Menge der Schadstoffe, ihre räumliche Verteilung
im Boden, die in Betracht kommenden Ausbreitungspfade, die möglicherweise
betroffenen Schutzgüter und die ehemalige und gegenwärtige Nutzung der
Fläche erstrecken. Von besonderer Bedeutung für die Bewertung sind in diesem Zusammenhang die Schadstoffausbreitungspfade:

– Bodenverunreinigung-/Verdachtsfläche – Mensch oder
– Bodenverunreinigung-/Verdachtsfläche – Grundwasser.

Ziel der Abschätzung des Gefährdungspotentials ist es, eine Altlastverdachtsfläche entweder aus dem Verdacht einer Gefährdung zu entlassen oder im
nachgewiesenen Falle einer Gefährdung als Altlast festzuschreiben und so zu
charakterisieren, daß auf den gewonnenen Erkenntnissen und einer Sanierungsvorplanung die Auswahl eines Sanierungsverfahrens für den kontaminierten Boden erfolgen kann.

   Zur Erkennung, Konkretisierung und Beurteilung des von einer
Altlastverdachtsfläche ausgehenden Gefährdungspotentials werden Referenz-,
Prüf- und Maßnahmenwerte (siehe hierzu auch Abschn. 1.2.4) herangezogen.
Durch diese Werte wird der Zustand der geogenen bzw. der nicht von einer Altlastverdachtsfläche herrührenden Belastung des Bodens, die Notwendigkeit
für eine weitergehende Untersuchung und die Notwendigkeit für die Einleitung einer Sanierungsmaßnahme beschrieben. Gleichzeitig wird der Ent-
scheidungsvorgang für die weiteren Maßnahmen beschleunigt und die Vor-
hersehbarkeit des Behördenentscheides erhöht [17].

   Die Dringlichkeit des Handlungsbedarfs für eine Sanierung, aber
auch die Einstufung in Kategorien unterschiedlichen Gefährdungspotentials
(Prioritätenliste) werden in erster Linie bestimmt durch die Art des bedroh-
ten Schutzgutes, durch das Maß der zu erwartenden oder bereits eingetrete-
nen Schutzgutverletzung, durch die zeitliche Nähe des Schadenseintrittes sowie durch die Dringlichkeit einer sofortigen Maßnahme zur Abwehr einer
akuten Gefahr.

   Das Bearbeitungsschema für die Erfassung und Bewertung des
Gefährdungspotentials eines kontaminierten Bodens oder einer Altlastverdachtsfläche kann nach [12, 18, 19] grundsätzlich in folgende Schritte untergliedert werden:

– Erkundung und Erkundungsbewertung,
– orientierende Voruntersuchungen und Zwischenbewertung und
– detaillierte Untersuchungen und abschließende Bewertung.

Bei der Erkundung wird das über die Verdachtsfläche vorhandene Daten-
material ausgewertet, während bei den orientierenden Voruntersuchungen
und den detaillierten Untersuchungen Bodenproben entnommen werden.
Die Detailuntersuchungen werden im Normalfall so geführt, daß aus den
Ergebnissen die benötigten Daten für eine erforderliche Sanierungsvorplanung gewonnen werden können. In Verbindung mit dem vorgesehenen
Ziel für die Sanierung kann dann das Sanierungsverfahren ausgewählt
werden.

1.3.1
Erkundung und Erkundungsbewertung

Bei der Erkundung wird auf alle verfügbaren Informationen über die Historie der zu bewertenden Fläche zurückgegriffen, wobei in die Betrachtungen bestehende Planungen und gegebenenfalls Nutzungsänderungen zusätzlich einbezogen werden. Die Erfassung und Bewertung von vorhandenen Informationen gestattet einen ersten, kostengünstigen Einblick über mögliche Kontaminationen, auch bei größeren Gebieten. Durch die Ergebnisse können Ansätze für weitere gezielte Untersuchungen abgeleitet werden. Aus diesen Gründen sollte die Beprobung einer verdächtigen Fläche erst nach der Auswertung des vorhandenen Datenmaterials vorgenommen werden.

Ziel der Erkundung ist es daher, Anhaltspunkte über die Art und Menge der möglichen Schadstoffe und über die geologischen und hydrogeologischen Verhältnisse im Untergrund zu gewinnen. Zur Erkundungsphase gehört die Erfragung folgender Informationen:

- Allgemeine Angaben zum Standort,
- Angaben zum Stoffinventar,
- Standort-/Umgebungskriterien und
- Vorkommnisse.

Die allgemeinen Angaben zum Standort umfassen das Aufnahmedatum, die genaue Lage der Altlastverdachtsfläche nach dem Ort, Kreis, Gemarkung, Flur, Flurstück sowie die geologischen und hydrogeologischen Kenndaten. Zusätzlich werden der Grundstückseigentümer und/oder Pächter zum gegenwärtigen Zeitpunkt bzw. der Betreiber und/oder Genehmigungsinhaber zum Zeitpunkt der kritischen Nutzung und somit der für den Schaden Pflichtige ermittelt.

Durch die ehemalige und derzeitige Nutzung der Fläche bzw. des Grundstückes können oftmals Rückschlüsse auf die Produktion, Lagerung und Verarbeitung von möglichen umweltgefährdenden Schadstoffen (siehe hierzu auch Abschn. 1.2.2) und somit auf das vorliegende Stoffinventar gezogen werden. Dies beinhaltet die Art, Menge und den Zeitraum der verwendeten Roh- und Hilfsstoffe, der Zwischen- und Endprodukte sowie der abgelagerten Abfall- und Reststoffe, so daß die physikalischen und chemischen Eigenschaften der Schadstoffe sowie ihre Toxizität neben den geologischen und hydrogeologischen Verhältnissen in die Betrachtungen einbezogen werden können.

Mit den Standortkriterien werden die ehemalige, derzeitige und künftige Nutzung der Fläche berücksichtigt. Durch die Umgebungskriterien können die möglichen Folgen einer Schadstoffausbreitung abgeschätzt werden.

Von eventuellen Vorkommnissen ist in den meisten Fällen unmittelbar die Mobilität der Schadstoffe betroffen. Daher liefern sie für die Erkundungsbewertung wichtige Anhaltspunkte, denn je leichter die Schadstoffe den Boden durchdringen können, desto eher ist ein Handlungsbedarf für eine Sanierung gegeben. Zu den möglichen Vorkommnissen gehören beispielsweise ein Gasaustritt, der Austritt von Sickerflüssigkeiten, Oberflächen- und Grundwasserverunreinigungen, Rutschungen und Geländeabsenkungen.

Auf der Grundlage der gewonnene Daten kann eine Erstbewertung des Gefährdungspotentials durchgeführt werden. Die Erstbewertung kann je nach dem zur Verfügung stehenden Informationsmaterial zu einer vorläufigen Entlassung der Fläche aus der Verdachtsgefahr, bei noch nicht hinreichenden Daten zur Anordnung weitergehender Untersuchungen oder aber auch bei einer vorliegenden Gefährdung zur Aussprache einer Nutzungseinschränkung oder zur Einleitung von Sofortmaßnahmen führen.

1.3.2
Orientierende Voruntersuchungen und Zwischenbewertung

Bestätigen die in der Erkundung gewonnen Erkenntnisse, daß eine mögliche Gefährdung von der Altlastverdachtsfläche ausgehen kann, dann werden informationsverdichtende Untersuchungen durchgeführt. Die Untersuchungen erstrecken sich auf den Boden, das Bodenwasser und die Bodenluft. Ziele der Untersuchungen sind folgende:

- Aufschlüsse über die im Untergrund vorliegenden geologischen und hydrogeologischen Verhältnisse [20],
- vorhandene Belastungen möglichst genau zu lokalisieren und einzugrenzen sowie
- weitergehende Erkenntnisse über mögliche Schadstoffausbreitungspfade in die Atmosphäre oder das Grundwasser.

Für diese Phase der Untersuchungen genügen meist kleinkalibrige Bohrungen oder Sondierungen, von denen einige auch in der weiteren Umgebung der Fläche niedergebracht werden sollten, um Hinweise auf die geogene Hintergrundbelastung zu erhalten. Das Proberaster sollte statistischen Anforderungen entsprechen und zusätzlich auch aufgrund der Vorinformationen gezielt angelegt werden.

Liegen, wie häufig im Falle von Altablagerungen, noch keine hinreichenden Informationen über die Art und das Ausmaß eines Schadensfalles vor, werden in den orientierenden Voruntersuchungen zunächst Summenparameter ermittelt. Als Summenparameter können beispielsweise die TOC-, DOC-, CSB-, BSB-, AOX-, EOX- und die POX-Werte herangezogen werden. Aus dem TOC-Wert (gesamter organisch gebundener Kohlenstoff) können Informationen über den Gesamtgehalt an organischen Verbindungen abgeleitet werden. Die im Wasser gelösten organischen Anteile werden nach Membranfiltration bei 0,45 µm als DOC-Wert (gelöster organisch gebundener Kohlenstoff) bestimmt. Im Fall von Verunreinigungen des Grundwassers ist der CSB-Wert (chemischer Sauerstoffbedarf für die Oxidation der organischen Inhaltsstoffe) ein Maß für die Gesamtbelastung des Grundwassers und der BSB-Wert (biochemischer Sauerstoffbedarf) ein Maß für den Gehalt an biochemisch abbaubaren Substanzen. Die AOX-, POX- und EOX-Werte liefern Hinweise auf die Gehalte an Halogenkohlenwasserstoffen. Der AOX-Wert gibt Aufschluß über die Gesamtkonzentration aller aus einer Wasserprobe an Aktivkohle adsorbierbaren Halogenkohlenwasserstoffe. Mit dem POX-Wert wird der Anteil ausblasbarer Halogenkohlenwasserstoffe bestimmt. Bei dem EOX-Wert handelt es sich um die mit organischen Lösungsmitteln extrahierbaren Halogenkohlenwasserstoffe. Weitere wesentliche Summenparameter sind der Kohlenwasserstoffgehalt, der Phenolindex sowie biologische Toxizitätstests. Bei einem erhöhten Zahlenwert eines einzigen Summenparameters können die Untersuchungsergebnisse durch Einzelstoffanalytik immer weiter eingegrenzt werden (Screening-Strategie). Demgegenüber liegen im Falle von Altstandorten häufig bereits hinreichende Kenntnisse auf die Schadstoffe vor, so daß gezielte Analysen auf deren Konzentration und Ausbreitung durchgeführt werden können (Target-Strategie).

Neben den Summenparametern werden für den Boden u. a. der pH-Wert, die Temperatur, der Trocken- und Glühverlust, die Leitfähigkeit, das Redox-Potential und die Eluierbarkeit bestimmt. Die Ergebnisse aller Untersuchungen werden in Form von Listen, Karten, Grafiken, Zeichnungen, Fotografien und Beschreibungen dokumentiert.

Für die Zwischenbewertung des Gefährdungspotentials werden aus rechtlichen Gründen die in den verschiedenen Listen aufgeführten Bodenwerte herangezogen (siehe hierzu auch Abschn. 1.2.4). Ihre Verwendung hat jedoch den Nachteil, daß sie unter bestimmten Randbedingungen, schutzgut- und nutzungsbezogen, unabhängig von der Bodenart und dem -gefüge konzipiert worden sind. Sie müssen daher die für den Einzelfall geltenden Verhältnisse, insbesondere bezogen auf die Mobilität und Mobilisierbarkeit, sowie die Bioverfügbarkeit der Schadstoffe nicht unbedingt widerspiegeln [20].

Führt die Zwischenbewertung zu der Erkenntnis, daß keine Gefährdung von der Fläche ausgeht, dann kann sie aus der vorläufigen Verdachtsgefahr entlassen werden. Für diesen Fall ist jedoch eine regelmäßige Kontrolle weiterhin erforderlich. Ergibt dagegen die Bewertung, daß eine Gefährdung von der Altlastverdachtsfläche ausgeht, wird eine den Kenntnisstand erweiternde, detaillierte Untersuchung angeordnet. Bei einer akuten Gefährdung besteht Handlungsbedarf für das Einleiten einer Sofortmaßnahme und paralleler, detaillierter Untersuchungen.

1.3.3
Detaillierte Untersuchungen und abschließende Bewertung

Mit den detaillierten Untersuchungen sollen einerseits die in den orientierenden Untersuchungen gewonnenen Erkenntnisse weiter vertieft und andererseits die für die Planung und Auswahl von Sanierungsverfahren erforderlichen Daten ermittelt werden. Die Detailuntersuchungen erstrecken sich, wie die orientierenden Voruntersuchungen, grundsätzlich auf den Boden, das Bodenwasser und die Bodenluft.

Im Gegensatz zu den Voruntersuchungen werden Bohrungen oder Sondierungen größeren Kalibers vorgenommen, um gestörte und ungestörte

Proben entnehmen zu können, die eine Aufnahme eines detaillierten Schichtenverzeichnisses erlauben. Die Bohrungen können zu dauerhaften Grundwassermeßstellen ausgebaut und für hydrogeologische Feldversuche genutzt werden. Das Beprobungsnetz wird in den Bereichen verdichtet, wo widersprüchliche oder extreme Ergebnisse vorliegen oder die Ausdehnung der Kontamination nicht hinreichend erkannt werden konnte.

Als Ergebnis der Untersuchungen werden Erkenntnisse über die Art und das Ausmaß der Kontamination, die Gefährlichkeit der Schadstoffe, deren Verteilung, Mobilität und Mobilisierbarkeit erwartet. Hierauf aufbauend kann die abschließende Bewertung des Gefährdungspotentials vorgenommen werden, sowie Aussagen über die Erforderlichkeit und Dringlichkeit einer Sicherungs- oder Dekontaminationsmaßnahme getroffen werden.

Neben den schadstoffspezifischen Erhebungen sind daher vor allem Kenntnisse über die detaillierten, geologischen und hydrogeologischen Verhältnisse im kontaminierten Bodenkörper von Bedeutung [21]. Denn die Ausbreitung der Schadstoffe steht in einer unmittelbaren Relation zu der Größe, Durchmesserverteilung und Gestalt der Bodenporen sowie zur Zusammensetzung des Bodens, wie Anteil an organischer Substanz, Tonmineralen, amorphen und kristallinen Oxiden und Hydroxiden. Weiterhin hängt die Eignung der Dekontaminationsverfahren von diesen Verhältnissen ab. In vielen Fällen muß zusätzlich berücksichtigt werden, daß bei Altlastverdachtsflächen der oberflächennahe Bereich durch Baumaßnahmen oder Verfüllungen verändert wurde, so daß von natürlichen Böden abweichende Fließ-, Sorptions- und Transformationsbedingungen vorliegen. Die bei den Untersuchungen zu ermittelnden Daten sind folgende:

- Masse des kontaminierten Bodens,
- Bodenart und -gefüge,
- Partikelgröße und -durchmesserverteilung,
- Durchlässigkeit des Bodens,
- Art, Konzentration und Menge der Schadstoffe,
- Räumliche Verteilung der Schadstoffe im Untergrund,
- Schadstoffverteilung in Abhängigkeit von der Partikelgröße und -dichte,
- Schadstoffgehalt im Bodenwasser und in der Bodenluft,
- Schadstoffgehalt im Grundwasser und
- Grundwasserstand und die Fließrichtung des Grundwassers.

Für die Abschätzung zeitkritischer Parameter können gegebenenfalls prognostische Modellrechnungen oder Simulationen bezüglich der Mobilität und/oder Mobilisierbarkeit der Schadstoffe im Sickerwasser und insbesondere im Grundwasser herangezogen werden.

Auch für die Erstellung der abschließenden Bewertung des Gefährdungspotentials werden aus rechtlichen Aspekten meist die Bodenwerte herangezogen, wobei die gleiche grundsätzliche Problematik, wie bei der Zwischenbewertung, besteht. Der Umfang des Informationsmaterials und der Analysendaten sind hier jedoch wesentlich größer und detaillierter, so daß die Aussagen über die Gefahren für die Umwelt mit einem höheren Beweisniveau getroffen werden können. Außerdem können aufgrund der Ergebnisse bereits die in Frage kommenden Sicherungs- und Dekontaminationsmaßnahmen zusammengestellt werden.

Geht von der Altlastverdachtsfläche keine Gefährdung aus, dann kann sie endgültig aus der Verdachtsgefahr entlassen werden. Im anderen Falle hängen die weiteren Entscheidungen vom Umfang des Schadensfalles und von der Auswirkung auf die betroffenen Schutzgüter ab. Werden die Maßnahme- bzw. Eingreifwerte nicht überschritten, dann wird die Fläche vorläufig aus der Verdachtsgefahr entlassen, wobei jedoch eine regelmäßige Überprüfung unerläßlich ist. Bei einem Überschreiten dieser Werte besteht der Tatbestand für eine Altlast. Außerdem ist der Handlungsbedarf für das Einleiten von Sanierungsmaßnahmen grundsätzlich gegeben.

Die große Anzahl von Verdachtsflächen und die begrenzten finanziellen Rahmenbedingungen schränken die Durchführung für die Altlastensanierung erheblich ein. Aus diesem Grunde ist eine Prioritätensetzung für die Bearbeitung der einzelnen Sanierungsfälle zweckmäßig. Innerhalb der Gefährdungsabschätzung kann neben der Höhe der Überschreitung der duldbaren resorbierten Aufnahmemenge die Schwere des zu erwartenden Schadens für die Prioritätensetzung berücksichtigt werden. Bei Schadstoffen mit einem hohen Grundwassergängigkeitspotential kann durch eine sofortige Sanierung die weitergehende Ausbreitung im Untergrund und im Grundwasserleiter verhindert werden. Durch eine derartige Prioritätensetzung können die Kosten für die notwendige Grundwassersanierungsmaßnahmen gesenkt werden. Bisher fehlen jedoch diesbezügliche bundesweit einheitliche Kriterien.

1.3.4
Probenahme

Die Probenahme bildet die Grundlage für die chemisch-physikalische Untersuchung der Proben und somit für die Beurteilung des Gefährdungspotentials einer Altlastverdachtsfläche sowie für die Erforderlichkeit und Dringlichkeit einer Sanierungsmaßnahme [22].

Durch eine nicht sachgemäße Probenahme wird das Untersuchungsergebnis schwerwiegender beeinflußt als durch Fehler, die bei der anschließenden Durchführung der Analysen gemacht werden. Deshalb hängt die Aussagekraft einer Untersuchung wesentlich von der Repräsentativität der Probenahme ab. Bei Ablagerungsgütern, wie z. B. Hausmüll oder mit Hausmüll gemischten Industrie- und Gewerbeabfällen ist es unmöglich, eine repräsentative Probe zu entnehmen.

Zur Erfassung des Ausmaßes einer Kontamination im Untergrund und in der Umgebung einer Altlastverdachtsfläche, einer Altlast oder eines kontaminierten Bodens ist die Festlegung einer Strategie über die Anzahl und die räumliche Anordnung der Probenentnahmestellen sowie über die Art der Beprobung unerläßlich. Die Strategie richtet sich nach der Art des betroffenen Schutzgutes und der Erkundungsstufe. Die Ergebnisse der historischen Erkundung sollten bei den orientierenden Voruntersuchungen bzw. die gewonnenen Ergebnisse der orientierenden Untersuchungen bei den detaillierten

Untersuchungen in die Entscheidungen über die Anzahl und Lage der Entnahmestellen einfließen.

Die Auswahl der Probenahmestellen und die Art der Beprobung stehen in einem direkten Zusammenhang mit den Untersuchungszielen, wie beispielsweise die Suche nach unbekannten Verunreinigungen, die Erkundung von Grenzen zwischen belasteten und unbelasteten Bereichen oder die Ermittlung der maximalen und mittleren Schadstoffkonzentrationen im kontaminierten Bodenkörper zur Bewertung des Gefährdungspotentials und zur Vorplanung und Auswahl von Sanierungsmaßnahmen.

Im Falle von Altlaststandorten bietet sich oftmals die Möglichkeit an, Stellen zu beproben, wo aufgrund der historischen Vorerhebungen am ehesten mit Verunreinigungen zu rechnen ist. Demgegenüber ist zur Ermittlung der Schadstoffkonzentrationen in einer Altablagerung, bei Flächen mit einer unbekannten Schadstoffverteilung, bei Flächen mit bekannten Schadstoffeintragsstellen, aber unbekannter vertikaler und horizontaler Schadstoffverteilung oder bei Flächen mit einem diffusen Schadstoffeintrag eine Rasterbeprobung sinnvoll. Der Abstand zwischen den einzelnen Entnahmestellen liegt im Normalfall zwischen 10 und 50 m. Nach dem jeweiligen Stand der Vorerhebungen kann eine Rastervergrößerung oder -verkleinerung vorgenommen werden, wobei die Anzahl der Entnahmestellen durch die Wahl eines Dreiecksnetzes gegenüber einem quadratischen Netz verringert werden kann.

1.3.4.1
Feststoffe

Die sachgemäße Durchführung von Aufschlüssen im Boden und die Aufnahme von Schichtenverzeichnissen sind in den DIN-Normen 4021 und 4022 aufgeführt. DIN 51061 schreibt vor, daß die entnommene Probemenge mindestens das zehnfache Gewicht des größten Partikels aufweisen soll. Die Entnahme der Proben kann nach folgenden Verfahren vorgenommen werden:

- Sondierbohrungen: Schlitzsondierung oder Rammkernsondierung;
- Drehbohrverfahren: Trockendrehbohrungen oder Spülbohrungen;
- Kernbohrverfahren: Rammkernbohrungen mit Hülse oder Schlauch;
- Schürfen;
- Probenstecher.

Die Bodenproben werden je nach Tiefe der Kontamination bis zum Grundwasserleiter entnommen.

Bei den „trockenen" Bohrungen und Sondierungen werden die Proben im Normalfall meterweise gesichert, so daß durch eine bodenkundliche-geologische Ansprache des Materials vor Ort die erforderlichen Erkenntnisse über den Schichtenaufbau des Untergrundes gewonnen werden können. In das Aufnahmeprotokoll der Gesteinsansprache werden zusätzlich die Ergebnisse einer organoleptischen Untersuchung (Farbe, Geruch) eingetragen.

Bei den Schürfen erfolgt die Beprobung direkt aus der vertikalen Stirnfläche des Schurfes, so daß auch hier die gezogenen Proben den verschiedenen Bodenhorizonten zugeordnet werden können. Diese Methode gestattet ferner einen vertieften Einblick in die bestehenden Untergrundverhältnisse und in die Verteilung visuell erkennbarer Bodenverunreinigungen.

Probenstecher werden im Bereich von Deponien bzw. Altablagerungen oder für stichfeste Schlämme eingesetzt. Werden bei der Entnahme stichfester Schlämme eingelagerte feste Fremdstoffe erkannt, so ist deren Menge abzuschätzen und ihre Relevanz für die Untersuchung zu beurteilen.

Die Proben werden als Einzelproben entnommen. Die gezogenen Einzelproben können wahlweise auch zu Mischproben zusammengestellt werden. Einzelproben sollten immer dann entnommen werden, wenn optisch oder geruchlich auffällige Bodenhorizonte oder gefüllte Kanister, Fässer, etc. angetroffen werden oder wenn es sich bei dem Schadensfall um leichtflüchtige organische Schadstoffe handelt.

Mischproben werden durch das Vereinigen von gezogenen Einzelproben oder als Ergebnis einer Probeteilung hergestellt. Bei der Herstellung ist darauf zu achten, daß volumengleiche Einzelproben zusammen gemischt werden. Die einzeln gezogenen Proben können vor Ort direkt in ein gemeinsames Probengefäß gefüllt werden. Bei schwierigen Fragestellungen kann es jedoch sinnvoll sein, die vor Ort gezogenen Einzelproben erst im Labor zu einer Mischprobe zu vereinigen. Teile der Einzelproben können in diesem Falle als Rückstellmuster aufbewahrt werden.

Mischproben aus einem Bodenhorizont werden durch die Entnahme von Proben in bestimmten Abständen erzeugt. Sie können aber auch durch das Mischen vertikal über mehrere Bohrmeter oder über die gesamte Bohrtiefe gezogenen Einzelproben sowie für eine bestimmte Fläche durch das Vereinigen von Proben mehrerer Sondierungen oder Bohrungen hergestellt werden.

Bei der Beprobung von kontaminierten Böden werden die gröberen Bestandteile, wie Steine, Holz, u. a., aussortiert oder durch Klassieren abgetrennt. Die Bestandteile werden beschrieben und ihre Masse durch Wägung ermittelt.

Eine Beprobung von Ablagerungsgütern kann nicht repräsentativ vorgenommen werden. Ist aufgrund der Fragestellungen eine chemisch-physikalische Analyse erforderlich, empfiehlt sich bei Hausmüll eine Trennung in einzelne Fraktionen, wie Papier und Pappe, Papierverbund und Kunststoff, Textilien, Holz, Knochen und Gummi, Metalle, Glas, feinkörnige Fraktionen bzw. organisches Material, bodenähnliches Material. Industrie-, Gewerbemüll oder Bauschutt wird in möglichst unterscheidbare Fraktionen sortiert.

Deutlich erkennbare „Sonderproben", wie z. B. Schlämme, Pasten, Farben o. ä., sollten generell getrennt entnommen und analysiert werden.

Grundsätzlich ist bei der Probenahme zu beachten, daß die einzelnen Partikelfraktionen entsprechend ihrem jeweiligen Massenanteil erfaßt werden. Abweichungen führen zwangsläufig zu einem Fehler bei der Beprobung. Der Probenahmefehler wächst hierbei mit abnehmendem Gehalt der

Schadstoffkomponente, mit abnehmender Gesamtmenge der Probe und mit steigender, mittlerer Masse des einzelnen Partikels.

1.3.4.2
Bodenwasser

Die Probenahme erstreckt sich auf das Grund-, Sicker- und Oberflächenwasser. Die Entnahme erfolgt meist mit Schöpfgeräten oder Pumpen. Während der Probenahme werden eine organoleptische Untersuchung (Farbe, Trübung und Geruch) sowie die Messung der Temperatur, des pH-Wertes, der Leitfähigkeit, des Sauerstoffgehaltes und gegebenenfalls auch der Redox-Spannung durchgeführt.

Die gezogenen Proben werden in Braunglasflaschen abgefüllt, die mit einem Glasschliffstopfen verschlossen werden können. Durch die Zugabe von Chemikalien werden die Proben vor Ort stabilisiert, um Probeveränderungen durch biologischen Abbau oder chemischen Zerfall vorzubeugen. Die jeweiligen Konservierungsreagenzien sind in den „Deutschen Einheitsverfahren" angegeben. Bei schwebstoffreichen Wässern müssen die Proben zusätzlich filtriert werden.

Für die Entnahme des Grundwassers werden Bohrbrunnen oder Schachtbrunnen abgeteuft. Bei den Bohrbrunnen muß die Pumpe bis in die Filterstrecke abgelassen werden (DEV, DIN 38042, Teil 13). Vor der Entnahme sollte der Brunneninhalt um ein Mehrfaches ausgetauscht werden. Die Proben sollten gezogen werden, wenn die bei der Entnahme erfaßten Meßgrößen pH-Wert, Leitfähigkeit und Temperatur einen annähernd konstanten Wert aufweisen.

Grundwasserproben werden meist aus unterschiedlichen Tiefen entnommen, so daß innerhalb des Grundwasserleiters bestehende Unterschiede in der Zusammensetzung erfaßt werden können. Eine vertikale Probenahme kann bei vollständig verfilterten Brunnen durch das gleichzeitige Abpumpen aus mehreren Schläuchen, die in unterschiedlicher Höhe angeordnet sind, erfolgen. Bei Brunnen, die mehrere Filterstrecken besitzen, können durch das Einbringen von sog. Packern die einzelnen Strecken voneinander getrennt und einzeln beprobt werden.

Schöpfproben können mit geeigneten Geräten aus jeder Tiefe unabhängig vom Bohrungsdurchmesser und bei allen Flurabständen entnommen werden. Bei der Probeentnahme muß beachtet werden, daß das entnommene Wasser nicht direkt aus dem Grundwasserleiter stammt und somit nicht die tatsächlich im Grundwasser vorherrschende Zusammensetzung darstellt.

Bei der Probenahme von Sickerwasser kann prinzipiell genauso wie bei der Grundwasserentnahme vorgegangen werden. Im Vergleich zu der Grundwasserbeprobung können jedoch zusätzliche Schwierigkeiten auftreten. Diese bestehen u.a. in Inhomogenitäten der Proben durch Phasenbildung und Niederschläge, in einer erhöhten Temperatur des Sickerwassers, im Auftreten von Gasen und flüchtigen Stoffen und in der schwierigen Stabilisierung.

1.3.4.3
Bodenluft

Als Bodenluftproben werden alle gasförmigen Proben bezeichnet, die aus dem Porenvolumen des Untergrundes 1 m unterhalb der Geländeoberkante und oberhalb des Grundwasserspiegels entnommen werden. Bodenluftanalysen beschränken sich grundsätzlich auf die Erfassung der leichtflüchtigen Schadstoffe:

- Chlorkohlenwasserstoffe (z. B. Trichlorethen, Tetrachlorethen)
- Aromatische Kohlenwasserstoffe (z. B. Benzol, Toluol, Xylol)
- Fluorchlorkohlenwasserstoffe (z. B. 1,1,2-Trichlortrifluorethan)

Nicht erfaßbar sind demgegenüber schwer- bzw. nichtflüchtige Verbindungen, wie z. B. eine Reihe von Pestiziden, Chlorbenzolen, mehrkernigen Aromaten, polychlorierten Biphenylen und Dioxine oder Furane. Auch bei Lehmböden scheidet die Untersuchung der Bodenluft aus.

Bodenluftmessungen bieten sich für orientierende Untersuchungen zur Eingrenzung, Identifikation und Lokalisierung von Kontaminationen im Untergrund und zur Feststellung von Grundwasserbelastungen an. Bei der Beurteilung der Meßergebnisse müssen die Grundbelastung des Bodens bzw. des Grundwassers, Aufbau und Inhomogenitäten des Untergrundes, Witterung und Jahreszeit der Probenahme und Abbauvorgänge im Boden bzw. im Grundwasser berücksichtigt werden.

Bodenluftuntersuchungen stellen kein absolutes Meßverfahren dar, da die Meßergebnisse von der Bodenfeuchte abhängen. Aussagen über Grad und Ausmaß einer Kontamination können daher nur Boden-, Grundwasser- oder auch Sickerwasseruntersuchungen selbst liefern. Aus den Ergebnissen einer Bodenluftanalyse können jedoch wichtige Anhaltspunkte für die Plazierung der Entnahmestellen für die kostenintensiven Bohrungen, Schürfungen bzw. Probenahmen gewonnen werden.

Bei der Detektion einer Schadstoffahne im Grundwasser mittels Bodenluftmessungen sind generell neben den Messungen im vermuteten Abstrombereich einer Bodenverunreinigung auch Messungen im Zustrombereich durchzuführen, um eine eventuelle Vorbelastung ermitteln zu können. Die Entnahme der Bodenluftproben sollte bei diesen Untersuchungen, wenn möglich, ca. 0,5 m über dem Grundwasserspiegel liegen. Bei den Verfahren zur Entnahme von Bodenluftproben werden zwei Methoden angewendet:

- Direktmethoden,
- Anreicherungsmethoden.

Mit beiden Methoden ist die Bestimmung leichtflüchtiger Halogenkohlenwasserstoffe im mg/m^3 bzw. $\mu g/m^3$-Bereich möglich.

Bei der Direktmethode wird eine geringe Bodenluftmenge (ca. 2 bis 5 ml) aus der vorgesehenen Tiefe entnommen und in Pasteurpipetten oder Glasampullen abgefüllt. Bei der gleichzeitigen Analyse auf Deponiegas werden auch Gasbeutel oder Gasmäuse verwendet. Die Entnahme kann nach der Methode von Neumayr über eine Spritze, die sich an der Spitze der Entnahmesonde befindet, oder durch Absaugen der Bodenluft mittels einer Pumpe aus einer möglichst dünnen Sonde erfolgen. Die Proben können zur Analyse direkt in einen Gaschromatographen eingespritzt werden.

Bei der Anreicherungsmethode wird eine größere Gasmenge (je nach Verfahren ca. 500 ml bis 10 l) über ein Adsorptionsmittel geleitet, in dem die Inhaltsstoffe der Bodenluft selektiv angereichert werden. Als Adsorptionsmittel werden u. a. Aktivkoks oder Adsorberharze verwendet. Die Selektivität und die Beladungskapazität hängen vom Adsorptionsmittel und seiner Menge sowie von der Beschaffenheit der Bodenluft ab. Die Entnahme der Bodenluft erfolgt durch Absaugen der nötigen Luftmenge mit einer Pumpe. Das Röhrchen, das das Adsorbermittel enthält, kann wahlweise an der Spitze oder am Ende der Probesonde angebracht werden. Die adsorbierten Bestandteile werden, je nach Adsorbens, thermisch oder durch Lösungsmittelelution vom Adsorbermaterial getrennt und ebenfalls gaschromatographisch analysiert.

1.3.5
Analytik

Bei den Feststoffproben und flüssigen Proben ist vor der Analyse ein vollständiger Aufschluß oder eine Extraktion erforderlich. Dieser Arbeitsschritt dient der An- oder Abreicherung der zu untersuchenden Schadstoffe. Gleichzeitig können die Analyse störende Stoffe entfernt werden. Für die verschiedenen Schadstoffe, den pH-Wert und die elektrische Leitfähigkeit sind die einzuhaltenden Analysevorschriften und -verfahren in DIN-Normen festgelegt worden (Tabelle 1.5).

Die Bestimmung der organischen Schadstoffgehalte erfolgt aus der Originalsubstanz. Demgegenüber werden vor der Bestimmung der organischen Schadstoffe die Proben aufgeschlossen. Als Aufschlußverfahren kommen prinzipiell in Frage:

- Glühen der Probe und Untersuchung des Glührückstandes nach Schmelz- oder Säureaufschluß;
- Veraschung mit p-Toluolsulfonsäure, um flüchtige Metallverbindungen in schwerflüchtige Sulfate umzuwandeln;
- Säureaufschluß in einer Teflonbombe;
- Aufschluß mit Königswasser oder anderen Säuremischungen.

Die analysenfertig aufbereiteten Proben werden bei 105°C getrocknet und analysiert. In speziellen Fällen, z.B. Quecksilber, sollte die Konzentration aus der Originalprobe ermittelt werden.

Die Partikelgrößenverteilung wird durch Prüfsiebung mit Laborprüfsieben in Anlehnung an die DIN 4788 ermittelt. Neben der Siebklassierung werden im Fein- und Feinstkornbereich Sedimentationsanalysen angewendet. Da nach beiden Verfahren unterschiedliche Partikeleigenschaften gemessen werden, lassen sich die Ergebnisse nicht unmittelbar miteinander vergleichen. Die Ergebnisse der Partikelgrößenanalyse können in Form von relativen Häufigkeitsverteilungen oder Summenverteilungen dargestellt werden.

Tabelle 1.5. Analysevorschriften und -verfahren für Parameter zur Abgrenzung von unbelasteten, belasteten und verunreinigten Böden nach Hessischem Ministerium für Umwelt, Energie und Bundesangelegenheiten

Lfd. Nr.	Parameter	Analyseverfahren	DIN
1	pH-Wert	38404 – C 5	38404 Teil 5
2	Elektrische Leitfähigkeit	38404 – C 8	38404 Teil 8
3	Gesamt organisch gebundener Kohlenstoff (TOC)	38409 – H 3	38409 Teil 3
4	Arsen	38405 – D 18 38406 – E 22	38405 Teil 18 38406 Teil 22
5	Blei	38406 – E 6 38406 – E 16 38406 – E 22	38406 Teil 6 38406 Teil 16 38406 Teil 22
6	Cadmium	38406 – E 16 38406 – E 19 38406 – E 22	38406 Teil 16 38406 Teil 19 38406 Teil 22
7	Chrom, gesamt	38406 – E 10 38406 – E 22	38406 Teil 10 38406 Teil 22
8	Kupfer	38406 – E 7 38406 – E 16 38406 – E 22	38406 Teil 7 38406 Teil 16 38406 Teil 22
9	Nickel	38406 – E 11 38406 – E 16 38406 – E 22	38406 Teil 11 38406 Teil 16 38406 Teil 22
10	Quecksilber	38406 – E 12	38406 Teil 12 (E)
11	Zink	38406 – E 8 38406 – E 16 38406 – E 22	38406 Teil 8 38406 Teil 16 38406 Teil 22
12	Cyanid, leicht freisetzbar	38405 – D 14	38405 Teil 14
13	Kohlenwasserstoffe	38409 – H 18	38409 Teil 18
14	Schwerflüchtige lipophile Stoffe	38409 – H 17	38409 Teil 17
15	Einkernige aromatische Kohlenwasserstoffe (BTEX-Aromaten)	38407 – F 9	38407 Teil 9
16	Polycyclische aromatische Kohlenwasserstoffe (PAK)	38407 – F 8	38407 Teil 8
17	Leichtflüchtige Halogenkohlenwasserstoffe (LHKW)	38407 – F 4	38407 Teil 4
18	Phenol-Index	38409 – H 16	38409 Teil 16

Eluat nach DIN 38414 Teil 4, (DEV – S 4).
Für Parameter 4 – 11: Aufschluß der Feststoffe nach DIN 38414 Teil 7 (DEV – S 7).
Für Parameter 12 – 18: Analyse aus Originalsubstanz.
(E); DIN-Entwurf.

Die Dichteverteilung innerhalb einer Siebfraktion hat nur für die Bodenwaschverfahren eine Bedeutung. Sie wird durch sog. Schwimm-Sink-Analysen ermittelt. Für die Einstellung der benötigten Dichtestufen werden anorganische Lösungen oder Feststoffsuspensionen eingesetzt [23].

Neben den chemischen Analysen werden biologische Toxizitätstests durchgeführt. Aufgrund der kurzen Generationszeiten, der hohen Stoffwechselaktivität und den damit kurzen Ansprechdauern eignen sich beispielsweise Bakterien ausgezeichnet zum Nachweis akut bakterientoxischer Verbindungen im Boden oder im Bodenwasser. Der Test ist reproduzierbar und besitzt die Empfindlichkeit des auch häufig eingesetzten Fischtests.

Im Hinblick auf die Abschätzung der Deponierbarkeit von Stoffen werden in der Abfallwirtschaft Auslaugungstests durchgeführt [24]. Es bietet sich daher an, entsprechende Tests mit kontaminierten Böden durchzuführen, um Kenntnisse über die Mobilität und Mobilisierbarkeit von Schadstoffen ableiten zu können. Im Labor können die tatsächlich in der Natur herrschenden Bedingungen nur sehr grob nachvollzogen werden. Echte Prognosen über die Mobilität sind daher nur bei einigen anorganischen Schadstoffen möglich. Organisch, lipophile Schadstoffe verhalten sich demgegenüber sehr unterschiedlich, so daß die Aussagekraft derartiger Versuche kritisch angesehen werden muß.

Als Verfahren stehen Säulenauslaugungen und Schüttelversuche zur Verfügung. Im ersten Fall werden die Retardierungseffekte für die zu bestimmenden Stoffe besser erfaßt. Im zweiten Fall werden eher die ungünstigen Verhältnisse, d.h. die rasche Gesamtauslaugung unter verschiedenen Bedingungen simuliert.

Der Elutionstest wird meist gemäß DEV S 4, DIN 38414, Teil 4, mit destilliertem Wasser als Elutionsmittel durchgeführt. Es können jedoch auch andere Lösungsmittel, wie verdünnte Essigsäure oder kohlendioxidhaltiges Wasser eingesetzt werden.

1.4
Sanierungsziel und Sanierungsstrategie

Als Ergebnis der abschließenden Bewertung des Gefährdungspotentials einer Altlast liegen Kenntnisse über die Art und das Ausmaß des Schadensfalles sowie über die betroffenen Schutzgüter und in Form der Prioritätenliste über die Dringlichkeit der Sanierung vor. Grundsätzlich müssen Maßnahmen zur Abwehr von Umweltschädigungen, zur Sanierung und zur Nachsorge ergriffen werden.

Im Falle einer akuten Gefährdung müssen Sofortmaßnahmen zur Abwehr der Gefahr eingeleitet werden. Beispielsweise kann das kontaminierte Bodenmaterial ausgekoffert und auf einem gesicherten Standort zwischengelagert werden oder eine weitergehende Schadstoffausbreitung im Grundwasser durch passive hydraulische Maßnahmen verhindert werden.

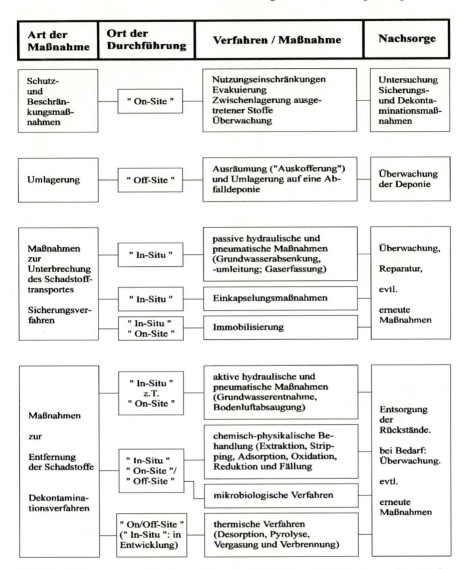

Art der Maßnahme	Ort der Durchführung	Verfahren / Maßnahme	Nachsorge
Schutz- und Beschränkungsmaßnahmen	" On-Site "	Nutzungseinschränkungen Evakuierung Zwischenlagerung ausgetretener Stoffe Überwachung	Untersuchung Sicherungs- und Dekontaminationsmaßnahmen
Umlagerung	" Off-Site "	Ausräumung ("Auskofferung") und Umlagerung auf eine Abfalldeponie	Überwachung der Deponie
Maßnahmen zur Unterbrechung des Schadstofftransportes Sicherungsverfahren	" In-Situ " " In-Situ " " In-Situ " " On-Site "	passive hydraulische und pneumatische Maßnahmen (Grundwasserabsenkung, -umleitung; Gaserfassung) Einkapselungsmaßnahmen Immobilisierung	Überwachung, Reparatur, evtl. erneute Maßnahmen
Maßnahmen zur Entfernung der Schadstoffe Dekontaminationsverfahren	" In-Situ " z.T. " On-Site " " In-Situ " " On-Site "/ " Off-Site " " On/Off-Site " (" In-Situ ": in Entwicklung)	aktive hydraulische und pneumatische Maßnahmen (Grundwasserentnahme, Bodenluftabsaugung) chemisch-physikalische Behandlung (Extraktion, Stripping, Adsorption, Oxidation, Reduktion und Fällung) mikrobiologische Verfahren thermische Verfahren (Desorption, Pyrolyse, Vergasung und Verbrennung)	Entsorgung der Rückstände. bei Bedarf: Überwachung. evtl. erneute Maßnahmen

Abb. 1.3. Maßnahmen zur Abwehr von Umweltschädigungen, zur Sanierung und zur Nachsorge, nach [25]

Ansonsten kommen die in Abb. 1.3 dargestellten Möglichkeiten zur Abwehr von Umweltschädigungen, zur Sanierung und zur Nachsorge in Betracht. Hiernach kann folgende Einteilung der Maßnahmen vorgenommen werden:

- Schutz- und Beschränkungsmaßnahmen;
- Umlagerung des unbehandelten Materials;
- Maßnahmen zur Unterbrechung des Schadstofftransportes (Sicherungsverfahren);

– Maßnahmen zur Entfernung der Schadstoffe (Dekontaminationsverfahren).

Die Schutz- und Beschränkungsmaßnahmen werden im allgemeinen nur als Zwischenlösungen bis zur Durchführung der eigentlichen Sanierung angesehen. Sie erfordern eine langfristige Überwachung. Teilweise sind sie mit der Anordnung einer Nutzungseinschränkung oder eines Nutzungsverzichtes verbunden.

Auch die einfache Umlagerung des unbehandelten, kontaminierten Materials hat aufgrund der „temporären" und „örtlichen" Problemverlagerung nicht unbedingt den Charakter einer Sanierungsmaßnahme. Neben der Anwendung als Sofortmaßnahme wird die Umlagerung jedoch häufig bei der „Ertüchtigung" von Altdeponien oder als Folge finanzieller Zwänge eingesetzt. Sie wird daher in den Entscheidungen über die Auswahl der Sanierungsmaßnahme berücksichtigt. Die Sanierungsverfahren können unterschieden werden in:

– Sicherungsverfahren und
– Dekontaminationsverfahren.

Bei den Sicherungsverfahren werden die Schadstoffe nicht beseitigt, sondern deren Ausbreitung in die Umwelt verhindert bzw. stark eingeschränkt. Die eigentliche Schadstoffproblematik wird somit auch bei diesen Verfahren mit einer „temporären" Wirkung verschoben. Trotz der vielfachen Diskussion über die Dauerhaftigkeit und Wirksamkeit der Unterbrechung gelten die Sicherungsmaßnahmen in der praktischen Anwendung den Dekontaminationsmaßnahmen prinzipiell als gleichwertig [4].

Die Dekontaminationsverfahren, die früher als Sanierungsverfahren bezeichnet worden sind, zielen auf die Entfernung und teilweise darüber hinausgehend auf die Zerstörung der Schadstoffe. Sie können in Ex-Situ- und In-Situ-Maßnahmen unterschieden werden. Bei den Ex-Situ-Verfahren wird das kontaminierte Bodenmaterial ausgehoben, zu der On-Site- oder einer Off-Site-Anlage transportiert und gereinigt. Bei den In-Situ-Verfahren erfolgt die Schadstoffentfernung ohne den Aushub des kontaminierten Bodens.

Liegt ein Handlungsbedarf für das Einleiten einer Sanierungsmaßnahme vor, dann werden in Sanierungsvorplanungen zunächst vorläufige Sanierungsziele festgelegt und unter technischen und wirtschaftlichen Gesichtspunkten die Sanierungsverfahren ausgewählt, mit denen die Sanierungszielvorgaben sicher erreicht werden können [26]. Die Festlegung eines Sanierungszielwertes und die Auswahl eines Sanierungsverfahrens sind somit eng aneinander gekoppelt. Auf der Grundlage der Ergebnisse der Sanierungsvorplanungen erfolgt die endgültige Festlegung des Sanierungszielwertes und die endgültige Auswahl des Sanierungsverfahrens.

Nach der Auswahl des einzusetzenden Sanierungsverfahrens beginnt die detaillierte Planung der Sanierung, die in die eigentliche Durchführung mündet. Die Sanierungsplanung beinhaltet die Entwurfs-, die Genehmigungs- und die Ausführungsplanung sowie die Ausschreibung und Vergabe. Die Genehmigungsplanung erfordert hierbei eine enge Zusammenarbeit mit den zuständigen Behörden.

Während der Sanierung werden die Effektivität der Maßnahme und sicherheitsrelevante Parameter überwacht. Nach der Durchführung der Sanierung und einer entsprechenden Dokumentation erfolgt die Überprüfung des Sanierungserfolges. Dabei wird entschieden, ob die Sanierung erfolgreich durchgeführt worden ist, d. h. ob die vorgegebenen Sanierungszielvorgaben erreicht worden sind. Sind die Sanierungsziele erreicht worden, dann wird die Altlast ausgeschieden und archiviert, oder sie wird zur Wiedervorlage in der Altlastendatei belassen, oder es ist eine fachliche Kontrolle notwendig.

An die Beendigung der Sanierungsmaßnahme schließt sich die sogenannte Nachsorgephase an. In der Nachsorgephase werden die dauerhafte Einhaltung des Sanierungszieles und der wirksame Schutz der betroffenen Schutzgüter langfristig überwacht.

1.4.1
Sanierungszielwert

Mit der Festlegung des Sanierungszielwertes muß grundsätzlich gewährleistet sein, daß die tolerierbare Gefahrenschwelle gesichert unterschritten wird. Der Festlegung des Sanierungszielwertes sollte daher eine detaillierte Risikoabschätzung für alle als relevant erkannten Gefährdungspfade vorangehen, auf deren Basis das tolerierbare Restrisiko unter Berücksichtigung des ausgewählten Sanierungsverfahrens ermittelt werden kann.

Als Sanierungszielwerte kommen bei den Dekontaminationsverfahren die tolerierbaren Restschadstoffkonzentrationen im Boden bzw. im Grundwasser in Frage. Bei den Sicherungsverfahren sind die tolerierbaren Schadstofffrachten bzw. die zulässigen Emissionskonzentrationen für die Festlegung des Sanierungszielwertes geeignet.

Einen maßgeblichen Einfluß auf die Festlegung des Sanierungszielwertes hat die Abwägung zwischen der Angemessenheit des Aufwandes und der mit der Sanierungsmaßnahme insgesamt erzielten Verbesserung der Umweltbilanz. Daher muß die Umweltverträglichkeit der in Frage kommenden Sanierungsverfahren in den Betrachtungen berücksichtigt werden [27, 28].

Als Orientierungsrahmen für die Sanierungszielwerte dienen Richtwerte, die nach unterschiedlichen Konzentrationsstufen für die verbleibende Belastung gegliedert werden können. Die grundsätzlich an eine Sanierung zu stellende Anforderung wäre, daß die im Boden, im Bodeneluat oder im Grundwasser enthaltenen Schadstoffe, Konzentrationen aufweisen, die den natürlichen Hintergrundbelastungen entsprechen oder diesen sehr nahe kommen.

Kann die Hintergrundbelastung nicht als Sanierungszielwert herangezogen werden, ist ein angemessener Schutz für die Menschen, unter Beachtung seiner wichtigsten Umweltnutzungen, und des Grundwassers in Form einer allgemeinen Mindestanforderung sicherzustellen. Die allgemeine Mindestanforderung an den Sanierungszielwert ist somit, daß die Schutzgüter Grundwasser, Grundwassernutzung, Gesundheit von Menschen auf kontaminierten Flächen und das Schutzgut Pflanzen geschützt werden. Die Wirkung von Barrieren gegen eine Schadstoffausbreitung, die Schadstoffverdünnung, ein Nutzungsverzicht oder sonstige Besonderheiten des Einzelfalls werden nicht berücksichtigt. Als Maß werden Prüfwerte herangezogen, die den ausreichenden Schutz für die verschiedenen Schutzgüter gewährleisten. Die Prüfwerte zum Schutz des Grundwassers beziehen sich hierbei auf das Bodeneluat, die Prüfwerte zum Schutz der Grundwassernutzung auf das Grundwasser selbst und die Prüfwerte zum Schutz der Menschen und Pflanzen auf die Gesamtschadstoffgehalte im Boden.

Kommt man zu dem Ergebnis, daß auch die Prüfwerte für die Festlegung des Sanierungszielwertes nicht herangezogen werden können, dann wird der Sanierungszielwert aus einer einzelfallbezogenen Mindestanforderung abgeleitet. Hierbei werden alle Umstände des Einzelfalls, wie Barrieren gegen die Schadstoffausbreitung, mögliche und akzeptable Schadstoffverdünnungen, die Frage der Nutzungswürdigkeit und der vorhandenen bzw. aufzugebenden Nutzung einbezogen. Für diesen Fall können demzufolge die Sanierungszielwerte nicht als feststehende Zahlenwerte aus einer Liste entnommen werden, sondern müssen für den jeweiligen Einzelfall festgelegt werden.

1.4.2
Sanierungsvorplanung

Die Grundlagen für die Sanierungsvorplanung bilden die in der Erkundung, den orientierenden und detaillierten Untersuchungen gewonnenen Erkenntnisse. Durch diese Vorerhebungen sind die standortspezifischen Verhältnisse in den meisten Fällen soweit erkundet, daß die Art und das räumliche ausmaß der Schadstoffbelastung, die betroffenen Schutzgüter und die Expositionspfade für die Schadstoffe bekannt sind. Ferner müssen planungsrechtliche Vorgaben (z.B. Naturschutzgebiet), die aktuelle Nutzung und gegebenenfalls Nutzungsänderungen in die Sanierungsvorplanungen einbezogen werden [29, 30].

Die Zielvorgaben für eine Sanierungsmaßnahme umfassen prinzipiell das Spektrum von der reinen, ordnungsrechtlich notwendigen Gefahrenabwehr bis hin zu der ökologisch wünschenswerten Wiederherstellung des Zustandes vor der Belastung oder der Multifunktionalität für die Nutzung der Fläche. Oberstes Sanierungsziel ist die Abwehr der Gefahren für das menschliche Leben und die Gesundheit. Weitere Ziele sind in dem Abwenden von Gefahren für die natürliche Umwelt, und hier insbesondere für das Grundwasser, gegeben [31].

Die praktischen Erfahrungen bei den bereits durchgeführten Sanierungen haben gezeigt, daß aus naturwissenschaftlichen, technischen und rechtlichen Gründen sowie nicht zuletzt wegen der finanziellen Zwänge, sich der ursprüngliche Zustand vor der Kontamination meist nicht wiederherstellen läßt. Häufig stellt die Sanierung somit eine Maßnahme dar, die nicht über den erforderlichen Grad für die reine Gefahrenabwehr hinausgeht, d.h., die Altlast wird in einen das Wohl der Allgemeinheit nicht mehr schädigenden oder störenden Zustand gebracht.

Aus dem übergeordneten Sanierungsziel der Gefahrenabwehr für das menschliche Leben und die Gesundheit sowie für das Grundwasser lassen sich keine grundlegenden Vorgaben für den vorzusehenden Grad einzelner Sanierungen ableiten. Die Festlegung entsprechender Sanierungszielwerte sollte daher prinzipiell für den jeweiligen Einzelfall auf die Nutzung, die Funktion und die mögliche Exposition der Schutzgüter menschliche Gesundheit, Grundwasser, Boden, Natur und Landschaft sowie Sachgüter ausgerichtet werden. Hierdurch begründet sich nicht zwangsläufig die Forderung nach der anstrebenswerten Wiederherstellung des ursprünglichen Zustandes oder nach der vollständigen Entfernung der Schadstoffe.

Die endgültige Auswahl des Sanierungsverfahrens, wobei Kombinationen mehrerer Verfahren als Verfahrensverbund angewendet werden können, sowie die endgültige Festlegung des Sanierungszieles erfolgt auf der Basis einer Durchführbarkeitsstudie. Bezüglich der Auswahl des Sanierungsverfahrens werden in der Studie neben den technischen Machbarkeitskriterien die Kostenwirksamkeit, Finanzierbarkeit, Genehmigungsfähigkeit, Dauer der Sanierung, Sicherheit und öffentliche Akzeptanz berücksichtigt. In die Entscheidung über die endgültige Festlegung der Sanierungsziele fließen die jeweiligen standortspezifischen Verhältnisse, aber auch die Eignung und Leistungsfähigkeit der verschiedenen Sanierungsverfahren ein.

1.4.3
Auswahl des Sanierungsverfahrens

Es sollte stets eine Verfahrensvorauswahl durchgeführt werden. Alle marktgängigen Sanierungsmöglichkeiten, also die Umlagerung, die Sicherungsverfahren sowie die In-Situ- und Ex-Situ-Dekontaminationsverfahren, sollten daher zunächst auf ihre technologische Eignung für den vorliegenden Schadensfall geprüft werden [32].

Die praktischen Erfahrungen zeigen, daß Verfahren oftmals bereits aus technischen und/oder schadstoffspezifischen Gründen für die Sanierung des Standortes ungeeignet sind. Als Bewertungskriterien dienen die in den Vorerhebungen gewonnen Erkenntnisse über den Schadensfall, wie Schadstoffinventar, Schadstoffbilanz, Schadstoffverteilung, über die geologischen und hydrogeologischen Verhältnisse im Untergrund, über die standortspezifischen Gegebenheiten, wie Bebauungen, Zugänglichkeit, usw. Ferner sind für jedes Sanierungsverfahren sein Entwicklungsstand, seine Verfügbarkeit und nicht zuletzt die mit ihm erreichbaren Sanierungsziele zu berücksichtigen.

Im Hinblick auf die endgültige Auswahl des Sanierungsverfahrens wird für die weiterhin in Frage kommenden Verfahren eine Kostenabschätzung und eine nicht-monetäre Beurteilung vorgenommen. Die Kostenabschätzung beinhaltet alle Kosten, die mit der Sanierungsplanung und der Sanierungsdurchführung verbunden sind. Hierzu gehören beispielsweise die Ingenieur- und Planungskosten, die Kosten für bauliche Maßnahmen im Vorfeld und während der Durchführung der Sanierung sowie die Kosten für die Durchführung der eigentlichen Sanierung. Bei der Kostenabschätzung muß berücksichtigt werden, daß die Kosten bei Sicherungsverfahren längerfristig gegeben sind. Für einen Vergleich mit den Dekontaminationsverfahren müssen deshalb Kostenvergleichsrechnungen vorgenommen werden.

Für die nicht-monetäre Beurteilung werden technische und organisatorische Kriterien sowie Kriterien zu den Umweltauswirkungen und der Umweltverträglichkeit herangezogen. Verfahren, die diese Kriterien nicht erfüllen, können für die weiteren Betrachtungen ausgeschieden werden.

Die technischen Kriterien beziehen sich u. a. auf den Entwicklungsstand und Referenzen des Verfahrens, deren Betriebssicherheit, Verfügbarkeit und Regelbarkeit bei Inputschwankungen. Die organisatorischen Kriterien beziehen sich u. a. auf die öffentliche und politische Akzeptanz, den Flächen- und Infrastrukturbedarf, zusätzliche Verkehrsbelastungen oder Genehmigungsanforderungen.

Die Kriterien zu den Umweltauswirkungen und der Umweltverträglichkeit beziehen sich auf die Dauer bis zum Erreichen der vollen Wirksamkeit der Sanierung, auf das Langzeitverhalten, auf die Kontroll- und Reparaturmöglichkeiten, auf die Auswirkungen auf Biotop und Landschaft, auf die mit der Maßnahme verbundenen Emissionen, auf Eingriffe in den Untergrund, auf den Energieverbrauch, auf die Schadstoffbilanz (Aufkonzentrierung, Zerstörung, Verdünnung, Verlagerung, Metabolisierung), auf die anfallenden Restprodukte und auf die Störfallsicherheit.

Für die weiterhin in Betracht kommenden Verfahren werden die Kosten und die Wirksamkeit einander gegenübergestellt, wobei die Wirksamkeiten von Dekontaminations- und Sicherungsverfahren jedoch nur unzulänglich miteinander verglichen werden können. Auf der Grundlage der Kostenwirksamkeitsabschätzung erfolgt die endgültige Auswahl des Sanierungsverfahrens.

Die Wirksamkeit von Dekontaminationsverfahren ist je nach Schutzgut als wassergetragene Schadstoffaustragsrate (Eluat, Sickerwasser) oder als im Boden verbleibende Restschadstoffkonzentration meßbar. Anzumerken ist, daß zu diesem Zeitpunkt verbindliche Zahlenangaben naturgemäß nicht vorliegen können, so daß auf Firmenangaben oder auf aus der Literatur bekannte Angaben zurückgegriffen werden muß. Gegebenenfalls können aber auch Voruntersuchungen zur Ermittlung von Zahlenangaben durchgeführt werden.

Die Wirksamkeit von Sicherungsverfahren drückt sich dadurch aus, in welchem Umfang der Schadstofftransport aus der Altlast heraus unterbrochen wird, wobei die Reduzierung berechnet oder zumindest abgeschätzt werden muß. Da die Schadstoffe nicht beseitigt werden, muß zusätzlich die Langzeitwirkung der Maßnahme betrachtet werden.

Für die Sanierungsentscheidung wird die voraussichtliche Wirksamkeit in Relation zu den wahrscheinlichen Kosten gesetzt. Die Einordnung der Wirksamkeit erfolgt hierbei für die jeweiligen Stufen des Sanierungszielwertes. In Abhängigkeit von der Sanierungszielstufe kann das Verfahren oder die Verfahrenskombination ausgewählt werden, mit dem bzw. mit der bei Erreichen des Sanierungszielwertes die geringsten Kosten verbunden sind.

Sind mehrere Schutzgüter betroffen und/oder sind verschiedene Schadstoffe in der Altlast enthalten, dann müßten Kostenwirksamkeitsabschätzungen für jedes Schutzgut und jeden Schadstoff und für die jeweiligen Sanierungszielstufen durchgeführt werden. Zur Vereinfachung können für jede Schadstoffgruppe repräsentative Parameter verwendet werden, die in der Höhe der Konzentration und der Umweltrelevanz stellvertretend für die Einzelschadstoffe eingesetzt werden können. Aus den einzelnen Abschätzungen können die Verfahrenskombinationen zusammengestellt werden, mit denen die Altlast vollständig saniert werden kann. Häufig wirkt eine Verfahrenskombination unterschiedlich in der Sanierung der einzelnen zu betrachtenden Schutzgüter oder in der Sanierungsleistung für einzelne Schadstoffe. Hier muß eine Einordnung in die Sanierungszielstufe für den ungünstigsten Fall vorgenommen werden.

1.5
Sanierungsverfahren

Die für die Sanierung zur Verfügung stehenden Verfahren werden nach ihren Zielsetzungen in Sicherungsverfahren und Dekontaminationsverfahren eingeteilt:

Die Sicherungsverfahren dienen in erster Linie der Abwehr von Gefahren. Die Schadstoffe werden nicht beseitigt. Ihre Ausbreitung in die Umwelt wird mit „temporärer" Wirkung lediglich unterbrochen.

Die Dekontaminationsverfahren dienen der eigentlichen Ursachenbekämpfung. Die Schadstoffe werden entfernt bzw. reduziert.

Eine gewisse Sonderstellung nimmt die Umlagerung des unbehandelten Materials oder Bodenaushubes ein. In den meisten Fällen werden die Gesamt- oder Teilaushubmengen auf Standorten entsorgt, die den Anforderungen der geltenden TA-Abfall/TA-Siedlungsabfall genügen. Die Umlagerung kann daher unter Einschränkungen den Sicherungsverfahren zugeordnet werden.

Aufgrund der Vielfältigkeit der Schadensfälle erweist es sich zunehmend als zweckmäßig, die verschiedenen Sicherungs- und Dekontaminationsverfahren zu kombinieren, so daß die Flexibilität der Sanierung erhöht wird.

1.5.1
Sicherungsverfahren

Die Sicherungsverfahren zielen auf eine Unterbrechung von Schadstoffemissionen aus einem kontaminierten Bereich über den Wasser- und/oder den Luftpfad. Die eigentliche Kontamination wird im Normalfall nicht beseitigt, sondern mit temporär begrenzter Wirkung von der Umgebung isoliert. Eine Überwachung und ständige Kontrolle einer Sicherungsmaßnahme ist somit unabdingbar, da auch die Langzeitwirksamkeit noch nicht eindeutig nachgewiesen ist.

Zu den Sicherungsverfahren gehören, wie bereits erwähnt, die Umlagerung von Altablagerungen oder kontaminierten Bodenaushubes, passive hydraulische Verfahren zur Abwehr einer weitergehenden Grundwasserkontamination, die allseitige Einkapselung von Altablagerungen sowie die Immobilisierung von Schadstoffen.

Sicherungsverfahren werden u. a. angewendet, wenn eine Dekontamination aus technischen oder finanziellen Erwägungen ausscheidet, eine Sofortmaßnahme erforderlich ist, ein erhebliches sekundäres Gefährdungspotential beim Aushub und dem Transport besteht oder eine Altdeponie durch Ertüchtigung langfristig gesichert werden soll. Teilweise werden diese Maßnahmen zur Vermeidung einer weiteren Schadstoffverschleppung in Kombination mit In-Situ-Dekontaminationsverfahren eingesetzt.

1.5.1.1
Umlagerung

Bei der Umlagerung des kontaminierten Materials wird die eigentliche Schadstoffproblematik nur zeitlich und örtlich verlagert. Die Notwendigkeit kann sich ergeben, wenn ein erhebliches Gefährdungspotential besteht und andere Maßnahmen aus zeitlichen, technischen und/oder wirtschaftlichen Gründen nicht durchgeführt werden können. Die Unumgänglichkeit einer Umlagerung sollte jedoch im Einzelfall zwingend belegt werden [33].

Bei der Umlagerung wird das gesamte kontaminierte Material oder Teilmengen ausgehoben und unbehandelt unter Einhaltung der Richtlinien nach der TA-Abfall/TA-Siedlungsabfall auf gesicherten Standorten entsorgt. Besonders stark kontaminierte Bodenbereiche können beim Aushub ausgesondert und einer Dekontaminationsmaßnahme zugeführt werden [34].

Die Umlagerung als On-Site-Maßnahme kann im Zusammenhang mit der „Ertüchtigung" von Altdeponien an Bedeutung gewinnen [35–38]. Auch größere Altstandorte könnten mit versiegelten Teilflächen zur Zwischen- oder Endlagerung betriebseigener Abfallstoffe hergerichtet werden.

1.5.1.2
Passive hydraulische Maßnahmen

Als alleinige Anwendung haben diese Verfahren zunehmend die Bedeutung einer Sofortmaßnahme erhalten. Oftmals werden sie jedoch in Verbindung mit der allseitigen Einkapselung von Altlasten eingesetzt.

Die passiven hydraulischen Maßnahmen sind darauf ausgerichtet, durch den Einbau von Entnahme- oder Infiltrationsbrunnen die Strömungsverhältnisse im Grundwasser so zu beeinflussen, daß eine weitreichende Ausbreitung von Schadstoffen im Grundwasser bzw. das Eindringen von Schadstoffen in Schutzgebiete verhindert wird. Die verschiedenen Möglichkeiten für die Anordnung der Brunnen sind in Abb. 1.4 dargestellt.

Schnitt   **Draufsicht**

a) Entnahmebrunnen im Grundwasserabstrom des Kontaminationsbereiches

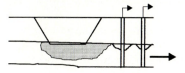   

b) Entnahmebrunnen im Grundwasseraufstrom des Kontaminationsbereiches

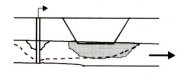

c) Infiltrationsbrunnen zur Umleitung des Grundwassers

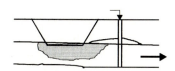   Trinkwasser-
entnahmebrun-
nen

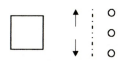

d) Entnahmebrunnen zur Trockenlegung einer Altablagerung

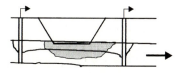

  künstliche Wasserscheide

————▶ Grundwasserfließrichtung

Kontaminationsbereich

Abb. 1.4a–d. Anordnung der Brunnen bei passiven hydraulischen Maßnahmen, verändert nach [2]

Zur Abwehr einer Grundwasserkontamination werden im Umfeld einer Altablagerung Entnahmebrunnen eingebracht. Die Entnahmebrunnen können einseitig im Grundwasserabstrom oder Grundwasseraufstrom angeordnet werden. Sie können aber auch den Schadensbereich zwecks Trockenlegung allseitig umschließen.

Die Entnahmebrunnen im Abstrombereich der Altlast werden so angeordnet, daß die gesamte Schadstofffahne erfaßt wird. Bei einer breiten Schadstofffahne werden meistens mehrere Brunnenstaffeln hintereinander angeordnet. Durch den Einbau von Entnahmebrunnen im Aufstrombereich der Altlast wird der Grundwasserspiegel unter dem Kontaminationskörper so abgesenkt, daß die Grundwasserfließrichtung umgekehrt wird. Die Schadstoffe können sich im Abstrom nicht weiter ausbreiten. Das abgepumpte Wasser wird gereinigt und an geeigneter Stelle infiltriert.

Zum sofortigen Schutz des Einzugsbereiches von Entnahmebrunnen für die Trinkwasserversorgung können auch Infiltrationsbrunnen eingebracht werden. Durch die Erhöhung des Grundwasserspiegels wird die Grundwasserfließrichtung abgelenkt, so daß keine Schadstoffe in den zu schützenden Bereich eindringen können. Eine Entnahme des kontaminierten Grundwassers erfolgt bei dieser Maßnahme nicht.

Bei der Umschließung wird der Grundwasserspiegel unterhalb des Kontaminationskörpers trichterförmig abgesenkt und der Zustrom von unbelastetem Grundwasser und der Austritt von Schadstoffen unterbrochen. Durch diese Maßnahme kann der Kontaminationskörper „trockengelegt" und, solange die Maßnahme fortgesetzt wird, „trockengehalten" werden. Nichtkontaminiertes Grundwasser wird an geeigneten Stellen direkt über Infiltration dem Grundwasserleiter wieder zugeführt; schadstoffbelastetes Grundwasser muß vorher gereinigt werden.

Voraussetzung für die erfolgreiche Anwendung passiver hydraulischer Maßnahmen ist die genaue Kenntnis der hydrologischen und hydrogeologischen Verhältnisse im Untergrund. Auf dieser Basis können mit numerischen Modellrechnungen die Einzugsbereiche der Entnahmebrunnen und die Fließrichtung der erzwungenen Grundwasserströmung bestimmt werden, so daß eine erste Positionierung und Dimensionierung der Brunnen ermöglicht wird.

1.5.1.3
Einkapselung

Die Einkapselung von Schadensfällen zielt auf die Unterbrechung der vertikalen und horizontalen Ausbreitung von Schadstoffen über den Grundwasser- und den Luftpfad. Gleichzeitig wird das Eindringen von unbelasteter Luft und/oder Oberflächen- bzw. Niederschlagswasser in den kontaminierten Bereich verhindert [39, 40].

Die Einkapselung von Altlasten wird durch den Einbau einer Oberflächenabdichtung und von vertikalen Dichtwänden erzielt (Abb. 1.5). Für den Fall, daß die Dichtwände nicht in einen Grundwasserstauer einbinden, ist der

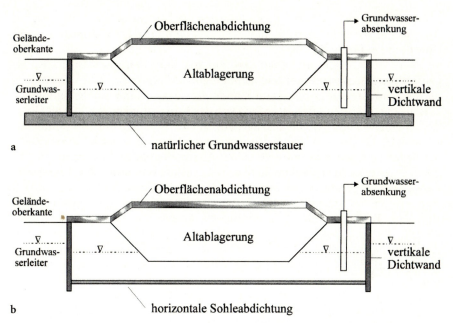

Abb. 1.5a, b. Einkapselung mit **a** natürlicher und **b** künstlicher Dichtungssohle, nach [41]

Einbau einer Dichtungssohle erforderlich, um einen vertikalen Austritt von belastetem Sickerwasser oder von Schadstoffen zu verhindern. Durch die ständige Absenkung des Grundwasserspiegels innerhalb der Abschirmung kann eine Inversionsgrundwasserströmung vom unbelasteten in den belasteten Bereich erreicht werden, so daß die Ausbreitung der Schadstoffe über das Grundwasser zusätzlich behindert wird. Das abgesaugte Wasser wird im allgemeinen einer Reinigungsanlage zugeführt.

Das Abdichtungssystem kann aus nur einem Dichtungsmaterial oder kombiniert aus mehreren Materialien hergestellt werden. Die vertikale Abdichtung kann einschalig oder in problematischen Fällen mehrschalig als Multibarrierenkonzept ausgeführt werden. Für die Beurteilung und die Auswahl des Dichtungssystems ist neben der chemischen und mechanischen Beständigkeit des Dichtungsmaterials der Schadstofftransport durch das Dichtungssystem von Bedeutung. Die Transportmechanismen beruhen auf der Konvektion durch ein Druckgefälle, der Diffusion durch Konzentrationsgradienten und der Sorption durch Wechselwirkungen zwischen dem Dichtungsmaterial und dem Schadstoff.

Oberflächenabdeckung

Die Oberflächenabdeckung dient in erster Linie dazu, den Eintritt von Niederschlags- und Oberflächenwasser in den kontaminierten Bereich zu vermeiden und den Austritt von gas- oder dampfförmigen Schadstoffen in die

Atmosphäre zu verhindern. Oftmals werden Maßnahmen für das Ableiten des Oberflächenwassers, zur Erfassung der Gase und zur Nutzbarmachung der Oberfläche einbezogen [42, 43].

Kann ein Austreten von gas- oder dampfförmigen Schadstoffen ausgeschlossen werden, genügt als Abdeckmaßnahme gegen Niederschlagswasser oder Staubemissionen eine wasserdichte Befestigung der Oberfläche. Im Normalfall ist jedoch von der Notwendigkeit komplexer Oberflächenabdeckungssysteme auszugehen. Solche Systeme sind vorerst nur für Altdeponien entwickelt bzw. auf diesen eingesetzt worden. Sie könnten jedoch bei Bedarf auf die Anforderungen einer Altstandortsicherung angepaßt werden. Dieses Prinzip ermöglicht, daß die Oberfläche mit minimalen Einschränkungen weiter genutzt werden kann.

Der konzeptionelle Aufbau eines derartigen Abdeckungssystemes ist in Abb. 1.6 dargestellt. Die wesentlichen Hauptelemente sind:

- Oberboden und Mutterboden (mit Entwässerungssystem)
- Abdichtungssystem
- Gasdränage und Ausgleichsschicht

Der Ober- und Mutterbodenauftrag dient als Wasser- und Nährstoffspeicher sowie als Wurzelraum für die Begrünung der Fläche. Gleichzeitig schützt er das Abdichtungssystem vor Beschädigungen und Frost.

Durch eine Neigung der Abdeckung um 3 bis 5 % wird angestrebt, daß der größte Teil des Niederschlagswassers bereits oberflächig abgeleitet wird. Der versickernde und von der Vegetation nicht verbrauchte Anteil des Niederschlagswassers wird in einer Flächendränage abgeführt, um die Bildung eines Stauwasserspiegels zu vermeiden. Die Entwässerung dient neben der Reduzierung der hydraulischen Belastung der Abdichtungsstoffe dem Schutz der Vegetation und der Verhinderung einer Wurzelbildung im Abdichtungsbereich. Für die Dränageschicht kommen mineralische Dränstoffe wie Kies, Sand oder Reststoffe, die ein umweltverträgliches Eluatverhalten aufweisen, sowie Kunststoffdränkörper in Frage. Bei einem verstärkten Wasserzulauf werden Entwässerungsrohre eingebaut.

Für das Abdichtungssystem werden die im Deponiebau bekannten mineralischen oder künstlichen Dichtungsmaterialien und oftmals eine Kombination dieser eingesetzt. Eine Kombinationsabdichtung zeichnet sich dadurch aus, daß bei einem einwandfreien Preßverbund zwischen zwei Dichtungselementen der Schadstofftransport minimiert wird und Fehlstellen in den einzelnen Dichtungselementen weitgehend kompensiert werden.

Mögliche mineralische Dichtungsstoffe sind natürliche Bodenmaterialien mit hohen Schluff- und Tonanteilen oder mit Bentonit vergütete schwach sandige Schluffe. Als Maß für die Dichtigkeit können die Durchlässigkeitsbeiwerte, K_f-Werte, herangezogen werden. Für einen wirkungsvollen Abdichtungseffekt sollten für eine Langzeitsicherung K_f-Werte $< 1 \cdot 10^{-10}$ m/s angestrebt werden. Als künstliches Dichtungsmaterial werden vor Ort verschweißte Folienbahnen aus HDPE verwendet, die zum Schutz vor mechanischen Belastungen während des Einbaues und nach dem Einbau mit Geotextilien abgedeckt werden.

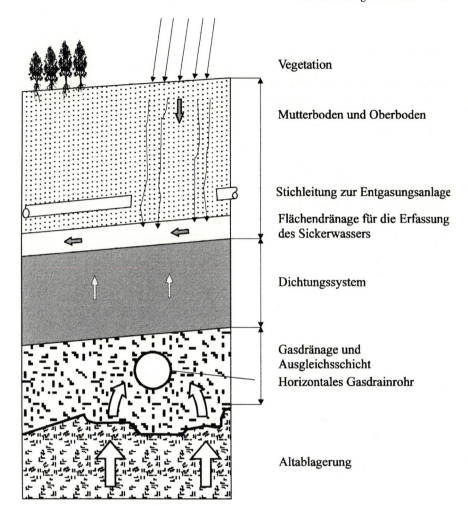

Abb. 1.6. Systemaufbau einer Oberflächenabdeckung, nach [44]

Die Ausgleichsschicht dient als Auflage für das gesamte Abdeckungssystem. Ferner werden mit der Ausgleichsschicht bestehende Unebenheiten der Geländeoberfläche ausgeglichen. Die Ausgleichsschicht sollte aus nicht bindigem, homogen aufgebauten Material bestehen, wobei sich die Schichtdicke nach den zu erwartenden ungleichmäßigen Setzungen richtet. Gleichzeitig dient diese Schicht dazu, daß die nicht anderweitig bereits erfaßten Gase einem sekundären Gassammelsystem zugeführt werden, wobei bei einem hohen Gasanfall zusätzlich Gasdränagerohre eingebaut werden. Durch den Abzug der Gase wird ein Unterdruck erzeugt, so daß selbst im Falle von Leckagen innerhalb des Dichtungssystemes der Transport von gas- und dampfförmigen Schadstoffen in die Atmosphäre wirkungsvoll unterbunden werden kann.

Vertikale Abdichtung

Die vertikale Abdichtung zielt auf die Unterbrechung einer horizontalen Ausbreitung der Schadstoffe über das Grundwasser. Voraussetzung für die Wirksamkeit der Dichtungsmaßnahme ist das Vorhandensein eines geologisch dichten und stabilen Untergrundes in technisch erreichbarer Tiefe, da die Dichtwände in diesen Untergrund eingebunden werden. Die an die Wände gestellten Anforderungen sind dauerhafte Dichtigkeit, chemische und mechanische Beständigkeit, einfache, kostengünstige Herstellung und Kontrollierbarkeit [45].

Für das Einziehen von vertikalen Dichtwänden stehen verschiedene Verfahren mit und ohne Bodenaushub zur Verfügung, wobei die Dichtwände vorzugsweise nach dem Aushubprinzip im Schlitzwandverfahren eingebaut werden. Daneben haben das Verdrängungsprinzip im Rüttelbohlen-Schmalwand- und im Stahlspundwandverfahren eine Bedeutung. Die verschiedenen Prinzipien für die Dichtwandsysteme sind in der Tabelle 1.6 angegeben [46].

Dichtwandsysteme ohne Bodenaushub

Die Dichtwandsysteme ohne Bodenaushub beruhen auf dem Prinzip der Verdrängung des anstehenden Bodens und anschließendem Einbau eines Dichtungsmaterials wie Schmal-, Spund- oder gerammte Schlitzwände, und zusätzlich auf dem Prinzip der Verringerung der Durchlässigkeit des anstehenden Bodens mittels Hochdruckinjektions- oder Gefrierwände.

Schmalwände sind Dichtungswände von ca. 8 bis 15 cm Dicke, die im rammfähigen Boden bis zu Tiefen von 23 m hergestellt werden können. Die Dichtungswand besteht aus sich überschneidenden Lamellen. Zur Herstellung einer einzelnen Lamelle wird eine Stahlbohle in den Boden eingerüttelt. Beim Herausziehen wird das Dichtungsmaterial über Düsen in den entstehenden Hohlraum gepreßt. Als Dichtungsmaterial wird meist eine Bentonit-Zement-Suspension verwendet, der zur Erhöhung des Raumgewichtes Steinmehl zugegeben wird. Es findet keine Vermischung der Dichtwandmasse mit dem umgebenden kontaminierten Boden statt. Die Vorteile des Verfahrens sind der geringe Verbrauch an Dichtungsmaterial, die insgesamt wirtschaftliche Herstellung und die Anpassungsfähigkeit an unterschiedliche Bodenverhältnisse. Mit diesem Verfahren können Durchlässigkeiten gegenüber Wasser von $K_f \geq 10^{-9}$ m/s erreicht werden.

Die Spundwand besteht aus aneinandergereihten Stahlbohlen. Die Stahlbohlen werden einzeln oder in Gruppen in den Boden eingerammt oder eingerüttelt. Sie werden mit speziellen Verbindungsgliedern, den sogenannten Schlössern, durchgehend miteinander verbunden. Durch den Einsatz neuer Beschichtungsmaterialien und Schloßdichtungen kann eine gegen die einzukapselnden Stoffe beständigere Wand hergestellt werden. Mit diesen Dichtwänden können Durchlässigkeiten gegenüber Wasser von $K_f \leq 10^{-9}$ m/s erzielt werden.

Bei den gerammten Schlitzwänden werden nach unten geschlossene Hohlkästen nacheinander in den Untergrund eingerammt, wobei die

Tabelle 1.6. Dichtwandsysteme, verändert nach [44, 46]

Prinzip	Dichtwandsystem	Grundriß (schematisch)	Böden	Dichtungsmaterial	Abmessungen	
					d (m)	t_{max} (m)
Verringerung der Durchlässigkeit des anstehenden Bodens	Verdichtungswand			keine Anwendung bei der Einkapselung		
	Injektionswand		begrenzt bei Torf u. Huminsäuren	Tonpasten, Zementpasten, Ton-Zement-Pasten, Silicat-Gele	1,0 bis 2,5	20 bis 80
	Gefrierwand		kontaminierte	flüssiger Stickstoff	≥ 0,7	50
	Düsenstrahlwand		auch in sehr feinkörnigen	Bentonit-Zement-Suspensionen, mit u. ohne Füllstoffe, Zement-Wasserglas-Suspension	0,4 bis 2,5 ≥ 0,15 bis 0,3 (Lamelle)	30 bis 50 20 bis 30
Verdrängen des anstehenden Bodens und Einbau eines Abdichtungsmaterials	Spundwand			St So 37, Kunststoff-Beschichtung und Kunststoff-Dichtung	~ 0,02	20 bis 30
	Schmalwand		rammfähige	Bentonit-Zement-Suspension, mit u. ohne Füllstoffe, Ca-Bentonit-Zement-Suspension, Fertigprodukte	≥ 0,06 bis 0,2	10 bis 27
	gerammte Schlitzwand			Tonbeton	≥ 0,4	15 bis 25

Tabelle 1.6 (Fortsetzung)

Prinzip	Dichtwandsystem	Grundriß (schematisch)	Böden	Dichtungsmaterial	Abmessungen	
					d (m)	t_{max} (m)
Aushub des anstehenden Bodens und Einbau eines Abdichtungsmaterials	Bohrpfahlwand (überschnitten)		abhängig vom Bohrverfahren	Tonbeton, Beton	0,4 bis 1,5	20 bis 40
	Schlitzwand (Einmassenverfahren)		begrenzt bei Torf u.- Huminsäuren	Bentonit-Zement-Suspension, mit u. ohne Füllstoffe, zementfreie Dichtwandmassen, Fertigprodukte, Sonderzement	mit Tieflöffelbagger: bis 12 m / mit Greifer: 0,4 bis 1,0	40 bis 50
	Schlitzwand (Zweimassenverfahren)		keine Einschränkung	Bentonit-Zement-Suspension, mit u. ohne Füllstoffe, zementfreie Dichtmassen, Tonbeton	mit Fräse: 0,4 bis 1,5 / mit Greifer: 0,4 bis 1,0	100 bis 170 / 40 bis 50
	Schlitzwand (Kombinationsdichtung)		keine Einschränkung	Dichtungsmassen s.o.; HDPE-Dichtungsbahnen, Spundbohlen, (Glas)	0,4 bis 1,0	20 bis 30

Hohlkästen durch an der Längsseite angebrachte Führungselemente aneinander geführt werden. Nach dem Einrammen des 3. und 4. Elementes wird das 1. Element mit Erdbeton befüllt und gezogen. Durch das Gewicht des Erdbetons wird die Sohlplatte gelöst und der Hohlraum verfüllt, ohne daß eine Vermischung mit dem umgebenden kontaminierten Boden stattfindet [47].

Bei der Hochdruckinjektion wird ein Bohrgestänge mit speziellen Düsenköpfen in den Boden eingebracht, wobei das Bohrgestänge gleichzeitig zur Injektion genutzt wird. Nach Erreichen der Endtiefe wird die Bodenstruktur durch Flüssigkeitsstrahlen mit Drücken von bis zu $5 \cdot 10^7$ Pa aufgelöst und mit der austretenden Injektionssuspension aus Bentonit und Zement vermischt. Das Bohrgestänge wird mit auf die Bodenart abgestimmten Dreh- und Ziehgeschwindigkeiten nach oben gezogen. Nach der Aushärtung bilden sich je nach Dreh- und Ziehgeschwindigkeit der Injektionsdüse säulen- oder wandförmige Verfestigungskörper mit Dicken von 0,6 bis 1,0 m.

Zur Herstellung einer Gefrierwand werden in den Boden sog. Gefrierrohre eingebracht, durch die eine Kühlflüssigkeit zirkuliert. Dem Boden wird die Wärme entzogen, so daß das Wasser einfriert und eine Wand aus gefrorenem Boden mit optimaler Abdichtungswirkung entsteht. Die Abdichtung mit Gefrierwänden kann beispielsweise als temporäre Maßnahme zur Verbesserung der Arbeitsbedingungen oder zum Schutz einer herzustellenden oder einzubauenden Dichtwandmasse vor einer Kontamination eingesetzt werden.

Dichtwandsysteme mit Bodenaushub

Bei den Dichtwandsystemen mit Bodenaushub handelt es sich um Schlitzwände, die nach dem Ein- oder Zweimassenverfahren hergestellt werden [48, 49]. Zusätzlich können in die Dichtwand als eigentliche Sperrschicht Kunststoffdichtungsbahnen, Spundbohlen oder Flachglas eingelassen werden. Mit Schlitzwänden können, bezogen auf die Wasserdurchlässigkeit, bei den Einmassenverfahren K_f Werte von bis zu 10^{-11} m/s, beim Zweimassenverfahren von bis zu 10^{-12} m/s und mit der Kombinationstechnik von bis zu 10^{-15} m/s erreicht werden. Schlitzwände können mit Dicken zwischen 0,4 und 1,5 m hergestellt werden.

Bei den Einmassenverfahren wird ein Schlitz mit Schlitzwandgreifern abschnittsweise ausgehoben, wobei der Aushub zunächst in den Primärlamellen (Lamelle 1, 3, usw.) erfolgt (Abb. 1.7). Während des Aushubes wird der Schlitz mit einer Bentonit-Zement-Suspension gestützt. Nach Beendigung des Aushubes verbleibt die Masse im Schlitz und härtet aus. Nachdem die Dichtmasse stichfest ist, werden die Sekundärlamellen (Lamelle 2, 4, usw.) erstellt. Durch den noch nicht abgeschlossenen Hydratationsvorgang bindet die frische an die bereits erstarrte Masse an. Bei Ausführungstiefen von bis zu 12 m ist eine kontinuierliche Wandherstellung ohne Fuge mit einem Tieflöffelbagger möglich.

Beim Zweimassenverfahren wird der Schlitz mit Fräsen oder Greifern im Schutz einer Bentonit-Suspension ausgehoben. Nach der Fertigstellung wird das eigentliche Dichtungsmaterial im Kontraktorverfahren eingebracht (Abb. 1.8). Die verdrängte Stütz-Suspension wird abgepumpt, regeneriert und

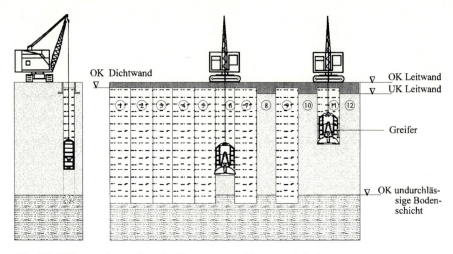

Abb. 1.7. Dichtwandherstellung im Einmassenverfahren, nach [41]

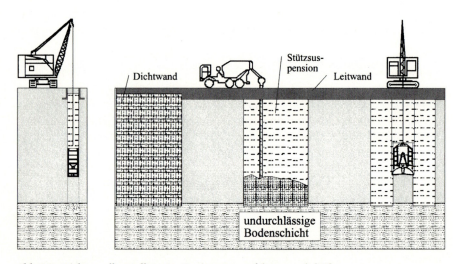

Abb. 1.8. Dichtwandherstellung im Zweimassenverfahren, nach [44]

erneut eingesetzt. Als Dichtungsmaterial werden Suspensionen aus Bentonit, Tonmehl, Zement, Gesteinsmehl sowie Zuschlägen aus Sand und anderen Mineralstoffen oder gelgebundene Baustoffe verwendet, in denen Organosilane oder mit quaternären Ammoniumverbindungen modifizierte Hydrosilicatgele die Bindewirkung des Zements übernehmen.

Bei den Kontaminationsabdichtungen übernimmt die eingelassene, teilweise mehrschichtig eingesetzte Sperrschicht die eigentliche Dichtwirkung. Im Idealfall dient sie auch als Diffusionssperre, z. B. wenn sie aus Glas besteht. Die Dichtmasse selbst fungiert als Stütze, um die Sperrschicht in den Boden einzubeziehen und um vor zu großen Setzungen zu schützen. Die Kombinationsabdichtungen werden an Bedeutung gewinnen, da sie die TA-Abfall 1991 und die TA-Siedlungsabfall 1993 bezüglich der Durchlässigkeit sicherer erfüllen können als einfache Einschicht-Dichtarten.

Eine Weiterentwicklung dieses Systems stellen die aus mehreren, parallel angeordneten Dichtwänden bestehenden Mehrwand-Systeme dar.

Horizontale Sohleabdichtung

Eine horizontale Sohleabdichtung wird erforderlich, wenn die vertikalen Abdichtungen nicht in einen natürlichen Grundwasserstauer einmünden. Auf eine ausreichende technische Erfahrung kann in diesem Bereich derzeit noch nicht zurückgegriffen werden, da insbesondere die Langzeitbeständigkeit noch nicht geklärt ist.

Die zwei wesentlichen Ansätze für eine Sohleabdichtung sind das Poreninjektionsverfahren und die mit einer bergmännischen Unterfahrung verbundenen Maßnahmen, wie Injektionsschirme zwischen zwei Stollen, überschnittene Stollen oder vorgepreßte Stollen [50–52]. Weitere Ansätze, wie Injektionen durch Aufbrechen (Cracking, Soil Fracturing) oder das horizontale Düsenstrahlverfahren (Jet Grouting) sind zwar beschrieben, aber bisher noch nicht weiter verfolgt worden.

Beim Poreninjektionsverfahren wird über rasterförmige senkrechte Bohrungen in den Untergrund die Durchlässigkeit der Sohle der Altablagerung durch Injektionen von Gemischen aus Wasserglas, gelbildenden metallorganischen Silanen und anorganischen Härtern verringert (Abb. 1.9). Das Durchbohren des Altlastenkörpers an vielen Punkten kann jedoch mit einer Schadstoffverschleppung in den Untergrund verbunden sein.

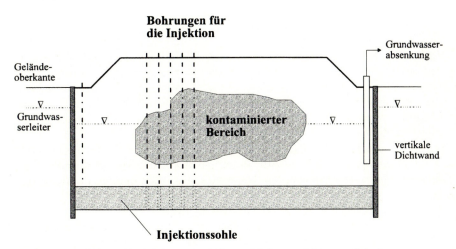

Abb. 1.9. Künstliche Sohleabdichtung nach dem Injektionsverfahren, nach [41]

Die nachträgliche Basisabdichtung mit Hilfe der Weichgelinjektion stellt ein realisierbares, aber noch nicht ganz gesichertes Verfahren dar, dessen Wirksamkeit grundwasserbedingten zeitlichen Schwankungen unterliegt. Das bergmännische Unterfahren hat das Stadium der Projektstudien noch nicht verlassen und wird aus wirtschaftlichen Gründen wahrscheinlich auch mittelfristig nicht realisiert werden [38].

1.5.1.4
Immobilisierungsverfahren

Die Immobilisierungsverfahren werden eingesetzt, um die Auslaugbarkeit von Schadstoffen durch Verfestigen, Stabilisieren und/oder Fixieren stark einzuschränken bzw. zu verhindern. Gleichzeitig können sie zur Vermeidung von Staubemissionen, zur besseren Handhabung beim Transport sowie zur Überführung schadstoffhaltiger flüssiger oder pastöser Materialien in feste, deponierbare Produkte angewendet werden [53].

Mit den Verfahren können prinzipiell anorganisch und/oder organisch kontaminierte Böden oder Abfallstoffe auch mit hohen Schadstoffinhalten behandelt werden. Die Vielfältigkeit der Kontaminationen erfordert jedoch, daß das Immobilisierungsmittel auf den jeweiligen Schadensfall abgestimmt und in Vorversuchen auf seine Eignung hin geprüft wird.

Die Verfahrensprinzipien basieren auf der Einbindung der Schadstoffe durch Verfestigung, physikalischen Einschluß, Adsorption oder Ionenaustausch in der Bodenmatrix oder auf der Überführung der Schadstoffe in einen unlöslichen Zustand durch Fällung oder chemische Umwandlung. Die an die Immobilisierungsprodukte gestellten Anforderungen sind eine geringe Wasserdurchlässigkeit, keine Reaktion mit Wasser, die mechanische, chemische und biologische Langzeitbeständigkeit, die Widerstandsfähigkeit gegenüber einer natürlichen Verwitterung, keine Schadstofffreisetzung im Eluat über die Trinkwasserverordnung hinaus und keine Abgabe von Reaktionsprodukten einschließlich Metaboliten aus biochemischen Umsetzungsprodukten.

Bei organischen Kontaminationen oder im Fall von Mischkontaminationen wird das Bodenmaterial mit hydraulischen Bindemitteln oder Reaktionsmitteln unter Zugabe von Additiven und Wasser verfestigt. Als Bindemittel werden Zement, Zement-Bentonit-Gemische, Wasserglas, Puzzolan, Kalkhydrat, etc. verwendet. Eine Einbettung der Schadstoffe in homogene, nicht poröse Massen wird auch durch Verschmelzen des kontaminierten Bodenmaterials mit Bitumen, Asphalt oder thermoplastischen Kunststoffen erzielt [54–56].

Stark bindige Bodenmaterialien können mit Calcium-Ionen durch Ionenaustausch stabilisiert und zu einem nahezu wasserundurchlässigen Bodenkörper verdichtet werden. Nicht bindige Böden können durch Zugabe von bituminösen Bindemitteln und Calcium-Ionen zu elastischen Bodenkörpern hoher Festigkeit verfestigt werden. In beiden Fällen können Schwermetalle mit einem Fällungsreagenz zusätzlich chemisch fixiert werden [57].

Bei mit Schwermetallen oder freisetzbaren Cyaniden kontaminierten Bodenmaterialien besteht die Möglichkeit, die Schadstoffe durch pH-Wert-

Änderung, Fällungs- oder Redoxreaktionen auf chemischem Wege in der Bodenmatrix zu fixieren. Beispielsweise können wasserlösliche Schwermetallverbindungen in schwerlösliche Hydroxide bzw. bei Zugabe eines Fällungsmittels in Sulfide, Phosphate oder Carbonate umgewandelt werden. Leichtflüchtige Chrom-(VI)-Verbindungen reagieren mit Eisen-(II)-Sulfat zu schwerlöslichen Chrom-(II)-Verbindungen. Freisetzbare Cyanide werden zunächst mit Eisen-(II)-Sulfat in noch wasserlösliche Hexacyanoferrat-Ionen und unter Zugabe von Eisen-(III)-Ionen in das unlösliche, nichttoxische „Berliner Blau" überführt.

Sickeröle aus Deponien können durch Dispergierung und nachfolgender chemischer Reaktion verfestigt werden (Abb. 1.10). Hierzu wird Calciumoxid mit der kontaminierten Flüssigkeit beladen. Unter Zugabe von Wasser reagiert das Oxid unter Oberflächenvergrößerung zum nur im geringen Maße wasserlöslichen Hydroxid, das mit Kohlendioxid zum schwerlöslichen

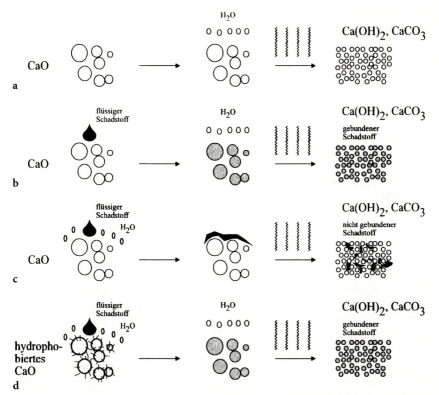

Abb. 1.10 a – d. Schematische Darstellung der Dispergierung von Flüssigkeiten auf chemischem Wege nach [58]. **a** CaO reagiert mit Wasser unter Oberflächenvergrößerung zu $Ca(OH)_2$. **b** Wird CaO zuerst mit einem flüssigen Schadstoff beladen und danach mit Wasser behandelt, dann wird der Schadstoff homogen dispergiert. **c** Hydrophiles CaO reagiert, wenn ein Gemisch aus Wasser und flüssigem Schadstoff vorliegt, unverzüglich mit Wasser; der Schadstoff wird nicht aufgenommen und deshalb nicht dispergiert. **d** Hydrophobes CaO nimmt unter denselben Bedingungen zuerst den Schadstoff auf und reagiert danach mit Wasser zu $Ca(OH)_2$, wobei der Schadstoff homogen dispergiert wird

Carbonat umgewandelt werden kann. Auf diese Weise wird eine feinkristalline Carbonatkruste erzeugt, die als inerte, isolierende Schicht wirkt. Durch die exotherme Reaktion des Calciumoxides mit Wasser können Temperaturen von über 100 °C entstehen, so daß die Gefahr eines Ausdampfens leichtflüchtiger Schadstoffe besteht. Bei wasserhaltigen Kontaminanten wird das Calciumoxid vorher hydrophobiert.

Die Immobilisierungsverfahren werden vorwiegend On-Site durchgeführt. Das kontaminierte Bodenmaterial wird ausgehoben und einer Vorbehandlung unterzogen, in der Störstoffe (Holz, Plastik, Stahl, etc.) ausgesondert und das Überkorn zerkleinert wird. Das vorbehandelte Material wird anschließend mit dem Immobilisierungsmittel in einem Chargenmischer intensiv vermengt und meist direkt wieder eingebaut oder sicher deponiert.

Der Rückbau erfolgt lagenweise und unter verdichtenden Maßnahmen. Je nach Immobilisierungsmittel werden betonähnliche, wasserundurchlässige Verfestigungsprodukte oder hydrophobe, gut verdichtete Massen erzeugt. Die Ausbreitung der Schadstoffe wird durch die Verminderung der reaktiven Oberfläche weiter eingeschränkt. Die für den Rückbau vorgesehene Fläche kann mit einer HDPE-Folie abgedichtet und einem Dränagesystem ausgestattet werden, so daß ein zusätzlicher Schutz gegen eine vertikale Schadstoffausbreitung erreicht wird und gleichzeitig durch die Beprobung des Sickerwassers die Wirksamkeit der Immobilisierungsmaßnahme kontrolliert werden kann.

In einem geringeren Maße werden auch In-Situ-Verfahren eingesetzt. Es können hier zwei grundsätzliche Methoden – Unterpflügen und Injektionsverfahren – unterschieden werden.

Liegt die Kontamination nur in oberflächennahen Bereichen vor, können die Immobilisierungsmittel in das ausgebreitete Bodenmaterial mit einer Fräse homogen eingestreut und die Schadstoffe eingebunden werden. Als Immobilisierungsmittel kommen Adsorptionsmittel, Ionenaustauscher oder Fällungsreagenzien in Frage.

Die Injektionsverfahren eignen sich für die Sicherung von Altablagerungen. Bei diesem Verfahren wird die Einbindung der Schadstoffe durch Verfestigen des Kontaminationskörpers erzielt. Es werden rasterförmige Bohrungen in den Schadensbereich abgeteuft und das aushärtbare, auf den jeweiligen Schadensfall angepaßte Bindemittel in den natürlichen Porenräumen verpreßt. Hierdurch werden die Schadstoffe physikalisch eingeschlossen und die Wasserdurchlässigkeit des verfestigten Kontaminationskörpers eingeschränkt. Die vollständige Füllung des Porenvolumens hängt von der Bodenart sowie den Fließeigenschaften und der Zusammensetzung des Immobilisierungsmittels ab. Zur Füllung werden je nach Partikeldurchmesser der Feststoffe in der Altablagerung Zementsuspensionen, Wasserglaslösungen oder Kunststofflösungen eingesetzt (Abb. 1.11).

Bei schwierigen Verhältnissen im Kontaminationskörper kann das Soilcrete-Verfahren eingesetzt werden. Bei diesem Verfahren wird zunächst eine Bohrung in den Kontaminationskörper eingebracht. Über einen rotierenden Hochdruckwasserstrahl wird der Boden von unten nach oben aufgelockert (Abb. 1.12). Die herausgelösten Feststoffpartikeln werden intensiv mit dem parallel zugegebenen Bindemittel vermischt [59].

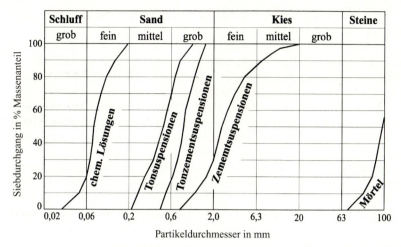

Abb. 1.11. Anwendungsgrenzen von Verfestigungsmitteln für die In-Situ-Injektion, nach [2]

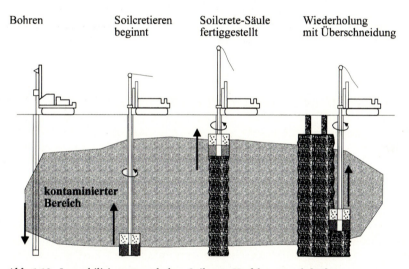

Abb. 1.12. Immobilisierung nach dem Soilcrete-Verfahren, nach [59]

1.5.2
Dekontaminationsverfahren

Für die Sanierung von kontaminierten Bodenmaterialien sind zahlreiche thermische, mechanische, chemische und biologische Verfahrenskonzeptionen entwickelt worden. Es stehen technisch erprobte Verfahren für die Reinigung von kontaminiertem Bodenaushub und für eine direkte Entfernung von Schadstoffen aus dem Bodenuntergrund zur Verfügung.

Die Reinigung von kontaminiertem Bodenaushubmaterial wird in stationären, semimobilen oder mobilen Anlagen durchgeführt. Bei den stationären Anlagen wird das Bodenmaterial zu der Anlage transportiert, während bei den semimobilen oder mobilen Anlagen die Reinigung vor Ort durchgeführt wird. Das gereinigte Bodenmaterial wird am Entnahmeort direkt wieder eingebaut oder einer anderen Verwertung zugeführt.

Die Sanierung ohne den Aushub des Bodenmaterials ist auf zwei Wegen möglich: Die Schadstoffe werden gezielt in die Flüssig- oder Gasphase verlagert, abgepumpt und in nachgeschalteten Reinigungsanlagen abgeschieden. Durch den Einsatz von Mikroorganismen oder durch chemische Reaktionen in ungefährliche Verbindungen umgewandelt. Diese Verfahrenstechniken werden zur Erhöhung des Reinigungserfolges oftmals in Kombination angewendet.

Für die Auswahl eines Dekontaminationsverfahrens sind neben den Kosten der erreichbare Reinigungsgrad und die Umweltverträglichkeit ausschlaggebend. Die Eignung und der Reinigungserfolg der einzelnen Verfahren hängen von der Schadstoff- und Bodenart sowie vom Trennmechanismus ab. Bei den Verfahren ohne Bodenaushub müssen zusätzlich die geologischen und hydrogeologischen Verhältnisse im Untergrund berücksichtigt werden.

Im folgenden werden die wichtigsten Dekontaminationsverfahren beschrieben.

1.5.2.1
Thermische Verfahren zur Bodenreinigung

Thermische Dekontaminationsverfahren werden seit Anfang der 80er Jahre für die Sanierung kontaminierter Böden eingesetzt. Die Reinigung kann grundsätzlich In-Situ oder Ex-Situ erfolgen. Für beide Fälle stehen technisch erprobte Verfahren zur Verfügung. Die Ex-Situ-Verfahren haben für die Reinigung von kontaminierten Böden eine wesentlich größere Bedeutung. Die Möglichkeiten für eine In-Situ-Reinigung werden aber ebenfalls behandelt [60–62].

Die thermischen Verfahren kommen grundsätzlich für die Sanierung aller Altlasten in Frage. Zudem können sie beispielsweise für die Nachbehandlung der in den Bodenwaschverfahren anfallenden Reststoffe eingesetzt werden. Nachteilig sind im Vergleich zu den anderen Verfahren teilweise die erheblich höheren Sanierungskosten, nicht zuletzt wegen der aufwendigen Rauchgasreinigung.

Umfangreiche Erfahrungen im technischen Maßstab liegen vor allem in den Niederlanden und den USA vor. In Deutschland stößt der Betrieb thermischer Anlagen durch die mögliche Verlagerung von Schadstoffen in die Atmosphäre auf Vorbehalte innerhalb der Bevölkerung. Aufgrund der hiermit verbundenen Genehmigungsschwierigkeiten erstreckt sich bis auf einzelne Ausnahmen ihre Anwendung derzeit nur auf Verfahren im Technikums-, Pilot- oder Demonstrationsmaßstab. Geplante Anlagen im technischen Maßstab befinden sich aber im fortgeschrittenen Genehmigungsverfahren; teilweise sind Baugenehmigungen bereits erteilt worden.

Das Verfahrensprinzip basiert darauf, daß flüssige organische Schadstoffe und Cyanide durch thermische Energiezufuhr in die Gasphase überführt und durch vollständige Oxidation zerstört werden. In einer nachgeschalteten Abgasreinigung werden die sauren Schadgase, Staub und nicht zerstörbare flüchtige anorganische Verbindungen bis auf die in den jeweiligen Ländern geltenden Grenzwerte entfernt. Nicht flüchtige Schwermetalle oder Schwermetallverbindungen können durch Keramisieren fest in die Bodenmatrix eingebunden und immobilisiert werden.

Die verfügbaren Verfahren gelten nur bedingt als umweltneutral, da das gereinigte Bodenmaterial je nach der Reinigungstemperatur in seiner Struktur verändert oder sogar zerstört wird. Zudem wird trotz der aufwendigen Maßnahmen in der Rauchgasreinigung eine Verlagerung von Schadstoffen in die Atmosphäre befürchtet.

Boden- und schadstoffspezifische Voraussetzungen

Grundsätzlich sind thermische Dekontaminationsverfahren für die Sanierung der bisher bekannten Schadensfälle geeignet. Gewisse Restriktionen bestehen für den Wassergehalt, sowie für die Anteile an organischen Substanzen und bindigen Bestandteilen im Boden. Die Schadstoffart und ihre Menge bestimmen die erforderlichen Temperaturen für die Schadstoffentfernung und für die vollständige Zerstörung in einer Nachverbrennung, sowie die Dimensionierung und die zu ergreifenden Maßnahmen für die Abscheidung in der Rauchgasreinigung.

Durch den Wassergehalt des Bodens wird der aufzuwendende Energiebedarf beachtlich beeinflußt. Ferner sind mit höheren Wassergehalten längere Verweildauern in der Reinigungsstufe und mithin geringere Durchsätze verbunden. Bindige Ton- und Lehmanteile vermindern die Wirkung des Aufschlusses in der mechanischen Vorbehandlung, können zu Problemen in den Förderaggregaten und infolge der hohen Bindungskräfte zu den Schadstoffen zu einer Verlängerung der Verweildauer in der Reinigungsstufe führen. Höhere Gehalte an organischen Substanzen erfordern aufgrund der ausgeprägten Affinität gegenüber den lipophilen Schadstoffen längere Verweildauern und einen entsprechenden Mehraufwand in der Rauchgasreinigung.

Schadstoffseitig sind die jeweiligen Verdampfungstemperaturen, die erforderlichen Temperaturen für die vollständige Oxidation sowie die Art der gebildeten Zersetzungsprodukte von Bedeutung. Demgemäß bietet sich eine Unterteilung der Schadstoffe in vier Stoffgruppen an:

1. Flüchtige halogenfreie organische Verbindungen, metallorganische Verbindungen und Cyanide;
2. Flüchtige anorganische Elemente oder Verbindungen;
3. Halogenierte organische Verbindungen;
4. Nichtflüchtige Schwermetalle und Verbindungen.

Die flüchtigen halogenfreien organischen Schadstoffe, wie beispielsweise Mineralölkohlenwasserstoffe (MKW), Benzol, Toluol, Xylol (BTX-Aromaten) und polycyclische aromatische Kohlenwasserstoffe (PAK), metallorganische

Verbindungen sowie komplexgebundene Cyanide können bei Temperaturen von bis 550 °C nahezu problemlos in die Gasphase überführt werden. Bei den höhermolekularen PAK's ist hierbei eine längere Verweildauer erforderlich, damit die zu den Tonpartikeln bestehenden Adsorptionskräfte überwunden werden können. In einer Nachverbrennung bei Temperaturen zwischen 750 °C und 1000 °C können diese Verbindungen durch Oxidation vollständig zerstört werden. Die komplex gebundenen Cyanide werden durch die thermische Behandlung zunächst in Cyanwasserstoff umgesetzt, der bei Temperaturen von 950 °C vollständig zu Wasserdampf, Kohlendioxid und Stickoxide umgesetzt werden kann.

Die flüchtigen anorganischen Elemente oder Verbindungen können nur ausgetrieben, aber nicht zerstört werden. Sie müssen daher in der nachgeschalteten Rauchgasreinigungsanlage abgeschieden und als Rückstand behandelt werden. Flüchtige anorganische Verbindungen sind Stickstoff-, Fluor-, Brom-, Schwefel- und Phosphorverbindungen. Von den Schwermetallen können bei den üblichen Reinigungstemperaturen lediglich Quecksilber, Blei, Cadmium und teilweise Arsen in einem unterschiedlichen Ausmaß in die Gasphase überführt werden, wobei beim elementaren Quecksilber Probleme in der Rauchgasreinigung auftreten können.

Prinzipiell können auch halogenierte, organische Verbindungen, wie leichtflüchtige chlorierte Kohlenwasserstoffe (LCKW), chlorhaltige Pflanzenschutzmittel, „Natur"-Polyvinylchlorid (PVC), polychlorierte Biphenyle (PCB) sowie Dioxine und Furane aus den Böden entfernt werden. Für die Freisetzung sind im Vergleich zu den Schadstoffen der 1. Gruppe höhere Reinigungstemperaturen und meist auch längere Verweildauern in der Reinigungsstufe erforderlich. Hiervon ausgenommen sind die leichtflüchtigen Schadstoffe, wie LCKW und PVC.

Einer besonderen Beachtung bedürfen diese Schadstoffe wegen der möglichen Bildung hochtoxischer Dioxine und Furane. Aus diesem Grunde werden die thermischen Verfahren im europäischen Raum bisher kommerziell nur bedingt bei derartigen Schadensfällen eingesetzt.

Zur Sicherstellung einer vollständigen Zerstörung werden in der Nachverbrennung Temperaturen zwischen 1150 °C und 1300 °C bei Verweildauern von 1,5 bis 3 s als ausreichend angesehen. Darüber hinaus sind Maßnahmen, wie rasches Abkühlen der Abgase oder Zusatz von Additiven, erforderlich, um die Neubildung dieser Verbindungen aus den Verbrennungsprodukten aufgrund der katalytischen Wirkung einiger Schwermetalle im Temperaturbereich zwischen 250 °C und 400 °C zu vermeiden.

Nichtflüchtige Schwermetalle und Schwermetallverbindungen können thermisch nicht entfernt oder zerstört werden. Diese Schadstoffe können jedoch durch Keramisieren fest in das Bodenmaterial eingebunden werden, wodurch eine Immobilisierung erreicht wird. Die für die Keramisierung erforderlichen Temperaturen hängen von dem Gehalt an „Flußmitteln", wie Alkali-, Erdakali- und Eisenverbindungen, ab. Unter der Voraussetzung, daß die Schadstoffe überwiegend an den Feinstpartikeln angelagert sind, besteht ferner die Möglichkeit, diese Verbindungen mit dem Flugstaub auszutragen und auf diese Weise aus dem Boden zu entfernen.

Verfahrenstechnische Grundlagen und Aufgaben

Thermische Dekontaminationsverfahren bieten sich für eine Sanierung insbesondere dann an, wenn die Schadstoffe in die Gasphase überführt werden können. Grundsätzlich besteht jedoch auch die Möglichkeit, nichtflüchtige Schadstoffe durch Versintern der Bodenpartikeln so zu immobilisieren, daß keine weitere Gefahr von dem „behandelten" Bodenmaterial ausgeht.

Für die Überführung der Schadstoffe in die Gasphase muß das kontaminierte Bodenmaterial zunächst getrocknet und anschließend auf die schadstoffabhängigen Verdampfungstemperaturen aufgeheizt werden. Die Aufheizung des Bodenmaterials kann prinzipiell durch eine indirekte Wärmezufuhr, durch eine direkte Wärmezufuhr über die Gasphase oder durch Kombination beider Techniken erfolgen.

Bei der reinen indirekten Wärmezufuhr wird das Bodenmaterial unter Luftabschluß über die Reaktorwand aufgeheizt. Der Aufheizvorgang wird somit primär von dem Wärmeübergang Reaktorwand-Bodenpartikel, und durch Wärmeleitung bestimmt. Die Schadstoffentfernung basiert in diesem Fall auf einem Pyrolyse- bzw. einem Entgasungsvorgang, dem im Falle von organischen Schadstoffen Crackprozesse überlagert sind. Die Crackprozesse bewirken die Bildung von Pyrolyserückständen (Pyrolysekoks, Ruß), die mit dem gereinigten Bodenmaterial ausgetragen werden.

Bei der direkten Wärmezufuhr wird das Bodenmaterial mit im Reaktorraum erzeugten Verbrennungsgasen über die Gasphase aufgeheizt. Die Aufheizung erfolgt durch konvektiven Wärmetransport und im Bereich der Brenner über Strahlungswärme. Im Reaktor finden Vergasungs- und/oder Verbrennungsreaktionen zwischen den sauerstoffhaltigen Verbindungen im Verbrennungsgas und den ausdampfenden oder noch an den Partikeloberflächen adsorbierten Schadstoffen statt, so daß die Entfernung der Schadstoffe zusätzlich beschleunigt wird. Je nach dem Verhältnis an freiem Sauerstoff in den Verbrennungsgasen zu verbrennbarer organischer Substanz im kontaminierten Bodenmaterial wird zwischen einer Vergasung und einer Verbrennung unterschieden. Im Fall der „reinen" Vergasung werden die Schadstoffe mit Wasserdampf, Kohlendioxid und dem Restsauerstoff nur partiell oxidiert. Im Fall einer „vollständigen" Verbrennung werden die Schadstoffe bereits im Reaktor in Kohlendioxid und Wasserdampf, Schwefel- und Stickoxiden, Chlor- und Fluorwasserstoff umgewandelt.

Bei der kombinierten Aufheizung erfolgt der Wärmeeintrag indirekt über die Reaktorwand und zusätzlich direkt über die Gasphase mit einem in den Reaktor eingeleiteten Spülgas. Als Spülgas wird oftmals Wasserdampf eingesetzt. Die Schadstoffentfernung basiert in diesem Falle auf einem Entgasungsvorgang, dem Crackprozesse und Reaktionen der Schadstoffe mit dem Wasserdampf überlagert sind.

Die verfahrenstechnischen Aufgaben bestehen darin, daß ein möglichst homogener Wärmeeintrag realisiert werden kann. Ferner muß durch eine umfassende Abhitzenutzung der Energiebedarf und der zu entsorgende Reststoffanteil, der als besonders überwachungsbedürftig gilt, minimiert werden. Außerdem muß gewährleistet sein, daß in der nachgeschalteten

Rauchgasreinigung die strengen Anforderungen der 17. BImSchV. eingehalten werden.

Verfahrensaufbau

Der schematische Aufbau thermischer Anlagen für die Behandlung kontaminierten Bodenaushubes (Ex-Situ-Verfahren) ist in Abb. 1.13 dargestellt.
    Der Verfahrensablauf kann in folgende Stufen untergliedert werden:

– Vorbehandlung des kontaminierten Bodenmaterials,
– Thermische Reinigung des kontaminierten Bodenmaterials,
– Nachverbrennung der schadstoffhaltigen Prozeßgase,

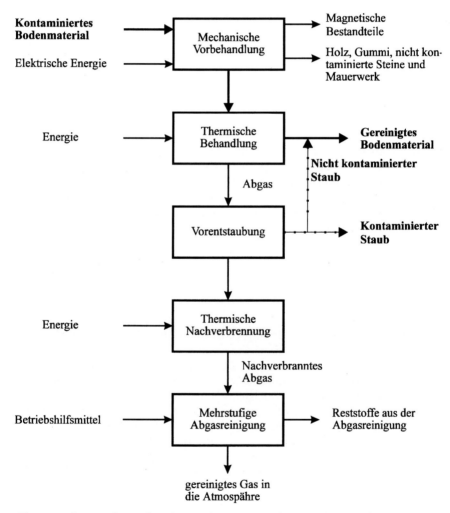

Abb. 1.13. Schematischer Aufbau thermischer Ex-Situ-Dekontaminationsverfahren

- Reinigung der Abgase und
- Austrag des gereinigten Bodenmaterials.

Die Verfahren ähneln in ihrem konzeptionellen Aufbau denen aus der Sondermüllverbrennung. Ein wesentlicher Unterschied liegt jedoch im Brennwert der jeweiligen Einsatzstoffe. Infolge der geringen Anteile an brennbaren Substanzen in den kontaminierten Bodenmaterialien ist eine autotherme Aufheizung auf die erforderlichen Reinigungstemperaturen nicht möglich. Die Aufheizung muß allotherm mit Öl- oder Gasbrennern erfolgen. Hieraus resultiert eine Veränderung der Prozeßführung und der zu reinigenden Abgasvolumenströme.

Die verschiedenen, kommerziell angebotenen Verfahren unterscheiden sich im wesentlichen innerhalb der Reinigungsstufe im eingesetzten Reaktor, in der Prozeßtemperatur und -führung sowie in der Abgasreinigung. Die Unterschiede im Abgasreinigungssystem ergeben sich in erster Linie aufgrund der in den jeweiligen Ländern geltenden Vorschriften zur Emissions- und Immissionsminderung. Die strengsten Auflagen bestehen in der Bundesrepublik Deutschland. In den Verfahrenskonzepten muß aus genehmigungsrechtlichen Gründen die Einhaltung der durch die 17. BImSchV. vorgeschriebenen Grenzwerte vorgesehen werden.

Vorbehandlung des kontaminierten Bodenmaterials

Die Vorbehandlung dient der Vergleichmäßigung und Oberflächenvergrößerung des Bodenmaterials. Gröbere Bestandteile, wie Steine und Mauerwerk, werden in Prall- oder Backenbrechern sowie in Shreddern auf die durch die nachfolgenden Aggregate vorgegebene maximale Partikelgröße zerkleinert. Außerdem werden Fremdbestandteile, wie magnetische Bestandteile, teilweise Holz, Gummi, etc., aus dem Bodenmaterial ausgeschieden.

Thermische Reinigung des kontaminierten Bodenmaterials

In der thermischen Reinigungsstufe wird das kontaminierte Bodenmaterial zunächst getrocknet und anschließend auf die vorgegebene Prozeßtemperatur aufgeheizt.

Zur Enlastung der Reinigungsstufe wird das kontaminierte Bodenmaterial oftmals in einem vorgeschalteten Trommeltrockner bei Temperaturen zwischen 120 °C und 140 °C vorgetrocknet. Hierdurch kann der eigentlichen Reinigungsstufe ein in gewisser Weise „gleichmäßigeres" Aufgabegut zugeführt und der Durchsatz gesteigert werden. Neben dem Wasser enthalten die Brüdendämpfe des Vortrockners bereits leichtflüchtige Schadstoffe. Sie werden über eine Entstaubungseinrichtung in die Nachverbrennung geleitet. Der Staub wird dem Aufgabegut vor der Reinigungsstufe wieder zugeführt.

Als Reaktoren werden überwiegend Drehrohre sowie Wirbelschichtreaktoren eingesetzt. Daneben sind aber auch Flugstromreaktoren auf ihre Eignung hin geprüft worden.

Bei den Drehrohren handelt es sich um eine bewährte, robuste Technik. Drehrohre können mit direkter oder indirekter Beheizung betrieben werden. Sie sind relativ unempfindlich gegenüber Schwankungen in der Konsistenz des Aufgabematerials. Durch die Drehbewegung wird eine gute Durchmischung des Bodenmaterials erzielt. Die Verweildauer kann durch die Regulierung der Drehzahl auf den vorliegenden Schadensfall angepaßt werden.

Die bei Reinigungstemperaturen oberhalb von 800 °C eingesetzten Drehrohröfen müssen mit einer Schamottausmauerung versehen sein. Da die Ausmauerung gegenüber Temperaturwechseln empfindlich ist, ist ein Dauerbetrieb der Anlage bei möglichst konstanten Betriebstemperaturen vorzusehen. Durch chemische und mechanische Beanspruchungen ist die Ausmauerung zusätzlich einem gewissen Verschleiß ausgesetzt. Bei Stillständen oder eventuellen Beschädigungen muß eine längere Abkühl- und Aufheizdauer berücksichtigt werden.

Die Wirbelschichtreaktoren werden mit zirkulierendem oder rotierendem Wirbelbett unter Luftüberschuß betrieben. Der grundsätzliche Vorteil dieser Systeme liegt in der guten Durchmischung des Bodenmaterials mit der Verbrennungsluft. Hierdurch wird ein sehr guter Stoff- und Wärmeaustausch bei hohen Temperaturen und langer Verweildauer erzielt. Zusätzlich besteht durch die Zugabe von Kalk die Möglichkeit, die sauren Schadgase bereits im Reaktor abzuscheiden. Stickoxide können durch die Zugabe von Harnstoff zu Stickstoff und Wasserdampf reduziert werden [63, 64].

Bei den Flugstromreaktoren handelt es sich um eine bei der thermischen Behandlung mineralischer Rohstoffe der Steine- und Erdenindustrie erprobte Technik. Das Verfahrensprinzip beruht auf der thermischen Behandlung kontaminierter Bodenmaterialien unter gleichzeitiger pneumatischer Förderung mit Luft [65, 66].

Der Betrieb von Wirbelschicht- und Flugstromreaktoren stellt höhere Anforderungen an die Partikeldurchmesserverteilung und Konsistenz des Bodenmaterials. Hierdurch steigt der Aufwand in der Bodenvorbehandlung. Den Wirbelschichtreaktoren müssen Partikeldurchmesserverteilungen 100 % < 20 mm zugeführt werden. Bei den Flugstromreaktoren muß das vorzerkleinerte Bodenmaterial in einer Mahltrocknung auf 100 % < 3 mm aufgemahlen werden.

Nachverbrennung der schadstoffhaltigen Prozeßgase

Vor dem Einleiten in die Nachverbrennungskammer werden die Abgase aus dem Reaktor vorentstaubt. Bei den direkten Verfahren werden meist Zyklone eingesetzt, mit denen Partikeln >10 μm abgeschieden werden können. Bei den indirekten Verfahren müssen Keramikfilter verwendet werden, um die Kondensation der im Abgas enthaltenen Pyrolyseteere zu verhindern. Die abgeschiedenen Stäube werden unter der Voraussetzung, daß sich Schadstoffe nicht aufkonzentrieren, in den Reaktor zurückgeführt.

Die Nachverbrennung der schadstoffhaltigen Prozeßgase aus der Reinigungsstufe wird rein thermisch durchgeführt, da das Gas Halogen- und Phosphorverbindungen enthalten kann, die zur Vergiftung des Katalysators führen. Das Prozeßgas wird mit einer Zusatzfeuerung auf Temperaturen von bis zu 1300 °C bei Verweildauern zwischen 1 und 3 s erwärmt und gemäß der Bruttoreaktionsgleichung

$$C_mH_n + (m + {}^1\!/_4\, n)\, O_2\ \rightarrow\ m\, CO_2 + {}^1\!/_2\, n\, H_2O$$

nahezu vollständig in Kohlendioxid und Wasserdampf umgewandelt. Bei Anwesenheit von Halogenen und Schwefel werden Chlor- und Fluorwasserstoff sowie Schwefeloxide gebildet. Die für die Nachverbrennung vorgeschriebenen Temperaturen sind mit der Bildung größerer Mengen an thermischen NO_x verbunden, die den Einbau einer Entstickungsstufe gegebenenfalls erforderlich machen können.

Die sehr hohen Verbrennungstemperaturen bewirken ein teilweises Aufschmelzen der Oberflächen der Feinststäube. Dies kann zu einem erhöhten Wartungsaufwand führen, da die chemisch aggressiven Stäube an der keramischen Ausmauerung der Nachbrennkammer anbacken und sich die erste nachgeschaltete Wärmetauscherstufe zusetzen kann.

Reinigung der Abgase

In der Abgasreinigung müssen die Feinststäube, Schwefeloxide, Chlor- und Fluorwasserstoff, Schwermetalle sowie nicht zerstörte organische Verbindungen abgeschieden werden. In der Bundesrepublik Deutschland ist es erforderlich, die nach der 17. BImSchV. vorgeschriebenen Grenzwerte für die Schadstoffemissionen sicher einzuhalten. Die Grenzwerte werden auf den Normzustand und einen Sauerstoffgehalt von 11 % Volumenanteil bezogen. Neben der erforderlichen Reduzierung der Schadstoffemissionen ist die Minimierung des Reststoffanfalls in der Abgasreinigung von grundlegender Bedeutung.

Für die Feinstentstaubung werden Gewebefilter oder Elektrofilter eingesetzt. Mit beiden Aggregaten können die vorgeschriebenen Grenzwerte von 10 mg/m³ erreicht werden.

Für die Entfernung der sauren Schadgase und für Schwermetalle stehen die auch in anderen thermischen Anlagen angewendeten Trocken- und Sprühadsorptionsverfahren sowie die Naßwaschverfahren zur Verfügung. Mit diesen Verfahren werden die vorgeschriebenen Emissionsgrenzwerte erreicht bzw. unterschritten: 50 mg/m³ für SO_2, 10 mg/m³ für HCl, 1 mg/m³ für HF, 10 mg/m³ für organische Stoffe ausgedrückt als Gesamtkohlenstoff, von zusammen 0,05 mg/m³ für Cadmium und Thallium sowie für die übrigen Schwermetalle mit Ausnahme von Quecksilber von zusammen 0,5 mg/m³ [67].

Bei den Verfahren mit einer direkten Beheizung und hohen Behandlungstemperaturen ist der zusätzliche Einbau einer Entstickungsstufe erforderlich. Bisher sind die Verfahren zur selektiven Reduktion der Stickoxide am weitesten verbreitet. Diese Verfahren können in nichtkatalytische und katalytische Verfahren unterschieden werden. In beiden Verfahrensvarianten werden die Stickoxide mit Ammoniak oder ammonikalischer wäßriger Lösung zu Stickstoff und Wasserdampf reduziert. Bei den nichtkatalytischen Verfahren sind Temperaturen zwischen 900 °C und 1000 °C erforderlich. Bei den katalytischen Verfahren läuft die Umsetzung bereits bei Temperaturen zwischen 180 °C und 350 °C ab.

Ein besonderes Augenmerk gilt dem elementaren Quecksilber sowie der im Temperaturbereich zwischen 250 °C und 450 °C möglichen Neubildung von Dioxinen und Furanen. Die von Schwermetallen katalysierte Neubildung der Dioxine und Furane wird durch das rasche Abkühlen des Abgases in einer Quenchstufe deutlich vermindert. Zur sicheren Einhaltung der zulässigen Grenzwerte von 0,1 ng/m³ TE für Dioxine und Furane sowie von 0,05 mg/m³ für Quecksilber werden Herdofenkoks und Aktivkoks eingesetzt. Die Abscheidung kann grundsätzlich in einem Flugstromreaktor oder in einem dem gesamten Reinigungsprozeß nachgeschalteten Festbettreaktor vorgenommen werden.

Im folgenden werden mögliche Verfahrensvarianten aufgezeigt. Mit allen Verfahren können die geforderten Emissionsgrenzwerte erreicht werden. Anzumerken ist, daß die Reststoffe aus dem Trockensorptionsverfahren und dem Sprühadsorptionsverfahren als besonders überwachungsbedürftiger Abfall gelten. Dies gilt gleichermaßen für Naßwaschverfahren, die abwasserfrei betrieben werden.

Trockensorptionsverfahren: Bei den Trockensorptionsverfahren erfolgt die Abscheidung der Schadstoffe in einem Flugstromreaktor oder in einer zirkulierenden Wirbelschicht durch Einblasen eines festen Adsorptionsmittels, wie z.B. fein gemahlener Löschkalk ($Ca(OH)_2$). Die Verfahren können ohne Abkühlung des Abgases betrieben werden. Zur Verbesserung der Abscheideleistung und als Maßnahme zur Vermeidung der Neubildung von toxischen Dioxinen und Furanen wird in den modernen Verfahren das Abgas durch Eindüsen von Wasser vorkonditioniert. Die Abkühlung erfolgt auf Temperaturen oberhalb des Taupunktes. Neben der Abkühlung wirkt sich ein Löschkalküberschuß von bis zum dreifachen des stöchiometrischen Verbrauchs begünstigend auf die Abscheideleistung aus.

Die sauren Schadgase reagieren mit dem Löschkalk unter Bildung von Calciumchlorid, -fluorid, -sulfit und -sulfat. Zusätzlich können sich teilweise Schwermetalle und Schwermetallverbindungen an den Partikeln anlagern. Im Hinblick auf die Abscheidung von elementarem Quecksilber sowie von Dioxinen und Furanen können dem Adsorptionsmittel Herdofenkoks oder Aktivkoks und dem Konditionierwasser organische Sulfide zugemengt werden. Der prinzipielle Aufbau des Verfahrens ist in Abb. 1.14 dargestellt.

Ein Teil der festen Reaktionsprodukte sammelt sich im Reaktorkonus und wird dort ausgetragen. Die übrigen Reaktionsprodukte werden meist in einem Gewebefilter abgeschieden. In der auf den Geweben aufliegenden staubförmigen Schicht aus Adsorptionsmittel, Reaktionsprodukten und Flugstäuben finden noch Nachreaktionen statt, die die Abscheidewirkung weiter steigern. Zur besseren Ausnutzung des unreagierten Adsorptionsmittels wird ein Anteil in den Prozeß rezirkuliert. Der abgezogene Anteil muß als Sonderabfall entsorgt werden.

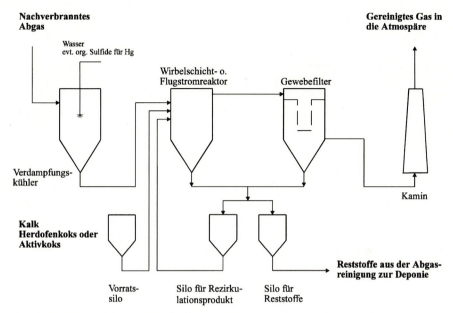

Abb. 1.14. Schematischer Aufbau des konditionierten Trockensorptionsverfahrens

Sprühadsorption: Bei den halbtrockenen Verfahren wird in einem Sprühadsorber über eine Zerstäubungseinrichtung vornehmlich Kalkmilchsuspension in den Abgasstrom eingedüst. Zur Suspensionszerstäubung stehen Systeme mit Zweistoffdüsen (Suspension und Druckluft) oder mit einer mechanischen Tropfenerzeugung (Rotationszerstäuber) zur Verfügung. Die Wassermenge in der Suspension wird so eingestellt, daß sie im heißen Abgasstrom vollständig verdampft, ohne daß bei der Abkühlung der Taupunkt unterschritten wird.

Die Schadgase reagieren mit dem in den Tröpfchen enthaltenen Adsorbens. Gegenüber dem Stoffübergang fest/gasförmig findet der Übergang flüssig/fest jedoch schneller statt. Die Reaktionsprodukte fallen wie bei den Trockensorptionsverfahren als feste Stäube an. Die Stäube werden im Sprühadsorber ausgebracht oder in einem nachgeschalteten Elektrofilter oder Gewebefilter abgeschieden. Der Einsatz eines Gewebefilters bietet hierbei die bereits beschriebenen Vorteile. Die ausgebrachten Stäube fallen als Reststoffe an und müssen deponiert werden.

Wie bei den Trockensorptionsverfahren besteht auch hier die Möglichkeit, durch Zudosieren von Aktivkoks und Herdofenkoks das elementare Quecksilber sowie die Dioxine und Furane abzuscheiden. Der prinzipielle Aufbau eines derartigen Verfahrens ist in Abb. 1.15 dargestellt.

Für die Einhaltung der geforderten Abscheidegrade (TA-Luft oder strenger) ist auch bei den halbtrockenen Verfahren ein Kalküberschuß erforderlich. Unter der Voraussetzung gleicher Abscheidegrade ist der Kalkverbrauch jedoch gegenüber dem der Trockensorptionsverfahren geringer.

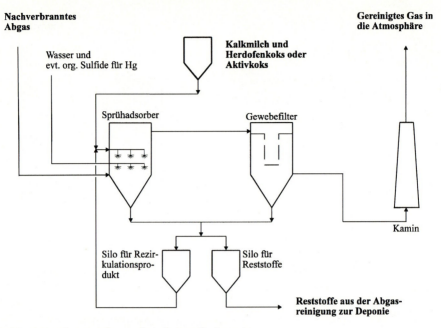

Abb. 1.15. Schematischer Aufbau der Sprühadsorption

Naßwaschverfahren: Bei den Naßwaschverfahren werden die Flugstäube zunächst in Elektro- oder Gewebefiltern abgeschieden, um einen zusätzlichen Schlammanfall im Waschwasser zu vermeiden. Im Gegensatz zu den anderen Verfahren werden die Abgase unterhalb des Taupunktes abgekühlt. Zur Vermeidung von Korrosion im Kamin und im Hinblick auf eine nachgeschaltete Entstickungsstufe müssen die gereinigten Abgase wieder aufgeheizt werden.

Die Abscheidung der Schadstoffe wird meist in einer zweistufigen Wäsche durchgeführt. Das Abgas wird zunächst durch direkte Wasserzugabe gekühlt und im ersten Wäscher bei pH-Werten von 0,5 bis 1 behandelt. In diesem Wäscher werden hauptsächlich Salz- und Flußsäure, dampfförmige Schwermetalle und ein Teil des noch vorhandenen Reststaubes aus dem Abgas entfernt. Zur Sicherstellung der Quecksilberabscheidung können der Waschflüssigkeit organische Sulfide zugegeben werden. Die vom Abgas mitgeschleppten Flüssigkeitstropfen werden in einem nachgeschalteten Tropfenabscheider abgetrennt, um eine Schadstoffverschleppung in die nächste Stufe zu verhindern. In der zweiten Waschstufe werden die Schwefeloxide und der restliche Chlor- und Fluorwasserstoff bei pH-Werten zwischen 6 und 8 in einer Waschsuspension neutralisiert. Als Neutralisationsmittel werden Kalk oder Natronlauge eingesetzt, die im Kreislauf geführt werden. Nach der Reinigung wird das Abgas über Tropfenabscheider, wenn erforderlich zusätzlich über die Entstickungsstufe und den Aktivkohlefilter, über den Kamin in die Atmosphäre geleitet.

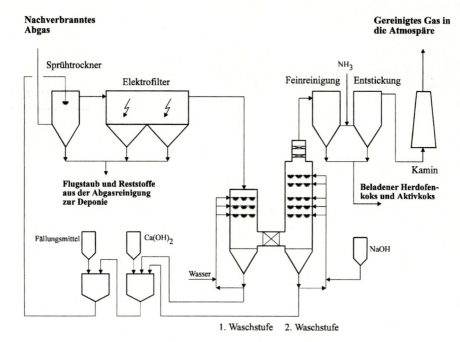

Abb. 1.16. Schematischer Aufbau des Naßwaschverfahrens mit nachgeschaltetem Aktivkoks-filter

Bei den thermischen Sanierverfahren bietet sich ein abwasserfreier Betrieb der Wäscher an. Dazu wird die Waschflüssigkeit neutralisiert und anschließend in einem Sprühtrockner eingedampft. Der Sprühtrockner ist vor der Entstaubungseinrichtung angeordnet, so daß das Salzgemisch zusammen mit dem Flugstaub abgeschieden wird. Der ausgebrachte Reststoff muß auf Sonderdeponien entsorgt werden. Bei den Kreislaufwäschen wird ein Teil der Waschsuspension abgezogen und einer Abwasserreinigung zugeführt. Der schematische Aufbau des Verfahrens ist in Abb. 1.16 dargestellt.

Mit den Waschverfahren werden die geforderten Grenzwerte für die Emissionen problemlos erreicht. Aufgrund der hohen Adsorptionsgeschwindigkeiten in der Waschflüssigkeit ist bei Verwendung von Kalk ein Überschuß von ungefähr 1,03 erforderlich.

Austrag des gereinigten Bodenmaterials

Das gereinigte Bodenmaterial wird in Mischern unter Wasserzugabe oder indirekt in Abkühltrommeln auf Temperaturen zwischen 40 und 70 °C abgekühlt. Zur Vermeidung von Staubemissionen wird das Material befeuchtet, wobei Wassergehalte zwischen 7 und 10 % Massenanteil eingestellt werden. Die entstehenden Brüdendämpfe werden vor der Einleitung in die Atmosphäre einer Reinigung unterzogen.

Die Reinigung von kontaminierten Bodenmaterialien hat grundsätzlich zum Ziel, den gereinigten Boden einer Wiederverwertung zuzuführen. Neben der Rückführung in die Entnahmestelle kann das gereinigte Bodenmaterial beispielsweise im Deponiebau, im Straßenbau oder als Dammschüttmaterial verwendet werden.

Im Hinblick auf die Umweltverträglichkeit des Verfahrens sind Untersuchungen zur Rekultivierbarkeit der gereinigten Bodenmaterialien durchgeführt worden. Die Ergebnisse haben ergeben, daß das Bodenmaterial durch Zugabe von Humus und Dünger rekultiviert werden kann. Vorteilhaft wirkt sich aus, wenn die für den Wasser- und Stoffhaushalt des Bodens wichtigen Tonminerale durch die thermische Behandlung nicht zerstört werden.

Verfahrenskonzepte für die thermische Bodenbehandlung

Thermische Dekontaminationsverfahren eignen sich insbesondere für die Reinigung von Bodenmaterialien, die mit organischen und/oder flüchtigen anorganischen Verbindungen kontaminiert sind. Derartige Schadstoffe können generell in die Gasphase überführt und in einer nachgeschalteten Oxidationsstufe vollständig zerstört werden oder im Falle von nicht zerstörbaren anorganischen Verbindungen in der Abgasreinigungsanlage abgeschieden werden.

Der Reinigungserfolg und der Durchsatz hängen von der Reinigungstemperatur und der Verweildauer ab. Die Verweildauer richtet sich nach der stoff- und prozeßabhängigen Geschwindigkeit des Aufheizvorganges und der notwendigen Dauer für die eigentliche Behandlung.

Die verschiedenen Verfahrensentwicklungen sind durch den Dualismus, erforderliche Schadstoffentfernung einerseits und schonende thermische Beanspruchung des Bodenmaterials andererseits, geprägt [68]. Unter einer thermisch schonenden Behandlung werden Reinigungstemperaturen bis 600 °C bei Verweildauern von bis zu 20 Minuten verstanden, da hier die bodenkundlichen Parameter nur eine geringe Veränderung aufweisen. Ein Teil des organischen Kohlenstoffs bleibt sogar erhalten. Auf der anderen Seite ist bei diesen Temperaturen nicht sichergestellt, daß bei halogenhaltigen organischen Schadstoffen die erforderlichen Reinigungsgrade erreicht werden.

Die sich hieraus ergebenden Unterschiede in den Konzeptionen bestehen somit insbesondere in der Reinigungstemperatur und in der von der Art der Wärmezufuhr beeinflußten Prozeßbedingung. Weitere Unterschiede liegen im Reaktortyp, in der Abgasreinigung und in der Abhitzenutzung. Keine Unterschiede bestehen hinsichtlich des erreichbaren Reinigungsgrades. Es werden in allen Fällen Reinigungsgrade von mindestens 98 % angegeben.

Im folgenden werden die Verfahren nach den Prozeßbedingungen eingeteilt. Hiernach kann eine Einteilung vorgenommen werden in:

– Desorptionsverfahren
– Pyrolyseverfahren
– Vergasungs- oder Verbrennungsverfahren

Als Reaktoren kommen überwiegend Drehrohröfen zum Einsatz. Es werden aber auch Wirbelschichtreaktoren verwendet. Spezialfälle stellen der Flugstromreaktor, Schachtöfen und Infrarot-Durchlauföfen dar.

Neben den Ex-Situ-Verfahren sind auch In-Situ-Verfahren bekannt. Diese Verfahren haben jedoch mit Ausnahme der Bodenluftabsaugung eine vergleichsweise geringe Bedeutung.

Insgesamt kann die thermische Reinigung von kontaminierten Böden als Stand der Technik angesehen werden. Es werden die höchsten Reinigungsgrade aller Dekontaminationsverfahren erzielt. Die von der 17. BImSchV. vorgeschriebenen Grenzwerte für die Schadstoffemissionen werden eingehalten. Das gereinigte Bodenmaterial kann im Landschafts- oder Straßenbau weiter verwertet oder direkt wieder in der Entnahmestelle eingebaut werden.

Trotzdem besteht gegenüber diesen Verfahren bisher nur eine sehr geringe Akzeptanz. Dies führt häufig zu sehr lange dauernden Genehmigungs- und Planfeststellungsverfahren, deren Ausgang meist auch noch unkalkulierbar ist. Darüber hinaus werden thermische Verfahren teilweise in den Ausschreibungen ausgeschlossen, obwohl es vielfach für die Sanierung einer Altlast keine Alternative gibt.

Desorptionsverfahren

Zu den Desorptionsverfahren gehören die Vakuum-Destillation und die Wasserdampfdestillation [69, 70].

Das Vakuum-Destillationsverfahren ist für die Behandlung quecksilberkontaminierter Bodenmaterialien entwickelt worden. Es wird im Anschluß an ein Bodenwaschverfahren zur Reinigung der Partikelfraktion 100 % <100 µm eingesetzt. Das vorentwässerte und vorgetrocknete Bodenmaterial wird unter Inertgaszugabe bei einem Druck von 100 hPa indirekt in einem Drehrohrofen auf Temperaturen um 350 °C aufgeheizt. Das Abgas wird entstaubt, kondensiert und in einem Aktivkoksfilter nachgereinigt. Das zurückgewonnene Quecksilber kann wiederverwertet werden. Das wäßrige Kondensat wird in einer angeschlossenen Wasserreinigungsanlage behandelt. Untersuchungen zeigen, daß dieses Verfahren prinzipiell auch für die Behandlung von organischen Schadstoffen, wie polycyclische aromatische Kohlenwasserstoffe (PAK) geeignet ist.

Neben der technisch bereits eingesetzten Vakuum-Destillation befinden sich auch Entgasungsverfahren mit Wasserdampf als Spülgas in der Erprobung. Bei diesen Verfahren wird das bereits in der Bodenluftabsaugung In-Situ angewendete Prinzip der „Wasserdampf-Strippung" auf einen Reaktor übertragen. Mit dieser Methode können dementsprechend Schadensfälle mit leichtflüchtigen Chlorkohlenwasserstoffen, Benzol, Toluol und Xylol sowie Mineralölkohlenwasserstoffe behandelt werden. Die Verfahren können zusätzlich aber auch für die Reinigung von mit polycyclischen aromatischen Kohlenwasserstoffen oder Quecksilber kontaminierten Böden oder bei Böden mit einem hohen Feinstpartikelanteil eingesetzt werden. Ferner können modifizierte Abgasreinigungsverfahren eingesetzt werden, so daß auf eine Nachverbrennung verzichtet werden kann.

Pyrolyseverfahren

Die Pyrolyseverfahren werden im Temperaturbereich bis ca. 650 °C eingesetzt. Die Anlagen sind für Durchsätze von bis zu 15 t/h ausgelegt [71–73].

Der strukturelle Aufbau der Verfahren ist schematisch in Abb. 1.17 dargestellt. Die Verfahren sind dadurch gekennzeichnet, daß die Schadstoffentfernung unter Luftabschluß stattfindet.

Als Reaktoren werden ausschließlich indirekt beheizte Drehrohröfen eingesetzt. Die Drehrohröfen sind meist mit einer Zonenbeheizung ausgestattet, wodurch die Wärmezufuhr besser geregelt und dem Prozeß von außen ein Temperaturprofil aufgeprägt werden kann. Das meist separat vor-

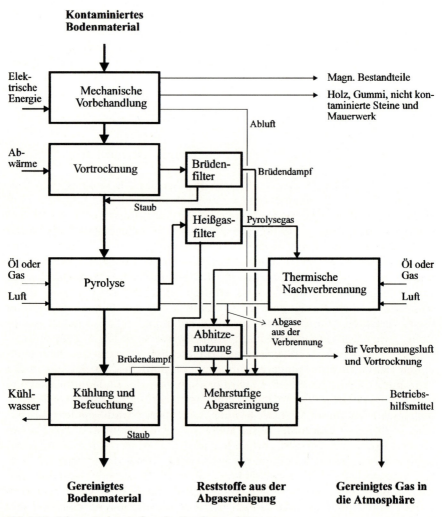

Abb. 1.17. Schematischer Aufbau der Pyrolyseverfahren

getrocknete Bodenmaterial wird im Gleichstrom mit den Pyrolysegasen durch den Drehrohrofen transportiert. Die Pyrolysegase werden in der heißesten Zone abgesaugt. Hierdurch wird eine Rückkondensation der gebildeten Pyrolyseteere vermieden. Die eigentliche Zerstörung der Schadstoffe erfolgt erst in der nachgeschalteten Verbrennung. Das gereinigte Bodenmaterial bleibt in seiner Struktur und mineralogischen Zusammensetzung weitgehend erhalten.

Die Verbrennungsabgase aus dem Befeuerungssystem werden getrennt von den Pyrolysegasen geführt. In der Nachverbrennung müssen somit nur die schadstoffhaltigen Gase auf die vorgeschriebenen Temperaturen aufgeheizt und vollständig oxidiert werden. Der Einbau einer Entstickungsstufe nach den Vorgaben der 17. BImSchV. muß daher meist nicht vorgesehen werden.

Die meisten praktischen Erfahrungen liegen bei der Reinigung von überwiegend mit halogenfreien organischen Schadstoffen und Cyaniden kontaminierten Böden vor. Durch den im Drehrohrofen herrschenden, geringen Unterdruck und die gezielte Führung der Pyrolysegase ist ein Einsatz dieser Verfahren jedoch auch bei problematischen Verunreinigungen und höheren Konzentrationen von Schadstoffen im Bodenmaterial denkbar.

Die indirekte Wärmezufuhr erfordert eine längere Aufheizdauer des Bodenmaterials. Vergleichbare Durchsätze sind daher mit einem größeren apparativen Aufwand verbunden, so daß die Reinigungskosten gegenüber den direkten Verfahren höher sind.

Vergasungs- und Verbrennungsverfahren

Die Vergasungs- und Verbrennungsverfahren kommen praktisch für die Sanierung aller Schadensfälle in Betracht. Die Verfahren haben inzwischen einen sehr hohen Entwicklungsstand erreicht. Es stehen stationäre Anlagen mit Durchsätzen von bis zu 50 t/h zur Verfügung.

Die meisten praktischen Erfahrungen liegen bei Schadensfällen mit halogenfreien, organischen Verunreinigungen und Cyaniden vor. Die Erfahrungen zeigen, daß bei Reinigungstemperaturen von bis ca. 600 °C die vorgeschriebenen Sanierungszielwerte für den unmittelbaren Wiedereinbau problemlos erzielt werden.

Der strukturelle Aufbau der Verfahren ist schematisch in Abb. 1.18 dargestellt. Die Verfahren sind dadurch gekennzeichnet, daß die Schadstoffe bereits im Reaktorraum mit den Verbrennungsabgasen aus dem Befeuerungssystem oder unter Luftüberschuß teilweise oder vollständig oxidiert werden.

Bei den kommerziell angebotenen Verfahren ist der Einsatz von Drehrohröfen am weitesten verbreitet. Die Behandlung von kontaminierten Bodenmaterialien in einem Wirbelschichtreaktor befindet sich in der Erprobung.

Bei den Drehrohröfen wird das kontaminierte Bodenmaterial im Gegenstrom zu den Verbrennungsabgasen durch den Reaktor transportiert. Durch die direkte Aufheizung des Bodenmaterials über die Gasphase wird ein homogener Wärmeeintrag erzielt. Mit den hohen Gasvolumenströmen im Reaktorraum ist jedoch auch eine Erhöhung des Staubaustrages verbunden, der zu einer Zunahme der zu entsorgenden Reststoffmenge führen kann. Da der

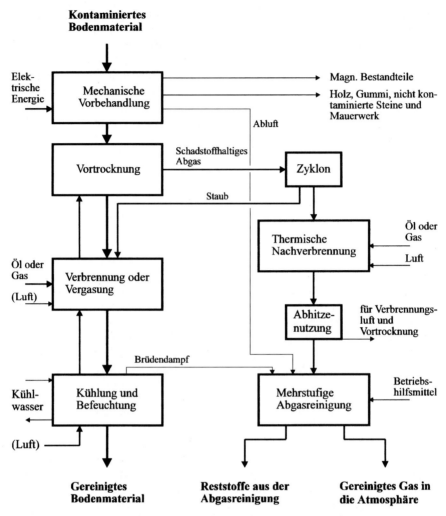

Abb. 1.18. Prinzipieller Aufbau von Vergasungs- und Verbrennungsverfahren

gesamte Abgasvolumenstrom über die Nachverbrennung geleitet werden muß, ist, bezogen auf die Einhaltung der 17. BImSchV., der Einbau einer Entstickungsstufe erforderlich.

Die überwiegende Anzahl der Anlagen wird im Temperaturbereich bis maximal 600 °C betrieben. Diese Temperaturen genügen, um halogenfreie organische Schadstoffe, metallorganische Verbindungen, Cyanide und die in der Gruppe 2 aufgeführten anorganischen Verbindungen und Schwermetalle in die Gasphase zu verlagern. Durch die Behandlung des kontaminierten Bodenmaterials bei Temperaturen bis 600 °C und bei Verweildauern zwischen 10 und 20 min wird dem Grundsatz einer thermisch schonenden Behandlung gefolgt. Bei diesen Bedingungen bleibt die Bodenstruktur und insbesondere die mineralogische Zusammensetzung erhalten, so daß das gereinigte Bodenmaterial wieder „belebbar" ist [74].

Die Behandlung aller Schadstoffe ist nur in Hochtemperaturverfahren, die im Temperaturbereich bis maximal 1200 °C betrieben werden, möglich. Grundsätzlich erfordern diese Verfahren jedoch einen größeren apparativen Aufwand. Wegen der hiermit verbundenen relativ hohen Kosten werden diese Verfahren meist nur für extreme Kontaminationen und schwierig zu behandelnde Bodenmaterialien eingesetzt. Sie sind daher vornehmlich auf die Reinigung von mit Dioxinen, Furanen, polychlorierten Biphenylen oder nicht flüchtigen Schwermetallen kontaminierten Bodenmaterialien sowie auf größere Schadstoffmengen im Bodenmaterial ausgerichtet. Als Folge der hohen Reinigungstemperaturen werden jedoch die Porenstruktur und die mineralogische Zusammensetzung des gereinigten Bodenmaterials nachhaltig verändert [75, 76].

Bei den Wirbelschichtreaktoren werden die Schadstoffe unter Luftüberschuß im Reaktorraum vollständig oxidiert. Das gereinigte Bodenmaterial fällt im Sinne des Abfallgesetzes als Abfallstoff an, so daß ein Wiedereinbau derzeit nicht möglich ist. Die Gründe hierfür liegen darin, daß die Bodenstruktur zerstört wird und infolge der primären Maßnahmen zur Entfernung der sauren Schadgase im Reaktorraum das gereinigte Bodenmaterial zusätzlich Reaktionsprodukte und Restkalkmengen enthalten kann. Ein Einsatz derartiger Verfahren kann dennoch sinnvoll sein, wenn es sich um hochbelastete Materialien und problematische Schadstoffe handelt. In gewisser Weise stellen diese Verfahren eine Art Bindeglied zu den Sonderabfallverbrennungsanlagen dar.

In-Situ-Verfahren

Zu den In-Situ-Verfahren werden neben der Bodenluftabsaugung (s. Abschn. 1.5.2.4) die elektrothermische Verglasung des Bodenmaterials, die indirekte Aufheizung des Bodenmaterials und anschließende Verbrennung der Schadstoffe in einem Wärmestrahlrohr und die dielektrische Erwärmung des Bodenmaterials mit Hochfrequenzenergie gezählt [77–79].

Die ursprünglich für die Behandlung radioaktiver Abfallstoffe in den USA entwickelte elektrothermische In-Situ-Verglasung ist in letzter Zeit auch technisch erfolgreich für die Zerstörung und Immobilisierung von Chemieabfällen sowie für die Dekontamination verunreinigter Böden eingesetzt worden. Das Verfahren wird kommerziell angeboten.

Bei diesem Verfahren werden vier Elektroden in quadratischer Anordnung in das Erdreich bis zur Unterkante der Kontamination eingebracht. Auf der Geländeoberkante werden die Elektroden durch eine Graphit-Glasschicht miteinander verbunden. Durch Kurzschlußstrom wird der Boden nach dem Lichtbogeneffekt bis auf Temperaturen von ca. 2000 °C aufgeheizt und in den Schmelzfluß gebracht. Nach dem Erstarren liegt ein amorpher, monolithischer Glaskörper vor, der in seinen gesteinsspezifischen Parametern Ähnlichkeiten mit vulkanischem Glas aufweist und über geologische Zeiträume chemisch und physikalisch stabil bleibt. Das entstehende Gas kann über eine an der Geländeoberkante installierte Abzugsvorrichtung abgesaugt und einer Reinigungsanlage zugeführt werden.

Als In-Situ-Verbrennungsmaßnahme ist der Einsatz eines Wärmestrahlrohres untersucht worden. Dieses Verfahren ist hierbei für mit Benzol, Toluol, Xylol, polycyclischen aromatischen Kohlenwasserstoffen und Cyaniden belastete Böden konzipiert worden.

Bei diesem Verfahren werden in Abständen zwischen 1 bis 3 m Bohrungen bis unter die Sohle der Kontamination abgeteuft, in die die bis zu 3,5 m langen Wärmestrahlrohre eingebracht werden. Die Wärmestrahlrohre bestehen aus einem Mantelrohr, in dem sich ein Brenner mit einem angeschlossenen Verbrennungsrohr befindet. Durch die Verbrennung von Flüssiggas mit über einen Rekuperator vorerwärmter Luft kann der hitzebeständige Mantel auf Temperaturen von bis ca. 1000 °C aufgeheizt werden. Die Aufheizung des Bodenmaterials erfolgt somit indirekt durch Strahlungswärme. Die Schadstoffdämpfe werden abgesaugt und im Ringraum zwischen dem Mantelrohr und dem Verbrennungsrohr bei einer Temperatur von ca. 1300 °C nachverbrannt. Das Abgas kann im Bedarfsfall einer nachgeschalteten Reinigungsanlage zugeführt werden.

Die dielektrische Erwärmung mit Hochfrequenzenergie befindet sich im Entwicklungsstadium. Die Verfahren sind für die Behandlung von mit leichtflüchtigen chlorierten Kohlenwasserstoffen, mit Mineralölkohlenwasserstoffen, Benzol, Toluol, Xylol oder Quecksilber kontaminierten Böden konzipiert. Die Schadstoffe werden durch die Energiezufuhr in kurzer Zeit erwärmt. Die verdampfenden Stoffe werden abgesaugt und anschließend entweder durch Abkühlung wieder kondensiert oder in einer Nachverbrennungsanlage chemisch umgewandelt.

Genehmigung thermischer Anlagen

Bei einem kontaminierten Bodenaushub handelt es sich um einen besonders überwachungsbedürftigen Abfall, der dem Abfallrecht unterliegt. Für die Errichtung und den Betrieb stationärer thermischer Anlagen ist daher ein Planfeststellungsverfahren nach dem Abfallgesetz inklusive einer Umweltverträglichkeitsprüfung durch die zuständigen Landesbehörden erforderlich. In dem abschließenden Planfeststellungsbeschluß werden alle öffentlich-rechtlichen Belange geregelt.

Thermische Anlagen zur Bodensanierung sind nach dem Anhang der 4. BImSchV. Ziffer 8,7 genehmigungsbedürftig. Bei Anlagen, die speziell für die Sanierung eines Standortes eingesetzt werden oder bei mobilen Anlagen ist ein vereinfachtes Genehmigungsverfahren möglich (siehe hierzu auch Abschn. 1.2.3). In allen Fällen sind die nach der TA-Luft bzw. der 17. BImSchV geltenden Grenzwerte für die Schadgasemissionen einzuhalten. Ferner müssen die im WHG aufgeführten Regelungen zum Umgang mit wassergefährdenden Stoffen berücksichtigt werden. Tangiert werden das Baurecht, das Naturschutzrecht und die TA-Lärm.

Die Anlagen unterliegen der Störfallverordnung, wenn Stoffe eingesetzt oder bei Störungen entstehen können, die im Anhang II der StörfallVO aufgeführt sind. Für diesen Fall muß eine Sicherheitsanalyse gemäß der StörfallVO durchgeführt werden.

1.5.2.2
Physikalisch-chemische Verfahren zur Bodenreinigung

Physikalisch-chemische Bodenreinigungsverfahren können in Bodenwaschverfahren und in Extraktionsverfahren unterteilt werden. Bei den Bodenwaschverfahren beruht der Reinigungseffekt in erster Linie auf physikalischen, bei den Extraktionsverfahren auf physiko-chemischen Vorgängen.

Bodenwaschverfahren

Bodenwaschverfahren werden seit den 80er Jahren für die Sanierung kontaminierter Bodenmaterialien eingesetzt. Es stehen stationäre, semimobile und mobile Anlagen für die Behandlung von kontaminiertem Bodenaushub zur Verfügung. Die Verfahren sind für die Entfernung von organischen und anorganischen Schadstoffen geeignet. Sie kommen somit prinzipiell für die Sanierung aller Altlastenstandorte in Frage [80–82].

Bei den Bodenwaschverfahren werden die Schadstoffe mit überwiegend mechanischen Prozessen entfernt. In einem Waschprozeß werden die Schadstoffe von den Bodenpartikeln abgelöst und in das Waschwasser überführt. Die dispersen Schadstoffe werden nach ihrer Partikelgröße oder nach stofflichen Merkmalen von den Bodenpartikeln separiert. Die im Waschwasser gelösten oder emulgierten Schadstoffe werden in einer Abwasserreinigungsanlage abgeschieden, so daß das Waschwasser im Kreislauf geführt werden kann. Flüchtige Schadstoffe werden abgesaugt und in einer Abluftreinigung entfernt.

Böden mit hohen Anteilen an organischen Bestandteilen und Korngrößen unterhalb von 25 µm lassen sich durch Waschverfahren nicht reinigen. Sie müssen mit anderen Verfahren gereinigt oder aber deponiert werden.

Bodenwaschverfahren gelten insgesamt als umweltverträglich, obwohl die Bodeneigenschaften durch die Abtrennung von Bodenbestandteilen verändert werden. Durch die geschlossenen Reinigungssysteme wird eine Ausbreitung der Schadstoffe in die Umwelt verhindert.

Boden- und schadstoffspezifische Voraussetzungen

Die Grenzen für die „Waschbarkeit" eines kontaminierten Bodens werden von den physikalischen und chemischen Eigenschaften der Bodenbestandteile und der Schadstoffe, aber auch apparativ von der Verfügbarkeit trennscharfer Klassier-, Sortier- und Entwässerungsaggregate bestimmt. Den entscheidenden Einfluß auf die Eignung der Verfahren haben die Bodeneigenschaften. Von besonderer Bedeutung sind die Korngrößenverteilung und der Gehalt an organischen Bodenbestandteilen.

Je feiner das Bodenmaterial ist, um so schwieriger ist die Ablösung der Schadstoffe von den Bodenpartikeln und um so höher ist der dafür erforderliche apparative Aufwand.

Demzufolge sind die Waschverfahren besonders gut für Bodenmaterialien geeignet, die große Massenanteile an Sand und Kies aufweisen. Mit zunehmender Feinheit der Bodenpartikeln ergeben sich Probleme in der Ablösung und Abtrennbarkeit der Schadstoffe. Insbesondere von der Feinschluff- und Tonfraktion sowie von den organischen Bestandteilen können die Schadstoffe aufgrund ihrer starken Affinität nur ungenügend abgelöst und auf mechanischem Wege separiert werden. Diese Fraktionen fallen als kontaminierter Reststoff an. Aus technisch-wirtschaftlichen Gründen sollte der Massenanteil dieser Fraktionen, bezogen auf den Ausgangsboden, 20 bis 30 % Massenanteil nicht übersteigen.

Als besonders schwierig erweisen sich solche Schadensfälle, bei denen die Schadstoffe nur schwer zugänglich sind. Hierzu gehören Straßenbeläge, die mit Asphalt verbunden sind, oder poröse Schlacken, in denen die Schadstoffe eingebunden sind. Die Freilegung der Schadstoffe erfordert eine Zerkleinerung, durch die der Feinstpartikelanteil beachtlich ansteigen kann. Die Bodenpartikeln können aber auch in bituminösen Teeren eingeschlossen sein oder an den „backenden" Teeroberflächen anhaften. Auch in diesem Falle ist häufig nur eine unvollständige Freilegung der Schadstoffe möglich.

Die Eigenschaften der Schadstoffe haben im Vergleich zu den Bodeneigenschaften für die Eignung des Reinigungsverfahrens eine geringe Bedeutung. Die Verfahren können innerhalb gewisser Grenzen an die jeweiligen organischen oder anorganischen Kontaminationen angepaßt werden.

Die für die Abtrennbarkeit der Schadstoffe durch Bodenwäsche wesentlichen chemischen und physikalischen Eigenschaften der Schadstoffe sind der Aggregatzustand, die Wasserlöslichkeit, die Partikelgröße, die Dichte und die Benetzbarkeit der Oberfläche. Günstige Bedingungen liegen vor, wenn die Schadstoffe im Waschwasser gelöst oder emulgiert werden können bzw. sich disperse Schadstoffe in ihrer Partikelgröße, in ihrer Dichte oder in der Benetzbarkeit ihrer Oberfläche von den Bodenpartikeln unterscheiden.

Bei ausschließlich mit leichtflüchtigen Schadstoffen kontaminierten Bodenmaterialien erübrigt sich der Einsatz des Verfahrens. Liegen Mischkontaminationen vor, dann sind die geforderten Immissionsschutzvorgaben einzuhalten.

Verfahrenstechnische Grundlagen und Aufgaben

Bei den Bodenwaschverfahren werden die Schadstoffe von den Bodenpartikeln durch mechanische Prozesse separiert. Die Trennung kann durch Klassierung, durch Sortierung oder durch eine Fest/Flüssig-Phasentrennung erfolgen. Die Anwendung dieser Prozesse setzt voraus, daß die Schadstoffe bereits im Bodenwasser enthalten sind oder in disperser Form frei neben den Bodenpartikeln vorliegen. Häufig sind die Schadstoffe jedoch in Bodenagglomeraten eingeschlossen. Sie können aber auch verkrustet oder filmartig an der Oberfläche der Bodenpartikeln angelagert oder sorbiert sein. Diese Schadstoffe müssen zunächst in dem Waschprozeß freigelegt werden [83].

Die Freilegung kann auf mechanischem Wege erreicht werden. Dabei wird die Phasengrenzfläche zwischen Schadstoff und Bodenpartikel durch Scherung, Reibung oder Prall gezielten mechanischen Beanspruchungen ausgesetzt. Je nach Intensität der Beanspruchungen findet die Auflösung der Agglomerate sowie das Abplatzen oder Abreiben der Schadstoffe bis zu einer nicht erwünschten Zerkleinerung der Bodenpartikeln statt. Mit zunehmender Feinheit der Partikeln muß mehr Energie aufgewendet werden. Technische Grenzen ergeben sich im Partikelbereich <63 µm, da hier die Bindekräfte zwischen den Schadstoffen und den Bodenpartikeln nur noch unvollkommen überwunden werden können bzw. der apparative Aufwand zu groß würde.

Eine Verbesserung der Schadstoffablösung wird durch die zusätzliche Nutzung chemischer oder physiko-chemischer Mechanismen in Form von Lösungs- und Desorptionsvorgängen erreicht. Hierzu werden Komplexbildner, Säuren, Basen oder Salze, bzw. grenzflächenaktive Stoffe, Tenside, dem Waschwasser zugegeben. Tenside werden für die Behandlung der in den meisten Sanierungsfällen dominierenden kohlenwasserstoffhaltigen Kontaminationen eingesetzt. Für die Reinigung schwermetall- oder cyanidbelasteter Bodenmaterialien können die bekannten Laugungs- oder Lösungsprozesse mit Säuren, Basen, Salzen oder Komplexbildnern ausgenutzt werden.

Durch den Waschprozeß werden die Schadstoffe von den gröberen Partikelfraktionen zu den feineren Partikelfraktionen oder in das Waschwasser verlagert. Die schadstoffhaltige Feinstpartikelfraktion wird durch Klassierung und Entwässerung vom Waschwasser separiert. Die in den gröberen Fraktionen enthaltenen dispersen Schadstoffe und organischen Bodenbestandteile werden von den gereinigten Bodenpartikeln durch Dichtesortierung und Flotation abgetrennt. Die Sortierbarkeit disperser Feststoffe ist bei Anwendung einer Flotation auf Partikeldurchmesser >20 µm begrenzt. Die im Waschwasser enthaltenen Schadstoffe werden in einer nachgeschalteten Abwasserreinigungsanlage abgeschieden.

Verfahrensaufbau

In ihrem prinzipiellen Aufbau entsprechen die Bodenwaschverfahren weitgehend den modernen Verfahren aus der Kies- und Sandaufbereitung [84]. Dem eigentlichen Waschprozeß ist eine mechanische Vorbehandlung vorgeschaltet und eine den veränderten Anforderungen entsprechende Abwasserreinigung nachgeschaltet. Zusätzlich muß aber auch eine Abluftreinigung vorgesehen werden. Der prinzipielle Aufbau des Bodenwaschverfahrens ist in Abb. 1.19 dargestellt. Die grundsätzlichen Schritte des Waschprozesses sind folgende:

1. Durch Naßaufschluß erhält man die Schadstoffe in gelöster, emulgierter oder dispergierter Form im Waschwasser.
2. Mittels Klassierung wird die für die nachgeschalteten Sortierstufen notwendige Einengung der Partikelbereiche in eine Kies-, eine Sand- und eine aus Feinsand und gröberem Schluff bestehende Fraktion vorgenommen. Die mit Schadstoffen angereicherte Feinstpartikelfraktion wird abgetrennt.
3. Mittels Sortierung werden die Bodenpartikeln von dispers vorliegenden Schadstoffen und den organischen Bodenbestandteilen getrennt.
4. Abtrennung des Waschmediums von den erzeugten Produkten.

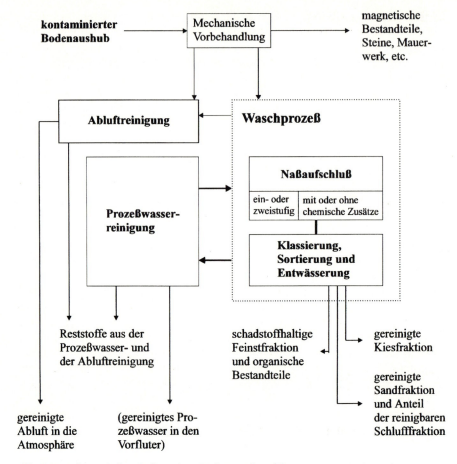

Abb. 1.19. Schematischer Aufbau eines Bodenwaschverfahrens

Mechanische Vorbehandlung des kontaminierten Bodenmaterials: In der mechanischen Vorbehandlung werden die magnetischen Bestandteile mit Überbandmagneten entfernt. Grobkörniges Material, wie Betonbrocken, Fundamentreste und Mauerwerk, werden mit Rosten abgetrennt und in Backenbrechern oder Prallbrechern auf die durch die nachfolgenden Aggregate vorgegebene maximale Korngröße zerkleinert.

Naßaufschluß: In den verschiedenen Bodenwaschverfahren werden als Naßaufschlußaggregate Läutertrommeln, Trogwäscher, Attritionszellen oder Hochdruckstrahlrohre mit Prallkammer eingesetzt. Die Wirkungsmechanismen dieser Apparate sind in Abb. 1.20 dargestellt.
　　Bei den Läutertrommeln wird die Energie über die rotierende Trommel, bei den Trogwäschern über rotierende Agitatoren eingebracht. Die

Scher-und Reibbeanspruchung:

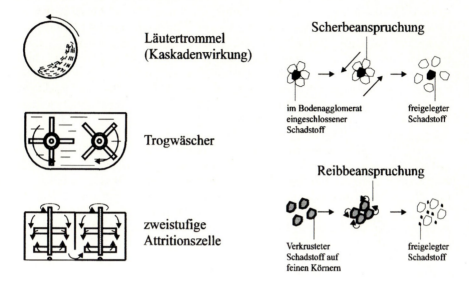

Läutertrommel
(Kaskadenwirkung)

Scherbeanspruchung

im Bodenagglomerat
eingeschlossener
Schadstoff

freigelegter
Schadstoff

Trogwäscher

Reibbeanspruchung

zweistufige
Attritionszelle

Verkrusteter
Schadstoff auf
feinen Körnern

freigelegter
Schadstoff

Prallbeanspruchung:

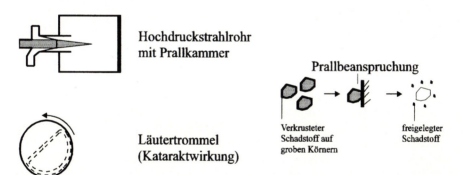

Hochdruckstrahlrohr
mit Prallkammer

Prallbeanspruchung

Verkrusteter
Schadstoff auf
groben Körnern

freigelegter
Schadstoff

Läutertrommel
(Kataraktwirkung)

Abb. 1.20. Eingesetzte Apparate für die Zerteilung von Bodenagglomeraten und für die Ablösung von Schadstoffen von der Oberfläche der Bodenpartikeln

Partikeln werden durch Scherung und Reibung beansprucht. Im Falle der Läutertrommeln können durch höhere Drehzahlen zusätzlich auch Prallbeanspruchungen hervorgerufen werden. Durch diese Beanspruchungen werden die gröberen Bodenagglomerate zerteilt. In den meisten Fällen werden außerdem die Schadstoffe von Bodenpartikeln mit einem Durchmesser von > 2 mm hinreichend abgelöst.

Beim Hochdruckstrahlrohr wird der kontaminierte Boden mit einem hohen Luftanteil nach dem Wasserstrahlpumpenprinzip angesaugt. Das Prozeßwasser wird mit Vordrücken von bis zu $350 \cdot 10^5$ Pa und Geschwindigkeiten von bis zu 250 m/s über Düsenringe in den Reaktor strahlförmig auf eine Prallplatte gerichtet. Im Strahl findet eine intensive Durchwirbelung und Homogenisierung statt, wobei die Partikeln unsymmetrischen Zug- und Druckspannungen ausgesetzt werden. Beim Aufprall auf die Platte werden die Partikeln weiterhin durch Druckkräfte beansprucht. Innerhalb des Reaktors herrscht ein Druck von $0.8 \cdot 10^5$ Pa vor, so daß durch den Druckabfall zusätzlich ein Strippeffekt auftritt. Die dampfförmigen Schadstoffe werden am Kopf der Kammer abgesaugt und der zentralen Abluftreinigung zugeführt.

Attritionszellen werden für die Ablösung der Schadstoffe im Korngrößenbereich < 2 mm eingesetzt. Bei diesen Aggregaten handelt es sich um Rührwerke, die mit Umfangsgeschwindigkeiten von bis zu 20 m/s betrieben werden. Die Rotation der Suspension wird durch das Anbringen von Leitblechen an der Behälterwand vermindert. Die Phasengrenzfläche zwischen Schadstoff und Bodenpartikel werden durch Druck-, Zug- und Reibungskräfte beansprucht.

Die Zugabe von Tensiden oder anderen chemischen Zusatzstoffen erfolgt entweder separat in mit Rührwerken ausgestatteten Mischbehältern oder direkt in den mechanischen Aufschlußaggregaten.

Abtrennung der gereinigten Bodenfraktionen: Die gereinigten Bodenfraktionen werden in einer Kombination aufeinander abgestimmter Klassier- und Sortierprozesse aus der Waschsuspension abgetrennt. Die Trennung kann so vorgenommen werden, daß verwertbare Kies- und Sandfraktionen gewonnen werden.

Die Kiesfraktion >2 mm wird durch Siebklassierung abgetrennt. Die in dieser Fraktion enthaltenen dispersen Schadstoffe und die organischen Bestandteile wie Kohlepartikeln, Teerpartikeln, Kunststoffe und Holzstücke, können durch Dichtesortierung in einer Setzmaschine separiert werden. Die gewonnene Kiesfraktion wird auf ein Sieb aufgegeben und entwässert. Im vorderen Bereich des Siebes werden anhaftende Feinstpartikeln und das Waschwasser durch intensive Bebrausung mit Frischwasser abgespült.

Die verwertbare Sandfraktion wird von der kontaminierten Feinstpartikelfraktion überwiegend mit Hydrozyklonen abgetrennt. Teilweise werden auch Klassierschnecken eingesetzt. Die Trennkorngröße variiert je nach Verfahren und Schadensfall zwischen 25 µm und 100 µm. Zur Separation disperser Schadstoffe und organischer Bestandteile werden Aufstromsortierer, Wendelscheider und die Flotation eingesetzt. Aufstromsortierer und Wendelscheider werden zur Dichtesortierung im Partikelgrößenbereich 2 mm bis 63 µm verwendet. Die Anwendung der Flotation erfolgt im Partikelgrößenbereich zwischen 25 µm und 500 µm.

Die nicht behandelbare Feinstpartikelfraktion wird durch Sedimentation in Lamellenklärern oder Rundeindickern aus dem Waschwasser entfernt. Die Entwässerung erfolgt durch Druckfiltration in Siebbandpressen oder in Kammerfilterpressen. Es können Endwassergehalte von bis zu ca. 30 % Massenanteil erreicht werden.

Die entwässerte Feinstpartikelfraktion muß deponiert oder in anderen Verfahren weiter behandelt werden. Mögliche Verfahren sind die Immobilisierung durch Verfestigung, der mikrobielle Abbau, die thermische Behandlung und die chemische Extraktion. Ferner wird eine Verwertung als Zuschlagstoff in der Zementindustrie angestrebt.

Prozeßwasserreinigung: Im Waschwasser emulgierte oder gelöste Schadstoffe und die nach der Entwässerung noch enthaltenen Ultrafeinstpartikeln werden mit den aus der Prozeßwasserreinigung bekannten Verfahren abgetrennt. Die Schadstoffe werden dabei soweit entfernt, daß das Waschwasser in den Waschprozeß zurückgeführt werden kann. Es wird aber auch die Voraussetzung geschaffen, um das gereinigte Abwasser in das kommunale Abwassersystem einleiten zu können.

Die im Waschwasser emulgierten Schadstoffe können durch mechanische Phasentrennung oder Flotation abgeschieden werden. Zur Unterstützung des Trennvorganges wird die Stabilität der dispergierten Tröpfchen durch Zugabe von Emulsionsspaltern herabgesetzt. Im Waschwasser gelöste Schwermetalle werden durch Fällung und Flockung abgetrennt, wobei die Ultrafeinstpartikeln mit abgeschieden werden. Das so gereinigte Waschwasser wird in den Waschprozeß zurückgeführt.

Durch den Kreislauf des Wassers können sich in ihm Schadstoffe und Elektrolyte anreichern. Ein Teil des Waschwassers muß daher aus dem Prozeß ausgeschleust werden. In einer chemisch-physikalischen Abwasserbehandlung werden die Schadstoffe aus dem Wasser entfernt. Das gereinigte Abwasser kann in den Prozeß rezirkuliert werden oder im Bedarfsfall nach einer Qualitätsprüfung in die Kanalisation eingeleitet werden.

Abluftreinigung: Aus Emissionsschutzgründen wird bei den stationären und semimobilen Anlagen die Luft aus der Anlage insbesondere im Eingangsbereich abgesaugt. Teilweise sind zusätzlich auch die einzelnen Aggregate eingekapselt, so daß die Luft direkt über den Aggregaten abgesaugt werden kann. Die abgesaugten, schadstoffhaltigen Abgase werden im Normalfall über ein Aktivkoksfilter geleitet. Der Aktivkoks wird ordnungsgemäß entsorgt oder regeneriert.

Verfahrenskonzepte

Es stehen stationäre, semimobile und mobile Anlagen für die Behandlung von kontaminiertem Bodenaushub zur Verfügung. Der Aufbau der Anlagen ist in Modulbauweise konzipiert. Die für die einzelnen Verfahrensschritte erforderlichen Apparate werden bei den stationären und semimobilen Anlagen in Norm-Containern und bei den mobilen Anlagen auf Lkw-Anhängern angeordnet. Die stationären Anlagen sind für Durchsätze von bis zu 60 t/h; mobile Anlagen für Durchsätze zwischen 10 t/h und 35 t/h konzipiert.

Die verschiedenen Verfahrenskonzepte unterscheiden sich in den eingesetzten Aggregaten, in der Aufschlußmethode und in der Waschwasserbehandlung. Hieraus ergeben sich Unterschiede in dem behandelbaren Schadstoffspektrum und den Bodenarten, insbesondere im Trennschnitt für die nicht behandelbare Feinstpartikelfraktion.

Bei den stationären und semimobilen Anlagen wird der Aufschluß auf rein physikalischem oder auf physikalisch-chemischem Wege ein- oder zweistufig durchgeführt. Bei einer zweistufigen Betriebsweise werden meist Attritionszellen für den zusätzlichen Aufschluß der Partikelfraktion < 2 mm eingesetzt. In allen Konzepten erfolgt für die Sandfraktion eine Dichtesortierung in Aufstromsortierern oder Wendelscheidern. Dem gegenüber besteht aber nicht in allen Verfahren die Möglichkeit, die dispersen Schadstoffe und die organischen Bodenbestandteile aus der abklassierten Kiesfraktion durch Dichtesortierung und die dispersen Schadstoffe aus der abklassierten Schlufffraktion durch Flotation zu entfernen. Das schadstoffhaltige Waschwasser wird in allen Fällen gereinigt, so daß ein Kreislaufbetrieb möglich ist.

Die gereinigten Bodenfraktionen werden getrennt ausgebracht. Sie werden einzeln oder in ihrer Gesamtheit wieder eingebaut oder anderweitig verwertet. Je nach Verfahren und Schadstoffart liegt die Trenngrenze zwischen der reinigbaren und der behandelbaren Bodenfraktion im Bereich zwischen 20 µm und 100 µm.

Bei den mobilen Anlagen wird der Aufschluß meist einstufig unter Nutzung physiko-chemischer Wirkprinzipien durchgeführt. Die Abtrennung der gereinigten Bodenfraktionen erfolgt ausschließlich durch Klassierung, da im Normalfall auf aufwendige Sortiertechniken verzichtet wird. Diese Verfahren bieten sich daher für die Reinigung von kiesigen und sandigen Böden an. Das schadstoffhaltige Prozeßwasser wird während des Betriebes mit dem Ziel einer weitgehenden Kreislaufführung gereinigt oder nur teilgereinigt in den Schmutzwasserkanal geleitet.

Neben diesen Verfahren sind auch In-Situ-Waschverfahren entwickelt und eingesetzt worden [85]. Bei diesen Verfahren erfolgt die physikalische Ablösung der Schadstoffe vom Bodenmaterial durch einen rotierenden Hochdruckwasserstrahl direkt im Boden. Hierzu wird der „Behandlungsraum" vorher gegen die Umgebung durch Rohre oder Dichtwände abgeschottet. Durch den rotierenden Wasserstrahl wird das Bodengefüge zerstört. Die Boden-Wasser-Suspension wird abgepumpt und in eine Reinigungsanlage geleitet. Nach Abtrennung der Schadstoffe können die gereinigten Bodenpartikeln direkt in dem Boden wieder eingebaut werden.

Extraktionsverfahren

Bei den Extraktionsverfahren werden die Schadstoffe durch chemische Lösungsprozesse von den Bodenpartikeln entfernt [81, 86, 87]. Als Extraktionsmittel werden organische Lösungsmittel eingesetzt, die durch Destillation regeneriert und in den Prozeß rezirkuliert werden. Diese Verfahren haben im Vergleich zu den Bodenwaschverfahren den Vorteil, daß die gesamte mineralische Bodenfraktion gereinigt werden kann und keine aufwendige Schlammbehandlung erforderlich ist. Nachteilig ist es, daß teilweise aggressive chemische Substanzen verwendet werden müssen, deren Anwendung umstritten ist.

Boden- und schadstoffspezifische Voraussetzungen

Extraktionsverfahren mit organischen Lösungsmitteln bieten sich vor allem für die Behandlung von Schadensfällen an, bei denen die Schadstoffe nur eine geringe Affinität zu den Bodenpartikeln aufweisen. Diese Fälle liegen beispielsweise vor, wenn das Bodenmaterial mit aliphatischen, polycyclischen aromatischen Kohlenwasserstoffen oder polychlorierten Biphenylen kontaminiert ist. Sie können aber auch für andere organische Schadstoffe eingesetzt werden.

Die Verfahren können grundsätzlich für alle Bodenarten eingesetzt werden. Ungünstig wirkt sich der Wassergehalt aus, da durch Wasserhydrathüllen der direkte Zugang des Extraktionsmittels an die Oberfläche der Bodenpartikeln blockiert wird.

Verfahrenstechnische Grundlagen

Bei den Extraktionsverfahren werden die an den Oberflächen der Bodenpartikeln angelagerten oder in disperser Form vorliegenden Schadstoffe in die Flüssigphase überführt. Die Verlagerbarkeit der Schadstoffe wird von dem Adsorptionsgleichgewicht zwischen dem Schadstoff und den Bodenpartikeln sowie von der Auflösungsgeschwindigkeit der dispersen Stoffe beeinflußt. Der schematische Aufbau eines Extraktionsverfahrens ist in Abb. 1.21 dargestellt.

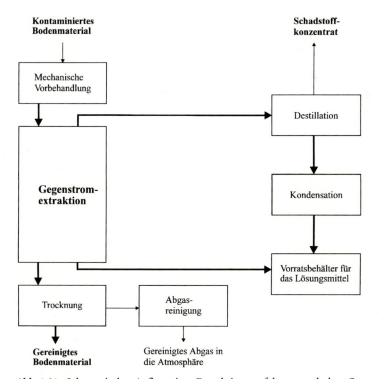

Abb. 1.21. Schematischer Aufbau eines Extraktionsverfahrens nach dem Gegenstromprinzip

Der kontaminierte Bodenaushub wird zunächst in einer mechanischen Vorbehandlung homogenisiert und teilweise vorgetrocknet. Die Schadstoffentfernung erfolgt nach dem Prinzip der Gegenstromextraktion. Das gereinigte Bodenmaterial wird in einer Nachbehandlung getrocknet, um anhaftende Lösungsmittelreste abzutrennen. Das Schadstoff/Lösungsmittel-Gemisch wird destillativ getrennt, so daß das Lösungsmittel im Kreislauf geführt werden kann.

Als Extraktionsmittel werden entaromatisierte organische Lösungsmittel eingesetzt. Von den Lösungsmitteln wird gefordert, daß sie bei Umgebungstemperatur extraktiv wirken, biologisch abbaubar sind und auch bei Anwesenheit von Humusbestandteilen und/oder Härtebildnern ihre Wirksamkeit beibehalten.

Verfahrenskonzepte

Für die Extraktion von kontaminiertem Bodenmaterial werden überwiegend mobile Anlagen eingesetzt. Es stehen Anlagen mit Durchsätzen von bis zu 30 t/h zur Verfügung. Die Verfahren arbeiten kontinuierlich oder im Chargenbetrieb. Als Reaktoren werden Pflugscharmischer und Waschtrommeln eingesetzt. Beim kontinuierlichen Betrieb wird das kontaminierte Bodenmaterial zunächst vorgetrocknet und in Pflugscharmischern unter Zugabe des Extraktionsmittels homogenisiert und in hintereinander geschalteten Waschtrommeln nachbehandelt. Beim Chargenbetrieb wird die Waschtrommel mit dem kontaminierten Bodenmaterial gefüllt und das Extraktionsmittel zugegeben. Nach einer vorgegebenen Dauer wird das Extraktionsmittel ausgetauscht. Durch den parallelen Betrieb mehrerer Waschtrommeln wird erreicht, daß das Extraktionsmittel von einer Waschtrommel zur nächsten im Gegenstrom geführt werden kann. Es wird anschließend durch Destillation von den Schadstoffen befreit und rezirkuliert. Aus dem Abgas werden Lösungsmittelspuren in Aktivkohlefiltern abgeschieden. Das gereinigte Bodenmaterial wird getrocknet.

Ein Problem beim Einsatz von organischen Lösungsmitteln stellt die Gefahr einer Explosion dar. Die kontinuierlichen Anlagen werden unter einem Unterdruck betrieben, um die Einhaltung der Explosionsgrenzen sicherzustellen. Beim Chargenbetrieb kann die im Reaktor befindliche Luft mit Stickstoff ausgetrieben werden.

In der Entwicklung befinden sich Verfahren, bei denen organische Schadstoffe durch Extrahieren mit überkritischen Gasen von den Bodenpartikeln abgetrennt werden. Diese Verfahren könnten beispielsweise für die Entfernung von polycyclischen aromatischen Kohlenwasserstoffen und von polychlorierten Biphenylen eingesetzt werden.

Genehmigung von physikalisch-chemischen Bodenreinigungsanlagen

Bei einem kontaminierten Bodenaushub handelt es sich um einen besonders überwachungsbedürftigen Abfall, der dem Abfallrecht unterliegt. Für die Errichtung und den Betrieb stationärer und semimobiler Bodenwaschanlagen ist daher ein Planfeststellungsverfahren nach dem Abfallgesetz inklusive einer Umweltverträglichkeitsprüfung durch die zuständigen Landesbehörden erforderlich. In dem abschließenden Planfeststellungsbeschluß werden alle öffentlich-rechtlichen Belange geregelt.

Bodenwaschverfahren sind nach dem Anhang der 4. BImSchV. Ziffer 8,7 genehmigungsbedürftig. Bei Anlagen, die speziell für die Sanierung eines Standortes eingesetzt werden oder bei mobilen Anlagen ist ein vereinfachtes Genehmigungsverfahren möglich. Ferner ist die behördliche Erlaubnis für den Betrieb von Anlagen erforderlich, und die Vorschriften für den Umgang mit wassergefährdenden Stoffen nach dem Wasserhaushaltsgesetz sind zu beachten. Hierunter fallen auch die In-Situ-Bodenwaschverfahren. Daneben werden das Baurecht und das Naturschutzgesetz tangiert.

Bei den Extraktionsverfahren unterliegen die Anlagen zusätzlich der Störfallverordnung, wenn Stoffe eingesetzt oder bei Störungen entstehen können, die im Anhang II der StörfallVO aufgeführt sind. Für diesen Fall muß eine Sicherheitsanalyse gemäß der StörfallVO durchgeführt werden. Ferner müssen die Vorschriften der Gefahrstoffverordnung eingehalten werden.

1.5.2.3
Mikrobiologische Verfahren zur Bodenreinigung

F. Glombitza

Grundlagen

Biologische Sanierungsprozesse nutzen die unterschiedlichsten Lebensformen von Mikroorganismen, Algen und Pflanzen, kombiniert mit verschiedenen Bodenbehandlungstechniken für eine Sanierung. Unter Sanierung wird dabei ein Abbau oder eine Umwandlung der im Boden angetroffenen Schadstoffe verstanden.

Der Schadstoff kann durch einen Abbau zerstört oder durch einen Transformationsprozeß in einen anderen Zustand überführt werden. Die Zustandstransformation kann die Voraussetzung für seine Abtrennung sein. Das ist z. B. der Fall, wenn die Löslichkeit im Wasser oder einem anderen Transportsystem erhöht wird. Sie kann aber auch die Voraussetzung dafür sein, daß er in einen unlöslichen Zustand überführt wird und auf diese Weise nicht mehr als Schadstoff anzusehen ist. Der Sanierungsprozeß kann somit formell durch folgendes Gleichungssystem beschrieben werden:

$$
\begin{aligned}
&\text{schadstoffhaltiges Ökosystem} \quad + \quad \text{lebendes System} \\
&\rightarrow \text{schadstoffarmes Ökosystem} \quad + \quad \text{gebundener Schadstoff,} \\
&\qquad\qquad\qquad\qquad\quad \text{oder} \\
&\rightarrow \text{schadstoffarmes Ökosystem} \quad + \quad \text{Reaktionsprodukte des} \\
&\qquad\qquad\qquad\qquad\qquad\qquad\qquad \text{Schadstoffabbaues.}
\end{aligned}
$$

Voraussetzungen für eine Bodensanierung sind die prinzipielle Abbaubarkeit der Schadstoffe, die Anwesenheit der dafür geeigneten Mikroorganismen oder biologische Systeme und die Möglichkeit des Kontaktes zwischen dem Schadstoff und dem mikrobiologischen System. Wenn angenommen wird, daß die ersten beiden Kriterien erfüllt sind, ist die Herstellung eines Kontaktes zwischen dem Schadstoff und dem lebenden System eine wichtige Aufgabe. Dieser Kontakt wird meist durch die Wasserphase vermittelt. Um über die Abbaubarkeit eines Schadstoffes im Boden selbst Auskunft geben zu können, sind deshalb eine Reihe von bodenspezifischen Eigenschaften zu berücksichtigen. Darauf wird im folgenden näher eingegangen.

Bioverfügbarkeit des Schadstoffes

Es ist zu prüfen, wie fest der Boden den Schadstoff bindet und ihn damit den biologischen Reaktionen zugänglich macht oder ob durch die Bindung an den Boden eine Reaktion verhindert wird. Zur Prüfung der Bioverfügbarkeit und Abbaubarkeit werden Elutionsanalysen und Bodenatmungstests (CO_2-Entwicklung) durchgeführt. Die Elutionsanalysen zeigen, wieviel von dem Schadstoff bei einem bestimmten pH-Wert in das den Boden kontaktierende Wasser geht und wieviel von dem Schadstoff nicht in dem Wasser gelöst wird und damit an den Boden gebunden bleibt. Die Messung des CO_2-Gehaltes in der Bodenluft und die Änderung der Konzentration des CO_2-Gehaltes wird als Indiz für ein ungestörtes oder gestörtes Boden/Mikroorganismenverhältnis angesehen. Darunter ist die Aktivität und Lebensfähigkeit der standortspezifischen Mikroorganismen zu verstehen. Bei einer CO_2-Entwicklung von < 0,08 mmol CO_2/100 g Boden in 7 Tagen und geringer Keimzahl kann ein Schadstoff im Boden als nicht abbaubar angesehen werden. Liegen die Zahlen darüber, ist der Schadstoff abbaubar und der Boden ist nicht durch weitere Kontaminationen so belastet, daß ein biologisches/mikrobiologisches Leben nicht möglich ist [88]. Dabei werden die Keimzahlen im Boden ebenfalls als Kriterium herangezogen. Die Keimzahl gibt die Menge an Mikroorganismen in einer bestimmten Bodenmenge an. Zur Bestimmung der Keimzahl werden die standorteigenen (autochthonen) Mikroorganismen von den Bodenpartikeln abgeschwemmt, in verschiedenen Verdünnungsstufen auf Nähragar ausgestrichen und anschließend ausgezählt. Sie werden als koloniebildende Einheiten (KBE) angegeben. Darunter wird die Anzahl der vermehrungsfähigen Mikroorganismen verstanden. Als Richtwert für eine gehemmte Aktivität wird ein Wert von KBE $<10^3$/g Trockensubstanz bzw. Boden angegeben.

Wassertransport und Wassergehalt des Bodens

Die Kenntnisse der Wechselwirkungen zwischen der Wasserphase und dem Boden sind eine weitere Voraussetzung für die Durchführung eines biologischen Sanierungsprozesses. Das Wasser kann in dem Boden auf die unterschiedlichste Weise gebunden sein. Deshalb werden durch hydrogeologische Aussagen über das Speicherungsvermögen des Bodens, die Bindung des Wassers und seine Mobilität, die vorhandene Porenkapazität und das freie Porenvolumen Hinweise und Einschätzungen über den Erfolg eines Sanierungsvorganges möglich und sanierungsunterstützende Hilfsmaßnahmen ableitbar. Gleichzeitig werden Informationen über die Filtrationsgeschwindigkeit möglich.

Die unterschiedlichen Wasserarten im Boden ergeben sich aus den Wechselwirkungen zwischen Bodenpartikeln und den Wassermolekülen, die auf den verschiedenen physikalischen Erscheinungen beruhen. So wird zwischen Haftwasser, Adsorptionswasser und Kapillarwasser unterschieden. Je nach dem Wassergehalt im Boden und den unterschiedlichen Luftanteilen sowie der Wasserbeweglichkeit werden die Bodenzonen in die wasserungesättigte Bodenzone und die wassergesättigte Bodenzone eingeteilt. In der Ersteren sind vor allem das Sickerwasser und die auf den Kapillarkräften beruhenden Kapillarwasserarten zu finden, während in der gesättigten Bodenzone das Grundwasser anzutreffen ist.

Bodenstruktur

Aus der geologischen und mineralogischen Beschaffenheit des Bodens werden Aussagen über die Körnigkeit des Bodens, seine Zusammensetzung bezüglich der einzelnen Fraktionen (Lehm/Ton/Schluff etc.) und damit entscheidende Informationen über einen Transport des Schadstoffes zum Lebewesen, der Zufuhr notwendiger Nährstoffe und der Ableitung der entstandenen Reaktionsprodukte über die Wasserphase oder die Gasphase möglich.

Die Bodenstruktur und die Art der Bindung des Wassers in dem Boden bestimmen die in einer Zeiteinheit bewegbare oder fließbare Wassermenge. Zu ihrer Bestimmung wird das Darcy'sche Gesetz herangezogen. Dieses stellt einen Zusammenhang zwischen der Wassermenge Q (m^3/s), dem hydraulischen Gradienten I (–), der durchströmten Fläche F (m^2) und dem Durchlässigkeitsbeiwert K_f (m/s) her:

$$Q = K_f \cdot I \cdot F$$

Zur Beschreibung der Porosität eines Bodens werden der Porenanteil und die Porenzahl herangezogen. Der Porenanteil n ist dabei das Verhältnis von Porenvolumen V_p zu Gesamtvolumen V_G:

$$n = V_p/V_G$$

und die Porenzahl e das Verhältnis von Porenvolumen zu dem Festvolumen V_f:

$$e = V_p/V_f$$

Damit besteht zwischen dem Porenanteil und der Porenzahl folgender Zusammenhang:

$$n = e/(1 + e),$$
$$e = n/(1 - n).$$

Aus diesen Zusammenhängen können die Hohlräume und die möglichen in ihnen bewegbaren Wassermengen bestimmt werden.

Je nach der Bodenstruktur und der Porenanzahl können die gespeicherte und gebundenen Wassermengen beträchtliche Größen annehmen. Der Wassergehalt w wird durch Trocknen des Bodens bei 105 °C ermittelt und

Tabelle 1.7. Wassergehalte unterschiedlicher Böden, nach [7]

Boden	Wassergehalt w in %
erdfeuchter Sand	0,10
Lehm	0,15 – 0,40
Ton	0,20 – 0,60
organische Böden	0,50 – 5,0

auf den trockenen Boden bezogen. In Tabelle 1.7 sind die Wassergehalte für einige Böden angegeben.

Abbaubarkeit der Schadstoffe

Erlauben die Bioverfügbarkeit und der Wassertransport im Boden eine biologische Behandlung, dann kann ein geeignetes Abbauszenarium festgelegt werden. Dazu müssen die unterschiedlichsten Lebensformen der Mikroorganismen und ihre Lebensräume berücksichtigt und die geeigneten Reaktionen abgeleitet werden.

Prinzipiell erfolgt jeder Wachstumsprozeß nach dem allgemeinen Schema:

organisches Material + Mikroorganismus → Biomasse + Reaktionsprodukte.

Bei den Reaktionsprodukten wird zwischen Primär- und Sekundärmetaboliten unterschieden. Primärmetabolite stehen am Ende einer Stoffwechselreaktionskette. Sie können CO_2, Wasser und Fettsäuren sein. Sekundärmetabolite sind Reaktionsprodukte, die als Ergebnis einer Folgereaktion anzusehen sind.

Wachstums- und Lebensformen von Mikroorganismen

Die unterschiedlichen Lebensformen der Mikroorganismen beruhen auf den durch die Entwicklung des Lebens bedingten Wachstumsformen. So ist ein Wachstum mit und ohne molekular gelösten Sauerstoff und damit in Anwesenheit und bei Abwesenheit einer sauerstoffhaltigen Gasphase, bei unterschiedlichen pH-Werten, Temperaturen, Drücken und Salzkonzentrationen bekannt. Die Zusammenstellung der unterschiedlichen Bedingungen, unter denen ein Wachstum stattfinden kann, zeigt Tabelle 1.8.

Die unterschiedlichen Wachstums- und Lebensformen hängen von der Art der verwendeten Kohlenstoffquelle, der Art der Energiegewinnung und der Herkunft des Wasserstoffes ab. So kann neben organischen Kohlenstoffquellen (heterotrophes Wachstum) als Baustein für die Zellsubstanzsynthese auch der im CO_2 gebundene Kohlenstoff aus der Luft (autotrophes Wachstum) genutzt werden. Der Wasserstoff kann aus anorganischen Verbindungen (Lithotrophie) oder aus den organischen Bestandteilen (organotroph) verwendet werden.

Eine Zusammenstellung der verschiedenen möglichen mikrobiellen Zellsubstanzsynthesen zeigt Abb. 1.22. Die für die Zellsubstanzsyn-

Tabelle 1.8. Zusammenstellung unterschiedlicher mikrobieller Lebensweisen und Formen

Kohlenstoffquelle	organisch heterotroph	anorganisch autotroph	
Energiequelle	chemisch chemotroph	Sonnenlicht fototroph	
Wasserstoffquelle	organisch organotroph	anorganisch lithotroph	
Sauerstoffanwesenheit (gasförmig)	notwendig aerob	nicht notwendig anaerob	
bevorzugte Temperatur-gebiete	kryophil mesophil moderat thermophil thermophil	Kälte	$< 5\,°C$ $< 35\,°C$ $< 55\,°C$ $> 55\,°C$
pH-Gebiete	acidophil moderat acidophil neutrophil alkalophil	pH pH pH pH	$0,5 – 4$ $4 – 6$ $6 – 7,5$ > 8
Druck	barophil	druckresistent	
Salzkonzentration	halophil	resistent gegenüber hohen Salzkonzentrationen	

Zellvermehrungsprozesse

Reaktionsart	Reaktionsschema	
aerob	$C_{org} + N + P + O_2$	Biomasse $+ CO_2 + H_2O$
anaerob	org. Substanz	Biomasse $+ CO_2 + CH_4$
anaerob	$KH + N + P$ $(C_6H_{12}O_6)$	Biomasse $+ CO_2 + C_2H_5OH$
fototroph	$CO_2 + N + P + h$	Biomasse $+ O_2$
chemotroph/ lithotroph	$CO_2 +$ red. anorg. Substanz	Biomasse + oxid. anorg. Substanz

Charakterisierung	
	ATP-Bildung, C-Quelle, H-Quelle

Abb. 1.22. Mikrobielle Zellsubstanzsynthesen, nach [89]

these notwendige Energie wird durch die verschiedensten Elektronen-übertragungssysteme zur Verfügung gestellt. Wenn die Energie aus dem Sonnenlicht durch Fotosynthese genutzt wird, werden diese Mikroorganismen als fototroph bezeichnet. Wird die Energie durch die Synthese einer chemischen Verbindung des energiereichen Adenosintriphosphates (ATP) zur Verfügung gestellt, dann werden die Mikroorganismen als chemotroph bezeichnet.

Elektronendonator- und -akzeptorsysteme

Die den Lebensprozessen zugrunde liegenden Elektronentransportprozesse sind in den Tabellen 1.9 und 1.10 angegeben. Dabei gehören immer ein elektronenliefernder und ein elektronenaufnehmender Prozeß zusammen. Aus den Kombinationen sind dadurch immer mehr mikrobielle Wachstumsprozesse für Sanierungen denkbar und praktizierbar. So sind in der jüngsten Vergangenheit neben den aeroben Prozessen, die Sauerstoff als Elektronenakzeptor nutzen, eine Vielzahl von reduktiv wirkenden, vor allem Halogenverbindungen als Elektronenakzeptor nutzenden, anaeroben Prozesse entwickelt und in die Sanierungstechnologie eingeführt worden.

Die auf diesen unterschiedlichen Elektronenübertragungssystemen beruhenden Reduktionen und Oxidationen bieten die verschiedensten Ansatzpunkte für Stoffänderungen. Darunter sollen die unterschiedlichen physikalisch-chemischen Eigenschaften der Reaktionsprodukte verstanden werden. Sie bilden die Grundlage für eine Vielzahl unterschiedlicher und denkbarer Sanierungsreaktionen. Die wichtigsten sind folgende:

- Abbau der unterschiedlichsten und verschiedenartigsten Kohlenwasserstoffe
- Entfernung von toxischen Schwermetallen.

Tabelle 1.9. Elektronendonatoren

Schwefelverbindungen	S^{2-}, $S_2O_3^{2-}$, $S_4O_6^{2-}$, SO_3^{2-}, S^0, SCN
schwefelfreie Anionen	NO^{2-}, Se^{2-}
neutrale Moleküle	H_2, NH_3/NH_4OH
Kationen	Sb^{3+}, Cu^+, U^{4+}, Sn^{2+}, As^{3+}, Mn^{2+}, Fe^{2+}
nicht eindeutig bekannt bzw. umstritten	W^{3+}, Mo^{3+}, V^{3+}, Co^{3+}, Cr^{3+}

Tabelle 1.10. Elektronenakzeptoren

Anionen	SO_4^{2-}, PO_4^{3-}, ClO^{3-}, NO^{3-}, SeO_4^{2-}
Kationen	Fe^{3+}, Mn^{4+}, Cr^{6+}, As^{5+}
Umstritten	W^{6+}, Mo^{5+}, V^{5+}, Co^{3+}
Kationen, die reduziert werden, ohne am Energieübertragungsprozeß teilzunehmen	Hg^{2+}, Hg^+, Ag^+
Neutrale Moleküle	O_2

Abbau von Kohlenwasserstoffen

Mineralölkohlenwasserstoffe (MKW): Mineralölkohlenwasserstoffe werden relativ gut von Mikroorganismen abgebaut. Das trifft besonders auf die Benzin- und Dieselölfraktionen des Erdöls zu aber auch auf einige höher siedende Fraktionen. Problematisch wird der mikrobielle Abbau immer dann, wenn den Mineralölkohlenwasserstoffen bakterizid wirkende Substanzen zugesetzt sind, um einen Abbau oder eine Zerstörung zu verhindern. Das ist bei einigen Schmierölen oder „long life" Ölen, die in der metallverarbeitenden Industrie benutzt werden, der Fall. In Abb. 1.23 sind die schematischen Reaktionen der Abbauprozesse für aliphatische Kohlenwasserstoffe und in Abb. 1.24 für Benzol und Phenol dargestellt.

Da die Kohlenwasserstoffe in der Regel ein Gemisch aus Paraffinen, Naphthenen und Aromaten mit unterschiedlichen Konzentrationen der Bestandteile sind, finden auch unterschiedliche mikrobielle Abbauprozesse statt. Diese können je nach Art der verwendeten Mikroorganismen aerobe Prozesse oder anaerobe Prozesse sein. Das Ziel eines solchen Abbauprozesses muß je-

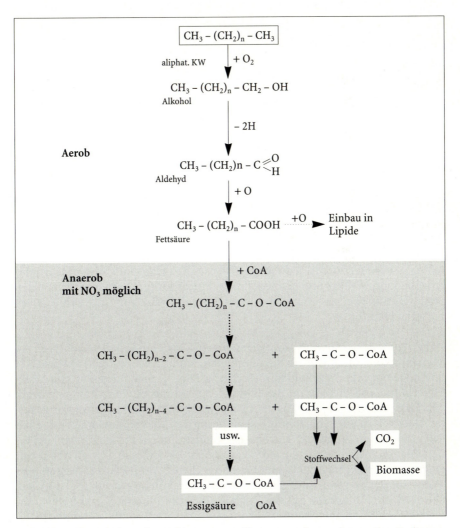

Abb. 1.23. Abbau aliphatischer Kohlenwasserstoffe unter aeroben und anaeroben Bedingungen, nach [89]

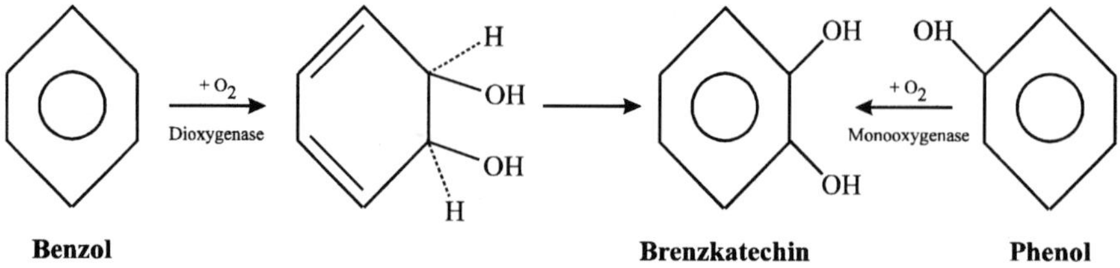

Benzol   **Brenzkatechin**   **Phenol**

Abb. 1.24. Abbau aromatischer Kohlenwasserstoffe, schematische Darstellung der Ringsprengung, nach [89]

doch darin bestehen, die Kohlenwasserstoffe, unabhängig vom Reaktionsweg, vollkommen zu CO_2 und Wasser umzusetzen.

Abbau von polycyclischen aromatischen Kohlenwasserstoffen (PAK): Der Abbau von PAK ist prinzipiell möglich, wobei der Abbauweg ähnlich dem des Benzols verläuft [90]. Bisher konnten jedoch nur die Abbauwege für ein- bis dreikernige Verbindungen aufgestellt werden (Abb. 1.25).

　　　Die Besonderheiten beim Abbau von PAK bestehen darin, daß bei einer hohen Anzahl von aromatischen Ringen der Wasserstoffgehalt für die optimale Ernährung der Mikroorganismen zu gering und mit steigender Ringanzahl die Löslichkeit im Wasser sehr klein ist. Dadurch ist kein oder nur ein ungenügender Transport in der Wasserphase möglich. Ein Abbau kann dann erreicht werden, wenn eine Solubilisierung der PAK erreicht wird. Dies kann in der Regel durch entsprechende Tensidzusätze oder die Bildung von biogenen Tensiden durch Mikroorganismen selbst geschehen. Weiterhin ist in vielen Fällen die Startreaktion durch die Zugabe eines Co-Substrates zu empfehlen. Voraussetzung ist jedoch die Anwesenheit ringspaltender und aromatenabbauender Mikroorganismen. Solche Spezialkulturen sind heute in vielen Stammsammlungen vorhanden und als Spezialprodukte in unterschiedlicher Form im Handel.

Abbau von chlorierten Kohlenwasserstoffen (CKW): Der Abbau von chlorierten Kohlenwasserstoffen ist prinzipiell möglich, jedoch nicht immer so leicht wie derjenige der Mineralölkohlenwasserstoffe. Die Ursache hierfür ist die Molekülstruktur und die Anzahl der jeweiligen Chloratome. Eine höhere Anzahl von Chloratomen führt zwangsläufig zu einer Senkung des Wasserstoffgehaltes. Dadurch ist eine vollständige Versorgung der Mikroorganismen mit allen lebenswichtigen Elementen durch den Schadstoff nicht mehr gegeben. Bei einer höheren Anzahl von Chloratomen empfiehlt es sich deshalb, den Abbau mit einer reduktiven Phase zu beginnen, in der die Cl-Atome durch Wasserstoffatome ersetzt werden und gegebenenfalls Molekülringe gesprengt werden. Dies ist jedoch meistens mit der Zugabe eines Co-Substrates verbunden, das die zur Reduktion geeigneten Mikroorganismen in die Lage versetzt, die Reduktion durchzuführen. Als Co-Substrate werden in der Regel Zucker oder kohlenhydrathaltige Substanzen wie Stärke und Cellulose verwendet. Bekannt

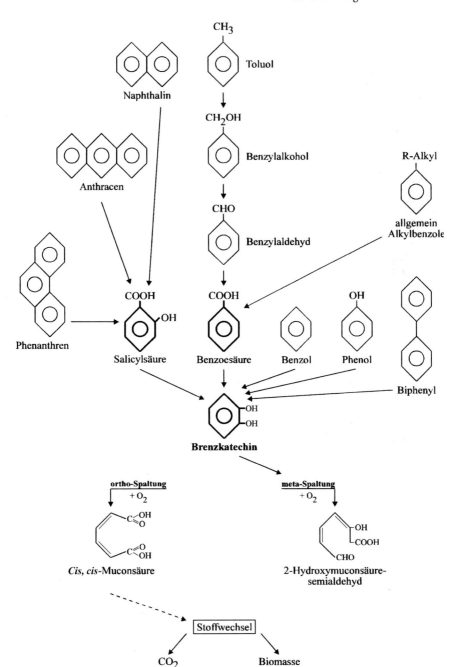

Abb. 1.25. Abbau aromatischer Kohlenwasserstoffe, schematische Abbauwege unterschiedlicher aromatischer Verbindungen, nach [89]

ist heute der mikrobielle Abbau chlorierter n-Alkane ebenso wie der Abbau chlorierter aromatischer Kohlenwasserstoffe [91, 92]. Grundsätzliche Möglichkeiten für den Abbau sind die hydrolytische Dehalogenierung, die Dehydrodehalogenierung sowie die reduktive und oxidative Dehalogenierung.

Abbau und Entfernung von Schwermetallen

Schwermetalle können aus einem Boden nur entfernt, nicht aber, wie Kohlenwasserstoffe, in andere weniger schädlich wirkende Substanzen umgewandelt werden. Diese Entfernung kann durch mikrobielle Laugungsprozesse durchgeführt werden. Dabei verändern Mikroorganismen die Bedingungen im Boden so, daß eine Abtrennung der Schwermetalle möglich wird. Je nach der Wirkung der Mikroorganismen wird dabei zwischen direkten und indirekten Laugungsprozessen unterschieden. Bei den direkten Laugungsprozessen erfolgt eine Veränderung der Wertigkeit der Schwermetalle durch die Mikroorganismen. Bei den indirekten Laugungsprozessen werden die Eigenschaften der verwendeten Laugungslösung durch Mikroorganismen verändert.

Die direkten Laugungsprozesse beruhen auf der oxidativen und reduktiven Wirkung der Mikroorganismen. Die bekanntesten Beispiele sind die Entfernung von sulfidisch gebundenen Schwermetallen aus Stäuben oder Industrierückständen. Die Mikroorganismen oxidieren den Sulfidschwefel bis zum Sulfat und bilden dabei Schwefelsäure. Die Schwermetalle werden auf diese Weise solubilisiert und können mit der sauren Lösung die Bodenmatrix verlassen. Einige Beispiele für die bei direkten Laugungsprozessen auftretenden mikrobiellen und chemischen Reaktionen sind in der Tabelle 1.11 angegeben.

Bei den indirekten Laugungsprozessen werden die Mikroorganismen zur Regeneration der Laugungslösung benutzt. Bekanntestes Beispiel ist die Laugung mit Eisen-III-Ionen. Dabei erfolgt in der Regel ein oxidativer Prozeß und die Bildung von Eisen-II-Ionen. Die entstandenen Eisen-II-Ionen werden in einem separaten Prozeß von eisenoxidierenden Mikroorganismen wieder zu Eisen-III oxidiert und die Lösung wird erneut zur Laugung verwendet (BACFOX-Prozeß). Ein solcher Prozeß wird zum Beispiel für die Abtrennung von Uranium aus Böden und Erzrückständen angewendet.

Erwähnt seien an dieser Stelle noch die Komplexolyse, Alkalinolyse und die Azidolyse. Bei diesen Prozessen erreicht man die Laugung von Böden und Mineralien durch die mikrobielle pH-Verschiebung in das saure oder

Tabelle 1.11. Mikrobielle und chemische Reaktionen direkter Laugungsprozesse

mikrobiell (*Thiobacillus ferrooxidans/ Thiobacillus thiooxidans*)	$FeS_2 + H_2O + 3 \frac{1}{2} O_2 \rightarrow FeSO_4 + H_2SO_4$
mikrobiell (*Thiobacillus ferrooxidans/ Leptospirillum ferrooxidans*)	$2\,FeSO_4 + H_2SO_4 \rightarrow Fe_2\,(SO_4)_3 + 2\,H^+$
chemisch	$Fe^{3+} + FeS_2 \rightarrow 2\,Fe^{3+} + 2\,S^0$
mikrobiell (*Thiobacillus ferrooxidans/ Thiobacillus thiooxidans*)	$S^0 + 1 \frac{1}{2} O_2 + H_2O \rightarrow H_2SO_4$

alkalische Gebiet und/oder die Laugung auf der Grundlage einer Komplexbindung mit einem mikrobiellen Produkt. Beispiele dafür sind die Abtrennung von Eisen aus Quarzsanden in einem sauren pH-Gebiet bei einem pH-Wert zwischen 1 und 2 und die Bindung des Eisens an organische Komplexbildner wie Zitronen-, Glucon- und/oder Oxalsäure, die von Mikroorganismen gebildet werden oder die Trennung von Quarz und Kaolin im alkalischen pH-Gebiet durch silicatsolubilisierende Mikroorganismen.

Verfügbare Technologien

Einleitung und Anforderungen an die Technologien

Die Sanierungstechnologien können untergliedert werden in Ex-Situ- und In-Situ-Verfahren. Bei den Ex-Situ-Verfahren wird der Boden von der Schadstoffstelle entfernt und als On-Site- oder Off-Site-Prozeß entweder in einer Sanierungsanlage oder in der Nähe des Schadenfalles durchgeführt. In-Situ-Verfahren dagegen finden direkt am Ort der Kontamination, also im Boden statt [93–96].

Wenn über Abbaubarkeit des Schadstoffes und die mögliche Technologie Klarheit besteht, ist das Konzept der Durchführung festzulegen. Wichtig ist in jedem Falle eine optimale, das heißt ausreichende und vollständige Versorgung der Mikroorganismen mit Nährstoffen. Diese Versorgung ist entscheidend bei der Bestimmung der Geschwindigkeit des Sanierungsprozesses. Als Richtwerte für eine optimale Versorgung der Mikroorganismen mit Nährstoffen können folgende Bedarfs- oder Verbrauchskennzahlen angesehen werden. Sie ergeben sich aus den für den Aufbau der Biomasse notwendigen Mengen und den für die Energiegewinnung und die Aufrechterhaltung der Stoffwechselleistungen notwendigen Beträge. Zur Orientierung sind in Tabelle 1.12 die durchschnittliche Zusammensetzung von Biomassen und in Tabelle 1.13 die Verbrauchs- und Bedarfswerte angegeben.

Diese Verbrauchs- und Bedarfswerte sind für eine optimale Ernährung angegeben. Sie beruhen auf den unterschiedlichen energetischen Wirkungsgraden der jeweiligen Substratumsetzungen während des Wachstumsprozesses.

Von besonderer Wichtigkeit ist die Versorgung mit Sauerstoff bei aeroben Prozessen. Der Sauerstoffverbrauch richtet sich nach der Zusammensetzung der abzubauenden Kohlenstoffverbindungen. Besonders Kohlenwasserstoffe haben durch den geringen Sauerstoffgehalt einen hohen

Tabelle 1.12. Durchschnittliche Zusammensetzung von Biomasse

Kohlenstoff	450 mg/g Biomasse
Wasserstoff	70 mg/g Biomasse
Sauerstoff	300 mg/g Biomasse
Stickstoff	100 mg/g Biomasse
Übrige	80 mg/g Biomasse

Tabelle 1.13. Orientierende Verbrauchs- und Bedarfswerte

Sauerstoff	0,8 bis 4 g/g Biomasse
Stickstoff	0,1 g/g Biomasse (in der Regel angeboten als NH_4)
Phosphor	0,007 bis 0,02 g/g Biomasse (angeboten als Phosphat)
Kalium	0,02 bis 0,035 g/g Biomasse
Magnesium	ca. 0,002 g/g Biomasse
Schwefel	0,02 g/g Biomasse (in der Regel angeboten als Sulfat)
Spurenelemente (Eisen, Kupfer, Mangan, Zink) jeweils wenige mg/g Biomasse	

Stauerstoffbedarf. Da die Löslichkeit von Sauerstoff in der wäßrigen Phase sehr gering ist und bei 30°C nur ca. 7 bis 7,5 mg/l beträgt, mit steigender Temperatur außerdem die Löslichkeit abnimmt, müssen besonders bei dem Abbau der Kohlenwasserstoffverbindungen erhebliche Mengen an Sauerstoff in den Boden eingebracht werden. Um diesen Sauerstoffbedarf zu decken, werden deshalb unterschiedlichste Technologien verwendet. So kann eine Begasung mit reinem Sauerstoff, die Einführung von Luft in den Boden mit oder ohne Druck, die Zugabe von Peroxiden oder auch die Anreicherung mit Ozon erfolgen.

Als Sonderform der biologischen In-Situ-Dekontamination ist die Sanierung mit metallakkumulierenden Pflanzen anzusehen. Diese verfügen über die Fähigkeit, bestimmte Metalle in der Pflanze oder in Teilen von ihnen nach der Aufnahme aus dem Boden zu speichern. Bei mehrmaligem Anbau und jeweiliger Ernte und Entfernung kann auf diese Weise ebenfalls eine Dekontamination oberflächennaher Bodenschichten erreicht werden.

Ex-Situ-Verfahren

Zu den heute praktizierten Ex-Situ-Prozessen gehören die Methoden des Landfarming, die unterschiedlichsten Mieten- und Biobeetprozesse und die Sanierung in Reaktoren in Form verschiedenartiger Wasch- und Reinigungsverfahren.

Unter Landfarming, schematisch dargestellt in Abb. 1.26, wird dabei die Bodenbehandlung mit landwirtschaftlichen Geräten auf großen Flächen unter Zugabe von Nährsalzen und gegebenenfalls weiteren Substraten verstanden. Die Bearbeitung findet bis zu einer Bodentiefe von etwa 0,4 m statt. Der Boden wird gut aufgelockert und dabei mit Sauerstoff versorgt. Als Substrate werden in den USA und in den Niederlanden sehr oft Klärschlämme verwendet.

Mieten- und Biobeetprozesse werden nach verschiedenen Gesichtspunkten betrieben. Die Mieten sind in der Regel nicht höher als 2 bis 4 Meter. Um einen guten Sauerstoffeintrag zu erreichen, werden sie belüftet, indem die Luft durch Druck eingeblasen oder mit einem entsprechenden Unterdruck abgesaugt wird. Zur Entfernung von Schadstoffen aus der entweichenden Prozeßluft werden dabei die unterschiedlichsten Filtersysteme

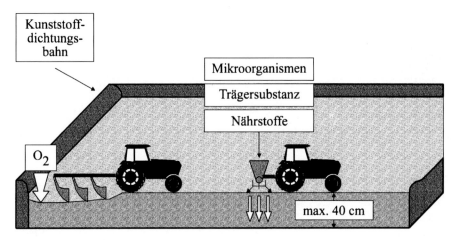

Abb. 1.26. Schematische Darstellung des Landfarmings, nach [89]

verwendet. Wenn keine Belüftung erfolgt, werden die Mieten in bestimmten Zeitabständen gewendet, neu gemischt oder umgesetzt.

Bei den Mieten und Biobeeten wird zwischen trockenen und nassen Verfahren unterschieden. Die trockenen Verfahren verzichten auf eine Wasserkreislaufführung und ein ständiges oder in Intervallen durchgeführtes Berieseln der Beete. Eine separate Wasserphase ist dabei nicht vorhanden. Es wird lediglich darauf geachtet, daß der Feuchtigkeitsgehalt in dem Boden genügend groß für den mikrobiellen Abbau ist. Dieser Feuchtigkeitsgehalt liegt zwischen 20 % und 50 % Wasser bezogen auf die Bodenmasse und ist abhängig von der jeweiligen Bodenstruktur.

Da die Geschwindigkeit des Abbauprozesses sehr stark von der Temperatur abhängt, werden entweder besonders die Sommermonate für eine Sanierung im Freien genutzt oder es wird eine Sanierung in geschlossenen Räumen mit entsprechender Temperierung durchgeführt. Ausgehend von den optimalen Lebensbedingungen der Mikroorganismen werden dabei Temperaturen von ca. 30°C als optimal angesehen. Um den Abbauprozeß zu beschleunigen, wird auf eine ausgewogene und ausreichende Versorgung mit Nährsalzen durch eine turnusmäßige Kontrolle und Nährstoffzugabe geachtet. Ebenso werden Mikroorganismen zugesetzt, um den Start- und Abbauprozeß zu beschleunigen.

Die Sanierungsprozesse in Reaktoren haben den Vorteil, daß durch das geschlossene System die Prozesse sehr gut gesteuert und überwacht werden können. Durch die ständige Bewegung des Bodens findet entweder ein Auswaschen des Schadstoffes bei gleichzeitigem Abbau durch die Mikroorganismen statt oder es wird nach dem Waschprozeß ein separater Abbauprozeß realisiert. Der einzige zu nennende Nachteil liegt heute bei den hohen Kosten. In Abb. 1.27 ist der Sanierungsprozeß in einem Bioreaktor schematisch dargestellt.

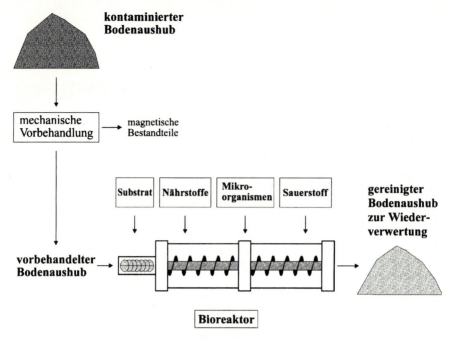

Abb. 1.27. Schematische Darstellung einer Reinigung im Bioreaktor, nach [89]

In-Situ-Verfahren

In-Situ-Verfahren behandeln den Schadensfall direkt am Ort des Schadens, ohne den Boden zu entfernen. Das verlangt sehr genaue Kenntnisse über die Größe des Schadens, die vorhandene Bodenstruktur und die hydrogeologischen Bedingungen. Den Bedingungen entsprechend werden die unterschiedlichsten Technologien verwendet. Sie bestehen meistens aus einem Wasserkreislauf, der für die Zuführung von Nährstoffen, gegebenenfalls auch für Sauerstoff und den Abtransport der Abbauprodukte, genutzt wird. Wenn kein vollständiger Schadstoffabbau in der Bodenzone erfolgt, ist eine Nachbehandlung in dem Filtrat erforderlich. Je nach Lage des Schadensfalles in dem Boden werden Schutzmaßnahmen wie Schutzinfiltrationen oder das Einziehen wasserblockierender Sperrschichten notwendig, wenn die Sanierung in der gesättigten Bodenzone stattfindet und damit eine Gefährdung des Grundwassers existiert.

Als Beispiel für eine In-Situ-Maßnahme ist in Abb. 1.28 ein Spülkreislauf für die Behandlung eines Schadensfalles in der wassergesättigten Bodenzone dargestellt. Das Grundwasser wird über einen Entnahmebrunnen abgepumpt. In einer Wasserbehandlungsanlage werden die Schadstoffe entfernt. Das gereinigte Wasser wird über einen Schluckbrunnen wieder infiltriert. Vor der Infiltration werden dem Wasser Nährstoffe, Trägersubstanzen, Mikroorganismen und Sauerstoff zugegeben. Die Sauerstoffeingabe erfolgt

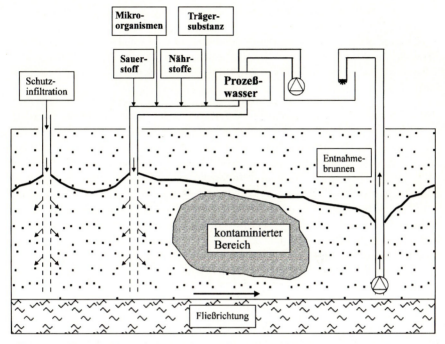

Abb. 1.28. Schematische Darstellung eines Spülkreislaufes für die gesättigte Bodenzone in Kombination mit einer Schutzinfiltration

entweder über Wasserstoffperoxid oder Ozon als Elektronenakzeptoren oder über eine Sauerstoff- bzw. Luftbegasung. Über zusätzlich eingebrachte Injektionsbrunnen erfolgt eine Schutzinfiltration. Hierdurch wird die kontaminierte Zone gegen das Eindringen von Grundwasser isoliert.

1.5.2.4
Luftabsaugung zur Bodenreinigung

Mit der Bodenluftabsaugung werden leichtflüchtige Schadstoffe aus der wasserungesättigten Bodenzone entfernt. In einer nachgeschalteten Abluftreinigung werden die Schadstoffe abgeschieden oder umgewandelt. Die Bodenluftabsaugung gilt als umweltneutral, da die Bodenstruktur nicht verändert wird und durch die Abluftreinigung eine Verschleppung der Schadstoffe in die Atmosphäre weitgehend verhindert wird.

Die Bodenluftabsaugung hat als eigenständiges In-Situ-Verfahren und in Kombination mit anderen Sanierungsverfahren eine breite Anwendung gefunden [97, 98]. Wesentlich hat hierzu die Möglichkeit beigetragen, Böden unterhalb von Bauwerken sanieren zu können, ohne daß die Nutzung der Gebäude eingestellt werden muß.

Boden- und schadstoffspezifische Voraussetzungen

Die Eignung des Verfahrens hängt von der Durchströmbarkeit des Untergrundes, dem Dampfdruck der Schadstoffe, deren Sättigungskonzentration in Luft sowie den klimatischen Randbedingungen, wie Temperatur und Feuchtigkeit des Bodens, ab [99].

Aussagen über die Durchströmbarkeit des Bodens können aus dem hydraulischen Durchlässigkeitsbeiwert, K_f-Wert, des Bodens abgeleitet werden. Damit läßt sich eine Einteilung in Böden mit guter ($K_f > 10^{-3}$ m/s), mittlerer ($K_f = 10^{-3}$ m/s bis 10^{-6} m/s) und geringer Durchlässigkeit ($K_f < 10^{-6}$ m/s) vornehmen. Bei Böden mit einer guten Durchlässigkeit, also kiesigen oder sandigen Böden mit einer engen Partikeldurchmesserverteilung und geringen Anteilen an Feinkorn, können Einzugsradien von bis zu 80 m erreicht werden, während bei undurchlässigen, tonigen Böden der Radius auf 1 bis 2 m absinken kann, so daß eine sinnvolle Anwendung des Verfahrens ausgeschlossen werden muß.

Die Effektivität des Verfahrens wird durch einen homogenen geologischen Aufbau begünstigt. Weniger vorteilhaft sind Böden mit wechselnden Sedimentschichten unterschiedlicher Durchlässigkeit oder mit Störungen innerhalb eines Horizontes. Durch die ungleichmäßige Durchströmbarkeit der einzelnen Schichten können insbesondere bei Übergängen zwischen verschiedenen Bodenhorizonten Kurzschlußströme auftreten, die die Einzugsradien einschränken. Inhomogenitäten mit einer geringeren Durchlässigkeit werden nur ungenügend von der Bodenluft durchdrungen bzw. vollständig umströmt. Die Schadstoffe müssen aus derartigen Bereichen durch Diffusion zunächst in gut durchströmte Bodenbereiche transportiert werden, bevor sie mit der Bodenluft ausgetragen werden können.

Neben dem geologischen Aufbau des Untergrundes ist der Wassergehalt in den Bodenporen von Bedeutung. Bodenporen, die vollständig mit Bodenwasser ausgefüllt sind, werden von der Bodenluft umströmt, so daß auch hier der diffusive Schadstofftransport entscheidend ist. Der Wassergehalt sollte daher möglichst niedrig sein, damit eine gute, gleichmäßige Durchströmung der ungesättigten Bodenzone gewährleistet ist.

Bezüglich der Schadstoffe beschränkt sich die Anwendbarkeit des Verfahrens im wesentlichen auf Verbindungen mit einem Dampfdruck von $> 10^3$ Pa und einer Sättigungskonzentration in Luft von > 10 g/m^3. Hierzu gehören die leichtflüchtigen halogenierten Kohlenwasserstoffe, aber auch Benzol, Toluol, Xylol sowie die im Benzin vorliegenden aliphatischen Kohlenwasserstoffe.

Im Fall von Mischkontaminationen, die auch schwerflüchtige Verunreinigungen enthalten, kann die Bodenluftabsaugung nur eine Teildekontamination erreichen und muß mit anderen Sanierungsverfahren, beispielsweise einem mikrobiologischen In-Situ-Verfahren, kombiniert werden.

Verfahrenstechnische Grundlagen

Die Konzentration der Schadstoffe in der Bodenluft hängt von den Phasengleichgewichten flüssig/gasförmig und fest/gasförmig ab. Sie kann bei Kenntnis der Sorptionskoeffizienten K_d bzw. K_{OC} und der Henry-Konstanten H berechnet werden.

Durch das Absaugen der Bodenluft und die gleichzeitig nachströmende „schadstofffreie" Bodenluft wird diese Gleichgewichtslage kontinuierlich gestört. Zum Konzentrationsausgleich findet ein Schadstofftransport aus der flüssigen Phase in die nachströmende Bodenluft statt. Die Schadstoffkonzentration in der abgesaugten Bodenluft nimmt im Verlaufe der Sanierungsmaßnahme daher stetig ab und nähert sich asymptotisch einem Grenzwert. Vorausgesetzt wird hierbei, daß keine Kurzschlußströme im Untergrund bzw. zur Geländeoberfläche bestehen und sich keine Strömungskanäle im Untergrund ausgebildet haben. Ein typischer Verlauf für die qualitative zeitliche Abnahme der Schadstoffkonzentration in der abgesaugten Bodenluft ist in Abb. 1.29 dargestellt.

Die Dauer und die Effektivität der Sanierungsmaßnahme werden maßgeblich durch den diffusiven Schadstofftransport im Boden bestimmt. Die erreichbare Restschadstoffkonzentration im Boden hängt im wesentlichen von der mineralogischen Zusammensetzung, dem Gehalt an organischer Substanz, der gleichmäßigen Durchströmbarkeit des Untergrundes und von der Bodentemperatur ab [100].

Die Bodenluftabsaugung wird im Normalfall nur solange betrieben, bis die entzogene Schadstoffmenge auf eine deutliche Abnahme der Schadstoffkonzentration im Boden schließen läßt oder die technisch-wirtschaftlichen Grenzen für die Reinigung der abgesaugten Bodenluft erreicht sind. Ist dies der Fall, wird die Absaugung für 2 Wochen bis 6 Monate unter-

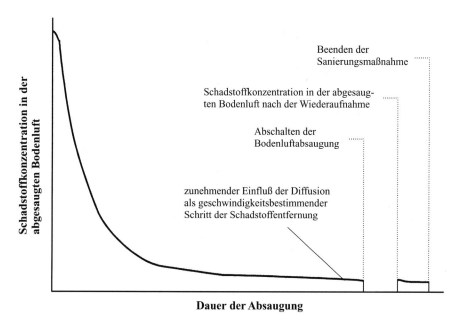

Abb. 1.29. Schadstoffkonzentration in der abgesaugten Bodenluft in Abhängigkeit von der Dauer der Absaugung

brochen. Liegt bei der Wiederaufnahme keine deutliche Erhöhung der Schadstoffkonzentration in der abgesaugten Bodenluft vor, wird die Maßnahme beendet.

Verfahrensaufbau

Die Anlage zur Bodenluftabsaugung besteht im allgemeinen aus vier Komponenten [101]:

– Bodenluftabsaugpegel,
– Wasserabscheider,
– Absaugaggregat,
– Bodenluftreinigung.

Ein vereinfachtes Anlagenschema ist in Abb. 1.30 dargestellt.

Bodenluftabsaugpegel und Wasserabscheidung

Für die Errichtung der Bodenluftabsaugpegel werden Bohrungen mit Durchmessern zwischen 200 und 300 mm abgeteuft und nach unten geschlossene Rohre mit einem Außendurchmesser von mindestens 75 mm eingebracht (Abb. 1.31). Die Pegelrohre werden je nach Erfordernis aus Vollmantel- oder Schlitzfiltersegmenten zusammengesetzt. Das Bohrloch wird nach dem Einbringen der Filter- und Vollrohre mit Filterkies verfüllt, um ein Zusetzen der Filtersegmente zu vermeiden. Nach der Verfüllung wird das Bohrloch im obe-

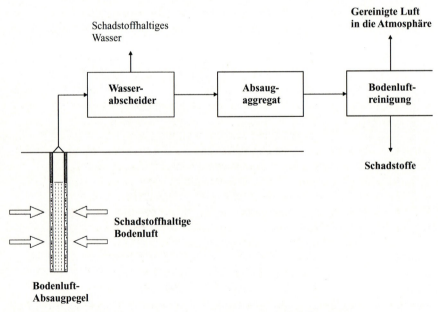

Abb. 1.30. Schematische Darstellung einer Anlage zur Bodenluftabsaugung

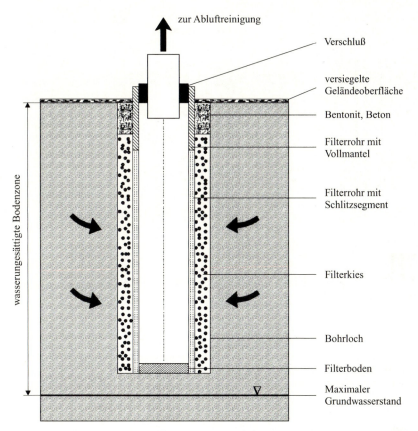

zur Abluftreinigung

Verschluß

versiegelte
Geländeoberfläche

Bentonit, Beton

Filterrohr mit
Vollmantel

Filterrohr mit
Schlitzsegment

Filterkies

Bohrloch

Filterboden

Maximaler
Grundwasserstand

wasserungesättigte Bodenzone

Abb. 1.31. Schematische Darstellung eines Bodenluftabsaugpegels

ren Bereich mittels Bentonit und Beton zur Geländeoberfläche hin abgedichtet. Außerdem wird die Geländeoberfläche an den Absaugpegeln versiegelt, um Kurzschlußströme zu vermeiden.

Im Fall von homogenen Böden wird, mit Ausnahme des oberen Teiles, das Filterrohr über seine gesamte Länge mit einer aus Kies bestehenden Filterschicht umgeben. Bei Böden mit wechselnden Sedimentschichten unterschiedlicher Durchlässigkeit können mehrere Pegel eingebracht werden, die nur in den jeweiligen Horizonten mit Schlitzsegmenten ausgerüstet sind. Bei der Verwendung eines Pegels werden an den Schichtenübergängen Vollrohre eingesetzt. Der Ringraum zwischen Bohrloch und Absaugpegel wird mit Ton oder Bentonit abgedichtet. Das Pegelrohr wird in diesen Bereichen nach oben und unten durch Dichtungen, sog. Packern, geschlossen, so daß einzelne Kammern entstehen. Die Absaugung kann dann in den einzelnen Horizonten vorgenommen werden. Es besteht ferner die Möglichkeit, daß verschiedene Absaugaggregate für die einzelnen Bodenhorizonte eingesetzt werden können. Beide Möglichkeiten sind in Abb. 1.32 dargestellt.

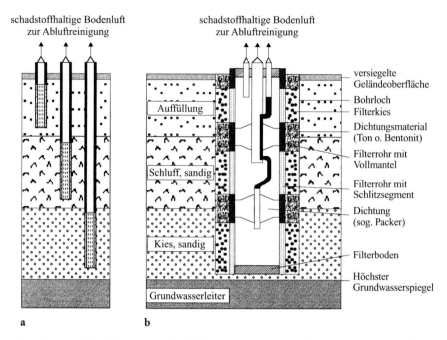

schadstoffhaltige Bodenluft
zur Abluftreinigung

schadstoffhaltige Bodenluft
zur Abluftreinigung

versiegelte
Geländeoberfläche

Bohrloch
Filterkies

Auffüllung

Dichtungsmaterial
(Ton o. Bentonit)

Filterrohr mit
Vollmantel

Schluff, sandig

Filterrohr mit
Schlitzsegment

Dichtung
(sog. Packer)

Kies, sandig

Filterboden

Höchster
Grundwasserspiegel

Grundwasserleiter

a   b

Abb. 1.32 a, b. Möglichkeiten für das Einbringen von Bodenluftabsaugpegeln bei wechselnden Sedimentschichten. **a** Einbringen von Bodenluftabsaugpegeln in die jeweiligen Bodenhorizonte. **b** Einbringen eines Bodenluftabsaugpegels mit Schlitzsegmenten in den jeweiligen Bodenhorizonten und Vollmantelrohren in dem Übergangsbereich zwischen den Bodenhorizonten

Die Anzahl und die Ausführung der einzurichtenden Bodenluftabsaugpegel richten sich nach der Ausdehnung des kontaminierten Bereiches und der von den Durchströmungsverhältnissen im Untergrund abhängigen, erreichbaren Reichweiten für die Absaugung. Für eine effiziente Auslegung der Bodenluftabsaugung wird daher vor dem Beginn der Sanierung ein zeitlich begrenzter Probeabsaugversuch durchgeführt. Die Anzahl und Tiefe der Pegel und die Länge der Filterstrecke richtet sich nach den Ergebnissen dieses Versuches. Ferner wird danach die Art des Absaugaggregates festgelegt.

Beim Absaugen der Bodenluft, insbesondere in der Nähe des Grundwasserleiters, kann Bodenwasser mitgerissen werden. Dieses Wasser muß zum Schutz der nachgeschalteten Aggregate in einem Wasserabscheider abgeschieden werden. Das abgeschiedene Wasser enthält Schadstoffe und muß gereinigt oder ordnungsgemäß entsorgt werden.

Absaugaggregate

Für die Absaugung der Bodenluft werden Radialventilatoren, Seitenkanalventilatoren und Vakuumpumpen (Naß- und Trockenläufer) eingesetzt. Radialventilatoren werden für gut durchlässige Böden verwendet. Bei einem vergleichsweise geringen Stromverbrauch können große Luftmengen gefördert werden. Mit Seitenkanalventilatoren kann ein größerer Unterdruck erzeugt werden. Bei diesen Aggregaten besteht jedoch die Gefahr, daß sie bei einem Absinken des Luftvolumenstromes heiß laufen. Bei Temperaturen oberhalb 150 °C können sich im Verdichter durch unkontrollierte Zersetzung von Schadstoffen Chlorwasserstoff oder andere toxische Verbindungen bilden.

Beim Einsatz von Wasserring-Vakuumpumpen besteht die Möglichkeit den Absaugpegel bis zum Grundwasserleiter einzurichten und Schadstoffe, die sich auf der Wasseroberfläche oder auf dem Grund befinden, abzusaugen. Das schadstoffhaltige Wasser wird der Pumpe entnommen, in einer Wasseraufbereitung gefördert und anschließend wieder rezirkuliert.

Reinigung der abgesaugten Bodenluft

Für die Abluftreinigung bieten sich verschiedene Möglichkeiten an, die im folgenden aufgeführt sind:

- Adsorption an Aktivkoks (ohne und mit Regeneration vor Ort),
- Katalytische Oxidation,
- Thermische Nachverbrennung,
- Absorption mit organischen Lösungsmitteln,
- Biofilter,
- Kondensation.

Am weitesten verbreitet ist die Adsorption der Schadstoffe an Aktivkoksen.

Die Auswahl des Aktivkokses und die Auslegung der Adsorptionsanlage richten sich nach der Schadstoffart und -konzentration. Die Beladungskapazität für den ausgewählten Aktivkoks hängt von der Schadstoffkonzentration, der Temperatur und der Feuchte der Bodenluft ab. Im Fall von Schadstoffgemischen kann eine konkurrierende Adsorption der Einzelverbindungen stattfinden, d. h. die adsorbierbaren Stoffe verdrängen sich gegenseitig.

Bei geringen Schadstoffmengen oder kurzen Sanierungsdauern werden Einweg-Adsorptionsfilter eingesetzt. Die verbrauchten Filter werden ausgetauscht und in einer zentralen Desorptionsanlage regeneriert oder in einer Sondermüllverbrennungsanlage verbrannt. Bei großen Schadstofffrachten oder langen Sanierungsdauern bietet sich aus wirtschaftlichen Gründen eine Regeneration des beladenen Adsorptionsfilters vor Ort an. Die Regeneration erfolgt mit Wasserdampf bei Temperaturen oberhalb von 150 °C. Nach der Kondensation können die Schadstoffphase und das schadstoffgesättigte Kondensat in einem Schwerkraftabscheider voneinander getrennt werden. Das Kondensat wird bei Bedarf in einem weiteren Schritt gereinigt. Der rückgewonnene Schadstoff kann entweder weiter aufgearbeitet oder entsorgt werden.

Verfahrenskonzepte

Bei der Behandlung von Schadensfällen, die sich ausschließlich auf die Absaugung der Bodenluft aus der wasserungesättigten Bodenzone beschränken, gilt das Hauptaugenmerk Maßnahmen mit hoher Effektivität und geringen Kosten.

Als besonders wirkungsvoll hat sich hierbei die intermittierende Betriebsweise erwiesen. Durch das wiederholte An- und Abschalten der Absaugung wird erreicht, daß sich die Schadstoffkonzentration in der Bodenluft während der Schaltungspause wieder erhöht. Ein typischer Verlauf für den intermittierenden Betrieb ist in Abb. 1.33 dargestellt.

Eine weitere Möglichkeit zur Effizienzsteigerung ergibt sich durch das Einblasen von vorerwärmter Luft oder heißem Wasserdampf. Durch die damit erzielte Erhöhung der Bodentemperatur verschiebt sich die Gleichgewichtsverteilung in Richtung der Bodenluft, d.h., bei gleicher Gesamtschadstoffmenge im Untergrund liegt eine höhere Schadstoffkonzentration in der Bodenluft vor. Die Erwärmung des Untergrundes bewirkt gleichzeitig auch eine Erhöhung des Diffusionskoeffizienten, so daß Schadstoffe, die sich in nur gering durchlässigen Bodenbereichen befinden, schneller ausgetrieben werden [102].

Vielfach muß die Bodenluftabsaugung mit einer Grundwasserreinigung kombiniert werden, da die behandelbaren Schadstoffe infolge ihrer geringen Affinität gegenüber den Bodenbestandteilen bereits bis in den Grundwasserleiter eingedrungen sind. In dem stehenden Kapillarwasser können durch Benetzungs- und Kapillareffekte beachtliche organische Schadstoffmengen akkumuliert werden, so daß sich gerade der Übergangsbereich zwischen der wasserungesättigten und der wassergesättigten Bodenzone vielfach als Problemzone für eine Sanierung erweist. Auch bei starken Schwankungen des Grundwasserspiegels ist eine reine Bodenluftabsaugung zur Sanierung des Bodens nur begrenzt brauchbar.

Ein weiteres Verfahrenskonzept stellt das Einblasen von Druckluft über zusätzlich in die wassergesättigte Bodenzone eingebrachte Pegelrohre dar.

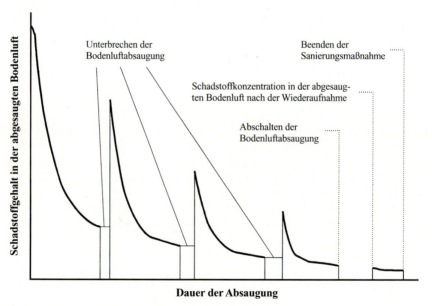

Abb. 1.33. Intermittierend betriebene Bodenluftabsaugung

Die Schadstoffe werden durch „Strippen" entfernt. Die gestrippten Schadstoffe werden über die Bodenluftabsaugpegel abgesaugt. Einschränkungen bestehen bei eisen-, mangan- und kalkhaltigem Grundwasser, da Eisenhydroxide und Manganoxide ausgefällt werden. Hierdurch können das Porensystem des Bodens und die Schlitzsegmente des Pegelrohres verstopft werden (Verockerung).

Beim Wellpoint-Verfahren werden kleinkalibrige Filterlanzen bis in den Grundwasserleiter eingebracht. Das Grundwasser wird zusammen mit der Bodenluft aus dem Grundwasserschwankungsbereich durch den von einer Kolbenwälzpumpe erzeugten Unterdruck abgesaugt [103].

Eine spezielle Kombination einer Bodenluftabsaugung mit einer Grundwasserreinigung ist mit dem sogenannten Unterdruck-Verdampfer-Brunnen (UBV-Verfahren) erreicht worden [104]. Die Grundwasserreinigung erfolgt herbei gleichzeitig, ohne die oftmals praktizierte Entnahme des Grundwassers. Der schematische Aufbau des Verfahrens ist in Abb. 1.34 dargestellt.

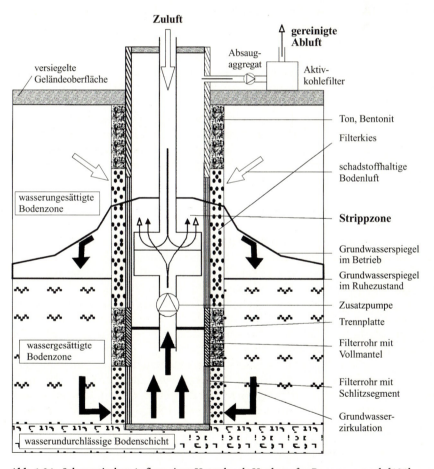

Abb. 1.34. Schematischer Aufbau eines Unterdruck-Verdampfer-Brunnens, nach [104]

Bei diesem Verfahren wird ein Pegelrohr bis auf den Grund des Aquifers eingebracht. Das Pegelrohr ist in der Nähe seiner Sohle und im Bereich der Oberfläche des Grundwasserspiegels durch Kapillarfilter verschlossen. Die Filterstrecken werden durch eine Trennplatte innerhalb des Pegelrohres voneinander getrennt. Zwischen den beiden Filterstrecken wird durch das Anlegen eines Unterdruckes im oberen Bereich des Pegelrohres und mit Hilfe einer Pumpe eine Zirkulationsströmung im Grundwasserleiter erzeugt. Die vertikale Richtung der Zirkulation richtet sich nach der Dichte des Schadstoffes. Die Zuluft für das Strippen wird über ein oben offenes Rohr, das in einer sich unterhalb des Wasserspiegels befindlichen Lochplatte endet, zugeführt. Die Höhenlage der Lochplatte wird so eingestellt, daß der Wasserdruck geringer als der Atmosphärendruck ist und die Luft eingesogen wird. Zwischen der Lochplatte und dem Wasserspiegel bildet sich eine Luftblasenströmung aus. Die leichtflüchtigen Schadstoffe werden durch den Konzentrationsgradienten zur sauberen Zuluft in die Gasphase überführt und durch den Unterdruck abgesaugt. Das Pegelrohr ist zusätzlich in den Bereich der ungesättigten Bodenzone verfiltert, so daß die schadstoffhaltige Bodenluft zusammen mit der Strippluft abgesaugt wird.

Neben der rein physikochemischen Wirkung kann die Bodenluftabsaugung auch mit dem mikrobiologischen Verfahren kombiniert werden. Durch die Zuführung von Luft aus der Atmosphäre wird der für den aeroben Abbau benötigte Sauerstoff geliefert, so daß die an der Oberfläche von Bodenpartikeln angelagerten organischen Schadstoffe schneller und vollständiger abgebaut werden. Eine weitere Möglichkeit stellt die Zudosierung von Ozon dar. Durch das Ozon werden ungesättigte, aromatische Kohlenwasserstoffe zunächst oxidiert, wodurch die Verfügbarkeit für einen mikrobiologischen Abbau erhöht wird. Langkettige aliphatische Kohlenwasserstoffe werden zu leichtflüchtigen Produkten gespalten.

Genehmigung von Bodenluftabsauganlagen

In der Bundesrepublik Deutschland gibt es bisher keine generelle gesetzliche Genehmigungspflicht für Bodenluftsaniermaßnahmen. Im Entwurf des Bundesbodenschutzgesetzes und in verschiedenen Landesgesetzen wird jedoch geregelt, daß den jeweils zuständigen Behörden entweder generell oder auf Einzelanforderung ein Sanierungsplan zur Genehmigung vorzulegen ist. Die an einen Sanierungsplan gestellten Anforderungen sind im Umfang und der Differenzierung den bau-, wasser-, immissionsschutz- und abfallrechtlichen Antragsunterlagen gleichzusetzen.

Für die Vorgänge während der Saniermaßnahme besteht kein spezieller Genehmigungtatbestand. In einzelnen Fällen ist eine Genehmigung nach Baurecht erforderlich. Bei Betriebszeiten über 1 Jahr an einem Standort kann eine Genehmigung nach BImSchG notwendig werden. Hiervon unabhängig können sich je nach Anlagendimensionierung, Schadstofffracht und -art sowie geschätzter Sanierdauer zusätzlich Genehmigungen nach dem Wasserhaushaltsgesetz und/oder den Landesbauordnungen ergeben.

Die TA-Luft findet keine Anwendung, da die Bodenluftabsauganlagen weder nach dem Bundesimmissionsschutzgesetz genehmigungsbedürftig sind noch die dort angegebenen Massenströme als Anwendungsvoraussetzung erreicht werden. Eine Ausnahme stellt die oxidative Reinigung der Abluft dar.

1.5.2.5
Aktive hydraulische Maßnahmen zur Bodenreinigung

Aktive hydraulische Maßnahmen werden erforderlich, wenn die Schadstoffe aus einer Altlast bereits bis in das Grundwasser eingedrungen sind. Im Gegensatz zu den passiven hydraulischen Maßnahmen dienen die aktiven hydraulischen Maßnahmen nicht der Sicherung einer Altlast, sondern sind ein fester Bestandteil einer umfassenden Sanierungsmaßnahme. Sie werden daher häufig in Kombination mit Sanierungsmaßnahmen für die wasserungesättigte Bodenzone, wie mikrobiologische Verfahren oder die Bodenluftabsaugung, eingesetzt.

Grundlagen

Bei den aktiven hydraulischen Maßnahmen wird meist über Entnahmebrunnen das schadstoffhaltige Grundwasser abgepumpt, gereinigt und im Normalfall wieder in das Grundwasser zurückgeführt [99, 105]. Dabei muß berücksichtigt werden, daß eine flüssige Phase durch Abpumpen nicht vollständig entfernt werden kann. Bei geringem Sättigungsgrad des Bodens wird praktisch nur noch Wasser abgepumpt. Der Anteil an flüssigen Schadstoffen ist gering. Insgesamt erfordern derartige Maßnahmen eine Sanierungsdauer von mindestens einem Jahr.

Schadstoffe

Die am häufigsten im Grundwasser angetroffenen organischen Schadstoffe sind Mineralölkohlenwasserstoffe, Phenol, Benzol, Toluol und chlorierte Lösungsmittel. Diese Stoffe weisen gegenüber den Bodenpartikeln nur eine geringe Affinität auf, so daß sie in gut durchlässigen Böden schnell bis in den Grundwasserleiter vordringen können. Das Verhalten der Schadstoffe im Grundwasser hängt von ihrer Dichte ab. Die leichteren Mineralöle bewegen sich auf der Grundwasseroberfläche, die schweren chlorierten Lösungsmittel durchdringen vertikal den Grundwasserleiter bis zum Grund.

Neben den organischen Schadstoffen können oftmals auch Schwermetalle wie Chrom, Kupfer, Blei, Nickel, Cobalt, Zink und Cadmium im Grundwasser enthalten sein.

Entnahme des Grundwassers

Für die Entnahme des Grundwassers werden Brunnen gebohrt. Die Brunnenfilter sollten möglichst im Zentrum des jeweiligen Kontaminationsherdes angeordnet werden. Die Absaugmenge ist so zu wählen, daß der gesamte, mit der fluiden organischen Phase kontaminierte Bereich erfaßt wird. Bei oberflächennahem Grundwasserspiegel kann die Entnahme auch aus Schachtbrunnen oder Gräben erfolgen.

Reinigung des Grundwassers

Das abgesaugte Grundwasser wird häufig zunächst belüftet, um die löslichen Eisen- und Manganverbindungen auszufällen. Anschließend können die löslichen Schwermetalle durch Fällung, Flockung, Sedimentation/Filtration oder durch Flotation abgeschieden werden. Liegen Kontaminationen mit Mineralölprodukten vor, dann werden in der ersten Stufe diese Stoffe in einem Ölabscheider abgeschieden.

Für die Reinigung des Grundwassers werden die bekannten Verfahren aus der Trinkwasser- und der industriellen Abwasserreinigung eingesetzt. Am weitesten verbreitet sind die direkte Adsorption an Aktivkohle und das „Strippen" mit nachgeschalteter Abluftreinigung über Aktivkohle.

Adsorption mit Aktivkohle

Die genannten organischen Schadstoffe können direkt in einem Aktivkohle-Festbettfilter abgetrennt werden. Sind im abgesaugten Grundwasser Schwebstoffe enthalten, dann müssen diese Stoffe vorher durch Filtration entfernt werden.

Bei der Auswahl der Aktivkohle müssen bei Schadstoffgemischen die möglichen Verdrängungseffekte der Stoffe untereinander berücksichtigt werden. Ferner weist die Aktivkohle gegenüber den verschiedenen Stoffen nicht die gleiche Beladungskapazität auf. Zur besseren Ausnutzung der Beladungskapazität können zwei Aktivkohlefilter in Reihe geschaltet werden. Die mit Schadstoffen gesättigte Aktivkohle wird regeneriert, verbrannt oder anderweitig entsorgt.

Strippen

Durch „Strippen" mit Luft werden leichtflüchtige organische Schadstoffe aus dem Grundwasser entfernt. Bei diesem Verfahren wird das Wasser über einem Füllkörperbett verdüst und mit Luft intensiv vermischt. Die Schadstoffe werden in die Gasphase überführt und in einer Abluftreinigung an Aktivkohle abgeschieden. Die Adsorption an Aktivkohle hängt von der Luftfeuchte der Strippluft ab. Die relative Luftfeuchte sollte 60 % nicht überschreiten.

Im Falle hoher Schadstoffkonzentrationen des Grundwassers bietet sich, wie bei der Bodenluftabsaugung, eine Regeneration der Aktivkohle mit Wasserdampf an. Die abgetriebenen Schadstoffe werden kondensiert und gegebenenfalls nach einer Aufbereitung wieder verwendet.

Die Nachteile dieses Verfahrens bestehen darin, daß durch die Strippluft das Kalk-Kohlensäure-Gleichgewicht des Wassers verändert wird. Dies kann zu Schwierigkeiten bezüglich des Wiedereinleitens des Wassers in den Untergrund führen, wenn entsprechende Auflagen einzuhalten sind. Zur Vermeidung dieses Effektes kann die Strippluft im Kreislauf geführt werden. Außerdem werden die natürlichen Wasserinhaltsstoffe Eisen und Mangan gefällt. Die anfallenden Schlämme sind meistens kontaminiert und fallen als Sonderabfall an.

Naßoxidation

Bei dieser Methode werden die Schadstoffe nicht abgeschieden, sondern durch Oxidation umgewandelt. Die Oxidation erfolgt durch Zugabe von Wasserstoffperoxid oder Ozon in Verbindung mit einer UV-Strahlung.

Dieses Verfahren wird häufig in den USA zur Grundwasserreinigung eingesetzt. Es eignet sich insbesondere, wenn die Schadstoffe in ihrer Molekülstruktur ungesättigte Bindungen aufweisen. Die im Grundwasser enthaltenen ungesättigten chlorierten Kohlenwasserstoffe können sehr leicht oxidativ umgewandelt werden. Bei gesättigten chlorierten Kohlenwasserstoffen ist eine überstöchiometrische Zugabe des Oxidationsmittels erforderlich.

Ionenaustauscher

Für die Entfernung von ionogenen und nicht-ionischen Stoffen können Ionenaustauscherharze eingesetzt werden. Beispielsweise eignen sich schwach- bis mittelbasische Anionenaustauscher zur selektiven Abscheidung von Chromaten und Schwermetallcyaniden. Zur Entfernung von Kupfer, Nickel, Zink, Cadmium, Cobalt und Blei können Selektivaustauscher auf der Basis von chelatbildenden aktiven Gruppen genutzt werden. Die Regeneration der beladenen Anionenaustauscher ist mit 4%iger Natronlauge möglich. Bei den Selektivaustauschern erfolgt die Regeneration mit Salzsäure und anschließender Konditionierung mit Calciumhydroxid.

Mit nicht-ionischen Adsorberharzen können Chlorkohlenwasserstoffe, aromatische Kohlenwasserstoffe, chlorhaltige Pestizide, Phenole, Tenside, u.a. entfernt werden. Zur Desorption des verbrauchten Harzes können Methanol, Äthanol oder Isopropylalkohol verwendet werden.

Verfahrenskonzepte

Die alleinige Anwendung der aktiven hydraulischen Maßnahme setzt voraus, daß kein weiterer Schadstoffeintrag aus der wasserungesättigten Bodenzone erfolgt. Oftmals befinden sich jedoch noch Kontaminationsherde in dieser Bodenzone. Aktive hydraulische Maßnahmen werden daher oftmals mit der Bodenluftabsaugung oder mikrobiologischen Verfahren kombiniert.

In Abb. 1.35 ist eine Möglichkeit für die Kombination von Grundwasserentnahme und Bodenluftabsaugung dargestellt. Bei diesem Verfahren werden die Bodenluft und das schadstoffhaltige Grundwasser getrennt voneinander behandelt. Die Schadstoffe werden aus der abgesaugten Bodenluft in einem Aktivkohlefilter abgeschieden; die Reinigung des Grundwassers erfolgt

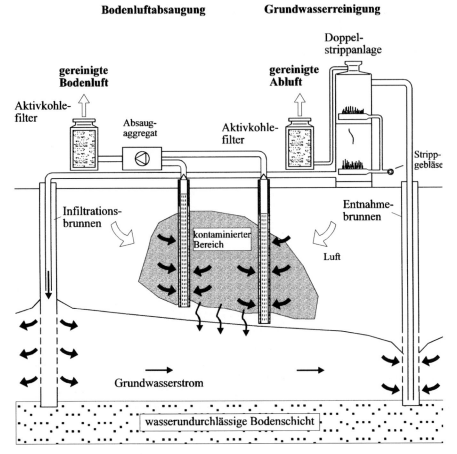

Abb. 1.35. Grundwasserreinigung in Kombination mit einer Bodenluftabsaugung, nach [106]

durch Strippen. Das gereinigte Wasser wird über einen Schluckbrunnen wieder infiltriert.

Es stehen auch Verfahren zur Verfügung, bei denen die Reinigung ohne eine Entnahme des Grundwassers erfolgt. Hierzu gehören das Einblasen von Druckluft in den Grundwasserleiter oder der Unterdruck-Verdampfer-Brunnen, wie bereits in Abschn. 1.5.2.4, „Verfahrenskonzepte", beschrieben. Bei beiden Verfahren erfolgt die Strippung direkt im Bodenuntergrund, so daß die Schadstoffe mit der Bodenluft abgesaugt werden. Der Unterdruck-Verdampfer-Brunnen kann durch die erzwungene Grundwasserzirkulation auch als „Bioreaktor" genutzt werden, so daß auch nicht flüchtige Schadstoffe unter der Voraussetzung der mikrobiellen Abbaubarkeit aus dem Grundwasser entfernt werden können [107].

Erprobt worden sind auch Verfahrenskonzepte, bei denen das Grundwasser zunächst abgepumpt und gereinigt wird. Vor der Infiltration wird dem Wasser Ozon zugegeben. Das Ozon bewirkt eine Teiloxidation chlorierter Kohlenwasserstoffe, wodurch der mikrobiologische Abbau der Schadstoffe beschleunigt wird.

Im Grundwasser in ungelöster Form vorliegende Schwermetalle müssen durch Laugung mit verdünnten Säuren oder Hydrogencarbonatlösungen zunächst gelöst werden. Sie können dann mit dem Grundwasser abgepumpt werden.

1.5.3
Vor- und Nachteile der Sanierungsverfahren

Kontaminierte Bodenmaterialien treten in Verbindung mit Altlasten auf und sind daher meist durch Gemische verschiedener Schadstoffe verunreinigt worden. Je nach Bodenart und Bodengefüge können sich diese Schadstoffe in unterschiedlichem Ausmaße im Untergrund ausbreiten. Die Schadstoffe sind dabei oft soweit vorgedrungen, daß bereits das Grundwasser kontaminiert wird. Ferner können sich flüchtige Schadstoffe in der Bodenluft ausdehnen.

Die Sanierung eines kontaminierten Bodens kann daher mit einer gleichzeitigen Reinigung des schadstoffhaltigen Grundwassers und der Bodenluft verbunden sein. Bei einem erforderlichen Aushub des Bodenmaterials muß die mögliche Ausdampfung von Schadstoffen berücksichtigt werden.

Vielfach fällt bei baulichen Maßnahmen kontaminierter Bodenaushub an. Dieses Aushubmaterial gilt als besonders überwachungsbedürftiger Abfall, der auf Sonderdeponien entsprechender Kategorie entsorgt werden muß.

Für die Sanierung stehen die beschriebenen Sicherungs- und Dekontaminationsverfahren zur Verfügung. Die Verfahren unterscheiden sich in dem erreichbaren Sanierungserfolg, in dem behandelbaren Schadstoffspektrum und in den zu behandelnden Bodenarten. Die Auswahl der Sanierungsmaßnahme hängt von technischen, von zeitlichen und, in Anbetracht der bisher registrierten Schadensfälle, von finanziellen Faktoren ab.

1.5.3.1
Sicherungsverfahren

Bei der Anwendung von Sicherungsverfahren wird die eigentliche Schadstoffproblematik nur mit „temporärer" Wirkung verschoben. Erkenntnisse über die gesicherte, langfristige Wirkung der verfügbaren Maßnahmen liegen bisher noch nicht vor. Es ist daher eine Kontrolle über die dauerhafte Wirksamkeit der Maßnahme erforderlich. Im allgemeinen können die Verfahren den Erfordernissen so angepaßt werden, daß sie unabhängig vom Schadstoffspektrum, der Bodenart bzw. den geologischen und hydrogeologischen Verhältnissen im Untergrund sind. Im Vergleich zu den Dekontaminationsverfahren erweisen sich diese Verfahren meist als kostengünstiger, wobei Kosten für die Überwachung der Maßnahme in der Nachsorgephase aber nicht einbezogen sind.

Die an Sicherungsverfahren zu stellenden Anforderungen sind die dauerhafte Abdichtung gegen den umgebenden Boden, die langfristige

Kontrollierbarkeit der Abdichtung und die Möglichkeiten für gegebenenfalls erforderliche Reparaturen.

Durch die Umlagerung des kontaminierten Bodens kann eine Gefahrenquelle sofort beseitigt werden. Das unbehandelte, kontaminierte Bodenmaterial wird auf nach dem Stand der Technik gesicherten Standorten so entsorgt, daß keine unmittelbare Gefahr von diesem Material mehr ausgeht.

Bei der allseitigen Einkapselung wird die Schadstoffausbreitung über das Grundwasser und in die Atmosphäre durch die Oberflächenabdeckung, die Sohleabdichtung und durch vertikale Dichtwände verhindert. Durch das Einbringen von Brunnen können die Luft und das Wasser aus dem verschlossenen Körper abgepumpt und auf ihre Schadstoffinhaltstoffe kontrolliert werden. Die allseitige Einkapselung bietet sich insbesondere für die Sicherung von Altablagerungen an. Die allseitig eingekapselte Fläche kann wieder genutzt werden.

Vertikale Dichtungswände werden segmentartig aufgebaut. An den Übergangsstellen zwischen den einzelnen Segmenten besteht auch bei einem überlappenden Einbau die Gefahr, daß durch Störstellen eine Schadstoffausbreitung möglich ist. Mit Hilfe eines Multibarrierenkonzeptes können zwei parallele vertikale Dichtwände oder Kombinationsdichtwandsysteme eingebaut werden, wodurch sich die Kosten für die Maßnahme jedoch beachtlich erhöhen. Um den Einbau einer nur schwer zu kontrollierenden Dichtungssohle zu vermeiden, besteht die Tendenz, die Einbautiefe vertikaler Dichtwände zu erhöhen.

Immobilisierungsverfahren können für organisch und/oder anorganisch verunreinigte Abfälle und Bodenmaterialien zur Verhinderung eines weitergehenden Schadstofftransportes eingesetzt werden. Die Schadstoffe werden durch das ausgehärtete Bindemittel physikalisch an den Oberflächen der Partikeln eingeschlossen. Gleichzeitig wird die Durchlässigkeit des verfestigten Bodenkörpers für Sickerwasser verringert. Schwermetalle können durch Additivzugabe zusätzlich chemisch fixiert werden. Durch Inhomogenitäten im Boden- oder Abfallkörper besteht die Möglichkeit einer vertikalen oder horizontalen Schadstoffverschleppung. Die langfristige Kontrolle erweist sich wie bei den Dichtungssohlen als schwierig.

Bei der Immobilisierung von Bodenaushub besteht die Möglichkeit, das vor Ort behandelte Aushubmaterial direkt wieder am Entnahmeort einzubauen oder andererseits auf einem gesicherten Standort zu deponieren. Im ersten Fall wird das behandelte Material unter verdichtenden Maßnahmen wieder eingebaut, so daß zusätzlich die Durchlässigkeit für Wasser herabgesetzt wird. Beim Einsatz von hydraulischen Bindemitteln werden betonähnliche Massen erzeugt, die von ihren Festigkeitseigenschaften als Baugrund für Gebäude dienen können. Zur langfristigen Kontrolle der Wirksamkeit können die behandelten Materialien auf präparierten Untergründen eingebaut werden. Das Sickerwasser kann über Dränagerohre erfaßt und auf seine Schadstoffinhaltstoffe untersucht werden. Im zweiten Fall wird durch den physikalischen Einschluß eine zusätzliche Sperre gegen eine Schadstoffausbreitung hergestellt. Das erforderliche Volumen für die Deponierung wird jedoch entsprechend erhöht.

1.5.3.2
Dekontaminationsverfahren

Mit den Dekontaminationsverfahren werden die Schadstoffe in einem unterschiedlichen Ausmaße aus dem kontaminierten Bodenmaterial entfernt. Für die Schadstoffentfernung sind thermische, mechanische, chemische und biologische Verfahren entwickelt worden. Es stehen Verfahrenskonzepte für die Behandlung der Schadensfälle ohne und mit Aushub des kontaminierten Bodenmaterials sowie zur Reinigung von schadstoffhaltigem Grundwasser zur Verfügung. Die an jedes Verfahren zur Dekontamination des Bodens grundsätzlich zu stellenden technischen Anforderungen beziehen sich auf das zu behandelnde Schadstoffspektrum, auf die betroffenen Bodenarten, auf die erreichbaren Reinigungsgrade und auf die Umweltverträglichkeit jeder gewählten Maßnahme.

Es gibt bisher kein Verfahren, mit dem die Schadstoffe vollständig, ohne eine Veränderung der Bodeneigenschaften, von Bodenpartikeln abgetrennt werden können. Der ursprüngliche Zustand des Bodens wird also nicht wiederhergestellt.

Thermische Verfahren sind in ihrer Anwendbarkeit nahezu unabhängig von dem vorliegenden Schadstoffspektrum und der Bodenart. Im Vergleich zu den anderen Dekontaminationsverfahren werden mit den thermischen Verfahren die höchsten Reinigungsgrade erzielt. Die organischen Schadstoffe werden durch Oxidation vollständig zerstört. Allerdings sind diese Verfahren auch mit den höchsten Reinigungskosten verbunden. Das gereinigte Bodenmaterial wird je nach Reinigungstemperatur in einem unterschiedlichen Maße in seinen Eigenschaften zerstört. Infolge der Kosten und der Einschränkungen in der Umweltverträglichkeit werden thermische Verfahren daher meist nur dann eingesetzt, wenn die anderen Verfahren für den vorliegenden Schadensfall ausscheiden.

Bodenwaschverfahren werden für die Reinigung organisch und/ oder anorganisch kontaminierter Böden eingesetzt. Der erreichbare Reinigungserfolg und die Kosten hängen von dem Massenanteil an Feinstpartikeln und an organischen Bestandteilen im Boden ab. Bodenwaschverfahren bieten sich daher insbesondere für die Reinigung von Bodenaushubmaterialien mit geringen Anteilen dieser Fraktionen an. Die gereinigten Bodenfraktionen können in der Bauindustrie verwendet werden.

Für die Abtrennung von organischen Schadstoffen aus Bodenaushubmaterialien bieten sich die Extraktionsverfahren an. Im Gegensatz zu den Bodenwaschverfahren kann mit diesen Verfahren aufgrund der hydrophoben Eigenschaften der verwendeten Lösungsmittel und der hydrophilen Eigenschaften der Bodenpartikeln auch die Feinstpartikelfraktion gereinigt werden. Durch die aufwendigen Techniken sind diese Verfahren sehr kostenintensiv.

Mikrobiologische Verfahren können für Schadstoffentfernung aus kontaminiertem Bodenaushub oder direkt aus dem Bodenuntergrund sowie als unterstützende Maßnahme für die Reinigung von Grundwasser eingesetzt werden. Einschränkungen bestehen bezüglich der behandelbaren Schadstoffarten und -mengen. Insbesondere Schwermetalle und chlorierte organische Schadstoffe mit einer hohen Anzahl von Chloratomen werden nicht bzw. nur sehr unvollständig abgebaut. Bei den biologischen Verfahren werden natürliche Prozesse genutzt. Sie sind daher besonders umweltverträglich. Die Eigenschaften des gereinigten Bodenmaterials werden kaum verändert. Im Vergleich zu den anderen Verfahren sind diese Verfahren kostengünstiger. Es werden jedoch geringere Reinigungsgrade erreicht.

Die Bodenluftabsaugung eignet sich für die Entfernung leichtflüchtiger Schadstoffe aus der wasserungesättigten Bodenzone. Ihre Anwendbarkeit ist auf Schadstoffe mit einem hohen Dampfdruck und einer hohen Sättigungskonzentration in Luft begrenzt. Bei Böden mit einer geringen Durchlässigkeit scheidet dieses Verfahren aus. Der Reinigungserfolg wird wesentlich von der guten und gleichmäßigen Durchströmbarkeit des Bodenuntergrundes bestimmt. Die Eigenschaften des gereinigten Bodenmaterials werden nicht verändert.

Aktive hydraulische Maßnahmen werden für die Reinigung von kontaminiertem Grundwasser eingesetzt. Das Grundwasser wird über Entnahmebrunnen abgepumpt, gereinigt und im Normalfall wieder infiltriert. Es können organische und gelöste anorganische Schadstoffe entfernt werden. Der Reinigungserfolg hängt von den Sorptionseigenschaften und den Durchströmungsverhältnissen des Grundwasserleiters ab. Für die Behandlung von Schadensfällen im Übergangsbereich zwischen wassergesättigter und wasserungesättigter Bodenzone können diese Verfahren mit der Bodenluftabsaugung, mikrobiologischen oder chemischen Verfahren kombiniert werden.

Die Verfahren ohne Bodenaushub sind auf die Entfernung von Schadstoffen aus der wasserungesättigten und der wassergesättigten Bodenzone sowie aus der Bodenluft ausgerichtet. Sie haben den Vorteil, daß die Kosten für den Aushub und den erforderlichen Transport des Bodenmaterials entfallen. Das durch den Aushub und den Transport bestehende sekundäre Gefährdungspotential wird vermieden. Die Sanierungsmaßnahme kann unter Bauwerken oder schwer zugänglichen Bereichen durchgeführt werden, wobei die kontaminierten Bereiche während der Dekontamination oftmals weiter genutzt werden können.

Die Anwendbarkeit der einzelnen Verfahren hängt von den Schadstoffen sowie der Durchlässigkeit des Untergrundes ab. Das behandelbare Schadstoffspektrum kann durch Kombination der verfügbaren Verfahrenstechniken erweitert werden. Einschränkungen liegen insbesondere vor, wenn es sich um gering durchlässige oder inhomogen aufgebaute Bodenuntergrunde sowie um Schwermetallkontaminationen handelt. Grundsätzlich erfordern diese Verfahren Sanierungsdauern, die teilweise mehrere Jahre erfordern. Des weiteren ist die Kontrolle des Reinigungserfolges problematisch.

1.6
Überwachung und Nachsorge

Im Zusammenhang mit Altlasten werden Schutzmaßnahmen und Beschränkungen bezüglich der Flächennutzung angeordnet oder eine Sanierung eingeleitet. Bei den unter Schutz- und Beschränkungsauflagen stehenden Flächen muß die weitergehende Schadstoffausbreitung in regelmäßigen Abständen kontrolliert werden. Die Kontrolle dient dem Schutz der Bevölkerung. Im Gefährdungsfalle können rechtzeitig Gegenmaßnahmen ergriffen werden. Neben der Überwachung durch technische Meßsysteme sollten auch die Möglichkeiten des Biomonitorings eingesetzt werden, um Aussagen über die fortgesetzte ökotoxikologische Schädigung machen zu können. Darüber hinaus bieten sich derartige Flächen als Forschungsobjekte an, um weitergehende Kenntnisse über die Wechselbeziehungen zwischen den Schadstoffen und dem Bodenuntergrund zu gewinnen. Die gewonnenen Daten können für die Verbesserung bestehender Simulationsmodelle zur Schadstoffausbreitung und zur natürlichen Entfernung der Schadstoffe durch biotischen oder abiotischen Abbau sowie zum Langzeitwirkungspotential der Schadstoffe genutzt werden [4]. Im folgenden wird auf die erforderliche Überwachung und Nachsorge von Sanierungsmaßnahmen näher eingegangen.

Durch die Überwachung und Nachsorge der Sanierungsmaßnahme soll sichergestellt werden, daß die Bevölkerung vor Schadstoffen geschützt wird, die bestehenden Vorschriften zum Arbeitsschutz eingehalten werden und der Erfolg der Sanierung gewährleistet ist. Demzufolge muß sich die Überwachung auf eine Phase während und eine nach der Sanierung erstrecken. Während der Sanierung müssen alle sicherheits- und saniertechnisch relevanten Parameter in die Kontrollen einbezogen werden. Nach Beendigung der Sanierung muß der Erfolg der Sanierung gegebenenfalls auch langfristig meßtechnisch überwacht bzw. kontrolliert werden.

1.6.1
Meßüberwachungsparameter

Zur Kontrolle der durchgeführten Sicherungs- und Dekontaminationsarbeiten werden die in Abb. 1.36 zusammengestellten Aufgaben wahrgenommen.

Bei den Sicherungsverfahren gilt das Interesse der Wirksamkeit der verwendeten Sicherungselemente. Während der Sanierung muß die Güte der Abdichtung oder der Immobilisate kontrolliert werden. Hierzu zählen u. a. die Prüfung der Qualität der eingesetzten Baustoffe, die Überprüfung der Verbindung zwischen den einzelnen Segmenten der Dichtungen oder die Kontrolle der tatsächlich erreichten Immobilisierung. Nach der Sanierung muß langfristig das Migrationsverhalten der Schadstoffe durch die Abdichtung bzw. aus den Immobilisaten überwacht werden.

Bei den Dekontaminationsverfahren muß der erreichte Erfolg ebenfalls kontrolliert werden. Während der Sanierung muß der Fortschritt

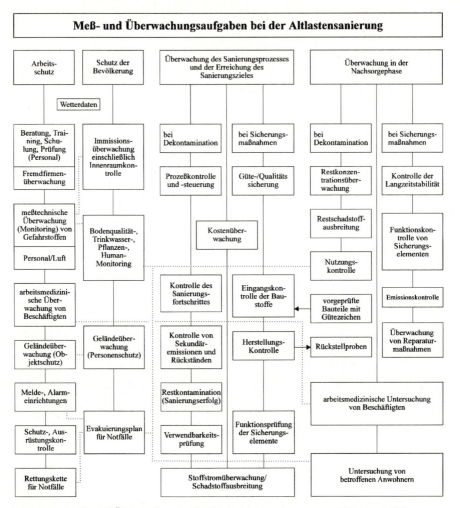

Abb. 1.36. Meß- und Überwachungsaufgaben bei der Sanierung von Böden, nach [4]

überprüft werden. Hierzu zählen u.a. der ordnungsgemäße Aushub des kontaminierten Bodenmaterials, die Einhaltung der Sicherheitsauflagen beim Transport und die erreichbare Restschadstoffkonzentration im gereinigten Bodenaushub bzw. die im Untergrund erzielte Schadstoffentfernung. Bei den Verfahren ohne Bodenaushub muß zusätzlich geklärt werden, ob sich durch Wechselwirkungen zwischen dem originären Schaden und den Bodenbestandteilen neue, nicht weniger gefährliche Schadstoffe im Untergrund gebildet haben. In diesem Falle muß die Maßnahme sofort abgebrochen werden.

Im gereinigten Bodenaushubmaterial verbliebene Schadstoffe müssen auf ihre Mobilität bzw. auf ihre Mobilisierbarkeit hin untersucht werden. Nach Prüfung der Verwendbarkeit des gereinigten Bodens kann unter

Einbeziehen bodenkundlicher Parameter die Wiederverwendung erfolgen. Die ordnungsgemäße Entsorgung der Reststoffe muß gewährleistet sein.

Bei den Verfahren ohne Aushub des Bodenmaterials müssen die erreichten Schadstoffendkonzentrationen kontrolliert werden. Durch Inhomogenitäten können im Bodenuntergrund noch Schadstofflinsen vorhanden sein. Aus diesem Grunde ist eine längerfristige Überprüfung nach Beendigung der Maßnahme erforderlich.

Die sicherheitstechnischen Überwachungsparameter dienen dem Schutz der Bevölkerung und der Beschäftigten auf dem kontaminierten Gelände und in den technischen Behandlungsanlagen. Diese Parameter haben eine besondere Relevanz im Falle von militärischen Altlasten oder im zivilen Bereich bei bioakkumulativen Schadstoffen mit und ohne krebserzeugendem Potential. Bei einer festgestellten Schadstoffausbreitung muß die betroffene Bevölkerung medizinisch auf eine bereits eingetretene Schädigung untersucht werden. Neben der normalen Baustellenabsicherung durch Umzäunung werden zusätzlich Maßnahmen zum Objektschutz veranlaßt. Spezielle Richtlinien für das Arbeiten auf kontaminierten Flächen existieren nicht. Es werden daher die bestehenden Gesetze, Verordnungen und Richtlinien angewendet.

Bei baulichen Maßnahmen werden der kontaminierte Bereich und der nicht kontaminierte Bereich durch Schleusen voneinander getrennt, um eine Schadstoffverschleppung durch anhaftenden Staub oder durch Fahrzeuge zu vermeiden. Die Fahrzeuge auf dem kontaminierten Bereich werden im Falle von Schadstoffdämpfen mit entsprechenden Luftreinigungsanlagen versehen. Die austretenden Schadstoffkonzentrationen sind zu messen. Beschäftigte müssen durch Schutzanzüge und Schutzmasken geschützt werden. Das kontaminierte Bodenmaterial muß in spezielle Behälter gefüllt werden, damit auch eine Schadstoffverschleppung während des Transportes unterbunden wird. Bei bioakkumulativen Schadstoffen ist zusätzlich eine arbeitsmedizinische Untersuchung der Beschäftigten erforderlich. Die Untersuchungen sollten vor, während und nach Beendigung der Arbeiten durchgeführt werden.

1.6.2
Überwachungsintervalle und Überwachungsdauer

Die Überwachungsintervalle und die Überwachungsdauern hängen von dem einzelnen Schadensfall ab. Sie sind so festzulegen, daß aus den jeweiligen Untersuchungsergebnissen eine Risikobewertung abgeleitet werden kann. Bei einem hohen bestehenden Risiko sind daher kürzere Intervalle erforderlich. Bei geoakkumulativen Schadstoffen ist eine längere Überwachungsdauer notwendig. Je kürzer die Intervalle sind, desto einfacher sollten die zu erfassenden Daten sein. Schwankungen im Verlauf der Jahreszeiten sollten hierbei berücksichtigt werden.

Die Überwachung erstreckt sich im Falle von Dekontaminationsmaßnahmen ohne Bodenaushub auf den weitergehenden Schadstofftransport und bei den Sicherungsverfahren zusätzlich auf die Kontrolle der Sicherungselemente. Bezüglich der Schadstoffausbreitung ist die Messung der Schadstoffinhaltsstoffe im Grundwasser oder im Drainagesystem und in der Bodenluft erforderlich. Die Messungen können monatlich, vierteljährlich, halbjährlich oder jährlich durchgeführt werden.

Die Überwachungsdauer ist von der Persistenz der Schadstoffe abhängig. Schwermetalle sind sehr persistent. Ihr Auftreten im Grundwasser ist daher eng verbunden mit dem Austritt von Sickerwasser aus Deponien oder Altlastenbereichen. Polychlorierte Biphenyle, Dioxine und Furane können auch nach mehreren hundert Jahren noch auftreten. Insgesamt sind somit bei vielen Altlasten Schadstoffemissionen über ein bis zwei Jahrhunderte möglich. Grundsätzlich kann eine Langzeitüberwachung an dieser Dauer orientiert werden, zumal die dauerhafte Wirksamkeit, insbesondere bei den Sicherungsverfahren, noch nicht nachgewiesen worden ist.

1.6.3
Beurteilung

Jede Sanierungsmaßnahme ist mit einem Restrisiko verbunden. Das Restrisiko muß sich daran orientieren, wie weit die relevanten Stoffe räumlich und zeitlich erfaßt und alle Transport- und Lagerbedingungen kontrolliert werden können.

Die Beurteilung einer Sanierungsmaßnahme umfaßt somit in ihrer Gesamtheit die Prüfung ihrer praktischen Anwendbarkeit. Im Falle von Sicherungsmaßnahmen ist es daher erforderlich, daß das Langzeitverhalten der Abschottwirkung und gegebenenfalls notwendige Reparaturmaßnahmen in die Betrachtung einbezogen werden. Im Falle der Dekontaminationsverfahren ohne Bodenaushub ist der Nachweis zu erbringen, daß auch Schadstofflinsen erfaßt worden sind oder sich keine gefährlichen Umwandlungsprodukte gebildet haben.

Ein weiteres Kriterium für eine Sanierungsmaßnahme sind die Kosten. In die Kostenabschätzung müssen auch die Kosten für die Kontrolle der Maßnahme einbezogen werden.

Literatur

1. Bundes-Bodenschutzgesetz (Entwurf Februar 1994)
2. Martinetz D (1994) Sanierung von Industrie- und Rüstungsaltlasten. Harri Deutsch, Thun Frankfurt/Main
3. Mitteilung des Umweltbundesamtes 1995
4. Rat von Sachverständigen für Umweltfragen. Sondergutachten. „Altlasten II" Bundesdrucksache 13/380 vom 02.02.1995
5. Eickmann Th, Michels S, Krieger Th, Einbrodt HJ (1988) Abfallwirtschaftsjournal 0:21
6. Ewers U, Viereck L, Herget J (1993) Bestandsaufnahme der vorliegenden Richtwerte zur Beurteilung von Bodenverunreinigungen und synoptische Darstellung der diesen Werten zugrunde liegenden Ableitungskriterien und -modelle. Bericht erstellt im Auftrag der Senatsverwaltung für Stadtentwicklung und Umweltschutz, Gelsenkirchen
7. Prinz H (1982) Abriß der Ingenieurgeologie: mit Grundlagen der Boden- und Felsmechanik sowie des Erd-, Grund- und Tunnelbaus. Enke, Stuttgart

8. Schachtschabel P, Blume HP, Brümmer G, Hartge KH, Schwertmann U (1992) Lehrbuch der Bodenkunde, 13. Aufl. Enke, Stuttgart
9. Hölting B (1992) Hydrogeologie, 4. Aufl. Enke, Stuttgart
10. Wohnlich St. CABADIM – Ein Computerprogramm zur Dimensionierung von Kapillarsperren in UBA (Hrsg): Altlastensanierung '90, Dritter internationaler TNO/BMFT-Kongreß Altlastensanierung
11. Brunschlik R, Weigl P, Wohnlich St (1994) Entsorgungspraxis 3:16
12. LAGA (Länderarbeitsgemeinschaft Abfall) Informationsschrift Altablagerungen und Altlasten – Müllhandbuch
13. Beck CH (1994) Umweltrecht. Deutscher Taschenbuch Verlag
14. Jürk W. Überblick über Altlastenregelungen im Recht der deutschen Bundesländer. Altlasten-Spektrum 4/2:84
15. Hofmann-Hoepel J (1994) Abfallwirtschaftsjournal 6/3:148
16. Hein H, Schwedt G (1991) Richtlinien und Grenzwerte. Luft, Wasser, Boden, Abfall. Vogel, Würzburg
17. Jarass HD (1987) Neue Juristische Wochenschrift 40/21:1225
18. Anthofer P, Lante DW, Pflug G, Thomé-Kozmiensky KJ (1991) Abfallwirtschaftsjournal 3/5:306
19. Anthofer P, Lante DW, Pflug G, Thomé-Kozmiensky KJ (1991) Abfallwirtschaftsjournal 3/6:391
20. Ahlf W, Gunkel J, Rönnpagel K (1993) Toxikologische Bewertung von Sanierungen. In: Stegmann R (Hrsg) Bodenreinigung. Economica GmbH, Bonn
21. Eggers B, Falke M, Wolff J (1989) Abfallwirtschaftsjournal 1/6:62
22. Handbuch Altlasten und Grundwasserschadensfälle. Verfahrensempfehlungen für die Probenahme bei Altlasten (Boden, Abfall, Grund-, Sickerwasser, Bodenluft). Landesanstalt für Umweltschutz Baden-Württemberg (1993)
23. Schubert H (1989) Aufbereitung fester mineralischer Rohstoffe. VEB Deutscher Verlag für Grundstoffindustrie, Leipzig
24. Faulstich M, Tidden F (1990) Abfallwirtschaftsjournal 2/10:646
25. Rat von Sachverständigen für Umweltfragen (1989) Sondergutachten „Altlasten". Metzler-Poeschel, Stuttgart
26. Borchert R (1993) Abfallwirtschaftsjournal 5/2:154
27. Fohrmann G (1992) Die fachübergreifende Verbundbegleitung. In: Jessberger HL (Hrsg) Erkundung und Sanierung von Altlasten. AA Balkema, Rotterdam Brookfield
28. Seeger KJ (1994) UVP-Report 2:110
29. Handbuch Altlasten und Grundwasserschäden. Eingehende Erkundung für Sanierungsmaßnahmen/Sanierungsvorplanungen. Landesanstalt für Umweltschutz Baden-Württemberg (1994)
30. Crocoll R (1993) Die Sanierungsvorplanung am Beispiel des Modellstandortes Mühlacker. In: Handbuch Altlasten und Grundwasserschadensfälle: Das Modellstandortprogramm des Landes Baden-Württemberg, S 223. Landesanstalt für Umweltschutz Baden-Württemberg
31. Franzius V, Freier K (1995) Podiumsdiskussion Sanierungsziele. In: Franzius (Hrsg) Sanierung kontaminierter Standorte 1994. E Schmidt, Berlin
32. Schreier W (1990) Übersicht über Vorgehensweise und Techniken bei Altlastsanierungen. In: Rettenberger G (Hrsg) Abfallwirtschaft und Deponietechnik. Economica, Bonn
33. Kmoch G. Ermittlung und Prognose des Aufkommens an verunreinigtem Boden und Abfall aus der Altlastensanierung als Grundlage für die Planung von Behandlungs- und Entsorgungsanlagen. Fortbildungszentrum Gesundheits- und Umweltschutz: Sanierung kontaminierter Standorte 1994, Vortragsband Berlin FGU
34. Hoius H (1995) Abfallwirtschaftsjournal 7/1/2:65
35. Heckenkamp G, Saure Th (1994) Müll und Abfall 26/3:155
36. Heckenkamp G, Saure Th (1994) Müll und Abfall 26/4:227
37. Thomé-Kozmiensky KJ, Pahl U (1994) Abfallwirtschaftsjournal 6/3:142

38. Stegmann R (1992) Wasser und Boden 44:293
39. Meseck H (1989) Abfallwirtschaftsjournal 1/1:44
40. Burkhardt G, Egloffstein Th (1994) Abfallwirtschaftsjournal 6/3:107
41. Müller-Kirchenbauer H, Friedrich W, Günther K, Nußbaumer M, Stroh D (1993) Einkapselung. In: Weber HH, Neumaier H (Hrsg) Altlasten – Erkennen, Bewerten, Sanieren. Springer, Berlin Heidelberg New York
42. Markwardt N (1994) Entsorgungs-Praxis 1–2:13
43. Odensaß M, Leboers S, Nienhaus U (1995) Altlasten-Spektrum 4/2:129
44. Handbuch für die Einkapselung von Altablagerungen. Materialien zur Altlastenbearbeitung Band 4. Landesanstalt für Umweltschutz Baden-Württemberg, 1990
45. Geil M (1994) Auswahl für die Wahl eines Dichtwandverfahrens als Sicherungsmaßnahme für Altlasten. In: Jessberger HL (Hrsg) Sicherung von Altlasten. AA Balkema, Rotterdam Brookfield
46. Holzlöhner H, August H, Meggyess T, Brune M (1994) Forschungsbericht 201: Deponieabdichtungssysteme Statusbericht. Bundesanstalt für Materialforschung und -prüfung
47. Knappe P (1987) Die gerammte Schlitzwand – ein neues Verfahren zur Dichtwandherstellung. Mitteilungen des Instituts für Grundbau der TU-Braunschweig, Heft 23
48. Handbuch Altlasten und Grundwasserschadensfälle. Sicherung von Altlasten mit Schlitz- oder Schmalwänden. Landesanstalt für Umweltschutz Baden-Württemberg (1995)
49. Hermanns R (1993) Sicherung von Altlasten mit vertikalen mineralischen Barrierensystemen im Zweiphasen-Schlitzwandverfahren. Veröffentlichung des Instituts für Geotechnik (IGI) der ETH Zürich, Band 204
50. Hollenberg Th, Holtmann A, Löwe D (1993) Abfallwirtschaftsjournal 5/1:83
51. Spies K (1992) Abfallwirtschaftsjournal 4/10:828
52. Eichmeyer H, Boehm W, Bredel St (1993). In: August H (Hrsg) BMFT-Verbundvorhaben Deponieabdichtungssysteme: 2 Arbeitstagung März 1993 in Berlin. Bundesanstalt für Materialforschung und -prüfung, S 261
53. Handbuch Altlasten und Grundwasserschadensfälle. Immobilisierung von Schadstoffen in Altlasten. Landesanstalt für Umweltschutz Baden-Württemberg, 1994
54. Beckefeld P (1995) Vor-Ort-Sanierung durch Schadstoffeinbindung zur Baugrundvorbereitung. In: Kompa R, Schreiber B, Fehlau K-P (Hrsg) Altlasten und kontaminierte Böden '94. Verlag TÜV-Rheinland
55. Schramm H, Schrey J, Meiners HG (1996) Altlasten-Spektrum 8/1:25
56. Wienberg R, Förstner U (1989) Abfallwirtschaftsjournal 1/10:67
57. Bölsing F (1991) DCR-Technologie zur Sanierung kontaminierter Standorte. In: 15. Mülltechnisches Seminar. Berichte aus dem Institut für Wassergüte- und Abfallwirtschaft der TU-München, Berichtsheft Nr. 108
58. Bölsing F (1993) Verfestigen. In: Weber HH, Neumaier H (Hrsg) Altlasten – Erkennen, Bewerten, Sanieren. Springer, Berlin Heidelberg New York
59. Sondermann W (1991) Entsorgungspraxis 3:76
60. Thomé-Kozmiensky KJ (1990) Chem.-Ing. Tech. 62/4:286
61. Doetsch P, Dreschmann P (1989) Verfahrensdokumente zur thermischen Bodenbehandlung. In: Handbuch der Altlastensanierung. Decker's Verlag, Heidelberg
62. Fortmann J, Jahns P (1993) Thermische Behandlung. In: Weber HH, Neumaier H (Hrsg) Altlasten – Erkennen, Bewerten, Sanieren. Springer, Berlin Heidelberg New York
63. Martin A (1996) Errichtung und Inbetriebnahme der Bodenreinigungsanlage Boran. In: Franzius V (Hrsg) Sanierung kontaminierter Standorte 1995. Erich Schmidt, Berlin
64. Eichhorn R, Buch J, Krüger J, Sterling S, Krone J (1996) Altlasten – Spektrum 8/1:40
65. Kreft W (1988) In: Thomé-Kozmiensky KJ (Hrsg) Altlasten 2. EF-Verlag für Energie- und Umwelttechnik, S 905
66. Maury HD (1991) Abfallwirtschaftsjournal 3/12:846
67. Thomé-Kozmiensky KJ (1994) Thermische Abfallbehandlung. EF-Verlag für Energie- und Umwelttechnik
68. Fortmann J, Hand J (1993) Altlasten-Spektrum 2/2:61

69. Hennig R (1994) Konzeption und Realisierung von innovativen chemisch-physikalischen Bodenreinigungsanlagen. In: Franzius V (Hrsg) Sanierung kontaminierter Standorte 1993. Erich Schmidt, Berlin

70. Schmitt G (1995) Entsorgungspraxis 4:19

71. Lehmann G (1991) Wasser, Luft und Boden 35/1/2:71

72. Groot JH de (1990) Dreijährige Erfahrungen mit der indirekten thermischen Behandlung von kontaminierten Böden. In: IWS (Hrsg) Symposium – Neuer Stand der Sanierungstechniken von Altlasten – in Aachen 1990; IWS-Schriftenreihe Bd. 10. Erich Schmidt, Berlin

73. Kimmel H (1993) Thermische Bodenreinigung mit dem Hochtief-Verfahren. In: FGU-Kongreß – Altlasten und kontaminierte Standorte 1993, S 261

74. Fortmann J, Krapoth H, Ebel W (1988). In: Thomé-Kozmiensky KJ (Hrsg) Altlasten 2. EF-Verlag für Energie- und Umwelttechnik, S 857

75. Gläser E (1988) Thermische Bodenreinigung im Hochtemperaturbereich. In: BMFT, UBA (Hrsg) Altlastensanierung '88 – Zweiter Internationaler TNO/BMFT-Kongreß über Altlastensanierung, April 1988, in Hamburg, Bd 1, S 841

76. Stoddart TL, Short JJ (1988) Test eines transportablen großtechnischen Drehrohrofens für die Abfallverbrennung an mit dem Unkrautvertilgungsmittel Herbicide-Orange kontaminierten Boden im Naval Construction Battalion Center, Gulfport, Mississippi. In: BMFT, UBA (Hrsg) Altlastensanierung '88 – Zweiter Internationaler TNO/BMFT-Kongreß über Altlastensanierung, April 1988, in Hamburg, Bd 1, S 789/798

77. Hurtig HW, Flothmann D, Hintz RA, Rippen G, Scherer KH, Schönborgn W, Straaten L van (1986) Statusbericht zur Sanierung von kontaminierten Standorten – Übersicht über Sanierungskonzepte und Sanierungsmaßnahmen in Forschung und Praxis. BMFT (Hrsg), Förderkennzeichen 1430340, Nov 1986

78. Falkenhain G (1990) Bergbau 41/7:300

79. Hampel HJ, Fitzpatrick VF (1988) In-Situ-Verglasung – eine neu entwickelte Schmelz-Technologie zur thermischen Sanierung von kontaminierten Böden. In: BMFT, UBA (Hrsg) Altlastensanierung '88 – Zweiter Internationaler TNO/BMFT-Kongreß über Altlastensanierung, April 1988, in Hamburg, Bd 1, S 871

80. Handbuch Altlasten. Handbuch Bodenwäsche. Landesanstalt für Umweltschutz Baden-Württemberg (1993)

81. Böhnke B, Pöppinghaus K (1991) Technologieregister zur Sanierung von Altlasten. Umweltbundesamt Berlin

82. Neeße Th (1990) Aufbereitungstechnik 31/10:563

83. Neeße Th, Grohs H (1990) Aufbereitungstechnik 31/12:656

84. Drinkern G, Jungmann A (1993) Aufbereitungstechnik, 34/1:2

85. Balthaus H (1990) Wasser, Luft und Boden 4/58

86. Weßling E (1993) Extrahieren. In: Weber HH, Neumaier H (Hrsg) Altlasten – Erkennen, Bewerten, Sanieren. Springer, Berlin Heidelberg New York

87. Decock J (1989) Bodenreinigungsanlage Solbodex MC 102 – Technische Konzeption. In: Thomé-Kozmiensky KJ (Hrsg) Altlasten 3. EF-Verlag für Energie- und Umwelttechnik

88. Labormethoden zur Beurteilung der biologischen Bodensanierung. 2. Bericht des Interdisziplinären Arbeitskreises „Umwelttechnologie Boden". In: Klein E (Hrsg) Dechema Fachgespräche Umweltschutz (1992)

89. Materialien zur Altlastenbearbeitung. Handbuch Mikrobiologische Bodensanierung. Landesanstalt für Umweltschutz Baden-Württemberg (1991)

90. Müller R (1993) Grundlagen des biologischen Abbaus von Xenobiotika. In: Stegmann R (Hrsg) Bodenreinigung (Biologische und chemisch-physikalische Verfahrensentwicklung unter Berücksichtigung der bodenkundlichen, analytischen und rechtlichen Bewertung. Economia, Bonn

91. Filip Z (1993) Biologische Verfahren. In: Weber HH, Neumaier H (Hrsg) Altlasten – Erkennen, Bewerten, Sanieren. Springer, Berlin Heidelberg New York

92. Müller R, Lingens F (1986) Angew Chemie 98:778

93. Franzius V (1989) Sanierung kontaminierter Standorte 1988, Konzepte, Fallbeispiele, Neue mikrobiologische Sanierungstechniken, Technologietransfer, Bd 28. Erich Schmidt, Berlin

94. Gebhardt KH (1987) Verfahren zur On-Site Sanierung kontaminierter Böden. In: Thomé-Kozmiensky KJ (Hrsg) Altlasten 1. EF-Verlag für Energie- und Umwelttechnik, Berlin

95. Knapp A, Gährs HJ, Donnerhack A, Rötzheim M (1987) Biologische In-Situ Sanierung von Altlasten. In: Thomé-Kozmiensky KJ (Hrsg) Altlasten 1. EF-Verlag für Energie- und Umwelttechnik, Berlin

96. Schwefer HJ, Weinrich G (1987) Biologische In-Situ-Sanierungsverfahren: Anwendungsbeispiele aus Europa und USA. In: Thomé-Kozmiensky KJ (Hrsg) Altlasten 1. EF-Verlag für Energie- und Umwelttechnik, Berlin

97. Materialien zur Altlastenbearbeitung. Praxisbezogene Grundlagen und Kriterien für eine schadensfallgerechte Anwendung der Bodenluftabsaugung. Landesanstalt für Umweltschutz Baden-Württemberg (1989)

98. Harreß HM, Schöndorf Th (1992) Bodenluftabsaugung als Sanierungsmöglichkeit bei Altlasten. In: Goszow V (Hrsg) Altlastensanierung: Genehmigungsrechtliche bautechnische und haftungsrechtliche Aspekte. Bauverlag, Wiesbaden Berlin

99. Handbuch Altlasten und Grundwasserschadensfälle. Hydraulische und pneumatische In-Situ-Verfahren. Landesanstalt für Umweltschutz Baden-Württemberg (1995)

100. Wehrle K (1993) Bodenluftabsaugung: Limitierende Faktoren. In: BMFT, UBA (Hrsg) Altlastensanierung '93 – Vierter Internationaler TNO/BMFT-Kongreß über Altlastensanierung, Mai 1993, in Berlin, Bd 2, S 1099

101. ITVA-Fachausschuß H1 „Technologien und Verfahren" Entwurf der Arbeitshilfe „Bodenluftsanierung" (1996) Altlasten-Spektrum 8/1:43

102. Sick M, Alesi E, Borchert S, Klein R (1993) Sanierung einer Untergrundkontamination durch Einsatz der Bodenluftkreislaufführung. In: BMFT, UBA (Hrsg) Altlastensanierung '93 – Vierter Internationaler TNO/BMFT-Kongreß über Altlastensanierung, Mai 1993, in Berlin, Bd 2, S 1227

103. Herth W, Arndts E (1985) Theorie und Praxis der Grundwasserhaltung. Ernst und Sohn, Berlin

104. Bott-Breuning G, Alesi EJ (1993) Unterdruck-Verdampfer-Brunnen (UVB) und Grundwasserzirkulations-Brunnen (GZB) für die In-Situ- und On-Site-Sanierungen von Altlasten. In: Schimmelpfennig L (Hrsg) Altlasten, Deponietechnik, Kompostierung. Academia, St. Augustin

105. DVWK Schriften (1991) Sanierungsverfahren für Grundwasserschadensfälle und Altlasten. Paul Parey, Hamburg Berlin

106. Wille F (1993) Bodensanierungsverfahren. Vogel, Würzburg

107. Herrling B, Alesi EJ, Bott-Bruning G, Dieckmann S (1993) In-Situ-Grundwassersanierung von flüchtigen oder biologisch abbaubaren organischen Verbindungen, Pestiziden und Nitrat unter Verwendung der UVB-Technik. In: BMFT, UBA (Hrsg) Altlastensanierung '93 – Vierter Internationaler TNO/BMFT-Kongreß über Altlastensanierung, Mai 1993, in Berlin, Bd 2, S 1099

2 | Gestaltung von Bergbaufolgeland-schaften in Braunkohletagebauen – Technische und verfahrensspezifische Besonderheiten

C. Drebenstedt, H. Rauhut

2.1 Bedeutung der Braunkohle in der Bundesrepublik Deutschland

Die Bundesrepublik Deutschland verfügt über große, wirtschaftlich gewinnbare Braunkohlevorkommen. Von den sich auf ca. 100 Mrd. t belaufenden Vorräten sind ca. 58 Mrd. t wirtschaftlich, d.h. nach dem Stand der Technik und der Energiepreise gewinnbar (10 v.H. der Weltvorräte). Trotz der relativ geringen Energiedichte ist der Energiegehalt dieser Vorräte mit denen der Erdölreserven der Nordsee vergleichbar. Braunkohle wird in der Bundesrepublik Deutschland in sechs Regionen gefördert (Abb. 2.1):

- Rheinisches Revier im Land Nordrhein-Westfalen,
- Lausitzer Revier im Südosten des Landes Brandenburg und im Nordosten des Freistaates Sachsen,
- Mitteldeutsches Revier um die Stadt Leipzig (Länder Sachsen, Sachsen-Anhalt),
- Helmstedter Revier in Niedersachsen,
- Hessisches Revier bei Kassel und
- Bayerisches Revier.

Weitere kleinere Vorkommen, die nur zeitweise wirtschaftlich genutzt wurden, befinden sich außerdem in Bayern und in Rheinland-Pfalz (Westerwald).

Auf die drei erstgenannten Reviere entfallen dabei 98% der Braunkohlegewinnung (Tabelle 2.1).

Insgesamt wurden 1995 in der Bundesrepublik Deutschland 192,8 Mio. t Kohle gefördert. Wichtigster Abnehmer sind die öffentlichen Kraftwerke mit einem Anteil von ca. 81%. Weiteren Absatz findet die Braunkohle in Grubenkraftwerken (4%), Heizkraftwerken (0,3%) und als Rohkohle (2,7%) bzw. Veredelungsprodukt (12%), insbesondere in Form von Braunkohlebriketts (ca. 5 Mio. t) und -staub (2,7 Mio. t) auf dem Wärmemarkt.

Braunkohle ist der wichtigste heimische Energieträger. Die Stromerzeugung stützte sich 1995 in der Bundesrepublik Deutschland auf etwa drei

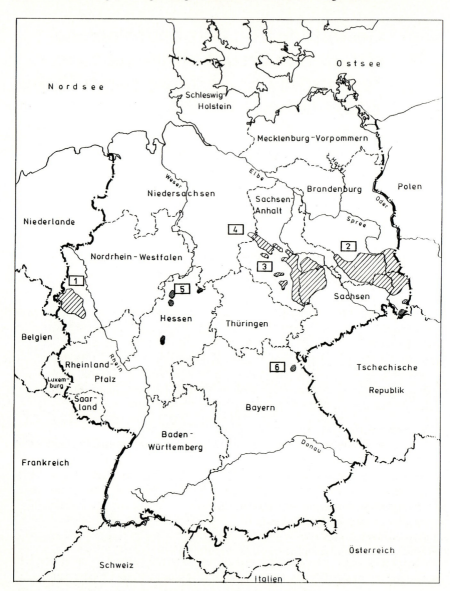

Braunkohlereviere mit Kohleförderung 1996

Abb. 2.1. Übersichtskarte der Braunkohlereviere in der Bundesrepublik Deutschland [1]. *1* Rheinisches Braunkohlerevier, *2* Lausitzer Braunkohlerevier, *3* Mitteldeutsches Braunkohlerevier, *4* Helmstedter Braunkohlerevier, *5* Hessisches Braunkohlerevier, *6* Bayrisches Braunkohlerevier

Tabelle 2.1. Braunkohleförderung in der Bundesrepublik Deutschland 1989 und 1995. Quelle: DEBRIV

Revier	Förderung Mio t	
	1989	1995
Rheinland	104,2	100,2
Lausitz	195,1	70,7
Mitteldeutschland	105,7	17,6
Helmstedt	4,4	4,1
Hessen	1,2	0,15
Bayern	0,1	0,05
Gesamt	410,7	192,8

gleich starke Säulen: die Kernenergie (ca. 29 %) gefolgt von der Steinkohle und der Braunkohle (je ca. 27 %). Die Braunkohle stammt dabei zu nahezu vollständig aus eigenem Aufkommen (Steinkohle zu 81 %). Betrachtet man den Anteil an der Stromerzeugung differenziert nach West- und Ostdeutschland, so ergeben sich 18,25 bzw. 81,1 % entsprechend.

Gemessen am Primärenergieverbrauch der Bundesrepublik Deutschland war die Braunkohle 1995 mit 12 % nach Mineralöl (40 %), Erdgas (20 %) und Steinkohle (15 %) an vierter Position am Aufkommen beteiligt. An der inländischen Primärenergiegewinnung trägt die Braunkohle mit 40 % den größten Anteil bei. Den größten Teil des Energiebedarfs (70 %) deckte die Bundesrepublik Deutschland 1995 aus Importen.

Braunkohle ist ein kalkulierbarer, zuverlässiger, wettbewerbsfähiger und preiswerter Energieträger.

Die Entwicklung der Braunkohleindustrie führte zu ständigen technischen Innovationen u. a. in der Tagebau-, Förder-, Entwässerungs-, Veredelungs-, Kraftwerks- und Umwelttechnik. Damit verbundene Investitionen und die Ansiedlung von Zuliefer- und Folgeindustrie machen die Braunkohle zu einem bedeutenden regionalen Wirtschaftsfaktor und lösen Wertschöpfung sowie Beschäftigung aus. Um die Braunkohlegebiete bildeten sich über Jahrzehnte industrielle Kerne heraus. Insbesondere energieintensive Branchen, wie die chemische Industrie (Mitteldeutschland) oder die Metallgewinnung (Rheinland, Lausitz) bevorzugen diesen Standort ebenso, wie die in Verbindung mit anderen Rohstoffen aus der Region entstandene Glas-, Keramik- oder Bauindustrie.

2.2
Charakteristik der Braunkohlereviere

Die Braunkohlevorkommen sind fast immer an das kohleführende Tertiär gebunden, die meist mit lockeren Deckgebirgsschichten aus Kies, Sand, Ton oder Lehm überlagert sind. Lediglich in Hessen und im Westerwald treten Festge-

Tabelle 2.2. Ausgewählte Parameter zur Charakterisierung der Braunkohlelagerstätten im Jahr 1995. Quelle: DEBRIV

Revier	Abraumbewegung Mio. m³	Gewinnungsverhältnis Abraum – Kohle	Heizwert kJ/kg
Rheinland	543,3	5,4:1	8399
Lausitz	370,0	5,2:1	8632
Mitteldeutschland	37,3	2,9:1	10052
Helmstedt	11,8	2,1:1	10526
Hessen	0,6	4,2:1[a]	12064
Bayern	–	–	5900
Gesamt	1123,4	5,1:1	8683

[a] ohne Tiefbau.

steine als Basaltergüsse sowie um Leipzig in Form von Quarzitbänden auf. Ausgewählte Parameter zur Charakterisierung der Lagerstätten enthält Tabelle 2.2.

Im *Rheinischen Revier* wird heute eine ca. 10–70 m mächtige Flözablagerung abgebaut, die zum Teil in mehrere Einzelflöze aufgespalten ist und durch Verwerfungen stark gestört ist. Die Lagerstätte ist in Gräben und Schollen aufgeteilt, von denen die Ville, eine hochgelegene, weitgehend ungestörte Scholle mit geringer Abraumüberdeckung in der Vergangenheit abgebaut wurde. Die aktuellen Abbaufelder sind stärker mit Störungen durchsetzt und weisen wesentlich ungünstigere Deckgebirgsmächtigkeiten auf. Mit ca. 35 Mrd. t lagern im Rheinland die größten wirtschaftlich gewinnbaren Braunkohlevorkommen der Bundesrepublik Deutschland. Drei Tagebaue (Hambach, Garzweiler und Inden) sichern derzeit das Rohkohleaufkommen. Die Tagebaue gewinnen die Kohle aus einer Tiefe von 100–300 m.

Das Deckgebirge besteht im allgemeinen aus einer Wechsellagerung mächtiger Kies-, Sand- und Tonschichten, die unterschiedlich stark durch kulturfähigen Lößlehm überdeckt ist, der sich bestens als Ausgangssubstrat für die Wiedernutzbarmachung eignet.

Im *Lausitzer Revier* wird das großflächig verbreitete, weitestgehend söhlig abgelagerte, 2. Lausitzer Flöz abgebaut, das im zentralen Teil eine Mächtigkeit von 10–12 m aufweist und durch glaziale Erosionsrinnen in viele Teilfelder zergliedert ist.

Das 40–120 m starke Deckgebirge setzt sich aus tertiären und quartären Sanden und Kiesen mit Zwischenlagerungen von Schluffen, Geschiebemergel und Tonen zusammen. Die quartären bindigen Substrate, insbesondere Schluff und Geschiebemergel werden bei der Wiedernutzbarmachung bevorzugt eingesetzt. Morphologisch ist das Revier durch die Eiszeiten geprägt, die mehrmals bis hierher vorstießen.

Die Beckenlagerstätten tektonischen Ursprungs bei Görlitz und Zittau nehmen hinsichtlich der Ablagerungsverhältnisse eine Sonderstellung ein. Der Flözkomplex ist bis zu über 100 m mächtig.

Der in Deutschland eingeleitete wirtschaftliche Strukturwandel wirkt auch auf die Braunkohleindustrie, verbunden mit einem starken Rück-

Tabelle 2.3. Landinanspruchnahme und Wiedernutzbarmachung (Stand 31.12.1995) in den deutschen Braunkohlerevieren. Quelle: DEBRIV

| Revier | Landinan-spruchnahme ha | Wiedernutzbarmachung ha | | | | | Betriebs-fläche ha |
		Gesamt	LN	FN	WN	Sonstiges[a]	
Rheinland	26 005,8	16 998,8	7 959,7	7 090,5	806,6	1142,0	9 007,0
Lausitz[b]	77 190,8	40 284,7	8 692,6	24 406,7	3187,7	3997,7	36 906,1
Mittel-deutschland	51 360,8	26 240,8	10 897,9	10 652,5	2118,6	2571,8	25 120,0
Helmstedt	2 477,6	1 459,5	595,2	486,2	55,5	322,6	1 018,1
Hessen	3 504,6	3 138,5	1 657,9	766,7	606	107,9	366,1
Bayern	1 803	1 798	119	953	683	43	5
Gesamt	162 342,6	89 920,3	29 922,3	44 355,6	7457,4	8185,0	72 422,3

LN – Landwirtschaftliche Nutzung, FN – Forstwirtschaftliche Nutzung, WN – Wasserwirtschaftliche Nutzung.

[a] Siedlungs-, Gewerbeflächen, Trassen für Straßen und Gewässer, Vorbehaltsflächen für Naturschutz, Wasserspeicher, Deponien u. a.

[b] ohne Bergbau vor 1945 (ca. 5000 ha, davon ca. 80 % FN, Rest WN).

gang des Kohlebedarfs. An der Kohleförderung waren 1995 in der Lausitz noch 9 von vormals (1989) 17 Tagebauen beteiligt. Es zeichnet sich nach dem drastischen Rückgang der Förderung (Tabelle 2.1) eine Konsolidierung ab, obwohl der Anpassungsprozeß noch nicht abgeschlossen ist. Langfristig wird von einem Bedarf von 50–70 Mio. t/a Rohbraunkohle ausgegangen, die aus Tagebauen in unmittelbarer Nähe zu den Kraftwerken gefördert werden sollen. Die Beseitigung der erheblichen Rekultivierungsrückstände (Tabelle 2.3) sowie die Sanierung stillgelegter Tagebaue ist eine gesamtstaatliche Aufgabe und wird deshalb von Bund und Ländern finanziert.

Im *Mitteldeutschen Revier* um Halle/Leipzig wird ein 8–12 m mächtiges Flöz abgebaut, das in durch Salzabwanderung oder -auslaugung entstandenen Kessellagen bis zu 30 m Mächtigkeit ansteht. Die Abraumüberdeckung ist geringer als in den vorgenannten Revieren. Allerdings wird die Abraumbeseitigung durch schwerbaggerfähige Geschiebemergel und rutschungsbegünstigende Schichtenfolgen erschwert. Aus der Sicht des Kulturwertes der Deckgebirgsschichten nimmt das Revier eine Mittelstellung zum Rheinland und zur Lausitz ein.

Die Kohleförderung erfolgte 1995 überwiegend aus 3 Tagebauen. Aus dem Tagebau Amsdorf wird Kohle zur Rohmontanwachs-Herstellung gefördert. Wie im Lausitzer Revier, so stellt auch hier die Braunkohlesanierung eine große Herausforderung dar.

Die verbreiteten alttertiären Kohlen zeichnen sich durch einen hohen Bitumengehalt aus, der bei Amsdorf/Oberröblingen 15–20 v. H. in der wasserfreien Substanz ausmacht und den Rohstoff zur Rohmontanwachsgewinnung liefert.

Der Lagerstättenbereich Nachterstedt und Egeln-Oschersleben ist salztektonischen Ursprungs und geht in nordöstlicher Richtung in das Helmstedter Revier über.

Im *Helmstedter Revier* förderten 1995 die zwei Tagebaue Helmstedt und Schöningen. Die Kohlegewinnung erfolgt aus einer ca. 70 km langen und 4–7 km breiten Lagerstätte zwischen Helmstedt und Staßfurt, die durch einen Zechsteinstock in zwei Längsmulden getrennt ist. Die Verstromung erfolgt in den gesellschaftseigenen Kraftwerken Offleben (325 MW) und Buschhaus (350 MW).

Von den zwei Flözgruppen, der hängenden und der liegenden, ist die hängende durch ca. 100 m tiefe Tagebaue fast vollständig ausgekohlt. Die liegende Flözgruppe ist durch einen hohen Alkalioxidgehalt (> 2 % Massenanteile) gekennzeichnet, den sogenannten Salzkohlen.

Im *Hessischen Revier* beschränkte sich die Kohleförderung 1995 (153 000 t) auf die Zeche Hirschberg in Großalmerode bei Kassel, nachdem 1991 an den Standorten Borken (Nordhessen) und Wölfersheim (Wetterau) die Gewinnung eingestellt wurde. Zur Zeche Hirschberg gehört neben zwei Tagebauen die einzige untertägige Braunkohlegrube (Förderung 1995 ca. 114 000 t) in der Bundesrepublik Deutschland.

In den Abteilungen Borken und Wölfersheim werden noch Rekultivierungsarbeiten durchgeführt.

Die im *Bayrischen Braunkohlegebiet* gewonnene Kohle (58 000 t) dient dem Selbstverbrauch eines Tonwerkes. Die Braunkohlekraftwerke Arzberg (237 MW) und Schwanendorf (500 MW) setzen nach Auskohlung der Grube Wackersdorf tschechische Hartbraunkohle ein.

2.3
Der bergbauliche Eingriff
und seine Wirkungen

Das nutzenorientierte Handeln des Menschen hat seit Jahrhunderten das Landschaftsbild verändert und die heute überwiegenden Kulturlandschaften hervorgebracht. Natürliche Landschaften sind kaum noch anzutreffen. Die Dimension des bergbaulichen Eingriffes ist jedoch mit keiner der vorangegangenen Veränderungen vergleichbar, da die bisher genutzten und veränderten natürlichen Lebensgrundlagen wie Boden, Wasser und Vegetation sowie ihre Funktionen vorübergehend großflächig und vollständig verlorengehen (Abb. 2.2). Neben den Veränderungen in der Natur bedeutet die Rohstoffgewinnung im Tagebaubetrieb einen tiefgreifenden Einschnitt in die wirtschafts- und sozialräumlichen sowie kommunikativen und kulturellen Beziehungen der Menschen in der betroffenen Region.

Die Braunkohlegewinnung ist an die konkrete Lagerstätte gebunden. Der Standort eines Tagebaues kann somit im Gegensatz zum Produktionsstandort anderer Industriezweige nicht frei gewählt werden. Angesichts des offenkundigen und tiefen Eingriffes sind Konflikte nicht zu vermeiden. Auf

Abb. 2.2. Im Tagebaubetrieb wird das Deckgebirge umgeschichtet, um an den Rohstoff zu gelangen (Braunkohletagebau mit Abraumförderbrücke in der Lausitz). Foto: Luftbild Heye

der Grundlage energiepolitischer Entscheidungen ist deshalb jedes Tagebauvorhaben im Einzelfall mit anderen Interessen im landesplanerischen Verfahren abzuwägen und im bergrechtlichen Betriebsplanverfahren zuzulassen.

Es entspricht einer jahrzehntelangen Tradition und Verpflichtung der Bergleute, den Eingriff auf das unvermeidbare Maß zu beschränken und die unvermeidbaren Eingriffsfolgen schnell und wirksam auszugleichen. Ein wesentliches Instrument des Ausgleichs des bergbaulichen Eingriffs ist die Wiedernutzbarmachung der Oberfläche im öffentlichen Interesse, wie es das Bundesberggesetz vorschreibt. Mit der Wiedernutzbarmachung hat es der Mensch erneut in der Hand, eine Landschaft nach seinen Vorstellungen zu gestalten. Seit der Jahrhundertwende, mit dem zunehmenden Übergang zur großmaßstäblichen Braunkohlegewinnung im Tagebau, sind zahlreiche Bergbaufolgelandschaften entstanden, die an Vielfalt, Artenreichtum und Leistungsfähigkeit kaum noch von anderen naturnahen Kulturlandschaften zu unterscheiden sind (Abb. 2.3). Beispiele dafür gibt es in allen Revieren, u.a. bei Hanau im Westerwald und in der Oberpfalz (Abb. 2.4).

Natürlich unterliegt auch die Wiedernutzbarmachung einer ständigen Entwicklung, da sich der Stand der Technik durch wissenschaftliche Erkenntnisse und praktische Erfahrungen ebenso verändert, wie die Bedürfnisse

Abb. 2.3. Naherholungsgebiet im Helmstedter Revier. Jahrzehnte nach der Rekultivierung sind Bergbaufolgelandschaften nicht mehr von der natürlichen Umgebung zu unterscheiden [1]

Abb. 2.4. Steinberger See im bayrischen Revier. Foto: Drebenstedt

und Ansprüche der Menschen. Wenn am Anfang die schnelle Begrünung (Aufforstung) der Kippen und Halden im Vordergrund stand und sich gelungene Landschaften oftmals nur sporadisch und zufällig entwickelten, werden heute die Voraussetzungen für eine multifunktionale Landschaft geschaffen, in denen land- und forstwirtschaftliche Betriebe ebenso ihren Platz finden, wie der erholungssuchende Mensch und verdrängte Pflanzen und Tiere.

Die Wirkungen des Tagebaues gehen über das unmittelbare Abbaugebiet hinaus. Tagebautypische Emissionen und die Beeinflussung des Wasserhaushaltes sind die spürbarsten Belastungen für das Tagebauumfeld. Neben der ordnungsgemäßen Gestaltung der Oberfläche haben deshalb Maßnahmen zur Minderung bzw. zum Ausgleich dieser Beeinträchtigungen große Bedeutung.

Die Tabelle 2.3 und Abb. 2.5 geben einen Überblick über die Größe des bisherigen bergbaulichen Eingriffes in den deutschen Braunkohlerevieren, wobei die abgegrabenen oder überschütteten Bodenflächen als Landinanspruchnahme erfaßt wurden. Dabei besteht ein Zusammenhang zwischen der Mächtigkeit des Kohleflözes und des Landverbrauches, da bei gleichem Förderniveau die Landinanspruchnahme mit der Verringerung der Flözmächtigkeit zunimmt. Aufgrund der relativ geringen Flözmächtigkeit und wegen der hohen Förderung in der Vergangenheit liegt die Landinanspruchnahme in der Lausitz deutlich über den anderen Revieren. Jeder zweite durch Braunkohlebergbau in Deutschland in Anspruch genommene Hektar Land befindet sich hier. Dafür ist die Lausitz weniger besiedelt und industrialisiert als beispielsweise das Rheinische Revier.

Die Rekultivierungsrückstände sind als Betriebsfläche ausgewiesen (Tabelle 2.3) und setzen sich aus den zur Kohleförderung notwendigen

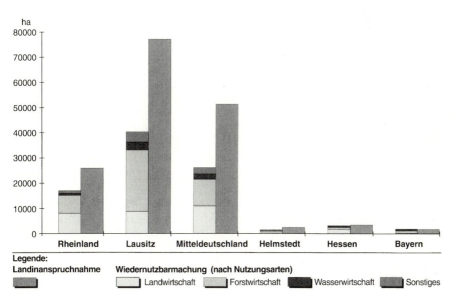

Abb. 2.5. Landinanspruchnahme und Wiedernutzbarmachung in den deutschen Braunkohlerevieren (Stand 31.12.1995)

Flächen, den zu sanierenden Tagebauresträumen (Restlöchern) und den wiedernutzbarzumachenden Kippenflächen zusammen. Deutlich sind die erheblichen Rekultivierungsdefizite in den Lausitzer und Mitteldeutschen Revieren erkennbar.

Des weiteren veranschaulicht die Tabelle die bisherigen Nutzungsziele der Wiedernutzbarmachung, die sich weitgehend an der vorbergbaulichen Situation unter Berücksichtigung der jeweils aktuellen Erfordernisse und Interessen der Folgenutzer orientiert. Außer in der Lausitz und in Bayern beträgt der Anteil der landwirtschaftlichen Wiedernutzbarmachung ca. 45–55%. Für die Lausitz und Bayern sind die forstliche Wiedernutzbarmachung und der hohe Anteil von Wasserflächen kennzeichnend.

2.4
Besonderheiten bei der Planung und Gestaltung von Bergbaufolgelandschaften

Im Tagebaubetrieb werden Berge versetzt, Grundwasserleiter entwässert, die natürlichen Ablagerungsverhältnisse verändert, Lebensräume zerstört, Böden umgelagert. Es entstehen teilweise völlig neue Bedingungen zur Herausbildung chemischer, physikalischer und biologischer Prozesse im Naturhaushalt insgesamt. Diese Eingriffe können lokal zu Ungleichgewichten führen, die die Sicherheit während und nach dem Bergbau gefährden und die Leistungsfähigkeit des Naturhaushaltes nachhaltig beeinträchtigen. Zur Beherrschung dieser Prozesse wurden spezielle Technik und Verfahren entwickelt. Einzelne, verfahrbare Tagebaugroßgeräte haben ein Gewicht von über 10 000 t und bewegen über 100 Mio. m³ Abraum jährlich, Brunnen zur Entwässerung reichen bis zu einer Tiefe von über 100 m.

Im folgenden soll auf einige ausgewählte technische und verfahrensspezifische Besonderheiten eingegangen werden, die bei der Gestaltung von Bergbaufolgelandschaften zu berücksichtigen sind:

– Standsicherheit der Böschungen,
– Beeinflussung des Wasserhaushaltes,
– Technik und Technologie der Abraumbeseitigung,
– Bodenverbessernde Maßnahmen.

2.4.1
Geohydrologische Einflußfaktoren auf die Planung der Bergbaufolgelandschaft

Die Zusammensetzung und die Mächtigkeit des Deckgebirges, die Größe der Lagerstätte sowie das Einfallen des Liegenden der Kohle sind maßgeblich für die Auswahl der Technik und Technologie zur Abraumbeseitigung und -verkippung (s. Abschn. 2.4.2).

Abb. 2.6. Setzungsfließrutschungen an wassergesättigten Kippenböschungen führen zur Gefährdung der öffentlichen Sicherheit. Foto: LAUBAG

Die verkippten Materialien müssen die *Standsicherheit der Kippe* gewährleisten. Insbesondere an gekippten Uferböschungen können unter bestimmten Bedingungen Setzungsfließrutschungen auftreten (Abb. 2.6). Diese Erscheinung tritt insbesondere in der Lausitz auf. Nach vorliegenden Erkenntnissen muß mit solchen Verflüssigungserscheinungen immer dann gerechnet werden, wenn nachstehende Bedingungen gegeben sind [2]:

– Kritischer Wasserstand in der Kippe im Verhältnis zur Kippenhöhe (> 0,2),
– Kornband 0,09 mm < $d\,50$ < 1,0 mm, Feinkornanteil gering,
– Kornform gerundet (typisch für quartäre Sande des Lausitzer Urstromtales),
– geringe Lagerungsdichte (kritischer Wert wird bei der Verkippung von Sanden kaum überschritten),
– Initial (Böschungsabbruch, Strömung, Sackung, rasche Belastung).

Der Verflüssigungsvorgang wird offensichtlich dadurch ausgelöst, daß durch ein Initial das Korngerüst den Kontakt verliert und die Belastung vom Porenwasser aufgenommen wird.

Zahlreiche Setzungsfließrutschungen führten in der Vergangenheit, insbesondere in der Lausitz, zu Verlusten an Menschen und Technik. Deshalb sind prophylaktische Maßnahmen bereits bei der Planung zu beachten, wie:

– möglichst kurze (keine) wasserumspülten Kippenböschungen,
– Schüttung geeigneter Substrate (stark durchlässig – Drainage oder bindig),
– sichere Gestaltung der Böschung, solange sie wasserfrei ist.

In den Sanierungsgebieten ist die Einflußnahme auf den Kippenaufbau nur noch begrenzt möglich, da ein Großteil der Kippen bereits vollständig oder zum Teil im Wasser steht.

Die Kippen können dynamisch, z.B. mittels Sprengungen, Rüttler oder Fallgewicht und durch die Herstellung von Stützkörpern vor der gefährdeten Böschung stabilisiert werden. Diese Verfahren können einzeln oder kombiniert eingesetzt werden. Als weitere Verfahren sind die Hochdruckinjektion und Porenwasserbarrieren bekannt.

Auf die Auswahl des Stabilisierungsverfahrens haben insbesondere der Wasserstand in der Kippe, der Zeitraum des Wasseranstieges und die Böschungshöhe Einfluß.

Als effektives Sanierungsverfahren wassergesättigter Kippenböschungen zeichnet sich insbesondere die Sprengverdichtung ab, mit deren Hilfe im Hinterland der Böschung ein verdichteter Kippenkörper geschaffen wird, in dem eine Rutschung zum Stillstand kommen soll. In einer zweiten Phase wird vom „versteckten Damm" aus das Vorland gesichert (Abb. 2.7).

Im Bereich des Dammes kommt es aufgrund der Verdichtungen zu merklichen Setzungen der Oberfläche. Die durch die Sprengung angeregte Umlagerung des Korngefüges setzt überschüssiges Porenwasser frei, das aus den Bohrungen teilweise als Fontäne herausgepreßt wird (Abb. 2.8).

Kann, z.B. aufgrund des Risikos für zu schützende Objekte, die Sprengverdichtung nicht angewendet werden, bietet sich die Rütteldruckverdichtung als Alternative an. Da dieses Verfahren im Gegensatz zur Sprengung auch im trockenen Material einsetzbar ist, kann, in Abhängigkeit vom Wasserstand in der Kippe, die Kombination beider Verfahren sinnvoll sein. Der Einsatz des Fallgewichtes ist durch die Wirkung in die Tiefe begrenzt (8–15 m bei Masse < 40 t und Fallhöhe < 40 m).

Wenn die vorgenannten Verfahren auf die Erhöhung der Lagerungsdichte im Böschungsbereich abzielen, sollen ausreichend dimensionierte Stützkörper vor der Böschung ein Ausfließen verhindern. Diese Stützkörper können durch Anspülen, Abspülen oder Antransport von Material hergestellt werden, müssen auf einem sicheren Untergrund aufliegen und dürfen selbst nicht zur Verflüssigung neigen. Bei der Planung der Geländeober-

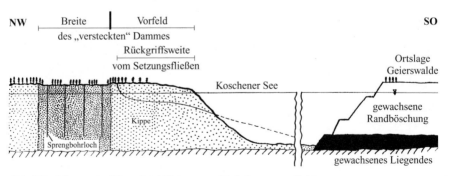

Abb. 2.7. Schema der Kippenstabilisierung mittels Sprengverdichtung

Abb. 2.8. Durch die Sprengung lagert sich das Korngefüge in der wassergesättigten Kippe um und das freiwerdende Porenwasser drückt aus der Bohrung heraus. Foto: LAUBAG

fläche von Kippen sind das *Setzungs-, Sackungs- und Verflüssigungsverhalten* des verkippten Materials zu berücksichtigen. Die Eigensetzung der Kippe durch ihre Last und die Sackung bei Grundwasseranstieg können in der Summe 2 – 2,5 % der Kippenhöhe betragen. Verläßliche Angaben sind im Einzelfall zu ermitteln.

Ist der Abstand der Kippenoberfläche zum Grundwasser zu gering und neigt das Kippenmaterial zur Verflüssigung, können durch Initiale (Betreten, Verkehr) Grundbrüche auftreten. Der Flurabstand nach Abklingen der Setzungen und Sackungen sollte in diesem Fall mindestens 2 m betragen. Einen Sonderfall stellen in diesem Zusammenhang Kippenbereiche dar, die sich künftig als Inseln oder Flachwasser darstellen. Hier besteht die Alternative, die Kippe bis 2 m unter den Mindeststau abzutragen und so ein Betreten (Initial) des Seegrundes zu verhindern.

Der *Grundwasserstand* nach dem Bergbau wird durch die freien Wasserspiegel der Restseen und die Durchlässigkeitsbeiwerte der Kippenkörper beeinflußt. Die Kenntnis der künftigen Grundwasserstände ist aus den genannten Gründen eine entscheidende Planungsgrundlage und wird über Modelle prognostiziert, in die alle relevanten Daten eingehen (Niederschläge, Pegelstände, Zuflüsse, Versickerung, Wasserhebung etc.). Dabei ist u.a. zu beachten, daß die neuen Grundwasserstände nicht zu lokalen Vernässungen von vor dem Bergbau grundwassernaher Standorte und auch Kippen führen.

Weitere, für die Planung der Bergbaufolgelandschaft wichtige Fragen sind die Wasserbereitstellung für die Restseeflutung und die Sicherung der Wasserqualität. Es versteht sich von selbst, daß die Oberflächenentwässerung der Kippe unter Beachtung der Anbindung an das natürliche Gewässernetz erfolgt.

Die im Zusammenhang mit dem Tagebaubetrieb notwendige Entwässerung zeigt in Abhängigkeit von der Verbreitung durchlässiger Schichten und Rinnen weit über das unmittelbare Abbaugebiet hinaus Wirkung. Die Kenntnis der Reichweite der Entwässerung und ihre Wirkung auf den Naturraum bilden die Grundlage zur Planung entsprechender gegensteuernder Maßnahmen (Dichtungswände, Infiltrationsanlagen, Wassereinleitung in Gewässer u. a.) [3].

Zur Reduzierung der Reichweite der Entwässerungswirkung bzw. zur Begrenzung der Zuflüsse im Tagebau können Dichtungswände hergestellt werden (Abb. 2.9). Dabei handelt es sich um vertikale Schlitze, die von der Geländeoberkante bis in die bindigen Schichten unterhalb der Kohle mittels spezieller Hydraulikseilbagger oder kontinuierlich arbeitenden Fräsen niedergebracht werden. Der bis ca. 1,1 m breite und 100 m tiefe Erdspalt ist mit einer Tonemulsion gefüllt, die an den Seitenwänden eine 5–6 cm starke, geringwasserdurchlässige (10^{-9} m/s) Kruste bildet. Der übrige Spalt wird wieder mit dem Aushub verfüllt.

Infiltrationsanlagen sind eine weitere Möglichkeit der Begrenzung der Entwässerungswirkung. Dazu sind erhebliche Wassermengen über eine ausreichende Länge z. B. über Gräben und Sickerbohrungen zu infiltrieren.

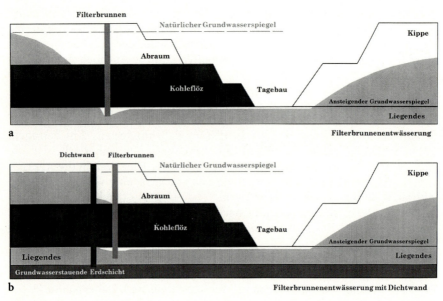

Abb. 2.9 a, b. Durch die Dichtungswand wird die Entwässerungswirkung auf das Tagebaurandgebiet wirksam reduziert

2.4.2
Technik und Technologie der Abraumbeseitigung aus Sicht der Rekultivierung

2.4.2.1
Anforderungen der Rekultivierung

Die Technik und Technologie der Abraumbeseitigung bestimmen mit der möglichen Qualität der Rohböden an der Kippenoberfläche und den Möglichkeiten der Gestaltung des Grobreliefs die maßgeblichen Standortfaktoren für die spätere Folgenutzung.

Aus diesem Grunde sind bereits bei der Planung der Gerätetechnik und der Wahl der Fördertechnologie in einem Tagebau, die Anforderungen an die Bergbaufolgelandschaft zu berücksichtigen. Es muß klar sein, wo Kippen und Halden räumlich entstehen können, welches Geländerelief gestaltet werden kann und welche Bodenarten zur Auswahl stehen. Aus Sicht der Gestaltung der Oberfläche bestehen folgende Anforderungen:

- Schaffung von Voraussetzungen zur schnellstmöglichen Wiedernutzbarmachung, d.h. der Herstellung von sicheren Kippenflächen in der endgültigen Höhenlage unmittelbar nach der Kohleförderung,
- Vermeidung von Restlöchern oder noch einmal abzutragender Kippen/Halden,
- weitgehende Ausformung des Grobreliefs bereits im technologischen Hauptprozeß der Verkippung, um aufwendiges Nachplanieren zu minimieren und die gezielte Wasserableitung zur Verhinderung von Erosionen von Anfang an zu gewährleisten,
- selektive Gewinnung, Transport und Verkippung der für die Folgenutzung geeignetsten Bodenarten (die besten Böden nach oben),
- Verkippung eines homogenen Kippsubstrates mit mindestens 2 m Mächtigkeit,
- Vermeidung von Verdichtungen durch Überfahren der Kippenoberfläche mit Großgeräten oder durch große Fallhöhen während der Verkippung.

Um diese Anforderungen im Planungsprozeß geltend machen zu können, müssen die geologischen Ausgangsbedingungen und die angestrebten Zielnutzungen vorgeklärt sein.

2.4.2.2
Umsetzung der Anforderungen

Einfluß der Gewinnungstechnologie

Die Gewinnungstechnologie der Abraumschichten entscheidet über die Qualität und das Angebot an Kippsubstraten zur Oberflächengestaltung.

Aus Sicht des Kulturwertes der Deckgebirgsschichten, d.h. für die Eignung bei der Wiedernutzbarmachung, sind die quartären, insbesondere bindigen Substrate, von besonderem Interesse für eine landwirtschaftliche bzw. anspruchsvolle forstliche Nutzung.

Die tertiären Substrate sind meist schwefelhaltig und weisen dadurch extreme bodenchemische Eigenschaften auf, die eine Vegetation verhindern. Gelangen diese kulturfeindlichen Substrate an die Kippenoberfläche, sind vor der Inkulturnahme bodenverbessernde Maßnahmen, die Grundmelioration, unerläßlich. In erster Linie betrifft dies die nachhaltige Stabilisierung des Säurehaushaltes im Boden (s. Abschn. 2.4.3).

Zur Abraumgewinnung im Lockergestein kommen heute überwiegend kontinuierlich arbeitende, leistungsstarke Schaufelrad- und Eimerkettenbagger zum Einsatz. Eingefäßbagger mit Löffel oder Zugschaufel finden nur selten, z. B. zur Beräumung grobstückigen Baggergutes (Fundamente, gesprengtes Haufwerk) Verwendung.

Moderne schwenkbare Eimerkettenbagger können auf Schiene oder Raupen gestellt im Tief- und Hochschnitt baggern und so eine große Gesamtabraummächtigkeit bis 50 m bewältigen (Abb. 2.10). Mit dem Graborgan, einer bis zu 40 m langen Eimerleiter, um die die Eimergefäße wie an einer Kette herumgezogen werden, wird das Baggergut nicht nur hereingewonnen, sondern gleichzeitig zur Baggermitte transportiert und dort direkt auf das Fördermittel übergeben. Durch die geringe Aufprallgeschwindigkeit und das hohe Antriebsmoment werden Steine im Deckgebirge relativ gut verkraftet. Nachteilig wirken sich auf die Wirtschaftlichkeit der hohe energetische Aufwand und der Verschleiß des Gerätes aus.

Abb. 2.10. Eimerkettenbagger auf Schienen gewinnen den Abraum auf der gesamten Böschungshöhe durch ständiges Verfahren parallel zur Böschung herein. Foto: LAUBAG

Aus Sicht der selektiven Gewinnung von Abraumanteilen sind Eimerkettenbagger nur wenig geeignet, da sich die Eimergefäße auf der gesamten Böschungshöhe gleichmäßig füllen und damit ein Mischsubstrat beinhalten.

Nur unter speziellen, homogenen Ablagerungsbedingungen oder durch aufwendige Sondertechnologie ist es möglich, gezielt Bodenarten zu gewinnen.

Schaufelradbagger (Abb. 2.11) besitzen ein Graborgan mit bis zu 18 m Durchmesser, an dem die Schaufeleimer umlaufen. Übersteigt die Abraummächtigkeit die Hälfte des Schaufelraddurchmessers, wird die Böschung in Scheiben abgebaut. In der Regel können max. 4–5 Scheiben von einer Arbeitsebene aus im Hochschnitt abgebaggert werden. Die größten Geräte können so ebenfalls Gesamtabraummächtigkeiten bis 50 m alleine bewältigen. Eine Tiefschnittbaggerung ist teilweise realisierbar. Durch die Möglichkeit, die Abraumböschung in Scheiben einzuteilen, können Bodenarten selektiert werden.

Grenzen der selektiven Gewinnung sind dann gegeben, wenn die Mächtigkeit der zu gewinnenden Abraumschicht im Verhältnis zum Schaufelraddurchmesser gering ist bzw. mit der Einteilung der Scheiben der gewünschte Horizont nicht voll erfaßt werden kann. Allerdings kann unter diesen Bedingungen auch die gezielte Gewinnung von Bodengemischen vorteilhaft sein. Kleinere Schaufelraddurchmesser sind für eine selektive Gewinnung besser geeignet.

Für die Bewertung der selektiven Gewinnung von Abraum ist nicht nur die Art der Gewinnung in der Böschungshöhe, sondern, bei wechselnden Bodenarten, auch auf der Böschungslänge von Bedeutung.

Abb. 2.11. Schaufelradbagger auf Raupenfahrwerk tragen das Deckgebirge scheibenweise ab. Foto: Rauhut

Eimerkettenbagger auf Schienen baggern in der Regel im Frontverhieb, d. h. auf einem längeren Strossenabschnitt durch ständiges Verfahren und Vorschub (Ablegen oder Schwenken) der Eimerleiter. Dieser Prozeß kann weiter zur Vermischung der hereingewonnenen Substrate beitragen. Schaufelbagger auf Rampenfahrwerken baggern vor Kopf (Blockverhieb), was den Inhalt (Volumen) einer selektiv gewinnbaren Scheibe einschränkt. Sie wird im wesentlichen durch die Länge des Schaufelradauslegers bestimmt.

Die besten Voraussetzungen zur selektiven Gewinnung bestehen im Seitenblockverhieb. Der Schaufelradbagger fährt parallel zum Stoß und baggert die gewünschte (z. B. obere) Scheibe über die entsprechende Strossenlänge ab. Allerdings sind mit dieser Technologie hohe Leistungsverlusten durch das ständige Verfahren des Gerätes verbunden.

Dem Einsatz von Schaufelradbaggern ist aus Sicht der Rekultivierung der Vorrang einzuräumen. Leistungsstarke Eimerkettenbagger werden in Kombination mit Abraumförderbrücken fast ausschließlich im Lausitzer Revier eingesetzt.

Einfluß der Transporttechnologie

Der selektiv gewonnene Abraum muß ohne Qualitätsverlust zur Kippe transportiert werden. Dazu bestehen im Prinzip zwei Möglichkeiten:

- mit Transportmitteln, z. B. Bandanlagen oder Zügen und
- im Direktversturz.

Der Direktversturz ist die kostengünstigste Variante der Abraumbeseitigung. Er wird mit Abraumförderbrücken oder Bagger-Absetzer-Kombinationen realisiert.

In der Lausitz hat sich aufgrund der günstigsten Ablagerungsverhältnisse die Förderbrückentechnologie durchgesetzt, nachdem diese Technologie erstmals 1924 im Tagebau Plessa erprobt wurde. Bis zu 60 m Abraummächtigkeit lassen sich auf kürzeste Entfernung, quer durch den Tagebau transportieren und unmittelbar hinter der Auskohlung verkippen (Abb. 2.2). Der Abraum muß dazu weitgehend rollig und die Kippenbasis söhlig sein. Mit Abraumförderbrücken lassen sich jedoch Bodenarten kaum selektiv transportieren und verkippen, insbesondere dann nicht, wenn mehrere Bagger den Abraum gewinnen. Da dies zudem Eimerkettenbagger sind, entsteht ein Mischboden. Abraum kann nur dann selektiv transportiert werden, wenn einheitlicher Boden an allen Baggern ansteht oder nur bestimmte Bagger im Einsatz sind.

In der Vergangenheit wurden auch Schaufelräder in Verbindung mit Förderbrücken eingesetzt (AFB „Meurostolln", 1940 und „Hostens", 1932).

Direktversturzkombinationen Schaufelradbagger-Absetzer besitzen gegenüber Förderbrücken den Vorteil, daß Abraum selektiv gewonnen und zur Kippe transportiert werden kann. Der bisher einzige Einsatzfall erfolgte in der Lausitz im Tagebau „Dreiweibern" (Abb. 2.12).

Ein selektiver Massentransport für die Wiedernutzbarmachung läßt sich aber am effektivsten mit Transportmitteln realisieren. Beim Auftrag

Abb. 2.12. Direktversturzkombination zur Abraumbeseitigung im Tagebau Dreiweibern (Lausitzer Revier). Foto: Drebenstedt

geringmächtiger Abschlußschüttungen gilt, je kleiner die Transporteinheit, desto genauer läßt sich die Qualität disponieren. Diese Erkenntnis läßt sich jedoch auf Grund der hohen Leistungsanforderungen und aus Kostengründen nicht immer realisieren. Überwiegend wird heute leistungsfähige Fördertechnik eingesetzt. Mehrere Kilometer lange Bandanlagen nehmen das Baggergut kontinuierlich auf und bringen es zum Absetzer. Sollen einzelne Bodenarten selektiv verkippt werden, müssen sie in größeren Mengen und für längere Zeit „angeliefert" werden.

Der Abraumzugbetrieb verliert dadurch zunehmend an Bedeutung, obwohl er aus Sicht der Rekultivierung sehr gute Voraussetzungen bietet, um das selektiv gewonnene Bodensubstrat „portionsweise" zur Verkippung zu bringen.

Einfluß der Verkippungstechnologie

Entsprechend dem Fördermittel wird mit geeigneten Geräten die Verkippung durchgeführt.

Zum Direktversturz mit Förderbrücken wurden bereits Ausführungen gemacht. Der entscheidende Nachteil bei der Verkippung besteht dabei in den räumlichen Zwängen. Eine Massendisposition auf der Kippe ist nicht möglich.

Förderbrücken hinterlassen die berüchtigten „Mondlandschaften" (Abb. 2.2). In Abhängigkeit von technologischen Zwangspunkten, wie dem Offenhalten von Ausfahrten an den Markscheiden oder Strossenverkürzungen oder -aufweitungen, entstehen Massenzusammendrängungen oder Restlöcher. Da die Abwurfausleger nicht schwenkbar sind, entsteht eine Rippenkippe, nach jeder Rückung der Förderbrücke ein neuer Auftreffpunkt. Es blieb nicht unversucht, diesen Nachteil durch technische Lösungen zur Massenverteilung z. B. durch

- ein schwenkbares Band an der Auslegerspitze (AFB Hürtherberg, 1934),
- einen schwenkbaren Abwurfausleger,
- ein teleskopierbares Abwurfband,
- variable Abwurfgeschwindigkeiten (AFB Reichwalde, 1988),
- Ablenkplatten zum flächigen Versturz,
- spezielle rechnergestützte Winkelstellungsfahrweisen u. a.

zu korrigieren, bisher ohne durchgängigen Erfolg.

Unter bestimmten Voraussetzungen, wenn homogenes, kulturfreundliches Material in ausreichender Mächtigkeit durch eine Förderbrücke in eine endgültige Höhenlage, dem geforderten Relief angepaßt, geschüttet werden kann, sind nach Planierung Voraussetzungen zur Rekultivierung solcher Kippen gegeben. Förderbrückenkippen können sonst im Nachgang nur mit viel Aufwand planiert, mit Großgeräten reguliert oder mit einem Absetzerkippenüberzug ausgeglichen werden [4] (Abb. 2.13).

Direktversturzkombinationen Schaufelradbagger-Absetzer besitzen gegenüber Förderbrücken den Vorteil des schwenkbaren Auslegers am

Abb. 2.13. Kulturfeindliche Förderbrückenkippen werden mit Bandabsetzer überzogen. Die besten Bodensubstrate werden hinter die Bandanlage gesondert schonend verkippt. Foto: Rauhut

Absetzer. Dieser kann jedoch nur dann wirkungsvoll für die selektive Verkippung an die Kippenoberfläche genutzt werden, wenn die Absetzerkippe die endgültige Höhenlage aufweist und als „glatte" Kippe geschüttet wird. Die Beweglichkeit derartiger Gerätekombinationen zur Massendisposition ist etwas günstiger, aber immer noch stark eingeschränkt.

Im Band- und Zugbetrieb werden Absetzer eingesetzt (Abb. 2.13 und 2.14). Mittels schwenkbaren Auslegern wird in der Regel die Tiefschüttung vorgenommen. Durch Schwenken des Auslegers um 180°, wird hinter dem Fördermittel das zur Rekultivierung geeignete Bodenmaterial selektiv, in der erforderlichen Mächtigkeit, schonend abgesetzt (Rückwärtsschüttung). Die Massendisposition ist über die gesamte Verkippungslänge möglich, und es kann fast nahezu jedes gewünschte Relief ausgeformt werden.

Ungünstig sind Absetzerhochschüttungen, da ein zusätzlicher selektiver Auftrag nur schwer gesteuert werden kann.

In der Vergangenheit haben sich im Zusammenhang mit dem Zugbetrieb vor allem Pflugkippen bewährt. Ähnlich den Rückwärtskippen der Absetzer wurde hinter der eigentlichen Massenverkippung ein gesondertes Gleis geführt, von dem aus die Abraumwagen mit dem kulturfreundlichen Bodenmaterial so verkippt wurden, daß sie anschließend nicht mehr technologisch mit den Gleisanlagen überrückt werden mußten.

Abb. 2.14. Zugabsetzer nehmen das aus den Abraumwagen abgekippte Material mit einer Eimerkette aus dem Kippgraben auf (Mitteldeutsches Revier) [1]

Abb. 2.15. Verspülung von Abraum in ein Restloch (Lausitzer Revier). Foto: Drebenstedt

Spülkippen (Abb. 2.15) in Kombination mit dem Zugbetrieb sollen als Verkippungstechnologie nicht unerwähnt bleiben, haben für die Rekultivierung jedoch keine besondere Bedeutung. In der Regel erfolgt die Einspülung unter Nutzung der Wasserkraft in Restlöcher, deren Oberfläche abschließend mit Pflugkippen überzogen wird. Während des Spülvorganges kommt es zur Entmischung der Böden.

Im Rheinischen Revier wurde gleichförmiger Löß in speziellen Poldern verspült und anschließend rekultiviert.

Schlußfolgerung

Aus den oben geführten Betrachtungen geht hervor, daß aus Sicht der Wiedernutzbarmachung im technologischen Prozeß der Einsatz von Schaufelradbaggern, Transportmitteln und schwenkbaren Absetzern die Anforderung der Rekultivierung weitgehend erfüllen kann (Tabelle 2.4). In den großen Braunkohlerevieren sind deshalb Abraumbandbetriebe installiert.

Während im Rheinischen und Helmstedter Revier der gesamte Abraum mit Schaufelradbagger-Bandbetrieb abgetragen wird, hat sich in der Lausitz und teilweise in Mitteldeutschland durchgesetzt, daß die unteren Deckgebirgsschichten kostengünstig mit Abraumförderbrücken umgeschichtet werden und ein Überzug der Brückenkippe mit Schaufelradbagger-Bandbetrieb erfolgt, der die Wiedernutzbarmachung gewährleistet.

Tabelle 2.4. Übersicht zur Bewertung technologischer Komplexe zur Abraumbeseitigung in der Lausitz aus Sicht der Wiedernutzbarmachung. Erläuterung: – ungeeignet, ○ bedingt geeignet, + gut geeignet

Technologische Komplexe			Bewertung aus Sicht der Wiedernutzbarmachung			
Gewinnung	Transport	Verkippung	selektive		Massen-disposition	Relief-gestaltung
			Gewinnung	Verkippung		
Schaufel-radbagger	Förderbrücke		+	○	–	○
	Absetzer		+	○	○	○
	Band/Zug	Absetzer	+	+	+	+
	Zug	Pflugkippe	+	+	+	○
	Zug	Spülkippe	+	–	○	–
Eimerket-tenbagger	Förderbrücke		○	○	–	○
	Band/Zug	Absetzer	○	+	+	+
	Zug	Pflugkippe	○	+	+	○
	Zug	Spülkippe	○	–	○	–
Eingefäß-bagger	Zug	Pflugkippe	+	+	+	○
	Lastkraftwagen		+	+	+	+

Einen Sonderfall stellen die Sanierungsgebiete dar. Hier fehlen die notwendigen Abraummassen zur Geländegestaltung und Aufschüttung kulturfreundlicher Böden aus einem Regelbetrieb. Als Notlösung werden teilweise überhöhte Kippenbereiche wieder abgetragen oder Abraum zwischen noch aktiven und bereits stillgelegten Tagebauen transportiert.

2.4.2.3
Spezielle Anforderungen an die Gestaltung der Abschlußkippe

Die Planung der Bergbaufolgelandschaft verläuft in der ständigen Auseinandersetzung zwischen den Anforderungen an die Folgenutzung und den technisch-technologischen Möglichkeiten, wirtschaftlichen Randbedingungen sowie den Belangen der geotechnischen Sicherheit.

Im Ergebnis der Verkippung können nachstehende Strukturen und ihre Kombinationen entstehen:

- Bodenarten von Geröll über Kies und Sand bis Ton,
- Reliefformen von tiefen Einschnitten über Ebenen bis zu Bergen,

– Grundwasserbeeinflussung von Überstauung über Staunässe bis grundwasserfern.

Diese Möglichkeit, die Gestaltung und das Entwicklungspotential einer Landschaft zu beeinflussen, ist wohl einmalig. Der landschaftstypische Charakter sollte jedoch dabei erhalten bleiben. Generell gibt es zwei Entwicklungsrichtungen für die Begründung der Bergbaufolgelandschaft:

– Schaffung der Grundlagen für Nutzungsstrukturen wie unmittelbar vor dem Bergbau oder
– Schaffung der Grundlagen für alternative Nutzungsstrukturen in der Landschaft.

Die Nutzungsstrukturen können planmäßig oder, bei der Größe und Intensität der Prozesse, auch zufällig entstehen.

In der Bergbaufolgelandschaft liegen die genannten Entwicklungsziele oft eng beieinander und schaffen dadurch zusätzliche Reize.

Wiederherstellung von Nutzungen und Landschaftsformen

Konventionell besteht die Forderung, in der Bergbaufolgelandschaft die Land- und Forstwirtschaft zur Erwerbsgrundlage wieder zu begründen (Abb. 2.16). Dies liegt dann auch im Interesse des Bergbautreibenden, um Austauschflächen für den Grunderwerb herzurichten bzw. eine Flächenvermarktung zu ermöglichen. Die Standorte sollten dafür das beste Bodensubstrat aufweisen und sich künftig in Grundwassernähe befinden.

An das Relief sind konkrete Anforderungen gestellt. Eine maschinelle Pflanzung ist bis Neigungen von 1:7 (14%) mit kürzeren Steilbereichen möglich. Für eine landwirtschaftliche Nutzung werden möglichst flache Neigungen aber

Abb. 2.16. Landwirtschaftliche Nutzfläche auf einer Kippe im Rheinischen Revier mit Bereicherung durch Obstanbau und ökologischen Begleitflächen [1]

größer 1:200 (0,5%) angestrebt. Auf kürzeren Böschungsbereichen kann im Extremfall Getreide und Futteranbau bis zu Neigungen von 1:4 (25%) erfolgen. Lokale Unebenheiten im Relief sind aber in der Regel unerwünscht.

Um das Entstehen langweiliger, monotoner Landschaften zu verhindern, sind diese weiter auszugestalten und dem Erholungssuchenden sowie der Artenvielfalt Angebote zu machen. Dies kann z.B. durch differenzierte Baumartenwahl, kleinere integrierte Feuchtbiotope, die Wegeführung, Waldsaumgestaltung, Feldraingestaltung, Feldgehölzpflanzungen oder andere Maßnahmen erreicht werden. Da es der jungen Bergbaufolgelandschaft zunächst noch an belebenden Strukturelementen fehlt, wird das Erleben von Offenland und jungen Kulturen maßgeblich durch das Relief bestimmt. Diesem Umstand sollte durch eine sicher nicht aufwendige, gefällige Ausformung der Geländeoberfläche Rechnung getragen werden.

Bei der Anlage von land- und forstwirtschaftlicher Nutzfläche sind die besonderen Standortbedingungen der Kippe zu beachten, z.B.:

- grundwasserferne Lage (insbesondere bei durchlässigen Substraten),
- ungehinderte Sonneneinstrahlung (fehlender Schirm),
- starke Erwärmung (insbesondere dunkler Substrate) bzw. Abkühlung,
- fehlender Windschutz („scharfe" Sandstürme).

Neben der Land- und Forstwirtschaft sind auch andere Nutzungsstrukturen und Landschaftsteile in ihrer ursprünglichen Form und Funktion weitgehend wiederherstellbar. Dazu gehören z.B. das Schaffen von Teichanlagen wie im Tagebau Lohsa (Lausitz) oder das Landschaftsbild prägender Reliefformen, wie die landschaftsgerechte Gestaltung von Halden (Sophienhöhe, Tagebau Hambach).

Bei der Schüttung von Halden ist insbesondere der ingenieur-biologische Böschungsverbau zur Vermeidung von Erosionen sachgemäß vorzunehmen. Enge Verwallungen der noch unbewachsenen Halde quer und längs zum Gefälle sollen das Wasser in kleinen Räumen zurückhalten. So kann es seine Energie nicht zerstörend wirksam werden lassen und versickert zugunsten der noch jungen Pflanzungen. An Zufahrtswegen ist eine gezielte Wasserableitung in sicheren Gerinnen vorzunehmen. Bermen und Wege sollen mit Gegengefälle ausgeführt werden. Große Wasseransammlungen und lange Gefälle über die freie Böschung sind zu verhindern. Unter Ausnutzung der anstehenden Bodenarten, der Lage zum Grundwasser und der Verkippungstechnologie könnten z.B. auch Dünen nachgebildet oder Initialstandorte für eine Moorbildung geschaffen werden.

Veränderte Nutzungsformen

Von den herkömmlichen Nutzungsmöglichkeiten ist die Anlage von Wohn- und Gewerbegebieten in der Bergbaufolgelandschaft eingeschränkt. Während des teilweise Jahrzehnte beanspruchenden Grundwasserwiederanstieges finden ständig Setzungen und Sackungen in der Kippe statt, die eine Nutzung als Baugrund einschränken. Eine Siedlungsstruktur fehlt zunächst der Bergbaufolgelandschaft.

Neue Möglichkeiten bieten sich für die Verkehrsplanung. Straßen und Bahnlinien können optimalen Trassen folgen. Interessant sind Kippen auch aus Sicht der Deponieplanung. Mit der Planung von Vorbehaltsflächen für Deponien im Rahmen der Wiedernutzbarmachung ist eine zusätzliche Landinanspruchnahme durch die Deponien nicht notwendig. Die Aufstandsflächen können in ihrer Lage zu Siedlungen und zum Grundwasser sowie im Aufbau des geologischen Untergrundes gezielt vorbereitet werden, insbesondere, wenn Tone im Deckgebirge anstehen.

Die bedeutendsten Veränderungen in der Landschaft stellen die großen Tagebauseen dar. Ihre Nutzung als Wasserspeicher, für die Naherholung oder den Naturschutz schafft neue Entwicklungspotentiale (Abb. 2.17).

Die Gestaltung der Uferböschungen ist angepaßt an die Nutzung vorzunehmen. Während Badebereiche flach (1:10 bis 1:20) zu gestalten sind, können ausgewählte gewachsene Uferböschungen der „Gestaltung" durch den Wellenschlag überlassen werden. Ist dies nicht zulässig, ist den Wellen die Energie durch eine flache „Ausrollstrecke" oder durch Steinschüttungen an steileren Ufern zu nehmen. Ein stabiler Böschungsaufbau und Uferverbau ist vor allem dort geboten, wo Eisschub eintreten kann.

Die mitunter auf kleinstem Raum stark wechselnden Reliefformen und Bodenarten, die der Tagebaubetrieb hinterläßt, müssen jedoch nicht in jedem Fall umgestaltet werden. Auf der einen Seite stellen sich interessante Land-

Abb. 2.17. Die vom Tagebau hinterlassenen Resträume füllen sich mit Wasser und bilden bald Anziehungspunkte für Erholungssuchende sowie Lebensraum für Pflanzen und Tiere (Lausitz). Foto: Luftbild Heye

schaftsstrukturen ein und auf der anderen Seite erfolgt eine natürliche Wiederbesiedlung mit an diese teilweise extremen Standortbedingungen angepaßten Pflanzen und Tieren. Das gewohnte Landschaftsbild wird auf Kippen teilweise auf den Kopf gestellt und birgt ein Potential für einzigartige Phänomene in sich.

Einige zig Hektar große Relikte von zerklüfteten Kippen können durchaus landschaftsästhetisch wirken und als „technische Denkmale" des Braunkohlebergbaues erinnern.

Schwer zugängliche und für eine Nutzung ungeeignete Kippenareale bieten der Natur ideale Möglichkeiten für eine ungestörte Entwicklung. Durch eine intensive, eutrophe und monostrukturierte Landnutzung verdrängte Arten können hier Rückzugsgebiete finden. In der prämontanen Kulturlandschaft verlorengegangene Arten oder völlig neue können sich einstellen. Die Bewahrung dieser besonderen Standorte führte in letzter Zeit nicht selten zu ihrer Unterschutzstellung (Abb. 2.18).

2.4.3
Melioration von Kipprohböden

Der Boden ist ein wichtiger Standortfaktor bei der Planung und Realisierung der Bergbaufolgelandschaft. Die physikalischen und chemischen Eigenschaften des Kipprohbodens haben entscheidenden Einfluß auf die mögliche Folgenutzung der Flächen. Deshalb ist die gezielte Einflußnahme zur Schüttung geeigneter Bodensubstrate an die Kippoberfläche, bereits im laufenden Gewinnungs- und Verkippungsprozeß der im Deckgebirge anstehenden Boden-

Abb. 2.18. Der Bergbau hinterläßt einzigartige abiotische Standortfaktoren, derer sich die Natur schnell annimmt (Biotop im Mitteldeutschen Revier) [1]

arten, eine wesentliche Voraussetzung zur Vermeidung von arbeits- und kostenintensiven Nachbesserungen.

In den deutschen Kernrevieren der Braunkohleindustrie unterscheiden sich die Methoden und Verfahren der Wiedernutzbarmachung aufgrund der im Deckgebirge anstehenden Bodensubstrate erheblich. Im Lausitzer und Mitteldeutschen Revier stehen, insbesondere in den Sanierungsgebieten, in der Abschlußschüttung minderwertige, ja kulturfeindliche Substrate an, die durch Meliorationsmaßnahmen bodenchemisch und -physikalisch verbessert werden müssen (Abb. 2.19).

Unter dem Begriff Melioration ist im Bergbaubetrieb allgemein der Komplex der bodenverbessernden Arbeiten zu verstehen, der eine Wiederinkulturnahme der Kippenoberfläche gewährleistet. Im Lausitzer Braunkohlerevier wurde der Begriff Grundmelioration geprägt [5].

Ziele der Melioration sind:

– Regulierung des Säurehaushaltes im Boden, insbesondere schwefelhaltiger tertiärer Kippsubstrate,
– Nährstoffversorgung der Kipprohböden, insbesondere mit Kali, Phosphor und Stickstoff (N, P, K),
– Verbesserung der Sorptionseigenschaften sandiger bzw. Strukturverbesserung bindiger Böden (Regulierung des Luft- und Wasserhaushaltes im Boden),
– Humusanreicherung und Aktivierung des Bodenlebens.

Mit der Melioration werden gleichzeitig die Bodensubstrate im Meliorationshorizont homogenisiert und die Benetzungsfeindlichkeit und damit die Ero-

Abb. 2.19. Tertiäre Kipprohböden weisen auch nach Jahrzehnten noch keine Vegetation auf (Lausitz). Foto: Drebenstedt

sionsneigung, insbesondere schwefelhaltiger Tertiärböden, verringert. Mit der Melioration werden die Startbedingungen für das Pflanzenwachstum und die Entwicklung von Bodenleben geschaffen.

Zur Melioration gehören nachstehende Arbeitsschritte:

1. Aufwandsermittlung nach Standorterkundung und Anfuhr/Lagerung der Basenträger und Nährstoffe,
2. Aufbereitung und Ausbringen mit teilweise oberflächennahem Einarbeiten der Komponenten,
3. vorlockern schwerer Böden,
4. einarbeiten der Komponenten in den Meliorationshorizont,
5. Testsaat.

Art und Umfang der Melioration leiten sich aus der Standorterkundung und dem Nutzungsziel ab. Die bei der Standorterkundung auskartierten Bodenarten können von kulturfreundlich quartär, mit wenig Meliorationsbedarf, bis kulturfeindlich tertiär, mit hohem Meliorationsbedarf sowie als Mischböden anstehen.

Die teilweise extrem saure Bodenreaktion, insbesondere tertiärer Kipprohböden, wird durch die Verwitterung (Oxidation) der Schwefelmineralien Markasit und Pyrit verursacht, die zur Freisetzung von Schwefelsäure führt.

Um den Säurehaushalt nachhaltig verbessern zu können, kommt einer exakten Kalkbemessung große Bedeutung zu. Dabei ist zu beachten, daß ständig Säure durch die weiterlaufende Verwitterung nachgeliefert wird. Deshalb ist nicht die aktuelle, sondern die potentielle Acidität des Rohbodens, Grundlage für die Kalkbemessung und -auswahl. Die potentielle Acidität wird über eine Säure-Basen-Bilanz ermittelt [6].

Bei einer Einarbeitungstiefe von 1,0 m und einem Ziel pH-Wert von 5,5 – 6 beträgt die Aufwandsmenge an Basenträgern, z. B. Kalk, bei extrem sauren Böden (pH-Werte < 2) bis 200 t CaO/ha. Der Makronährstoffbedarf kann bei je 200 – 300 kg N, P, K/ha liegen. Daß man bei diesen Aufwandsmengen beizeiten nach kostengünstigen Meliorationsverfahren Ausschau gehalten hat, ist verständlich. Bereits Anfang der 60er Jahre wurde z. B. das Domsdorfer-Verfahren (Ascheeinsatz zur Kalklieferung) patentiert und angewendet. Eine Entwicklungsrichtung, die unter den neuen gesetzlichen Bedingungen weiter verfolgt wird [7].

Der Erfolg der Melioration hängt wesentlich von der Dosierbarkeit der Meliorationsmittel, insbesondere bei heterogen verteilten Substraten, an der Kippenoberfläche ab. Zur Dosierung der Aufwandsmengen kommt deshalb wegeabhängige Streutechnik zum Einsatz (Abb. 2.20).

Sollen Kalk und Dünger in einem Arbeitsgang eingearbeitet werden, ist darauf zu achten, daß es während der Lagerung zu keiner Reaktion der Komponenten untereinander kommt.

Wichtigstes Element der Melioration ist das Einarbeiten der Komponenten in den Boden. Bei forstlicher Nutzung werden je nach Standortbedingung und Baumart tertiäre Kipprohböden bis 1,0 m tief zur Schaffung eines ausreichenden Wurzelraumes melioriert. Die Durchmischung muß dabei im gesamten Horizont innig erfolgen.

Abb. 2.20. Um eine genaue Dosierung der bodenverbessernden Stoffe zu erreichen, wird wegeabhängige Streutechnik eingesetzt (Lausitz). Foto: Wienzek

Bis 1993 wurden mehrere Meliorationsgeräte getestet. Besondere Beachtung fanden dabei:

- Arbeitstiefe,
- Durchmischungsgrad,
- Anfälligkeit auf Steine und Tonklumpen,
- Verhalten an Steigungen,
- Bodenarten.

Zusammengefaßt kann folgende Wertung der Einsatzbereiche der Gerätetechnik vorgenommen werden, die bei einer Meliorationstiefe von 1,0 m eine gute Durchmischung und geringe Störanfälligkeit (Bergbautauglichkeit) nachgewiesen hat:

- bei leichten bis mittleren Böden: um eine Achse rotierende, mit je mehreren Arbeitswerkzeugen besetzte, nebeneinander liegende Arbeitssegmente (insgesamt 4,0 m Arbeitsbreite), als Anhänge- bzw. Anbaugerät an einen Radtraktor (Abb. 2.21),
- bei schweren Böden: eine 4,0 m breite Fräswalze gegenläufig zur Fahrtrichtung an einer 550 PS-Raupe (auch bei Steigungen 1:4 im Ton einsetzbar (Abb. 2.22),
- bei schweren Böden und Meliorationstiefe größer 1,0 m: Kompaktschaufelradbagger im Tiefschnitt mit Abwurf der Massen vor das Schaufelrad mittels reversierbarem Radband (Abb. 2.23).

Außerdem wird der erfolgreiche Einsatz eines Spezialtiefpfluges (bis 180 cm) mit aufgesattelter Dosiereinrichtung, Rüttler, Förderschnecke und klappenge-

Abb. 2.21. Spatenfräse zur Einarbeitung von Meliorationsmitteln bis 1,0 m Tiefe (Lausitz). Foto: Wienzek

Abb. 2.22. Schwere Fräswalze zur Melioration stark bindiger Böden mit gutem Ergebnis auch an Böschungen einsetzbar (Lausitz). Foto: Wienzek

Abb. 2.23. Kompaktschaufelradbagger bei der Tiefenmelioration größer 1,0 m (Lausitz)

steuerter Injektionseinrichtung angegeben [8]. Der Pflug ist starr mit einer nicht selbstfahrenden Steuerraupe verbunden und wird durch zwei 400 PS Raupen gezogen.

Auf weitere getestete technische Lösungen wird nicht eingegangen. Die Durchmischung wurde anhand der pH-Wert-Verteilung vor und nach der Melioration in einem Schurf bewertet.

Die Leistung der Geräte liegt bei max. 2 ha/Tag, die Kosten sind stark abhängig von der Bodenart.

Das Verhalten bei Steinanfall ist bei Kantenlängen bis 30–40 cm und Einzelanfall bewertet worden, da bei Extremstandorten (Steinnestern) alle Geräte Probleme zeigten. Die umgerüstete Planierraupe kam mit Steigungen am besten zurecht. Die Auswahl der geeigneten Meliorationstechnik kann nur nach Kenntnis der zu erwartenden Einsatzbedingungen erfolgen.

Je kulturfreundlicher die Bodensubstrate, desto geringer der Meliorationsaufwand. Für pleistozäne Böden ist die herkömmliche Bearbeitung mit Pflügen in der Regel bereits ausreichend.

Eine Besonderheit ist die Nachbesserung von bereits entwickelten Kipprohböden, die nur flach melioriert wurden. Um den Ah-Horizont bei der Tiefenmelioration nicht unterzumischen, kommen modifizierte Tiefenlockerungsgeräte zum Einsatz, die die Oberfläche nicht zerstören, aber den tieferliegenden Horizont lockern und mit Kalk und Nährstoffen versetzen.

Der Erfolg der Melioration wird mit einer Ansaat überprüft. So können Ausfallstellen erkannt und nachmelioriert werden. Vor der Folgenutzung werden die organischen Rückstände in den Boden eingearbeitet.

Die Melioration ist eine wichtige Etappe bei der Wiederinkulturnahme der Kipprohböden. Um die Fläche einem Folgenutzer übergeben zu können, werden alle Informationen über die ursprünglichen Substrate, die zum Einsatz gelangten Meliorationsmittel und -verfahren, Einarbeitungstiefe etc. sowie die nachfolgende Bewirtschaftung in einem Flächenkataster festgehalten.

Vorübergehende Begrünung

Eine Besonderheit bei der umweltgerechten Tagebauführung stellt die Begrünung von temporären Kippenbereichen dar, die eine lange Liegezeit aufweisen und von denen, bevor sie endgültig überschüttet und wieder nutzbar gemacht werden, Staubemissionen ausgehen können.

Da es sich dabei in der Regel um stark zerklüftete und kulturfeindliche Förderbrückenkippen handelt, die noch mit Absetzern überzogen werden, ist der Aufwand zur Planierung und Melioration wie oben beschrieben, wenn auch in diesem Fall nur flach bis 30 cm, doch sehr hoch.

Als Alternative bieten sich sogenannte Naßverfahren an, bei denen die Begrünung ohne Planierung durch Anspritzen einer Emulsion bzw. Dispersion erreicht werden soll. Zum Ausbringen der Gemische können entweder Rad- oder Luftfahrzeuge zum Einsatz gelangen. Die Gemische bestehen aus den Komponenten Kleber, Trägersubstrat (z. B. Stroh), Nährstoffen und Saatgut. In einem Fall werden die Gemische von einem Spezialfahrzeug mit Rührwerk und Hochdruckpumpe bis 60 m weit ausgebracht, im anderen Fall wird das Gemisch, z. B. aus einem Agrarflieger, abgeworfen (Abb. 2.24).

Abb. 2.24. Begrünung einer schwer zugänglichen Tagebaukippe aus der Luft (Lausitz). Foto: Drebenstedt

Diese Verfahren können nach vorliegenden Erfahrungen plan-mäßig nur dort zum Einsatz gelangen, wo schwer zugängliche oder gesperrte Bereiche begrünt werden müssen und weitgehend kulturfreundliche Substrate anstehen, z. B. in Böschungsbereichen. Im Kostenvergleich bieten die Naßver-fahren ansonsten keine deutlichen Vorteile. Nachteilig wirkt sich insbesondere die fehlende meliorative Wirkung und damit Nachhaltigkeit des Verfahrens aus, das, im Gegensatz zur konventionellen Methode, bei der sich die kosten-intensiven Planierleistungen nur einmal niederschlagen, bei nachlassendem Deckungsgrad komplett zu wiederholen ist.

An die Melioration schließt sich die Inkulturnahme der Kippen-fläche an. Der nun beginnende biologische Abschnitt der Wiedernutzbarma-chung besitzt nicht minder Bedeutung für die weitere Entwicklung und Ausschöpfung des Leistungspotentiales der Neulandböden. Bei der landwirt-schaftlichen Folgenutzung ist es die ordnungsgemäße Fruchtfolgegestaltung in den ersten Jahren, insbesondere mit Luzernegras und in der Forstwirtschaft der gezielte Einsatz dienender Baumarten, wie z. B. Robinie und Erle in der Hauptkultur, die für die Bodenerschließung und -strukturbildung, Nährstoff-akkumulation im Boden und Zufuhr organischer Substanz sorgen. Bei sorgsamer Bewirtschaftung wird aus einem Kippsubstrat ein belebter Boden (Abb. 2.25).

Abb. 2.25. Luzernegras auf meliorierten Kippen. Im Hintergrund unbehandelte Kippe (Lausitz). Foto: LAUBAG

2.5
Zusammenfassung

Braunkohle ist der wichtigste heimische Energieträger. Die Braunkohleindustrie ist von regionalwirtschaftlicher und energiepolitischer Bedeutung.

Die Gewinnung von Braunkohle im Tagebau bedeutet eine grundlegende Umgestaltung der naturräumlichen Gegebenheiten. Zur Wiederherstellung einer leistungsfähigen, mehrfachnutzbaren und sicheren Bergbaufolgelandschaft wurden spezielle Verfahren und Techniken entwickelt. Vorrang hat dabei die Schaffung von Voraussetzungen für die Wiedernutzbarmachung bereits im technologischen Hauptprozeß der Abraumgewinnung und -verkippung, um notwendige Nachbesserungen, z. B. Böschungsstabilisierungen und bodenverbessernde Maßnahmen, zu vermeiden. In den Sanierungsgebieten Ostdeutschlands stehen diese nachträglichen Sanierungsmaßnahmen im Vordergrund, da der Tagebaubetrieb stark zurückgefahren wurde. Die bereits vor Jahrzehnten in allen Braunkohlerevieren entstandenen Bergbaufolgelandschaften beweisen, daß, auf der Grundlage der durch den Bergbau hinterlassenen Gegebenheiten, unter Nutzung der Regenerationskraft der Natur und über längere Zeiträume, anstelle der ehemaligen Tagebaue leistungsfähige Landschaften wiederentstehen, die sich kaum noch vom natürlichen Umfeld unterscheiden.

Literatur

1. DEBRIV: Braunkohle 1994. Köln, 1995
2. Warmbold U, Vogt A (1994) Braunkohle 7:22
3. Arnold I, Kuhlmann K (1994) Braunkohle 7:10
4. Drebenstedt C (1994) Braunkohle 5:18
5. Drebenstedt C (1995) Braunkohle 5:39
6. Illner K, Katzur J (1964) Landeskultur 5:423
7. Drebenstedt C (1994) Braunkohle 7:40
8. Hanschke L (1993) Ergebnisbericht zum F/E-Thema „Vertiefung des Meliorationshorizontes schwefelhaltiger Kippböden auf 100 cm", Forschungsinstitut für Bergbaufolgelandschaften Finsterwalde e. V.

3 Sanierung der Gewässer

H. Klapper, B. Scharf, H. Guhr, R. Meißner, J. Zeitz, H. Voigt,
M. Nahold

3.1
Sanierungsobjekte

H. Klapper

3.1.1
Seen

Abgesehen von wenigen, tektonisch entstandenen, sehr alten Seen (Baikal, Tanganjika, Malawi, Totes Meer) ist die Mehrzahl der natürlichen Seen geologisch jung. Die Seen der Alpen und des norddeutschen Tieflandes entstanden als Ergebnis der Eiszeit als Gletscherrinnen, Toteiseinbrüche (Sölle), Schmelzwasserrinnen, Einstau durch Landhebungen im Abflußbereich (Müritz) als Thermokarst-Mulden (Steinhuder Meer) usw. Nicht glazialen Ursprungs sind die Vulkanseen in der Eifel (Pulvermaar, Laacher See ...), einige durch unterirdische Salzauslaugung entstandene Seen (Arendsee, Neustädter See, Rudower See) sowie die Karstseen im Südharz. Auch die großen Ströme Rhein, Weser, Elbe und Oder wechselten, bevor sie zu Schiffahrtstraßen ausgebaut wurden, ihren Lauf und hinterließen abgeschnittene Mäander als halbmondförmige Altwässer. Die später eingedeichten Ströme erlebten bei Hochwasser Deichbrüche, die tiefe Standgewässer, die sogenannten Bracks entstehen ließen. Gesteinslawinen (Mure) haben so manches Alpental abgesperrt. Hinter der „Talsperre" entstand ein Stausee, der schließlich überlief und sich oft mit verheerender Schlammflutwelle zu Tal ergoß. Seine „Lebenszeit" zählte nur Tage oder Monate. Die vielen Altwässer der Ströme überdauern einige Jahrzehnte bis Jahrhunderte. Die flacheren Glazialseen sind heute, etwa 11 000 Jahre nach ihrer Entstehung, in der Mehrzahl verschwunden. Tischebene Wiesen lassen das ehemalige Ufer noch deutlich erkennen. Entwässerung von Sümpfen und Mooren, Wasserstandssenkung in den Seegebieten, Begradigung von Flüssen und Grundwasserabsenkung durch Dränagen waren noch bis Mitte des 20. Jahrhunderts Hauptfelder wasserwirtschaftlicher Tätigkeit. Zugleich steigt aber auch die Zahl der Gewässer, die vom Menschen geschaffen werden.

Alte Grubengewölbe des Untertagebaues von Salz oder Braunkohle brechen ein, und an der Oberfläche füllen sich Mulden mit Grundwasser (Beispiel: Trebbichauer Teiche bei Köthen). Während die unsere Flüsse begleitenden Altwässer verlanden, läßt der Abbau von Sanden und Kiesen neue Seen von beachtlicher Größe entstehen. Durch den Braunkohlentagebau sind Hohlformen entstanden, die sich nach Beendigung des Abbaues mit Wasser füllen. Im Gebiet der neuen Bundesländer Deutschlands ist dies zur Zeit der größte Zuwachs an Gewässervolumen. Die Kubatur der aufzufüllenden Hohlformen ist größer als die aller deutschen Talsperren zusammengenommen! Ehemals abgesenkte Seen wurden in den vergangenen Jahrzehnten wieder eingestaut, um Bewässerungswasser zu speichern (z. B. Dossespeicher Neuruppin), neue Flachlandspeicher und Fischteiche wurden eingestaut.

3.1.2
Flüsse

Der traditionelle Wasserbau hat die Flüsse für den Menschen „gebändigt", Hochwassergefahren durch Deichbauten abgewehrt, Schiffahrtswege begradigt und befestigt, den Abfluß durch Wehre, Schöpfwerke und andere technische Einrichtungen „reguliert". Unter dem Terminus technicus „Vorfluter" wurde der Fluß zum Rezipienten für kommunale und industrielle Abwässer degradiert. Viele Binnenentwässerungsgräben wurden im Hinblick auf die großen Landmaschinen verrohrt. Große Ströme der Erde haben aufgehört, Fließgewässer zu sein. Sie wurden für die Energiegewinnung in Stauseekaskaden umgewandelt. Bei Wolga, Dnjepr, Tennessee u. a. ist der Ausbau beendet. Um weitere Staue in der Donau ist die Energiewirtschaft bemüht, trifft aber auf den Widerstand von Ökologen. Deren Ziel ist die Erhaltung des durchgehenden Flusses mit seiner Abflußdynamik und der den Fluß begleitenden Auenwälder. Den vom Menschen geschaffenen Be-, Entwässerungs- und Schiffahrtskanälen fehlt es an ökomorphologischer Mannigfaltigkeit, um verlorene Flußhabitate zu ersetzen.

3.1.3
Feuchtgebiete

Die Entwässerung von Sümpfen und Erschließung von Mooren für die intensive landwirtschaftliche Nutzung waren in der Vergangenheit Bestandteil staatlich geförderter „Melioration". Schon die Preußenkönige holten hierfür Niederländer als Wasserbauer ins Land. Unter den agrarpolitischen Bedingungen der Überproduktion macht es heute wenig Sinn, mit viel Geld Niedermoore zu entwässern, wodurch deren Humusvorrat oxidativ abgebaut und der Wert aus landwirtschaftlicher wie ökologischer Sicht langfristig gemindert wird. Mehr gesellschaftliche Anerkennung erfahren die Niederländer nach wie vor für ihre Polderwirtschaft, obwohl auch diese wider die Natur durchgesetzt wird. Inzwischen ist mehr als ein Drittel des Ijsselmeeres in fruchtbares

Ackerland verwandelt, entstanden im Flevoland unter dem Meeresspiegel die Städte Dronten, Lelystad, Lalmere und Zewolde. Mit dem weltweit höchsten Chemisierungsniveau, Be- und Entwässerung und Gewächshauskulturen behaupten sich holländische Landwirte auf dem Markt. Im vergleichbaren Küstenland Bangladesh bezahlen Tausende von Menschen Hochflutereignisse mit ihrem Leben. Die Bewertung der gegen die Nässe gerichteten Aktivitäten sollte generell auch die soziale Komponente einschließen. Der Wertewandel auf den unterschiedlichen Entwicklungsstufen ist durchaus normal. In den USA wurde vor weiterer Vernichtung von Wetlands gewarnt, als deren dramatischer Rückgang deutlich wurde. Im Jahre 1780 nahmen Wetlands noch 11 % der Landschaft ein, 1980 nicht mehr als 5 %. Californien, Ohio, Iowa, Indiana, Missouri, Illinois und Kentucky verloren in diesen 200 Jahren zwischen 91 und 81 % ihrer Feuchtgebiete [1]. Der Schaden wird als nahezu irreparabel bezeichnet, denn die erneute Etablierung von Mooren beansprucht Jahrhunderte.

3.1.4
Grundwässer

Die Hohlräume in der Erdrinde, die vom Grundwasser gefüllt werden, sind in den Lockersedimenten die Poren, in den Festgesteinen die Klüfte und in Karstgebieten mit ihren wasserlöslichen Gesteinen ganze Höhlensysteme. Die Grundwässer unterscheiden sich durch Gefälle, Fließgeschwindigkeit, Verweilzeit, Geschütztheit durch überlagernde Aerationszonen und Deckschichten wesentlich von Oberflächengewässern. Im Vergleich zu Oberflächengewässern enthalten sie je nach geologischen Gegebenheiten mehr Salze, Eisen, Mangan und freie Kohlensäure. Wegen überwiegend guter und geschützter Beschaffenheit zählen sie zu den bevorzugten Trinkwasserressourcen. Die Speisung durch versickernde Niederschläge erfolgt jedoch auch über stark gedüngte und mit Pflanzenschutzmitteln behandelte Böden, im Umfeld von nicht ordnungsgemäß angelegten Deponien und Industrieflächen sowie im Bereich von Kippen des Bergbaues. Saure Niederschläge ändern den pH-Wert und die Mobilität von Metallen, Infiltration aus verschmutzten Flüssen läßt das hyporheische Interstitial, den Lebensraum der echten Grundwassertiere, anaerob und unbewohnbar werden. Hauptaufgabe der Grundwasserbewirtschaftung besteht im Schutz vor Kontamination und Erschöpfung. Da die Grundwasserbildung kaum beeinflußbar und langfristig gleichbleibend ist, kann einer Erschöpfung bei steigendem Bedarf nur dadurch begegnet werden, daß zunehmend Uferfiltrat von Oberflächenwässern genutzt bzw. über Sickerbecken das Grundwasser künstlich angereichert wird. Verweilzeiten von Jahren bis zu Jahrhunderten bedeuten im Kontaminationsfall eine besondere Nachhaltigkeit. Andererseits hat der Boden mit seinem Reichtum an Bakterien und Pilzen ein erstaunliches Selbstreinigungspotential, das z. B. bei der Abwasserbodenbehandlung, auf Bodenfiltern und bei der künstlichen Grundwasseranreicherung bewußt genutzt wird, vorausgesetzt, die kontaminierenden Stoffe sind dem biologischen Abbau zugänglich. Den persistenten, nicht abbaubaren Stoffen gilt demzufolge die besondere Aufmerksamkeit.

3.2
Sanierungsgründe

H. Klapper

Das Ziel einer aktiven Wassergütebewirtschaftung ist die Erhaltung oder Wiederherstellung gesunder Gewässerökosysteme. Die gewässerphysiologischen Naturpotentiale der Selbstreinigung, biologischen Pufferung, die Rückkopplungs- und Selbstoptimierungsmechanismen sollen erhalten bleiben. Im Rahmen seiner naturgesetzlich vorgegebenen „carrying capacity" soll das Gewässer in der Lage bleiben, Belastungen ohne Schäden am Artenbestand zu „verdauen". Auch bei weitgehender Abwasserreinigung verbleiben in der Regel sauerstoffzehrende und andere Restlasten. Zudem wird in den Gewässern Biomasse gebildet, für deren Abbau ebenfalls Sauerstoff verbraucht wird.

   Das ökologische Ziel „gesundes Gewässer" befriedigt meist gleichzeitig das ökonomische Ziel der Nützlichkeit für den Menschen, für Wasserversorgung, Fischerei, Erholung, Bewässerung usw. sowie die Schadensminimierung im Hochwasserfall, bei Wassermangel und bei gütebeeinflussenden Havarien. Sanieren heißt heilen. Das Gewässermonitoring gestattet die Diagnose. Die „Krankheiten" des Gewässers können den folgenden Gruppen zugeordnet werden:

- Saprobisierung durch organische Stoffe, bei deren Abbau Sauerstoff gezehrt wird,
- Eutrophierung durch Pflanzennährstoffe und erhöhte pflanzliche Biomasseproduktion,
- Kontamination durch Wasserschadstoffe, durch die einige Glieder der Biozönose direkt, andere über die Nahrungskette beeinträchtigt werden,
- Infektion durch Krankheits- und andere Schaderreger, deren Folgen überwiegend im Nutzungsfall schädlich werden, wie Cholera und Typhus, die aber auch z.B. als Neubesiedler das biologische Gleichgewicht erheblich stören können (*Elodea, Dreissena ...*),
- Aerogene und minerogene Versauerung durch sauren Regen bzw. durch Oxidation von Sulfiden im Umfeld des Bergbaues,
- Thermische Belastung durch Nutzung zu Kühlzwecken: O_2-Löslichkeit sinkt, O_2-Zehrung wird beschleunigt, die Toxizität von Schadstoffen steigt, viele Organismen erliegen dem Streß des Temperatursprunges,
- „Harter" Ingenieurwasserbau, sofern durch ihn der Artenbestand, die Verweilzeit und Selbstreinigungskraft gemindert, Abfluß und Erosion beschleunigt, das „river continuum" unterbrochen und der Wasserhaushalt gestört wurde,
- Das Versiegen durch Übernutzung und sinkenden Wasserstand durch zu starke Grundwassernutzung, Versiegelung von urbanen, industriellen und Verkehrsflächen.

3.3
Sanierungsstrategie

H. Klapper

3.3.1
Die Rolle des Gewässertyps für die Sanierung

Das Sanierungsziel wird einerseits vom Gewässerzustand, andererseits von den Nutzungen und Nutzungsprioritäten bestimmt. Die limnologische Untersuchung muß das Einzugsgebiet mit seinem geologischen Untergrund und der geographischen Oberflächenausformung mit einschließen. Der morphometrische Gewässertyp beinhaltet quasi den von der Natur vorgegebenen Erwartungswert für das erreichbare Sanierungsziel. So hat bei gleicher Nährstoffbelastung ein ungeschichteter Flachsee mit ständiger Stoffrezirkulation stets ein höheres Trophieniveau als ein tiefer, geschichteter.

Der Gebirgsbach ist durch den hohen physikalischen Sauerstoffeintrag weniger empfindlich gegenüber organischer Belastung als ein Flachlandfluß oder gar ein staugeregelter Fluß. Die Feuchtgebiete sind nicht selten durch Melioration, Deiche und Bebauung unumkehrbar entwässert, der Humus oxidiert und in gelöster Form als Fulvosäure abgeflossen. Sanierungslösungen müssen von diesem aktuellen Stand der Degradierung ausgehen. Grundwasser im Lockergestein ist berechenbarer zu schützen als im Festgestein. Konzentrische Schutzzonen genügen nicht, wenn in wasserwegsamen Klüften große Entfernungen rasch überwunden werden. Vorrangig sind hier die Versinkungsflächen vor Belastung zu schützen, d. h. die Orte, an denen das Grundwasser gebildet wird.

3.3.2
Analyse der Belastungsquellen

Das ökologische Gewässermonitoring umfaßt u. a. die morphometrische und hydrologische Beschreibung des Gewässers, die physikalische, chemische, biologische und mikrobiologische Analyse des Wassers sowie die Kontrolle der Einleiter. Die Untersuchungsfrequenz und die Detailliertheit des Kriterienspektrums richten sich nach der Bedeutung der Objekte, der Dynamik der Beschaffenheit und dem Handlungsbedarf für eine aktive Wassergütebewirtschaftung. Die Qualität des Monitorings richtet sich aber auch nach den ökonomischen Möglichkeiten zum Betreiben der Meßnetze, zur Aufnahme von Beschaffenheitslängsschnitten, Tiefenprofilen in Standgewässern, der Ausstattung mit Grundwasserbeobachtungsbrunnen sowie dem personellen und apparativen Niveau der Analytik. Die noch bis etwa 1970 übliche Praxis, Einleitungsgenehmigungen nach dem Immissionsprinzip zu erteilen, gilt heute als überholt. Dabei wurde die Verdünnung im „Vorfluter" sowie dessen Belastbarkeit mit Hilfe von Abwasserlastplänen errechnet. Im Sinne der Gleichbehandlung der Einleiter hat heute jeder sein Abwasser entsprechend den allgemein anerkannten Regeln der Technik (a. a. R. T.) zu reinigen. Nur wenn z. B. im Interesse der Trinkwassergewinnung ein höheres Beschaffenheitsziel vorgegeben wird, das mit den a. a. R. T. nicht erreichbar ist, wird das Immissionsprinzip angewendet und der Stand der Technik bei der Abwasserbehandlung verlangt bzw. die Einleitung verboten, was teilweise sogar identisch mit der Produktionseinstellung ist. Mit zunehmender Beherrschung der Abwasserlast aus den Punktquellen steigt der relative Anteil der diffusen Quellen aus landwirtschaftlicher Nutzung, von Verkehrsflächen, Belastungen aus der Luft usw. Das Instrumentarium zur Erfassung auch dieser Lasteinträge reicht von der Analyse der Niederschlagsgewässer über Grund- und Dränwasseruntersuchungen bis hin zur Lysimetrie. Die Sickerwasseruntersuchung in Lysimetern gibt Auskunft über die Auswirkung von Landnutzungsformen auf die Grundwasserqualität. Auch bei Bilanzmodellen läßt sich der diffuse Lastanteil ermitteln.

3.3.3.
Ursachenbekämpfung

Die beste Art, Gewässer zu schützen, besteht im Vermeiden jeglicher Belastung. Das Instrumentarium des wasserrechtlichen Vollzuges, der Umweltverträglichkeit für größere Investitionsvorhaben, die Regularien für Landschafts- und Naturschutz ermöglichen wichtige Entscheidungen zum Schutz der Gewässer bereits während der Planung. Die rationelle Wasserverwendung erfordert einen sparsamen Umgang mit Wasser, Senkung des spezifischen Wasserbedarfes durch betriebliche Wasserkreisläufe und Reinigung der verbleibenden Restabwässer bis zur Wiederverwendbarkeit oder Nachnutzung. Beispielhaft für die Einflußnahme auf potentielle Umweltbelastungen bereits bei der Herstellung von Produkten seien die phosphatarmen und phosphatfreien Waschmittel genannt. Die Ursachenbekämpfung ist nicht Inhalt dieses vorrangig mit nachsorgenden Technologien befaßten Buches. Dennoch gehört gerade dieser Vermeidung der Gewässerbelastung höchste Priorität. Es folgt das Vermindern durch Maßnahmen der rationellen Wasserverwendung und Abwasserbehandlung. Erst wenn alle Möglichkeiten der Prophylaxe ausgeschöpft bzw. diffuse Quellen damit nicht beeinflußt werden können, sollte das Repertoire der nachsorgenden Maßnahmen eingesetzt werden, um die Gewässerökosysteme mit „diätetischen", „therapeutischen" oder „kurativen" Technologien zu sanieren bzw. zu restaurieren.

3.3.4
Lastverminderung

Die Abwasserreinigung zielt in ihren technologischen Stufen

- der mechanischen Klärung auf die Eliminierung der partikulären (Sink-) Stoffe,
- der biologischen Reinigung auf den Abbau organischer Inhaltsstoffe,

– der weitergehenden Reinigung auf die Entfernung von Pflanzennährstoffen
und Schadstoffen.

Diffuse Einträge zu begrenzen, erfordert gewässerschützende Formen der
Tier- und Pflanzenproduktion. Die Senkung von Verlusten sollte ohnehin Ei-
geninteresse der Landwirtschaft sein. In Schutzzonen für die Trinkwassergewinnung können Festlegungen getroffen werden

– zur Relation von Forst-, Grünland- und Ackerwirtschaft,
– zur erosionsmindernden Schlagausformung und Bodenbearbeitung,
– zu Fruchtarten, Fruchtfolge und möglichst ständiger Vegetationsbedeckung
  (günstig: Dauergrasland, Getreide/Futteranbau, Zwischenfrüchte; ungünstig: Hackfrüchte, Mais, Gemüse),
– zur Düngung entsprechend dem Bedarf der Pflanzen bei Optimierung des
  Termins, der Höhe der Einzelgabe, der Art der Ausbringung,
– zum Einsatz (oder Verbot) von Pflanzenschutzmitteln,
– zur Tierproduktion und Verwendung von Gülle, Stallmist, Silosickersaft,
  Kartoffeldämpfwasser usw.

Die land- und wasserwirtschaftliche Produktion auf gleichen Flächen verlangt
nach gemeinsamen Strategien für den Gewässerschutz.

3.3.5
Sanierungstechnologie, Gewässertyp
und ökologische Sicherheit

Die unterschiedlichen Typen von Stand- und Fließgewässern, Naßgebieten
und Grundwässern (s. Abschn. 3.4) verlangen unterschiedliches Herangehen
sowohl bezüglich einzusetzender Sanierungstechnologien als auch des
ökologischen Zieles. Sanieren heißt steuernd Einfluß nehmen auf Wasserstand, Durchfluß, Natürlichkeit, Nutzungen, Sauerstoffhaushalt, Nähr- und
Schadstoffbelastung, Sedimente, Nahrungsketten und Bioproduktion usw.
Die technologischen Ansätze können vorwiegend hydromechanisch, chemisch oder biologisch ausgerichtet sein oder mehrere Ansätze miteinander
verknüpfen. Der steuernde Eingriff soll außer der gewünschten Änderung
möglichst wenig Nebenwirkungen zeigen. Er soll „ökologisch sicher" sein.
Mögliche Risiken sind einzuschätzen und Vermeidungsstrategien herauszu-
arbeiten. Der großtechnischen Sanierungsmaßnahme sollten Labor- und
halbtechnische Versuche vorausgehen bzw. mit mathematischen oder ge-
genständlichen Modellen entsprechende Scenarioanalysen durchgeführt
werden. Eine Reihe neuer Sanierungstechnologien wurde durch begleitende
Forschung limnologisch gut ausgewertet und die generalisierten Ergebnisse
wurden durch Standards und Anwenderrichtlinien der Praxis zugänglich
gemacht.

3.3.6
Kosten-Nutzen-Analysen

Durch die Sanierungsmaßnahmen soll ein Nutzen bzw. ein verminderter Schaden bei Entnahmen für Trink-, Betriebs- und Beregnungswasserzwecke sowie für Fischerei, Erholung, Schiffahrt, bei der Nutzung des Schlammes und des Schilfes eintreten. In die ökonomische Bewertung ist auch der gesellschaftliche Nutzen in Form verbesserter Umwelt- und Lebensbedingungen, der Erhaltung des Artenbestandes bis hin zur Befriedigung ästhetischer Bedürfnisse einzubeziehen. Monetäre Ansätze zur Wertung der Leistungen der Natur sind relativ selten. Diese gratis erbrachten Leistungen sind weitgehend an die Funktionsfähigkeit der Ökosysteme gebunden. Die bei den Ökotechnologien bewußt eingesetzten Potentiale des mikrobiellen Stoffabbaues, des biogenen Sauerstoffeintrages, der Inkorporation von Gelöstem in Biomasse, der Biofiltration sind als Selbstreinigung zusammengefaßt einer ökonomischen Wertung dann zugänglich, wenn sie mit ihren technischen Entsprechungen verglichen werden, deren Investitions- und Betriebsaufwand bekannt sind. (s. Tabelle 3.1).

Die Gegenüberstellung ist nicht so zu verstehen, daß notwendige Umweltschutzmaßnahmen unterlassen und die Aufgabe den Selbstreinigungskräften der Natur übertragen werden sollten. Im Gegenteil, es sollte deren hoher Vergleichswert verdeutlicht werden, den es zu erhalten gilt. Die Selbstreinigungskraft wird z. B. für die besonders hochwertige, weil aufwendige Schlußreinigung benötigt. Auch nach weitgehender Reinigung verbleiben noch schwer abbaubare Reststoffe, die nur unter sehr hohem Aufwand in der Kläranlage eliminiert werden können.

Tabelle 3.1. Ansätze zur Bewertung von Naturpotentialen

Ökotechnologisch nutzbares Naturpotential „Einsparpotential"	technische Entsprechung „Substitutionsaufwand"
– Sedimentation im Gewässer und auf Überschwemmungsflächen	– mechanische Klärung, landwirtschaftliche Klärschlammverwertung
– Seeschlamm zur Bodenverbesserung	– Kunstdünger
– biologischer Abbau organischer Stoffe	– biologische Abwasserreinigung
– Erholungspotential von Gewässern	– Beckenbäder und Parks
– fischereiliches Ertragspotential	– Fischteiche
– hydroenergetisches Potential	– Wärme- oder Kernkraftwerke
– Wassertransportpotential	– Kanäle

3.4
Sanierungstechnologien

3.4.1
Standgewässer

3.4.1.1
Diät: Begrenzung schädlicher Stoffzufuhr

**Ableitung der Abwässer aus dem Einzugsgebiet,
Bau von Ringleitungen**

B. Scharf

Verfahrensprinzip

Die Abwässer werden in einem Kanalsystem erfaßt und aus dem Einzugsgebiet herausgeleitet. Damit belasten sie nicht den See oder die Talsperre.

Randbedingungen

Diese Maßnahme ist der sicherste Schutz eines stehenden Gewässers vor Eutrophierung und anderen Belastungen durch die Besiedlung des Einzugsgebietes. Es gibt einige sehr gut beschriebene Beispiele von Ringkanalisationen und deren Auswirkungen auf den See. Dabei hat sich herausgestellt, daß die Geschwindigkeit der Erholung eines Sees vor allem von der Wasseraustauschzeit und der verbleibenden Restbelastung abhängt. Je kleiner die Wasseraustauschzeit in einem See ist, um so schneller reagiert ein See auf die Installierung einer Ringleitung. Vor dem Bau einer Ringleitung muß sehr genau das Verhältnis von der punktförmigen, also kanalisationstechnisch erfaßbaren, und von der diffusen, d.h. kanalisationstechnisch nicht erfaßbaren Belastung abgeschätzt werden, um die Kosten für den Bau einer Ringleitung zu rechtfertigen. Die diffuse Belastung setzt sich im wesentlichen aus dem natürlichen Eintrag aus dem Einzugsgebiet und der Belastung des Standgewässers durch die Landwirtschaft zusammen. Der Erfolg der Maßnahme ist z. B. nach dem Vollenweider-Modell vorhersagbar [2, 3].

Anwendungsbeispiele

Die älteste und zugleich sehr gut dokumentierte Ringleitung in Deutschland ist die um den 8,9 km^2 großen *Tegernsee* in Bayern. Sie wurde in den Jahren von 1958 bis 1964 gebaut. Die Abwässer der den Tegernsee anliegenden Gemeinden werden auf dem östlichen und dem westlichen Ufer gesammelt und ab dem Ort Gmund gemeinsam einer Kläranlage zugeführt (Abb. 3.1). Die gereinigten Abwässer werden in den Fluß Mangfall eingeleitet. Da die Wassererneuerungszeit des Tegernsees nur 1,3 Jahre beträgt, oligotrophierte der See inner-

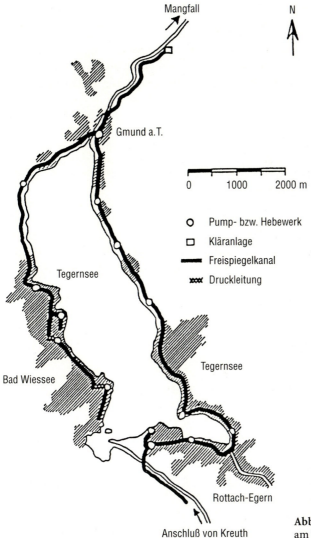

Mangfall

N

Gmund a.T.

0   1000   2000 m

○   Pump- bzw. Hebewerk
□   Kläranlage
▬▬ Freispiegelkanal
✕✕✕ Druckleitung

Tegernsee

Tegernsee

Bad Wiessee

Rottach-Egern

Anschluß von Kreuth

Abb. 3.1. Ringkanalisation am Tegernsee [4]

halb weniger Jahre. Der See war zu Beginn der Maßnahme polytroph und erreichte den mesotrophen Zustand.

Der 2,2 km² große *Schliersee* in Bayern wurde zur gleichen Zeit wie der Tegernsee mit einer Ringleitung versehen. Obwohl die Wassererneuerungszeit nur 1,9 Jahre beträgt, stellte sich nicht der Erfolg wie beim Tegernsee ein. Während der Tegernsee ein einheitliches Seebecken hat, befinden sich im Schliersee zwei Becken, die durch eine Schwelle getrennt sind. Dadurch kann der Wind den geschützt liegenden See nur unvollständig durchmischen. Die Mineralisation der Sedimente wird dadurch erschwert. Die interne Düngung aus den seeigenen Sedimenten sorgte weiterhin für eine hohe Produktivität des

Sees. Aus diesem Grunde wurde später zusätzlich noch eine Belüftung zur Destratifikation installiert.

Am oligotrophen *Stechlinsee* in Brandenburg wurden die Sanitärabwässer des Kernkraftwerkes Rheinsberg, die früher in den See eingeleitet wurden, zentral erfaßt und außerhalb des Einzugsgebiets im Wald versickert. Dadurch konnte der oligotrophe Zustand in dem zwischenzeitlich gefährdeten See erhalten werden.

Um die großen *Kärntner Seen* in Österreich wurden ebenfalls Ringleitungen verlegt. Sie nehmen nicht nur das häusliche Abwasser, sondern auch die Straßenentwässerung auf. Um bei Starkregen eine Regenwasserentlastung in die Seen zu vermeiden, wurden hinreichend große unterirdische Retentionsräume geschaffen, die sich bei Regen füllen und nach dem Regenereignis langsam geleert werden.

Bei dem 3,3 km² großen, vulkanisch entstandenen *Laacher See* in der Eifel ist die Abwasserfernhaltung in einzelnen Etappen erfolgt. 1972 wurde am Ufer des Sees eine Kläranlage für das Kloster Maria Laach gebaut. Die mechanisch gereinigten Abwässer wurden in den ersten Jahren nach dem Bau der Kläranlage aber nur im Sommer in den Auslauf des Sees eingeleitet, insbesondere um den Badebereich abwasserfrei zu halten. Seit 1976 wurden die Abwässer aus dem Kloster ganzjährig zum Seeablauf geleitet. Im Jahr 1990 wurde eine Ringleitung vom Kloster zu einem am See gelegenen Campingplatz und von dort zu einer Großkläranlage außerhalb des Einzugsgebietes vom Laacher See gebaut und in Betrieb genommen. Damit wird der See nicht mehr mit Abwässern belastet und der Teich im Auslauf des Sees kann – wie in früheren Zeiten – wieder fischereilich genutzt werden.

Bei dem 80 km² großen *Chiemsee* in Bayern wurde die Ringleitung in weiten Bereichen als Druckleitung im See verlegt, wodurch Kosten gespart und die Ufer geschont wurden. Der Bau der Ringleitung, des anschließenden Stollens und der nachfolgenden Kläranlage mit Einleitung in den Inn wurde 1986 begonnen und 1989 abgeschlossen. Die Investitionskosten inklusive der Ortskanalisation beliefen sich auf etwa 300 Mio. DM.

Zulaufbehandlung: Vorsperren

B. Scharf

Sehr häufig sind Talsperren, insbesondere wenn sie zur Trinkwassergewinnung genutzt werden, mit Vorsperren versehen. Diese sollen die Hauptsperren vor Eutrophierung und Verlandung schützen.

Verfahrensprinzip

Die Vorsperren sind von ihrer Beckengestalt so angelegt, daß sie als Absetzbecken für das Geschiebe des Fließgewässers dienen und daß sie dem durchfließenden Wasser möglichst viele Pflanzennährstoffe entnehmen. Die Pflanzennährstoffe werden in Algen-Biomasse inkorporiert. Die gebildeten Algen sollen in der Vorsperre sedimentieren.

Randbedingungen

Um die Aufgabe der Geschieberückhaltung und des Nährstoffentzuges zu erfüllen, sind bestimmte Randbedingungen beim Bau einer Vorsperre zu beachten:

- Kurzschlußströmungen sind zu verhindern. Das zufließende Wasser darf nicht, auch nicht im Hochwasserfall, auf kürzestem Wege vom Zulauf zur Staumauer fließen. Das Wasser soll wie bei einem Tubularreaktor zeitgleich durch die Vorsperre fließen. Grundschwelle und Tauchwand sind Möglichkeiten, das Fließen, auch unter Windbedingungen, zu beeinflussen (Abb. 3.2) [5].
- Das Sedimentationsbecken ist so groß zu bemessen, daß das Geschiebe von mindestens zwei Hochwässern im Jahr darin aufgenommen werden kann. Möglichkeiten zur Beräumung des Sedimentationsbeckens und zum Abtransport des entnommenen Geschiebegutes sind vorzusehen.
- Im Reaktionsraum einer Vorsperre soll die Aufnahme der Pflanzennährstoffe in Algen-Biomasse und deren Sedimentation erfolgen. Umfangreiche Studien zur Verweilzeit des Wassers im Reaktionsraum haben ergeben, daß das Wachstum der Algen vor allem von der Nährstoffkonzentration im Zulauf, der Temperatur und der Globalstrahlung abhängt. Aus der Wachstumsrate der Algen läßt sich die kritische Verweilzeit berechnen. Es ist zu berücksichtigen, daß die Überschreitung der kritischen Verweilzeit meist nicht zu einer Verbesserung des Nährstoffentzuges führt. Im Gegenteil, es besteht die Gefahr, daß bei einer vergrößerten Verweilzeit und damit auch einem größeren Vorsperrenvolumen sich auch die Windangriffsfläche vergrößert, was zu einer Aufwirbelung des Sedimentes führen kann.

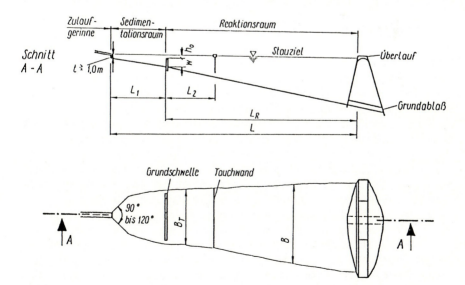

Abb. 3.2. Schematische Darstellung einer Vorsperre [5]. t = Tiefe, L = Länge, B = Breite. Die Relationen der Abschnitte zueinander sind örtlich angepaßt so zu wählen, daß sich die Verweilzeit des Wassers weitgehend der theoretisch möglichen (Volumen: Zufluß) nähert

- Die Tiefe der Vorsperre muß so gewählt werden, daß einerseits der Wind nicht das gebildete Sediment aufwirbeln kann, andererseits aber stets noch ausreichend Sauerstoff über dem Sediment vorhanden ist, so daß es nicht zur Rücklösung von Nährstoffen aus dem Sediment kommt. Der Austausch zwischen dem Wasser an der Oberfläche und über dem Grund einer Vorsperre soll vor allem durch Konvektionsströme, bedingt durch die tageszeitlichen Temperaturschwankungen, erfolgen. Die Konvektionsströme sind energieärmer als die windinduzierten Zirkulationsströmungen, und zudem wirken sie in vertikaler Richtung, so daß ein Sauerstofftransport möglich ist, eine Sedimentaufwirbelung jedoch weitgehend verhindert wird. Es soll sich keine stabile Temperaturschichtung ausbilden. In unseren Breiten hat sich eine maximale Tiefe von etwa 5 m für eine Vorsperre als günstig erwiesen. – Eine Temperaturschichtung ist in speziellen Fällen durchaus auch tolerabel, wie die großen Vorsperren der *Rappbodetalsperre* gezeigt haben. Die Hassel-Vorsperre und die Rappbode-Vorsperre mit je 1,5 Mio. m^3 Inhalt eliminieren im Jahresmittel ca. 60 % P. Hohes P-Bindevermögen der Sedimente führt hier zu geringer Rücklösung selbst bei Anaerobie.
- Details zur Planung einer Vorsperre können z. B. dem Fachbereichstandard TGL 27 885/02 [5] entnommen werden.

Anwendungsbeispiele

Nahezu alle Trinkwassertalsperren sind an ihren Zuläufen mit einer oder mehreren Vorsperren versehen.

Zulaufbehandlung: Phosphor-Eliminierungsanlagen (PEA)

B. Scharf

Diffuse Belastungsquellen lassen sich kanalisationstechnisch nicht erfassen und belasten zwangsläufig eine Trinkwassertalsperre. Ein Teil von ihnen kann reduziert werden, indem z. B. die Landwirtschaft ordnungsgemäß durchgeführt, extensiviert oder durch eine andere Nutzungsart (z. B. Forstwirtschaft) ersetzt wird. Andere diffuse Belastungen lassen sich nicht oder nicht kurzfristig vermindern, z. B. der natürliche Eintrag aus dem Einzugsgebiet oder aus der Atmosphäre.

Das Wasser aus einer Talsperre läßt sich um so leichter zur Trinkwassergewinnung aufbereiten, je geringer die Talsperre belastet ist und je mehr sie sich dem oligotrophen Zustand nähert. Ist der Nährstoffeintrag durch die Zuflüsse zu groß bzw. reicht die Nährstoff-Eliminationsleistung der Vorsperre nicht aus, um die Hauptsperre in einen oligotrophen Zustand zu bringen, so kann es zur Erzeugung eines einwandfreien Trinkwassers kostengünstiger sein, das der Hauptsperre zufließende Wasser in einer Phosphor-Eliminierungsanlage (PEA) zu reinigen als das Trinkwasser sehr aufwendig aufzubereiten. Diese Vorgehensweise hat zudem den Vorteil, daß bei einer eventuellen Betriebsstörung die Hauptsperre als ein räumlicher und zeitlicher Puffer wirkt, so daß die Wahrscheinlichkeit sehr klein wird, daß sich eine Betriebsstörung beim Verbraucher bemerkbar macht.

Verfahrensprinzip

Durch die Zugabe von Metall-, meist Aluminium- oder Eisen-Verbindungen, bilden sich schwer lösliche Phosphorverbindungen und Metallhydroxid-flocken, in die adsorptiv Phosphate und andere Wasserinhaltsstoffe angelagert werden. Die Flocken werden aus dem Wasserstrom abgetrennt.

Randbedingungen

Die meisten der bisher errichteten Phosphor-Eliminierungsanlagen wurden im Zulauf von Trinkwasserwerken gebaut. Ein Grund hierfür sind die Kosten von etwa 0,20 bis 0,30 DM/m^3 aufbereitetem Wasser. Die Kosten werden verständlich, wenn man neben den hohen Investitionskosten, die allerdings über eine lange Zeit abzuschreiben sind, die nicht unerheblichen Betriebsmittel berücksichtigt. Allein die Fällmittel und die spätere Entsorgung des entstandenen Schlammes sind ein bedeutender Posten bei den Betriebskosten.

Je nach Beschaffenheit des Rohwassers sind zu dem Fällmittel auch noch Flockungshilfsmittel hinzuzugeben. Es ist auch auf den pH-Wert zu achten, da nur in einem engen pH-Bereich eine optimale Flockenbildung zu erzielen ist. Bei der Anwendung von Eisensalzen als Fällmittel stellt sich meist ein so niedriger pH-Wert ein, daß der Beton vor Korrosion geschützt werden muß.

Auf verschiedene Verfahren bei der Abtrennung der gebildeten Flocken wird in den Anwendungsbeispielen eingegangen.

Anwendungsbeispiele

Die PEA an der *Wahnbachtalsperre* in Nordrhein-Westfalen wurde nach 15jähriger Entwicklungsarbeit 1977 in Betrieb genommen. Sie enthält im wesentlichen die folgenden Verfahrensschritte: Pumpstation, Phosphat-Fällung mit dreiwertigem Eisensalz, Partikeldestabilisation, Umwandlung von Mikroflocken in Makroflocken in der Aggregationsstufe unter Hinzugabe eines Polyelektrolyten als Flockungshilfsmittel, Abtrennung der Flocken über einen Dreischichtfilter (3.3). Mit Hilfe der PEA ist es gelungen, die P-Konzentration des Hauptzuflusses auf 5 µg/l P$_{tot}$ zu begrenzen (Tabelle 3.2). Die Algenentwicklung in der Hauptsperre ging nach 1977 drastisch zurück. Die Talsperre ist seitdem als oligotroph einzustufen. Die PEA an der Wahnbachtalsperre ist auf einen Durchsatz von 1 m^3/s ausgelegt, kann aber auch Hochwässer bis zu 5 m^3/s aufarbeiten.

In den Hauptzufluß des *Ulmener Maares* in Rheinland-Pfalz wurde 1988 ähnlich wie bei der Wahnbachtalsperre eine Phosphor-Eliminierungsanlage gebaut. Sie beinhaltet die folgenden Verfahrensschritte: Fällung und Flockenbildung mit einem Aluminiumsalz, Aggregationsstufe, Abtrennung der Makroflocken in zwei Sedimentationsbecken mit anschließender Langsam- und Schnellfiltration. Daneben wurde für den Hochwasserfall zusätzlich eine In-line-Flockung mit einer Schnellfiltration installiert. Die Anlage ist auf einen Durchsatz von 30 bis 50 l/s ausgelegt. Die Zielkonzentration

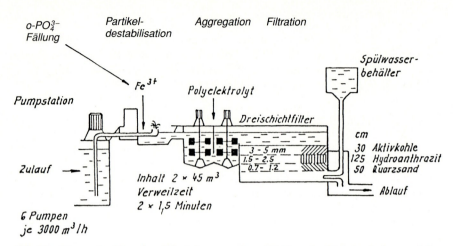

Abb. 3.3. Schema der Phosphor-Eliminierungsanlage (PEA) an der Wahnbachtalsperre [6]

Tabelle 3.2. Eliminationsleistung der Nährstoffeliminierungsanlage an der Wahnbachtal-sperre für den Zeitraum 26.07.1977 bis 30.06.1978 (arithmetische Mittel-, Min.- und Max.-Werte) [7]

		Einlauf	Auslauf	Eliminierung, %
Gesamt-P	µg/l	84 (29–375)	5 (3–32)	94,5
o-PO$_4^{3-}$-P	µg/l	25 (1–80)	1,0 (1–2)	96,0
Trübung 90° 420 nm	TE/F	8,4 (2,7–27,4)	0,05 (0,03–1,0)	97,0
COD	mg/l	7,0 (2,0–17,0)	1,6 (0,3–5,8)	77,4
Chlorophyll a	µg/l	14,9 (1,3–144,0)	1,2 (0,1–26,5)	91,6
DOC	mg/l	2,0 (0,8–3,7)	0,9 (0,5–1,7)	53,6
UV-Ext. 254 nm	m^{-1}	6,6 (2,9–17,9)	2,1 (0,4–3,8)	68,9
Koloniezahl	ml^{-1}	6800 (500–71 100)	100 (0–4600)	98,0
Coliforme Bakt.	100 ml	5800 (0–46 000)	8 (0–171)	99,9

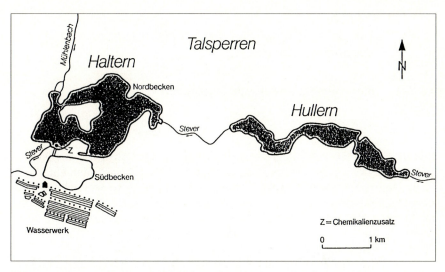

Abb. 3.4. Talsperren Hullern und Haltern mit dem Nord- und Südbecken Haltern sowie den Infiltrationsbecken und dem Wasserwerk [9]

von < 30 µg/l P_{tot} konnte mit dieser Anlage erreicht werden. Die P_{tot}-Konzentration des Rohwassers beträgt zeitweilig über 500 µg/l P_{tot}, wobei die Konzentration des gelösten Phosphors unter 10 µg/l SRP liegt (Details s. [8]). Als Folge des verminderten Nährstoffeintrages hat sich die Sichttiefe im Ulmener Maar, die früher zwischen 1 und 2 m schwankte, vergrößert. Sie erreichte seitdem Maximalwerte bis 9 m.

An der *Talsperre Haltern* in Nordrhein-Westfalen wird seit 1976 dem Rohwasser beim Durchfluß durch die Düker zwischen dem Nord- und Südbecken (3.4) ein Flockungsmittel zugegeben. Meist handelt es sich dabei um Aluminiumsalze in einer Konzentration von 0,125 bis 0,175 mol/m³ Al. Die sich dabei bildenden Flocken sedimentieren auf den ersten 100 m Fließstrecke im Südbecken. In die Versickerungsbecken fließt flockenfreies Wasser. Durch diese Maßnahme ist unabhängig von der P-Konzentration im Nordbecken der P-Gehalt im Südbecken auf Jahresdurchschnittswerte zwischen 10 und 40 µg/l P_{tot} gesunken. Zusätzlich wurde zwischenzeitlich neben dem Aluminiumsalz auch Aktivtonerde in die Dosieranlage gegeben, um Pflanzenbehandlungsmittel zu entfernen. Im Abstand von mehreren Jahren wurde der Flockungsschlamm mit einem Saugbagger entfernt (LAWA 1990).

Im Zulauf des *Süßen Sees bei Eisleben* in Sachsen-Anhalt wurde 1993 eine Phosphor-Eliminierungsanlage errichtet, um eine ausreichende Wasserbeschaffenheit des Süßen Sees als Naherholungsgewässer zu sichern. Die Anlage besteht aus: Fällung und Flockung mit Hilfe von Eisen-III-Chloridsulfat und Flockungshilfsmitteln sowie Sedimentationsbecken mit Plattenabscheidern. Der Flockenschlamm wird in Erdbecken deponiert.

3.4.1.2
Therapie: Maßnahmen im Gewässer zur Steuerung des Stoffhaushaltes

Biomanipulation der Nahrungsketten

B. Scharf

Das natürliche Nahrungsnetz ist stark vereinfacht als Nahrungskette Alge → Wasserfloh → zooplanktivorer Fisch → piscivorer Fisch ausgebildet. Ein so einfaches Nahrungsnetz mit wenigen Gliedern ist in der Natur sehr selten. In einigen vulkanisch entstandenen, sehr salzigen Maarseen (z. B. Lake Keilambete) in Victoria, Australien, ist so eine sehr verkürzte Nahrungskette anzutreffen: Alge → Ruderfußkrebs → Muschelkrebs. Hier fehlen beispielsweise Schnecken, Insekten und Fische.

Die Fische lassen sich nach ihrem Nahrungserwerb unterteilen in Fische, die Makrophyten, Phytoplankton, Zooplankton, Makrozoobenthos und andere Fische fressen. Viele sind nicht auf eine einzige Nahrungsquelle angewiesen und sind Mischkostfresser. Oftmals erfolgt im Laufe eines Fischlebens eine Nahrungsumstellung. So ernähren sich z. B. die jungen Raubfische von Zooplankton, die adulten jedoch von anderen Fischen. Die Große Maräne *Coregonus lavaretus* im Laacher See frißt im Hochsommer fast ausschließlich die großen Wasserflöhe der Gattung *Daphnia*. In dem Rest des Jahres leben sie von räuberischen Ruderflußkrebsen und Makrozoobenthos [10]. Verbuttete, etwa 12 cm lange, jedoch geschlechtsreife Flußbarsche fressen ihr Leben lang Zooplankton. Flußbarsche über 20 cm Größe sind Raubfische, die auch einen großen Teil der kleinen Individuen der eigenen Art verzehren. Es lassen sich in unseren Breiten eine sehr große Zahl von Nahrungsbeziehungen zwischen den einzelnen Arten in einem See aufzeigen (Abb. 3.5 und 3.6).

Durch Einwirkungen von außen kann dieses Nahrungsnetz qualitativ und quantitativ verändert werden. So ändert sich z. B. durch Eutrophierung die Struktur der Lebensgemeinschaft in einem See. Neue Arten tauchen auf, andere verschwinden. So erscheinen z. B. die Wasserflöhe der Gattung *Daphnia* beim Übergang vom oligotrophen zum mesotrophen Zustand. Aber auch innerhalb eines Trophiegrades kann sich bei konstanter Nährstoffzufuhr die Lebensgemeinschaft verändern, wenn z. B. die Freizeitfischer bevorzugt die großen Hechte, Zander, Barsche oder Aale herausfangen [11]. Der natürliche Fraßdruck der Raubfische auf die Friedfische entfällt. Die zooplanktivoren Fische können sich verstärkt vermehren und dezimieren dadurch das Zooplankton, was zur Folge hat, daß das Phytoplankton besser wachsen kann. Hierdurch trübt sich das Wasser und die Sichttiefe nimmt ab.

Die Biomanipulation beschäftigt sich hauptsächlich mit der Beziehung: Raubfisch → Zooplankton fressende Fische → Zooplankton → Phytoplankton.

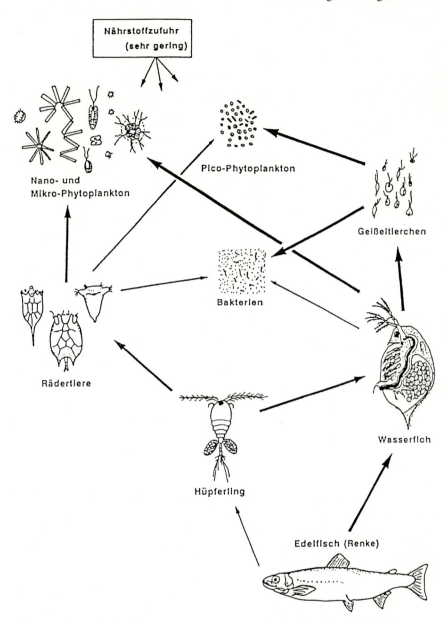

Nährstoffzufuhr (sehr gering)

Pico-Phytoplankton

Nano- und Mikro-Phytoplankton

Geißeltierchen

Bakterien

Rädertiere

Wasserfloh

Hüpferling

Edelfisch (Renke)

Abb. 3.5. Schema eines Nahrungsnetzes im Freiwasser eines nährstoffarmen Sees [9]

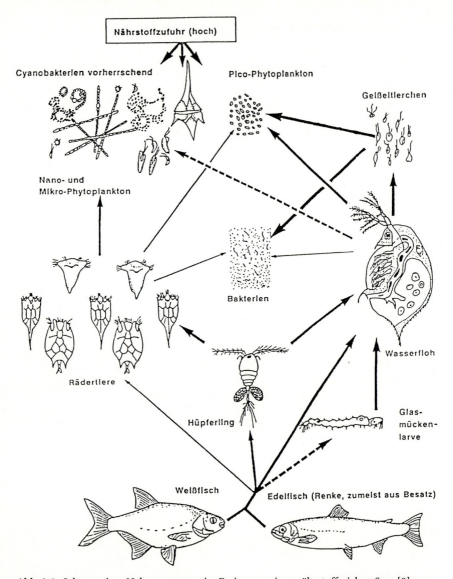

Abb. 3.6. Schema eines Nahrungsnetzes im Freiwasser eines nährstoffreichen Sees [9]

Verfahrensprinzip

Durch eine Verminderung der zooplanktivoren Fische soll das Zooplankton gefördert werden, insbesondere die großen Wasserflöhe der Gattung *Daphnia*. Diese dezimieren das Phytoplankton, wodurch die Trübung des Wassers abnimmt und sich die Sichttiefe vergrößert.

Randbedingungen

Im Rahmen der langjährigen Biomanipulationsforschung sind eine Reihe von Randbedingungen untersucht worden, von denen hier einige wesentliche aufgeführt sind:

- Die Existenz einer großen Daphnienpopulation hängt von dem Vorhandensein geeigneter Nahrung, einer geringen toxischen Belastung und einem geringen Fraßdruck durch zooplanktonfressende Fische oder wirbellose Räuber ab.
- Durch Besatz und Hege von großen Raubfischen verschiedener Arten und unterschiedlichen Alters läßt sich in gewissen Grenzen der Bestand an zooplanktivoren Fischen dezimieren. Es ist ein Raubfischanteil von 30 bis 40 % Massenanteil an der gesamten Fischbiomasse anzustreben.
- Die zooplanktivoren Fischarten dürfen nur bis zur optimalen Biomasse reduziert werden, da bei deren Unterschreitung andere Arten, z. B. die Zooplankton fressenden Larven der Büschelmücke *Chaoborus flavicans* oder der räuberische Wasserfloh *Leptodora kindti* diese Nische ausfüllen. Bei der optimalen Biomasse von Friedfischen werden die Büschelmückenlarven und räuberischen Wasserflöhe weitgehend gefressen, und das Zooplankton hat eine gute Chance sich zu vermehren.
- Bei dem Vorhandensein einer großen und andauernden Daphnienpopulation weicht das Ökosystem dem Fraßdruck durch das Zooplankton aus: Es bilden sich große, nicht freßbare oder Toxine ausbildende Algenarten.
- Eine Biomanipulation ersetzt nicht die Forderung, die externe und interne Nährstoffbelastung zur reduzieren, wenn ein See oligotrophieren soll. Die Biomanipulation kann jedoch den Prozeß der Oligotrophierung deutlich beschleunigen.
- Eine erfolgreiche Biomanipulation läßt sich am leichtesten bei kleinen, flachen Seen durchführen.

Anwendungsbeispiele

Es gibt in Europa und Nordamerika eine Reihe von Untersuchungen zur Biomanipulation, wobei auch viele Versuche mit Enclosures durchgeführt wurden. Die *Talsperre Bautzen* wurde jahrelang durch Benndorf und seine Schüler intensiv in dieser Richtung untersucht, z. B. [12]. Fehlgeschlagene Versuche sind der Anlaß, die Einsatzgebiete stark einzugrenzen und auf die vielen Möglichkeiten hinzuweisen, daß Ökosysteme nicht in der geplanten Weise reagieren [13].

Biologische Nährstoffelimination

H. Klapper

Verfahrensprinzip

In langsam durchflossenen Gewässern bzw. künstlich angelegten „Service-Ökosystemen" werden die Nährstoffe Phosphor und Stickstoff von Pflanzen aufgenommen und durch Sedimentation des Planktons bzw. Ernte der höheren Wasserpflanzen eliminiert.

Randbedingungen

Die aerobe Inkorporation von Phosphor und Stickstoff in der Pflanzenbiomasse ist in den gleichen Relationen möglich, in denen sie in der Biomasse gebunden werden, d.h. etwa im Atomarverhältnis $P:N = 1:16$. Die Abtrennung der Pflanzen mit den darin gebundenen Nährstoffen geschieht bei den Makrophyten durch Schnitt und Ernte. Plankton hingegen soll aussinken und der Phosphor an Ca^{2+}, Fe^{3+}, Al^{3+} oder Bakterien gebunden werden. Die Sinkgeschwindigkeit beträgt in Seen meist 0,05 … 2 m/d. Auf Grund größerer Dichte und Viskosität ist die „Tragfähigkeit" des Wassers im Winter um fast 50 % höher als im Sommer. Im Standzylinder sinken die Algen wegen fehlender Turbulenz schneller aus. Entsprechende Verhältnisse herrschen in den Beständen höherer Wasserpflanzen. Außerdem können in der Natur Flockungen, Aggregatbildung und Sinkgeschwindigkeit dadurch verstärkt werden, daß Exkrete von Algen und Bakterien das Zetapotential senken und die Koagulation möglich machen. Daneben tritt eine Mitfällung von Eisenhydroxid, Calcit, Humat u.a. auf. Eigenbewegliche Formen des Phyto- und Zooplanktons können sich dem Aussinken aktiv widersetzen. Blaualgen verringern ihre Dichte durch Gasvakuolen. Sie bilden besonders im Sommer die als „Wasserblüte" bekannten Schwimmschichten und beeinträchtigen die Erholungsnutzung, die Tränkwasserqualität und die Rohwässer für die Nutzung als Trinkwasser. Bei der Bekämpfung der Eutrophierung steht deshalb die Unterdrückung der Blaualgen im Vordergrund. Dabei sind sie es gerade, bei denen die Verfrachtung der inkorporierten Nährstoffe ins Sediment nicht funktioniert. Gegebenenfalls muß zunächst durch andere Sanierungsverfahren der P-Gehalt entscheidend gesenkt und damit die Blaualgendominanz überwunden werden, ehe die hier angestrebten natürlichen Eliminationsmechanismen greifen. Die Vorteilswirkung von Makrophyten für die Wasserbeschaffenheit beruht auf Folgendem [14]:

– Die Biomassebildung erfolgt standortfixiert und ist mit der Elimination von Nährstoffen und Schadstoffen gekoppelt, die inkorporiert und metabolisiert werden.
– Durch Krautung kann die Biomasse mechanisch aus dem Gewässer abgeerntet werden.
– Makrophyten bilden die Aufwuchsfläche für autotrophe und heterotrophe Mikroben des Periphytons. Lieferung von Assimilations- und Verbrauch von Respirationssauerstoff sind in der Biozönose dieser natürlichen Biofilter eng verkoppelt.
– Auch nach einem Schilfschnitt auf dem Eis bleiben die untergetauchten Halme als Aufwuchsfläche erhalten.
– Makrophyten, die, wie z.B. das spiegelnde Laichkraut (*Potamogeton lucens*), weit ins Pelagial vordringen, konkurrieren dort mit dem Phytoplankton um Licht und Nährstoffe.

- Durch Makrophyten verringerte Turbulenz führt zum Aussinken jener Plankter, die nicht eigenbeweglich sind bzw. die keine Mechanismen zur Erhöhung des Auftriebs besitzen.
- Die bei Flachseen mögliche Alternative zwischen dem trüben Planktonsee (Zandersee) und einem besser nutzbaren klaren Krautsee (Hecht-Schlei-See) kann durch technologische Maßnahmen zum Schutz und zur Förderung der höheren Wasserpflanzen gesteuert werden.

Anwendungsbeispiele

Auf der Fähigkeit des Phytoplanktons, Pflanzennährstoffe aufzunehmen und ins Sediment zu verfrachten, beruht die Wirkung der *Vorsperren* von Trinkwassertalsperren (s. Abschn. 3.4.1.1, Zulaufbehandlung: Vorsperren). In den *Oxidationsteichen* wird der biogene Sauerstoffeintrag zum wichtigsten für die Bakterienrespiration nutzbaren Naturprozeß. Da aber auch die gebildete Biomasse als Sekundärbelastung wirkt, werden weitere Teiche nachgeschaltet, in denen die Algen durch Zooplankter (Daphnien) verwertet werden. Ausreichende biogene Sauerstoffversorgung ist nur in Teichen bis etwa 1,5 m Wassertiefe gewährleistet. Bei den tieferen *Stapelteichen* (der Zuckerindustrie) wird eine technische Zusatzbelüftung durch Kreisel- und Walzenbelüfter benötigt. Je m^3 Abwasser und je 1000 mg/l BSB$_5$ ist mit 1 bis 2 W Energieaufwand zu rechnen. In Abb. 3.7 sind Technologien skizziert, bei denen die Wasserbeschaffenheit vorrangig durch Makrophyten und den damit verknüpften Aufwuchs gesteuert wird. Beispiel 1 zeigt *Uferbioplateaus*, wie sie in über 100 km vorbereiteten Flachwasserbereichen am Dnjepr-Donbaß-Kanal eingerichtet wurden [15]. Derartige Makrophyten-Biofilter intensivieren die Selbstreinigungsleistung gegenüber partikulären Stoffen, organischen Stoffen, Pflanzennährstoffen, Schwermetallen, Pestiziden und radioaktiven Stoffen. Während in der Ukraine mit großem Arbeitsaufwand per Hand gepflanzt wurde, und erst nach 5 Jahren ein geschlossener Schilfgürtel ausgebildet war, läßt sich inzwischen die Startphase wesentlich verkürzen. Die gewünschten Gelegepflanzen werden in Teichen auf Kokosvlies vorgezogen, die Teiche abgelassen, die Kokosmatten teppichgleich aufgerollt, per Tieflader zum Einsatzort transportiert und ausgerollt. Noch in der gleichen Vegetationsperiode werden geschlossene Gelegegürtel erzielt [16]. Analoge Biofilter wurden im wieder eingestauten Kleinen Balaton (Ungarn) und am Dümmer (Niedersachsen) [17] eingerichtet. Die außer Betrieb genommenen Rieselfelder von Berlin sollen in makrophytische Feuchtgebiete umfunktioniert werden, in denen eine Schönung weitergehend gereinigter Abwässer und zugleich eine Aufhöhung des dramatisch gesunkenen Grundwasserspiegels stattfindet.

Im praktischen Betrieb sind jene Tiere in der Stückzahl zu begrenzen, die Makrophyten fressen (Bisam, Schwan) oder herausreißen, um an die darauf lebenden Tiere zu gelangen (Bleßrallen, Haubentaucher). An Erholungsgewässern sind Regelungen zum Schutz des Gelegegürtels gegen starken Wellenschlag durch schnell fahrende Wasserfahrzeuge und gegen das Befahren erforderlich. *Auslaufbioplateaus* (Beispiel 2) schützen unterhalb gelegene

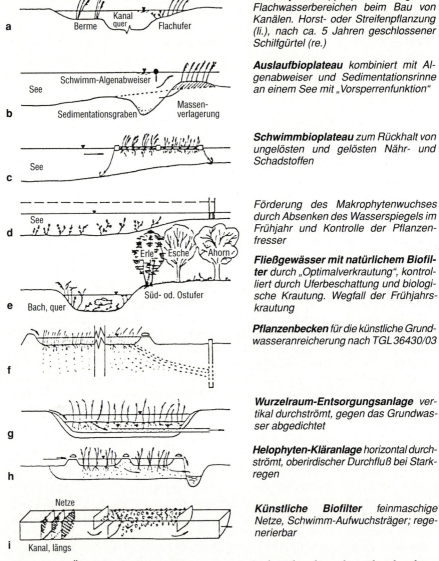

a Berme Kanal quer Flachufer

Uferbioplateau (quer) durch Anlage von Flachwasserbereichen beim Bau von Kanälen. Horst- oder Streifenpflanzung (li.), nach ca. 5 Jahren geschlossener Schilfgürtel (re.)

b See Schwimm-Algenabweiser Sedimentationsgraben Massen-verlagerung

Auslaufbioplateau kombiniert mit Algenabweiser und Sedimentationsrinne an einem See mit „Vorsperrenfunktion"

c See

Schwimmbioplateau zum Rückhalt von ungelösten und gelösten Nähr- und Schadstoffen

d See Erle Esche Ahorn

Förderung des Makrophytenwuchses durch Absenken des Wasserspiegels im Frühjahr und Kontrolle der Pflanzenfresser

e Bach, quer Süd- od. Ostufer

Fließgewässer mit natürlichem Biofilter durch „Optimalverkrautung", kontrolliert durch Uferbeschattung und biologische Krautung. Wegfall der Frühjahrskrautung

f

Pflanzenbecken für die künstliche Grundwasseranreicherung nach TGL 36430/03

g

Wurzelraum-Entsorgungsanlage vertikal durchströmt, gegen das Grundwasser abgedichtet

h

Helophyten-Kläranlage horizontal durchströmt, oberirdischer Durchfluß bei Starkregen

i Netze Kanal, längs

Künstliche Biofilter feinmaschige Netze, Schwimm-Aufwuchsträger; regenerierbar

Abb. 3.7 a – i. Ökotechnologien zur Gütesteuerung mittels Makrophyten bzw. Phytobenthos

Trinkwasserseen vor unerwünschtem „Impfplankton". Aufrahmende Blaualgen lassen sich mit Hilfe von schwimmenden Algenabweisern zurückhalten, zweckmäßigerweise in Kombination mit darunter angeordneten Sedimentationsrinnen. Auf diese Weise werden in den vorgelagerten Seen „Vorsperrenfunktionen" etabliert. *Schwimmbioplateaus* (Beispiel 3) oder Schwimmkampen sind die technische Entsprechung von schwimmenden Gelegegürteln und Schwimminseln in verlandenden Flachseen. In schwimmenden Rahmen wer-

den auf weitmaschigem Gewebe Makrophyten gesetzt, die ihren Nährstoff-
bedarf ausschließlich aus dem Freiwasser decken müssen. Vor Buchten oder
Zuflußmündungen inseriert wird neben der Stoffentnahme zugleich die Rolle
von Algenabweisern erfüllt und eine bessere Einmischung des Zuflusses bewirkt. Einzelne, mit Kieselsteinen belegte Kampen werden von Limikolen als
Brutplatz angenommen. *Wasserspiegelabsenkungen* im Frühjahr (Beispiel 4)
erleichtern das Aufkommen von Makrophyten. Der Galenbecker See (Meck-
lenburg-Vorpommern) wurde klar, nachdem die Wassertiefe wegen einer
Baumaßnahme 2 Jahre auf 60 cm verringert worden war und sich üppig Makrophyten ausgebreitet hatten [18]. Eine leichte *Verkrautung* verbessert die
Selbstreinigungsleistung in Fließgewässern (Beispiel 5). Im Verein mit dem
biologischen Uferverbau durch beschattende Gehölze kann ein wartungsar-
mes, naturnahes Fließgewässer mit hoher Selbstreinigungsleistung gestaltet
werden. Letztere beruht auf der ökologischen Vielfalt und Stabilität, großen
Aufwuchsflächen für das Periphyton, dem biologischen Sauerstoffproduk-
tionspotential und den zahlreichen Filtrierern im Benthos: Schwämme,
Moostierchen, Köcherfliegen, Muscheln usw. In Strecken, in denen verkrau-
tungsbedingte Ausuferungen nicht zu befürchten sind, sollte die übliche Frühjahrskrautung entfallen, die Herbstkrautung etwas vorverlegt werden. *Pflanzenbecken für die künstliche Grundwasseranreicherung* (Beispiel 6) verbessern
die Reinigung des Rohwassers durch die Prozesse am Aufwuchs. Der Flächen-
filtration an der Beckensohle wird eine Raumfiltration vorgeschaltet. In
Makrophytenbecken egalisiert sich die Infiltrationsleistung. Die bei Sand-
becken erforderliche Regeneration entfällt, da die Selbstdichtung durch ver-
schleimende Algenbeläge durch die Beschattung entfällt. Die Unterhaltung
besteht neben der Aussaat und pflanzengerechten Einhaltung von Wasserständen in der Ernte der Pflanzenbestände nach ihrer vorherigen Trockenlegung. Die Becken müssen sehr genau planiert sein, sich völlig trockenlegen lassen, um maschinengängig zu sein. Die als Beispiele 7 und 8 dargestellten
Sumpfpflanzen-Kläranlagen gehören nur insofern in das Umfeld der Standge-
wässersanierung, als sie für so manches nur im Sommer genutzte Erholungs-
objekt an den Seen die adäquate Form der Abwasserreinigung sind.

Die Gesamtheit der künstlich angelegten Biotope, d.h. Makrophyten und Aufwuchs, Wurzeln und mikrobiell besiedelter Wurzelraum, der
u.a. durch das Aerenchym der Sumpfpflanzen belüftet wird, ist in der Lage,
mechanisch vorgeklärtes Abwasser biologisch zu reinigen. Die Infiltrationsleistung von 0,3 bis 1 $m^3/m^2 \cdot d$ wird nur in Systemen erreicht, die sich durch intermittierende Austrocknung selbst regenerieren. Die Bemessungsgrößen
schwanken von 10 m^2/EGW bei feinsandigen Filtermaterialien und Ganzjah-
resbetrieb bis 2 m^2/EGW für Grobsand und Sommerbetrieb. Beispiel 9 ist
ein verschiedentlich unternommener Versuch, die Vorteilswirkung der Makrophyten mit *künstlichen Aufwuchsträgern* nachzuahmen. Diese lassen sich
regenerieren und ergeben keine im Herbst absterbende Biomasse. Effektiv
werden sie aber erst, wenn sie Aufwuchsflächen ergeben bzw. in gleicher Weise
die Turbulenz vermindern, wie dies bei Verkrautung der Fall ist. Die großen
Kunststoff-Imitate von *Myriophyllum* im Flughafensee Tegel vermindern die
Planktonentwicklung (Ripl, pers. Mitt.). Lawacz konstruierte Schwimmauf-

wuchsträger, bei denen je m^2 Modul 50 m^2 bereitgestellt werden (pers. Mitt.). Die Entwicklung ist nicht abgeschlossen, wobei die Regel gelten sollte, daß die künstlichen Biofilter nur den Start der natürlichen beschleunigen sollten.

Nitratelimination im Gewässer

H. Klapper

Die Nitratelimination in der Aufbereitung ist zwar möglich, aber sehr teuer. Daher werden dort, wo Nitrat in einer Trinkwassertalsperre den Grenzwert von 50 mg/l NO$_3^-$ überschreitet, Ökotechnologien zur Senkung des Nitratgehaltes gefordert. Die Inkorporation in Algenbiomasse erreicht in P-limitierten Talsperren meist weniger als 20 % (s. Abb. 3.8). Die Entnahme über nitrophile Staudenfluren (Nitrophytenmethode) wäre im begrenztem Umfang geeignet, wenn für die nicht maschinengängigen Einstauflächen eine geeignete Erntetechnik gefunden würde [20]. Damit bleibt als ökotechnologisch nutzbarer Prozeß die Denitrifikation.

Verfahrensprinzip

Eine Vielzahl von ubiquitären Bakterien ist in der Lage, organische Substrate bei Mangel an Gelöstsauerstoff mit Hilfe von Nitratsauerstoff zu veratmen. Nitrat wird verbraucht, das Endprodukt, der molekulare Stickstoff, bleibt im Wasser gelöst oder wird bei Übersättigung an die Atmosphäre abgegeben. Für

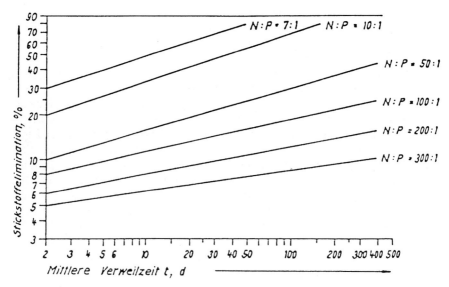

Abb. 3.8. Überschlägliche Beziehung zwischen Stickstoffelimination und mittlerer Verweilzeit in Abhängigkeit vom Masseverhältnis des anorganischen Stickstoffs zum Orthophosphatphosphor (N:P) [5]

den Einsatz von Methanol als Wasserstoffdonator gilt vereinfacht die Reaktionsgleichung

$$6 NO_3^- + 5 CH_3OH \rightarrow 3 N_2 + 5 CO_2 + 7 H_2O + 6 OH^+$$

Randbedingungen

Die Denitrifikation wird durch Gelöstsauerstoff inhibiert und erfolgt erst nach dessen völligem Aufbrauch. Wenn das Wasser noch 1 bis 2 mg/l Sauerstoff aufweist, können in Mikrobiotopen des Aufwuchses oder in Belebtschlammflocken bereits die für die Denitrifikation erforderlichen anaeroben Milieubedingungen herrschen.

Anwendungsbeispiele

Die *heterotrophe Nitratdissimilation* wurde im Hypolimnion der Talsperre Zeulenroda in Thüringen durchgeführt, das aber normalerweise auch am Ende der Sommerstagnation noch aerob ist. Als Aufwuchsfläche für denitrifizierende Bakterien und zugleich langsam abbauende Kohlenstoffquelle wurde Rapsstroh gewählt. In einem mit Maschendraht umhüllten Stahlrohrkäfig mit den Maßen $20 \times 60 \times 1{,}50$ m wurden dreilagig 13 000 Strohballen dicht gepackt. Auf der untersten Lage wurde ein Fischgräten-Dränsystem eingelegt, durch das nitratreiches Wasser zusammen mit einem leicht abbaubaren Substrat verteilt wurde. Als C-Quelle wurde ein Abprodukt aus der Paraffinoxidation verwendet, das ein Gemisch aus niederen Fettsäuren enthält. Zunächst wurde der gelöste Sauerstoff aufgebraucht, danach das Nitration angegriffen. Die erste Abbaustufe führt zum Nitrit, das nach Aufbrauch des Nitrates ebenfalls zu N_2 reduziert wird (Abb. 3.9, [21]). Ein weiteres Verfahren zur Denitrifikation kommt ohne organischen Kohlenstoff aus: *die autotrophe Nitratdissimilation*. *Thiobacillus denitrificans* ist eine autotrophe Bakterienart, die Sulfide, Schwefel und Thiosulfat bis zur Sulfatstufe oxidiert und dabei Nitrat zu molekularem Stickstoff reduziert [22]. Auch hierfür werden ein anaerobes Milieu, ein neutraler pH-Wert und CO_2 als anorganische C-Quelle benötigt. In der Talsperre Zeulenroda wurde mit einer Thiosulfatlösung gearbeitet [23]. Die Lösung wird über ein mit dem Boot bewegtes Verteilerrohr im oberen Hypolimnion eingetragen und sinkt durch das spezifische Gewicht in die Tiefe, sich dabei einmischend. Im Vergleich zur heterotrophen ist die autotrophe Nitratdissimilation zwar teurer, von der Seite der Arbeitsbedingungen aber günstiger.

Phosphatfällung im Gewässer

H. Klapper

Verfahrensprinzip

Phosphor, der in den meisten Seen wachstumslimitierender Nährstoff ist, eignet sich in besonderem Maße zur Steuerung der Algenentwicklung. Phos-

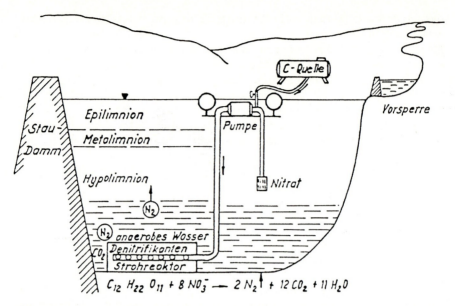

Abb. 3.9. Heterotrophe Nitratdissimilation im Hypolimnion einer Talsperre (Schema) [14]

phor kann als schwerlösliches Salz ausgefällt, durch Sorption an Flocken angelagert bzw. durch Einschluß von P-haltigen Partikeln (z.B. Planktonorganismen) und Sedimentation aus der freien Wassersäule entfernt werden. Durch Anreicherung der Sediment-Wasser-Kontaktzone mit P-bindenden Kationen wird darüber hinaus die Phosphorrücklösung verringert.

Randbedingungen

Bei der Applikation von dreiwertigen Eisen- oder Aluminiumsalzen laufen vereinfacht folgende Reaktionen ab:

$$Me^{3+} + 3\,H_2O \rightarrow Me\,(OH)_3 + 3\,H^+$$
$$Me^{3+} + PO_4^{3-} \rightarrow Me\,PO_4$$

Die Bildung des schwerlöslichen Phosphates und des Hydroxides stellen Konkurrenzreaktionen dar. In der Regel dominiert die Bildung des Hydroxides. Das mit dem Orthophosphat gebildete Metallphosphat wird in die Flocken mit eingeschlossen bzw. an diese angelagert. Bei der Hydroxidbildung werden H^+-Ionen freigesetzt, die durch die Carbonathärte abgepuffert werden müssen:

$$HCO_3^- + H^+ \rightarrow H_2O + CO_2$$

In sehr weichen Wässern mit KH < 1 °dH führt die Zugabe von nur 3 mg/l Al^{3+} bereits zur vollen Erschöpfung des Puffervermögens und jede weitere Zugabe zu ökologisch unvertretbarer Versauerung. Eine Mitfällung von Algen erfolgt erst bei hohen Gaben. Blaualgen sind sehr schwer, Chlorococcale und Diatomeen leichter flockbar. Da das gelöste Orthophosphat am sichersten gefällt werden kann, sollte eine großtechnische Fällung dann durchgeführt werden, wenn ein möglichst großer Anteil in dieser Form vorliegt und ein entsprechend kleiner Teil in Biomasse inkorporiert ist. Die Aufwandmenge errechnet sich stöchiometrisch je 1 mg/l PO_4^{3-} zu 0,28 mg Al^{3+} bzw. 0,56 mg Fe^3. In der Praxis müssen 5- bis 10fach höhere Mengen angewandt werden. Beim Aluminiumsulfat haben sich Aufwandmengen von 2 bis 8 mg/l Al^{3+} bewährt. Obwohl Fe^{3+} allein und in Kombination mit Bentonit und Polyacrylamid die besten Eliminationsergebnisse brachte, werden in der Praxis Aluminiumsalze bevorzugt. Sie sind weniger aggressiv und zeigen auch unter anaeroben Bedingungen keine Rücklösung.

Anwendungsbeispiele

Bezüglich der Ausbringetechnologien und Referenzbeispiele wird auf Abb. 3.10 verwiesen sowie auf [14]. Als Anwendungsfall mit Langzeitwirkung wird der Barleber See bei Magdeburg genannt, der limnologisch gut dokumentiert ist. Der 1935 aus einem Kiesabbau entstandene, zu- und abflußlose See ist 102 ha groß, maximal 11 m, im Mittel 6,5 m tief. Der anfangs oligotrophe See wurde seit 1959 mit über 10 Mio. Mark zu einem Erholungszentrum ausgebaut. Überdüngtes Grundwasser, Belastungen aus der Luft und durch die Badenutzung führten zu eutrophen Verhältnissen, wobei aufrahmende Blaualgen den Erholungsbetrieb beeinträchtigen.

Oktober/November 1986 wurden 490 t Aluminiumsulfatlösung mit 41 Kesselwagen antransportiert und über ein Boot mit Chemikalientank und Sprühbalken auf dem See verteilt. Die Applikationsmenge entsprach 5,7 g Al^{3+} je m^3 Seewasser. Wegen der ständigen Sedimentation wurden im Freiwasser nie mehr als 0,6 mg/l Al^{3+} gemessen. Die erreichte Elimination betrug nach Abschluß der Fällung für Orthophosphat >98%, für Gesamtphosphat 90%. Während vor der Fällung mehrere Milligramm o-PO_4 über dem Sediment gemessen wurden, gibt es seit 1987 praktisch keine Rücklösung aus dem Sediment, das durch eine Aluminiumhydroxidschicht versiegelt ist. Wesentlichstes Ergebnis ist das völlige Ausbleiben der sommerlichen Blaualgen-Wasserblüten und (bis 1994) steigende Sichttiefen während der Badesaison.

Andere Fällmittel

Die „Chemotherapie" der Phosphatfällung ist mit erheblichen Kosten für die Chemikalien belastet. Als Ersatzstoffe, die ebenfalls Phosphor durch entsprechende Kationen oder Kristallstrukturen binden und ins Sediment verfrachten können, wurden u. a. überprüft (nähere Ausführungen in [14]):

- Kraftwerksaschen,
- Galvanikabwässer,
- kaolinhaltige Abwässer aus Porzellanfabriken,
- tonhaltige Kieswaschwässer,
- Tonmehl, Bentonit, Zementpulver,
- ton- und kalkhaltige Gletschertrüben und
- Laterit-Trüben.

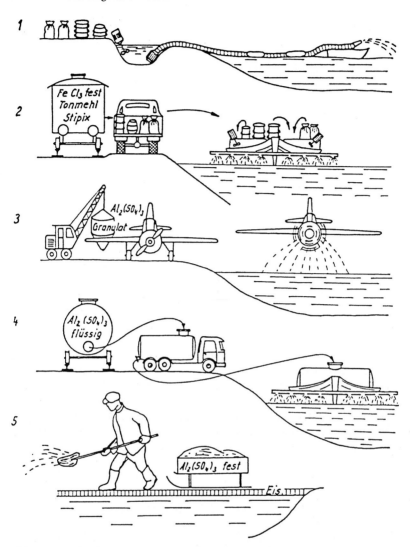

Abb. 3.10. Technologien zur Phosphatfällung im Gewässer. Referenzbeispiele: *1* Kolumbussee; *2* Jabeler See, Seddiner See; *3* Jabeler See; *4* Süßer See, Barleber See; *5* Triensee, Mürtzsee [14]

Die in den Tropen bis etwa 30 °Grad Breite beiderseits des Äquators verbreiteten roten Lateriterden enthalten hydratisierte Aluminiumoxide ($Al_2O_3 \cdot 3\,H_2O$; $Al_2O_3 \cdot H_2O$) und das farbgebende Eisenoxid. Bei den o.g. Industrie-Abfallprodukten ist die toxikologische Sicherheit zu prüfen, wobei auch die mögliche Bioakkumulation über die Nahrungsketten zu berücksichtigen ist. Jede Einbringung von Stoff in den See ist genehmigungspflichtig. Der Nachweis ökologischer Unbedenklichkeit durch Laborversuche ist bei unbekannten Stoffen ein zweckmäßiger erster Schritt vor dem großtechnischen Einsatz.

Sedimentkonditionierung

H. Klapper

Verfahrensprinzip

Die Bedingungen an der Sediment-Wasser-Grenzschicht werden technisch so verändert, daß vom Sediment ausgehende interne Belastungen unterbunden und die Lebensbedingungen für Bodenbewohner verbessert werden.

Randbedingungen

Die Sedimente spielen vor allem bei Flachseen und bei geringem Wasseraustausch eine dominierende Rolle im Stoffhaushalt und sind bei Sanierungen mit zu berücksichtigen. Zur Bekämpfung der Eutrophierung wird das Redoxpotential der Sediment-Wasser-Grenzschicht erhöht. Damit werden Nährstoff- und Schadstoffbindung sowie die Besiedelbarkeit für Fischnährtiere und Wasserpflanzen verbessert. Aus anaeroben Sedimentschichten aufsteigende Fe^{2+}- (und Mn^{2+}-)Ionen werden oxidiert und bilden eine Sperrschicht für Phosphor, wodurch sie ihn am Austritt ins Freiwasser hindern.

Beispiele

Bei verschiedenen Ökotechnologien wird eine Sedimentkonditionierung als Nebeneffekt erzielt. Dazu gehören vor allem einige hydromechanische Sanierungsverfahren (s. Abb. 3.11). Anaerobie im Tiefenwasser geschichteter Seen und dadurch verursachte Phosphorrücklösung läßt sich durch Zerstörung der Temperaturschichtung, die sogenannte Destratifikation oder aber durch Tiefenwasserbelüftung beseitigen. Auch die Tiefenwasserableitung wirkt in diesem Sinne, da doch das nährstoffreichste, häufig anaerobe Wasser aus dem See abgeleitet wird. Der Export von Sauerstoff verbessert die hypolimnische Sauerstoffbilanz. Dort, wo Sediment-Profiluntersuchungen ergeben, daß die obersten Schichten wesentlich nährstoffreicher als die älteren, darunterbefindlichen sind, kann das Abbaggern der stärker kontaminierten obersten Schicht (von z.B. 50 cm Stärke) nährstoffärmere Schichten freilegen, die zugleich ein besseres Phosphorbindevermögen besitzen. Die Gewinnung von Seeschlamm als Mittel zur Bodenverbesserung in der ehemaligen DDR hatte meist einen deutlich oligotrophierenden Effekt. Ein naturnahes „Flockungsmittel" findet sich in zahlreichen Hartwasserseen in Form der Seekreide, die im Ergebnis der biogenen Entkalkung abgelagert wurde:

$$Ca(HCO_3)_2 \rightarrow CO_2 + CaCO_3 + H_2O.$$

Die Calcitfällung ist als ein der Eutrophierung entgegengesetzter Naturprozeß beschrieben worden [24] und wurde zum Ausgangspunkt für ökotechnologische Sanierungsansätze. In Flachseen findet sich Seekreide an bestimmten Stellen oder flächendeckend am Seegrund (Beispiel Rudower See im Land Brandenburg, [25]). Mit dem Saugspülbagger wird tiefer lagerndes Calcit aufgespült und

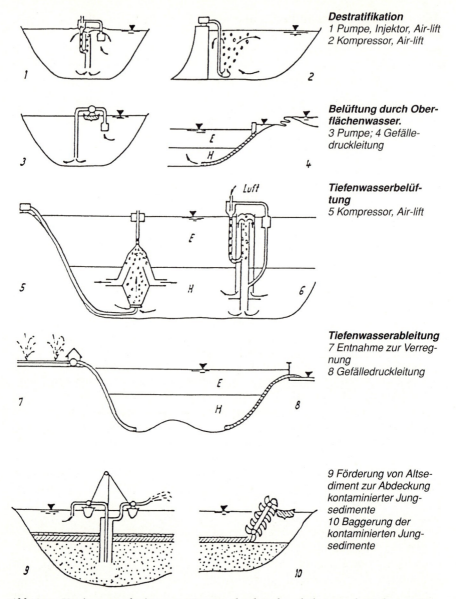

Destratifikation
1 Pumpe, Injektor, Air-lift
2 Kompressor, Air-lift

Belüftung durch Ober-flächenwasser.
3 Pumpe; 4 Gefälle-druckleitung

Tiefenwasserbelüf-tung
5 Kompressor, Air-lift

Tiefenwasserableitung
7 Entnahme zur Verreg-nung
8 Gefälledruckleitung

9 Förderung von Altse-diment zur Abdeckung kontaminierter Jung-sedimente
10 Baggerung der kontaminierten Jung-sedimente

Abb. 3.11. Verringerung der internen Düngung durch Redoxerhöhung an der Sediment-Was-ser-Grenzschicht. Hydromechanische Verfahren [14]

damit das Oberflächensediment überdeckt. Die Effektivität für den Stoffhaus-halt des Sees beruht auf dem besseren P-Bindevermögen der aus der Tiefe ge-förderten Seekreide gegenüber dem Jungsediment, das nach dem 2. Weltkrieg durch P-reiche Waschmittel, ein hohes P-Düngungsniveau sowie Fisch- und En-tenfütterung beeinflußt wurde [26]. Beim tiefen See finden sich litorale Seekreidebänke. Mit aufgespülter Seekreide sind die wesentlich nährstoffreicheren organogenen Weichsedimente größerer Tiefen zu überdecken. Im Versuch wurde nachgewiesen, daß eine ca. 2 cm starke Calcitauflage zum Versiegeln der Weichsedimente ausreicht. Aus dem Sediment stammende Nähr- und Zehrstoffe gelangen nicht mehr in die darüber stehende Wassersäule [27]. Das technische Problem besteht in erster Linie darin, die Verteilung des Calcits über größere Seeflächen wirtschaftlich zu gestalten. Die Kosten steigen sprunghaft an, wenn mehrstufig gepumpt oder gar mit dem Greifbagger entnommenes Calcit per Schiff verfrachtet und verspült werden muß. Eine Möglichkeit, den Naturprozeß der Calcitfällung zu verstärken, ist noch in Erprobung. Mit Hilfe von Tiefenwasserbelüftern wird $CaCO_3$ ins Hypolimnion eingebracht, um die Ausfällung aus der übersättigten Lösung mit Impfkristallen anzuregen (Koschel pers. Mitt.).

Für die chemische Konditionierung der obersten Sedimentschicht gibt es verschiedene Ansätze (s. Abb. 3.12). Die Oxidation mittels Nitrat ist günstiger als ein Drucklufteintrag. Durch seine Dichte dringt das Nitrat ins Sediment ein. Sulfide werden oxidiert und organische Stoffe mit Hilfe von Nitratsauerstoff veratmet. Die Zufuhr von Eisen-III-Salzen zielt auf die sulfidische Festlegung und die Bildung von Eisenoxidhydraten, die den Phosphor daran hindern, ins freie Wasser auszutreten. Bei Seen mit häufiger Anaerobie über dem Sediment wird die P-bindende Deckschicht besser durch Aluminiumhydroxid gebildet. Mit einer pH-Wert-Erhöhung lassen sich Abbauvorgänge, wie z. B. die Nitratatmung und Methanfaulung intensivieren. Die Einarbeitung von Kalk in das durch Fallaub gebildete Sediment von Parkteichen fördert den Abbau dieses zellulosereichen Substrates und kann notwendige Entschlammungen um Jahre hinauszögern [28]. Als langzeitig wirkendes Neutralisationsmittel sind Soda-Briketts im Handel (CONTRACID-Verfahren). Die bei der Naßbaggerung frei werdenden Tonmineralien wirken über den Faktor Licht und die Phosphorbindung gratis gegen die Eutrophierung. Das Auswintern von Fischteichen oxidiert organisches Material, tötet Fischparasiten aber auch nützliche Fischnährtiere, wie die Mollusken und Trichopteren. Das Ausgasen stark sauerstoffzehrender Faulgase, wie es in der Natur vor Gewittern zu beobachten ist, soll technologisch durch Druckwechsel ähnlich wie bei der Flotation, nachgeahmt werden.

Die weitere Verfahrensentwicklung der Sedimentkonditionierung wird sich vor allem mit mikrobenökologischen Ansätzen befassen, die die Sediment-Wasser-Wechselbeziehungen maßgeblich steuern: Bakterien, die bei der P-Festlegung am Gewässergrund mitwirken, Interaktionen zwischen Aerobiern und Anaerobiern, Stoffaustausch über Biofilme am Gewässergrund, Einfluß von Wohnröhren, Gespinsten und Bioturbation auf die Konditionen und Metabolismen.

Vergrößerung der Seetiefe

H. Klapper

Je tiefer ein See, desto geringer seine Neigung zu nachteiligen Algenmassenentwicklungen. Die Umkehr dieses Postulates in Form verringerter

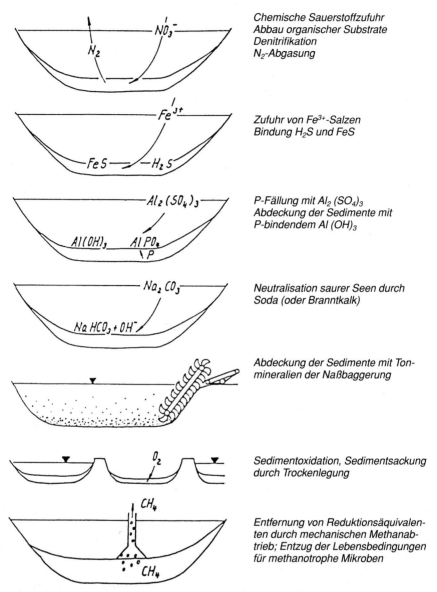

Chemische Sauerstoffzufuhr
Abbau organischer Substrate
Denitrifikation
N_2-Abgasung

Zufuhr von Fe^{3+}-Salzen
Bindung H_2S und FeS

P-Fällung mit $Al_2(SO_4)_3$
Abdeckung der Sedimente mit
P-bindendem $Al(OH)_3$

Neutralisation saurer Seen durch
Soda (oder Branntkalk)

Abdeckung der Sedimente mit Ton-
mineralien der Naßbaggerung

Sedimentoxidation, Sedimentsackung
durch Trockenlegung

Entfernung von Reduktionsäquivalen-
ten durch mechanischen Methanab-
trieb; Entzug der Lebensbedingungen
für methanotrophe Mikroben

Abb. 3.12. Ökotechnologien zur Sedimentkonditionierung. Chemische und mikrobielle Verfahren [14]

Seetiefe ist durch Negativbeispiele am Aralsee und Sewansee eindrucksvoll belegt. Auch in Deutschland gab es jahrhundertelang Bestrebungen, die Seeausläufe zu vertiefen, um damit im Uferbereich landwirtschaftliche Nutzflächen zu gewinnen. In jüngster Zeit ist eher ein umgekehrter Trend zu beobachten.

Verfahrensprinzip

Bei Neubau von Talsperren und Speichern sowie bei der Gestaltung von Bergbaurestseen wird über möglichst große Tiefe auf den Trophiegrad Einfluß genommen. Bei bestehenden Standgewässern sind für höhere Stauziele in der Regel Abschlußbauwerke erforderlich. Die geforderte größere Tiefe ist auch durch Sedimentbaggerung bzw. Entschlammung zu erzielen.

Randbedingungen

Die tiefere Talsperre ist ökologisch günstiger, aber die Baukosten sind höher. In einer bestehenden Talsperre den Wasserspiegel im Interesse der Trophie hoch zu halten, geht zu Lasten des Hochwasser-Rückhalteraumes bzw. wird die verfügbare Kubatur für die Niedrigwasseraufhöhung verringert. Speicherpläne sind zu überarbeiten. Bei Bergbaurestlöchern gibt es den Konflikt zwischen der Zielvorgabe großer Gewässertiefe für die Beschaffenheit und stark abgeflachter Böschungen im Interesse der Standsicherheit. Seenspeicher durch Aufstau am Abschlußbauwerk werden meist für die Bereitstellung größerer Wassermengen (zur Bewässerung) in abflußarmen Zeiten eingerichtet. Die dadurch bedingten Wasserstandsschwankungen können zu Schädigungen oder zum völligen Verlust des Gelegegürtels führen. Weiterhin ist die mögliche Stauhöhe durch vorhandene Bebauung im Uferbereich limitiert. Der Aufwand für den Kubikmeter Stauraum ist vor allem bei größeren Seen niedrig. Bei der Fläche der Mecklenburger Oberseen von 288 km^2 bedeutet jeder Zentimeter einer Speicherlamelle fast 3 Mio. m^3!

Als ökologisch weitgehend unbedenklich hat sich die Entschlammung erwiesen. Die von der Fischerei geforderte Einebnung des Untergrundes erübrigt sich, wenn sich die Baggerlöcher beim weiteren Fortschritt des Baggerbetriebes mit Sekundärsediment auffüllen. Die Kosten der durch Entschlammung gewonnenen Kubatur liegen unter derjenigen für Flachlandspeicher.

Beispiele

Im ehemaligen Bezirk Neubrandenburg wurden folgende Seen als Speicher ausgebaut bzw. ihre Speicherkapazität erweitert [29]: Kummerower See 21,0 Mio. m^3, Müritz 19,0 Mio. m^3, Röddeliner See 17,3 Mio. m^3, Wanzkaer/ Rödeliner See 15,5 Mio. m^3, Überkersee 10,0 Mio. m^3, Tollensesee 9,0 Mio. m^3, Torgelower See 6,5 Mio. m^3. Um jeweils eine Beschaffenheitsklasse nach morphometrischen und trophischen Kriterien wurden Beverinsee und Netzener See (Land Brandenburg) durch Entschlammung verbessert [30]. Der Schalentiner See (Mecklenburg) wurde durch einen Erddamm um 5,50 m aufgehöht. Aus dem hypertrophen, polymiktischen Flachsee hat sich ein Speicher entwickelt, der bei Vollstau geschichtet ist und nach TGL 27885/01 [31] bezüglich Hydrographie, Trophie und nach den Nutzungen um je eine Klasse besser eingestuft werden kann [14].

Änderung des Durchflußregimes

H. Klapper

Verfahrensprinzip

Die jahreszeitliche Dynamik von Nährstoffkonzentrationen und Plankton im
See und seinen Zuflüssen bzw. Konzentrationsunterschiede in verschiedenen
Objekten komplexer Gewässersysteme eröffnet die Möglichkeit, über Durchflußsteuerung das zu schützende Objekt zu entlasten und die Eutrophierung
zu bekämpfen. Bei hohen Konzentrationen im Zufluß ist die Umleitung angezeigt (Nebenschlußvariante), bei niedrigen der Durchfluß (Hauptschluß-
variante). Aus dem Sediment rückgelöster Phosphor wird mit „Verdünnungswasser" ausgespült.

Randbedingungen

Während für die selektive Ableitung vor allem der vertikale Konzentrations-
gradient zur Gütesteuerung genutzt wird, ist die Durchflußsteuerung dann
sinnvoll, wenn die Gewässer eine zeitliche Dynamik besitzen, die sich beim See
und seinen Zuflüssen möglichst unterscheiden sollte. Der Fluß weist z. B. Maximalwerte für Orthophosphat und Nitrat in der kalten Jahreszeit und bei
Frühjahrshochwässern auf. Die Nährstoffe gelangen zum Abfluß, da fehlendes
Licht das Algenwachstum limitiert. Diese Wässer sollten dem See ferngehalten
werden. Minimalwerte im Zufluß kommen im Sommer zustande, wenn in
oberhalb gelegenen Seen die Nährstoffe von Algen verbraucht und ins Dauer-
sediment verfrachtet worden sind. Die in vielen Flachseen im Spätsommer aus
dem Sediment sich rücklösenden Phosphate sollten mit dem „dünnen"
Sommerwasser der Zuflüsse herausgespült werden. Voraussetzung für das
Betreiben wahlweiser Haupt- und Nebenschlußvarianten ist das Vorhandensein möglichst perfekter Steuerorgane in Form von Zufluß- und/oder
Abflußwehren, leistungsfähigen Umflutern und gegebenenfalls Schleusen für
die Schiffahrt.

Beispiele

Die Qualitätsbilanzregulierung (QUABIREG) am Großen Müggelsee (Berlin)
beschreiben Bauer und Mitarbeiter [32]. Vom 16.10. bis 31.05. wird die Spree
über Gosener Kanal und Dahme um den Müggelsee herumgeleitet, vom 01.06.
bis 15.10. wird der Müggelsee im Hauptschluß durchflossen (s. Abb. 3.13). Am
Tegeler See (Berlin) wurde der Zufluß auf die Menge der Wasserentnahmen
gedrosselt und wird entphosphatiert. Die darüber hinausgehende Durch-
flußmenge umfließt den See, wodurch Nährstoffimporte entsprechend gesenkt
werden.

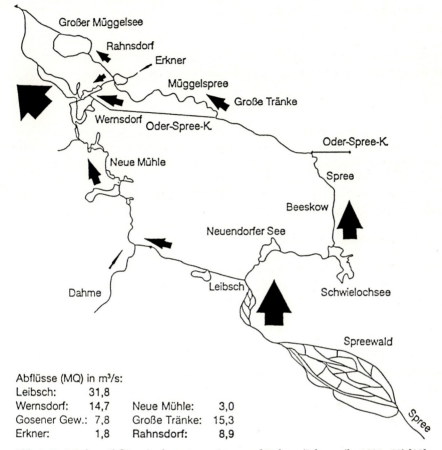

Abflüsse (MQ) in m³/s:

Leibsch:	31,8		
Wernsdorf:	14,7	Neue Mühle:	3,0
Gosener Gew.:	7,8	Große Tränke:	15,3
Erkner:	1,8	Rahnsdorf:	8,9

Abb. 3.13. Mittlere Abflüsse in der unteren Spree und Dahme (Jahresreihe 1981–90) [38]

Selektive Ableitung

B. Scharf

Durch die Auswahl einer bestimmten Entnahme- bzw. Ableitungstiefe kann bei geschichteten Seen und Talsperren mit vertikalen Konzentrationsunterschieden die Beschaffenheit gesteuert werden.

Der Name „Selektive Ableitung" wurde gewählt, da es neben der meist angewandten „Tiefenwasserableitung" auch Fälle gibt, in denen gezielt nitratreiches Oberflächenwasser aus einem See entfernt wird.

Verfahrensprinzip

Tiefenwasserableitung: Während der Stagnationsphasen verarmt das Oberflächenwasser von Seen an Pflanzennährstoffen, während sich das Tiefenwasser damit anreichert. Zur Steigerung des Nährstoffexportes aus einem See wird gezielt Tiefenwasser abgeleitet.

Ableitung von oberflächennahem Wasser: Bei jenen Seen und Talsperren, bei denen Nitrat als Wasserschadstoff hohe Konzentrationen erreicht, ist bevorzugt das nitratreichste Oberflächenwasser abzuführen.

Randbedingungen

Tiefenwasserableitung: Die Tiefenwasserableitung kann nur in geschichteten Seen eingesetzt werden. In Flachseen reichen die kurzen Perioden einer Temperaturschichtung nicht aus, um die Konzentration von Pflanzennährstoffen über der Gewässersohle deutlich zu erhöhen.

Die Anreicherung von Pflanzennährstoffen im Tiefenwasser während der Sommer- und Winterstagnation resultiert vor allem aus dem Absinken der toten organischen Substanz und aus der Freisetzung von Stoffen bei der Rücklösung aus dem Sediment unter sauerstoffarmen oder sauerstofffreien Bedingungen. Am Ende der Stagnationsperioden ist die Konzentration von Phosphor, Stickstoff oder Silicium im Tiefenwasser oftmals über das 100fache größer als im Oberflächenwasser. Deshalb liegt es nahe, zur Oligotrophierung eines Sees Tiefenwasser anstatt Oberflächenwasser abfließen zu lassen. Mit der Tiefenwasserableitung soll erreicht werden:

- Eliminierung eines Teils der absinkenden organischen Substanz. Diese organische Materie belastet nicht den Sauerstoffhaushalt des Hypolimnions,
- zeitliche Verkürzung bzw. vollständiges Verhindern des Auftretens von sauerstofffreien Bedingungen über dem Sediment, was zur Mineralisierung des Sedimentes beiträgt und die Rücklösung von Pflanzennährstoffen aus dem Sediment vermindert,
- langfristige Verarmung des Sedimentes an Pflanzennährstoffen durch Förderung der Diffusion,
- Entfernung eines Teils des Hypolimnions, wodurch die herbstliche Vollzirkulation und damit die Nachlieferung von Sauerstoff in die Tiefe der Seen jahreszeitlich früher eintritt.

Es sind verschiedene Verfahren einer Tiefenwasserableitung zur Anwendung gekommen (Abb. 3.14).

Aufgrund der bisherigen Erfahrung ist eine Oligotrophierung durch eine Tiefenwasserableitung allein jedoch nur dann zu erwarten, wenn die Wassererneuerungszeit weniger als 5 Jahre beträgt. Ist die Wassererneuerungszeit länger als der angegebene Zeitraum, führt eine wirkungsvolle Tiefenwasserableitung mittels einer Pumpe oder einer Heberleitung zur Absenkung des Wasserspiegels.

Problematisch ist die Ableitung des nährstoffreichen Tiefenwassers, wenn dadurch ein anderes stehendes Gewässer belastet wird. Ein Ausweg kann in solchen Fällen die Verwendung des Tiefenwassers zur Bewässerung in der Landwirtschaft sein.

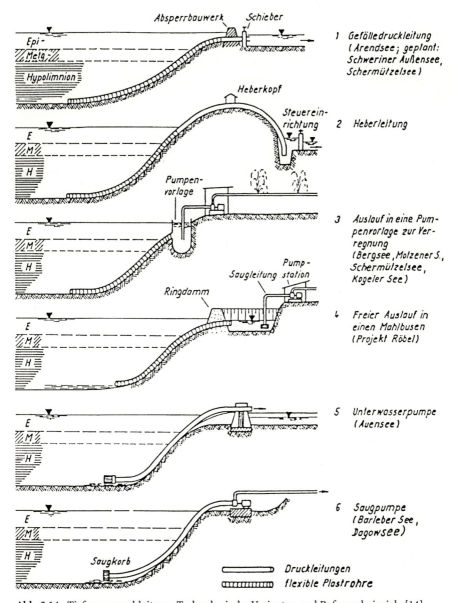

Abb. 3.14. Tiefenwasserableitung: Technologische Varianten und Referenzbeispiele [14]

Anwendungsbeispiele

Es sind viele Beispiele einer Tiefenwasserableitung beschrieben worden, z.B. [14, 33, 34]. Beim *Meerfelder Maar* in der Eifel z.B. mit einer Fläche von 25 ha, einer maximalen Tiefe von 17 m und einer Wassererneuerungszeit von 2,3 Jahren trat 3 Jahre nach der Installierung einer Tiefenwasserableitung und Schaffung einer Pufferzone rund um den See eine deutliche Oligotrophierung ein. Der anfängliche Gesamt-Phosphorgehalt mit rund 70–80 µg/l hatte sich halbiert. Die bis dahin vorherrschende Blaualgenblüte von *Oscillatoria agardhii* brach zusammen und wurde durch eine planktische Algengesellschaft ersetzt, die für mesotrophe Seen charakteristisch ist. Die Sichttiefe hatte sich deutlich vergrößert, so daß erstmalig wieder submerse Makrophyten auftraten [35]. Es sind auch Beispiele beschrieben worden, bei denen im Sommer, also zur Zeit der größten Effektivität der Maßnahme, mit Rücksicht auf den Fremdenverkehr wegen Geruchsentwicklung an der Auslaufstelle kein Tiefenwasser abgeleitet werden durfte. Hierauf ist bei der Planung zu achten.

Am Rande des *Ulmener Maares* in Rheinland-Pfalz wurde eine Phosphor-Eliminierungsanlage installiert, um den Hauptzufluß zu diesem See zu reinigen. Als Rückspülwasser für die Filter in der Anlage wurde Tiefenwasser aus dem See verwendet. In diesem Fall ist die Tiefenwasserableitung unabhängig von der Wassererneuerungszeit, da das Tiefenwasser nach der Aufbereitung wieder dem See zugeführt wird [35].

Ableitung von oberflächennahem Wasser: Die hohe Nitratkonzentration in der *Weida-Talsperre* in Thüringen störte die Trinkwassergewinnung. Da das nitratreichste Wasser sich in der trophogenen Zone befand, wurde neben einer Tiefenwasserableitung zur Trinkwassererzeugung zusätzlich über eine nachträglich eingebaute Heberleitung Oberflächenwasser abgeführt und hiermit die Mindestwasserführung im Wildbett gewährleistet [14].

Lichtabschirmung

H. Klapper

Verfahrensprinzip

Die pflanzliche Primärproduktion wird über den Faktor Licht gedrosselt. Dabei kann mit einer Abschirmung durch Uferrelief und Baumbestand der Lichteinfluß verringert werden. Kleingewässer können mit Folien abgedeckt, Langsamsandfilter in geschlossenen Hallen betrieben oder mit Makrophyten bepflanzt werden, die den Gewässergrund beschatten. Klareis kann durch Kohlestaub, Asche oder Aktivkohle verdunkelt werden. Künstlich angeregte Zirkulation in tiefen Seen vergrößert die Verweiltiefe von Schwebealgen und vermindert den Lichtgenuß und das Wachstum des Phytoplanktons (s. auch Destratifikation).

Randbedingungen

Der systematische Einsatz von Baumanpflanzungen besonders an den Süd- und Ostufern von Fließgewässern und Kanälen ist eine geeignete Ökotechnologie zur Eindämmung der Verkrautung und zugleich zur biologischen Ufersicherung. Bei Rinnenseen und Talsperren ist, bezogen auf die Gesamtfläche, nur eine graduelle Beschattung möglich [14]. Die Tagebogenverkürzung der Sonne ist überwiegend dem Landschaftsrelief zuzuschreiben. Eine

Abdeckung zur Lichtabschirmung kommt nur für Kleinstgewässer, z.B. Swimmingpools oder Trinkwasserzisternen infrage. Durch schwarze Folien kann das Badewasser erwärmt, durch reflektierende das Trinkwasser gekühlt werden. Hauptanliegen bleibt aber die Unterbindung des Algenwachstums. Bei einer Verdunkelung von Klareis mit kohleartigen Medien muß abgesichert sein, daß diese nicht auf Grund hydrophober Eigenschaften zu sichtbaren Uferverschmutzungen führen. Für diejenigen Systeme, deren Wirkung wesentlich auf dem biogenen Sauerstoffeintrag beruht, wie Oxidationsteiche und Algenreaktionsbecken, ist das Licht als positiver Wirkfaktor geradezu erforderlich. Baumbestand ist in diesem Fall unerwünscht und ebenso ist freier Windzutritt zu den Wasserflächen zu gewährleisten, damit sich keine Schwimmdecken z.B. von Wasserlinsen ausbreiten, die das darunter befindliche Wasser verdunkeln.

Beispiele

Eine Steuerung der Wasserbeschaffenheit über den Faktor Licht allein ist bislang nicht beschrieben worden, wohl aber die Berücksichtigung dieses Faktors bei komplexen Sanierungslösungen. Zu Kleinversuchen und möglichen Anwendungsfeldern gezielter Lichtlimitation s. [36] und Abschn. 3.4.1.3, Belüftung.

3.4.1.3
Kurative Behandlung: Methoden zur Bekämpfung von Gewässerschäden

H. Klapper

Entschlammung und Entrümpelung

Verfahrensprinzip, limnologisches Ziel

Die Materialien, die zur Verschlammung geführt haben, wie abgestorbene Schwebe- und Uferpflanzen, ausgefällte Seekreide, Eisenocker und alle Stoffe, die dem See über die Zuflüsse als Geschiebe- oder Schwebstofffracht zugeführt worden sind, können durch Baggerungen wieder entfernt werden. Entschlammung bis auf den prälimnischen Untergrund kann letztlich den Ausgangszustand wiederherstellen. Glazialseen werden dabei um etwa 10 000 Jahre verjüngt und der Prozeß der Seealterung rückgängig gemacht. Aus Kostengründen sind in der Regel Teilentschlammungen angezeigt, wenn damit das limnologische Ziel der Qualitätsverbesserung oder das wirtschaftliche Ziel verbesserter Nutzbarkeit erreichbar ist:

– Verbesserung der Hydrographie (Fläche, Volumen, mittlere und maximale Tiefe, Etablierung einer Temperaturschichtung, Verweilzeit, Flächen- und Volumenquotient im Verhältnis zum Einzugsgebiet),

- Verbesserung der „Vorsperrenwirkung" von vorgelagerten Seen hinsichtlich ihres Rückhaltevermögens für Schwebstoffe, Nährstoffe und Schwebeorganismen,
- Verringerung der internen Nährstoffbelastung durch Entfernen stärker belasteter Jungsedimente und Freilegen von Altsedimenten mit besserem Phosphorbindevermögen (Beispiel Netzener See bei Potsdam),
- Schaffung von Sedimentationsräumen zum Auffangen der Schwebeteilchen, Konzentrierung der frisch aussinkenden (Plankton-)Partikeln mit darin einverleibten Nährstoffen durch den „Trichtereffekt",
- Einflußnahme auf den Durchfluß durch Sedimententnahmen aus dem Zu- und Abflußbereich, Gestaltung dieser Bereiche zur Verhinderung von Kurzschlußströmungen,
- Wiederherstellung erforderlicher Tauchtiefen in Wasserstraßen,
- turnusmäßige Instandsetzung und Rekonstruktion von Fischteichen, Vorsperren an Trinkwassertalsperren, Algenreaktionsbecken und Oxidationsteichen.

Randbedingungen

Viele Kleingewässer in Stadtlandschaften haben keinen Anschluß an den mitunter stark abgesenkten Grundwasserspiegel. Wird bei der Entschlammung die biologische Selbstdichtung bei der Baggerung völlig beseitigt, versickert das Wasser im Untergrund, die Gewässer trocknen aus. Die Nähe zu Ansiedlungen ist ein regelmäßig auftretender Grund für das Vorhandensein von Schrott, Flaschen und anderem Grobmüll, für dessen Bergung spezielle Greifbaggertechnik gefordert ist. Der Schneidkopfsaugspülbagger ist hierfür ungeeignet. Vorsicht ist geboten, wenn Kriegsgerät und insbesondere Munition zu erwarten ist. Für deren Beseitigung muß vor der eigentlichen Baggerung eine flächendeckende Munitionsentsorgung durchgeführt werden. Bei einer Entschlammung von Flachseen wird der ökologisch wertvolle Gelegegürtel mit abgebaggert. Dabei ist angeraten, bewußt Restbestände zu erhalten, um die Wiederherstellung eines funktionsfähigen Litorals zu beschleunigen. Das Baggergut wird in den allermeisten Fällen aus dem See entfernt. Ausnahmsweise wurden bei Flachseen mit dem Material künstliche Inseln angelegt. Insbesondere bei Nichtbegehbarkeit entstehen Brutkolonien von Wasservögeln und bereichern die Landschaft. Der Seeschlamm sollte vorzugsweise in der Landwirtschaft und Landschaftsgestaltung und, wenn möglich, im See-Einzugsgebiet verwendet werden. Der Schlamm hatte sich im Laufe von Jahrhunderten aus Materialien gebildet, die aus dem Einzugsgebiet ausgewaschen wurden. Mit den Nährstoffen wurde Plankton gebildet, das nach dem Sedimentieren die organischen Anteile und Nährstoffe liefert. Die biogene Entkalkung hat Seekreide hinzugefügt. Verarmte Sandböden im Einzugsgebiet können damit fruchtbarer gemacht werden: Feinteile verbessern die Bodentextur, der organische Anteil die Kohlenstoffversorgung und das Sorptionsvermögen. Den Böden wird Verlorenes zurückgegeben und zugleich werden Nährstoffe fortan besser zurückgehalten, dadurch der See weniger belastet. In der ehemaligen DDR wurde Seeschlamm systematisch als organischer Düngestoff gewonnen.

Durch staatliche Subvention wurde der „nebenbei" erzielte Sanierungseffekt honoriert. Bei wasserarmer Gewinnung mit Greifbaggern wurde der Schlamm sofort in Obstplantagen verteilt oder aber mit Rindenabfällen der Kohlenstoffanteil erhöht und in Mieten zwischengelagert. Die Saugspülbaggerung ist auf der Seite der Entschlammung weitaus am effektivsten. Dem Vorzug billiger Förderung steht aber eine flächenaufwendige Auflandetechnik gegenüber. In den Teichen findet stets eine Klassierung statt. Kies und Grobsand verbleiben an der Mündung des Spülrohres, zu den entferntesten Flächen gelangt nur schlecht trocknender Schlick. Noch ehe diese Teile maschinengängig sind, ist schon Buschwerk aufgewachsen und verkompliziert eine landwirtschaftliche Rekultivierung.

Die Ausweisung von Naßflächen für die Auflandung bedarf der Anhörung der Naturschutzbehörden, den Naßgebieten wird ein hoher ökologischer Wert in der Landschaft zuerkannt. Innerhalb von Großstädten und in Industriegebieten gibt es Gewässer, deren Sedimente mit Schwermetallen oder anderen Schadstoffen belastet sind und nicht in der Landwirtschaft eingesetzt werden können. Auch ist der unerwünschte Transport durch Siedlungsgebiete oder fehlende Verwertungsfläche als Randbedingung zu berücksichtigen. Für derartige Fälle stehen komplizierte Aufbereitungstechnologien zur Verfügung, den Schlamm bis zum Trocknen zu behandeln, um ihn weiter transportieren, deponieren oder auch verbrennen zu können.

Anwendungsbeispiele

Häufig verwendete technologische Ketten der Seenentschlammung sind in Abb. 3.15 zusammengestellt. Die Ziffern werden kurz kommentiert: *1* Schwimmprahm mit dieselgetriebenem Greifbagger-Schutentransport zum Verladekai – Entnahme mit leiserem Elektrogreifer und Verfrachtung mit wasserdichten Muldenkippern ins Verwertungsgebiet. Schlamm: Wasserverhältnis $\geq 2:1$ gestattet sofortige Verwertung als Bodenverbesserungsmittel. *2* Eimerkettenschwimmbagger – Schutentransport – Saugspüler am Ufer – Rohrleitung – Auflandefläche. Bevorzugter Einsatz zur Unterhaltung von Wasserstraßen. *3* Schneidkopfsaugspülbagger – schwimmende Schlammleitung – Auflandefläche. Bei Transportentfernungen über 2000 m Zwischenpumpwerk erforderlich. *4* Schwimmende Arbeitsplattform zum Abpumpen weicher Sedimente mittels Abwassertauchpumpe – auf Schwimmsteg verlegte Druckleitung zum Ufer und zur bis 600 m entfernten Deponie. *5* Unterwasserentschlammungsgerät „Sanieromat" mit auf Unterwasserschlitten montierter Söffelpumpe – Schlauchleitung zur uferständigen Pumpenvorlage mit Sandabscheidung – Direktverregnung des wasserreich geförderten Schlammes. *6* Trockentechnologien für ablaßbare Vorsperren und Teiche: Planierraupe – Universalbagger mit Grabgreifer – Kfz-Transport.

Typische Technologien für die Entschlammung von Kleingewässern bei bespanntem Zustand sind in Abb. 3.16 dargestellt: *1* Mit Winde und Umlenkrolle über das Gewässer gezogener Schürfkübel – am Ufer stationierter Zweischalengreifer zur Verladung auf Muldenkipper; *2* Durch großvolumige Pneus unsinkbare Planierfahrzeuge schieben den Schlamm zur Verlade-

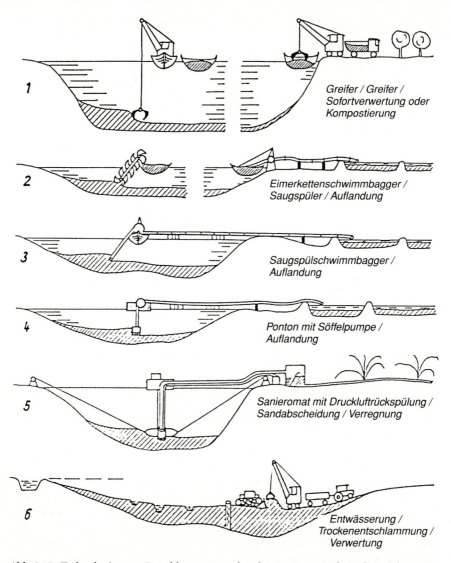

Abb. 3.15. Technologien zur Entschlammung stehender Gewässer. Referenzbeispiele: *1* Netzener See, Rangsdorfer See; *2* Neuendorfer See; *3* Beverinsee; *4* Kattenstieg-See; *5* Leipesee; *6* Vorsperre Haselbach, Gr. Teich Torgau [14]

station; *3* Auf einem Prahm stationierter Löffelbagger fördert auf einen Transportprahm, der am Ufer mit dem Zweischalengreifer entladen wird. Der Bagger wird durch Stützen stabilisiert; *4* Das Planierschiff schiebt die Sedimente zur Verladung am Ufer.

International ist eine Vielzahl von Dickstoffpumpen zur Seenentschlammung im Angebot, spezielle Saugköpfe, Schneidköpfe, sehr dicht schließende Greiferschaufeln usw. Der „Mud-cat"-Bagger hat einen horizon-

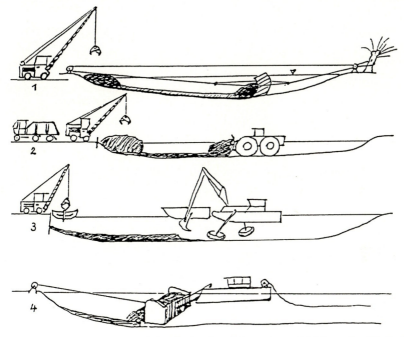

Abb. 3.16. Entschlammungstechnologien für Kleingewässer. *1* Schleppschaufel, *2* schwimmfähiger Planiertraktor, *3* schwimmender Löffelbagger mit Stützen, *4* Planierschild, vom Boot aus geführt

talgelagerten Schneidkopf in Form von zwei gegenläufig arbeitenden Archimedesschnecken, die das Sediment von der Seite zur mittig gelegenen Schlammpumpe fördern. Eine Abdeckhaube verringert das Aufwirbeln des Schlammes [37].

Bei Schlämmen, die auf Grund von Schadstoffbelastungen bzw. wegen fehlender Flächen in der Stadt nicht landwirtschaftlich verwendet werden können, ist eine weitergehende Behandlung angezeigt (Abb. 3.17 und 3.18). Nach Grobstoffabtrennung kann der Sand über Zyklone separiert und über Schwingentwässerer so weit aufbereitet werden, daß er im Straßenbau verwendbar ist. Der zu deponierende oder zu verbrennende Schlamm wird maschinell durch Zentrifugen oder nach Flockungsmittelzugabe über Filterpressen entwässert. Das Filtratwasser wird durch Flotation und Filtration vorflutfähig aufbereitet. Im Anwendungsfall Entschlammung Kleiner Müggelsee (Berlin) wird nach umfangreichen Sedimentbeprobungen und -untersuchungen eine vielstufige Technologie eingesetzt [38]. Mit einem Unterwasser-Elektromagneten wird Munition aufgespürt und geborgen. Zur Schlammentnahme wird ein schwimmender Saugbagger mit einem gegen Aufwirbelung geschützten Scheibenschneidkopf eingesetzt. Über eine 250 m lange schwimmende Druckrohrleitung NW 250 mm wird in ein aus Stahlspundbohlen gerammtes Zwischenlager von 15 × 55 m als Puffer für den Nachtbetrieb gefördert. Die am Ufer stationierte Aufbereitungsanlage wird mit einem kleinen

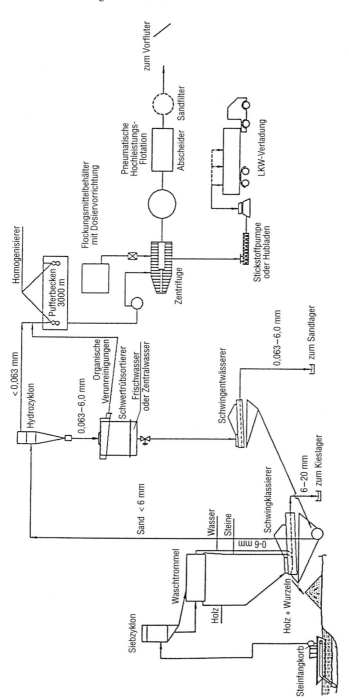

Abb. 3.17. Verfahrensschema des Netteverbandes zur Entschlammung der oberen Netteseen

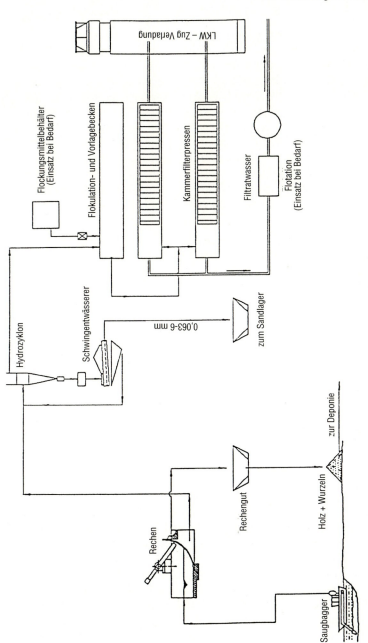

Abb. 3.18. Verfahrensschema des Netteverbandes zur Entschlammung der Kaelberweide

Saugbagger aus dem Zwischenbehälter beschickt. Sie besteht aus vier Schlammhochbehältern von je 125 m³, in denen der Schlamm gesiebt, homogenisiert und konditioniert wird. Durch Flockungsmittel werden größere und preßbeständige Flocken erzeugt. Über Vorentwässerungstisch und Siebbandpresse mit 50–80 m³/h Schlammgemisch-Durchsatz wird der Schlammkuchen abgepreßt und über Förderbänder auf Wasserfahrzeuge verladen.

Das Filtratwasser gelangt über Nacheindicker in einen Sammelbehälter. Zur Phosphatbindung wird Eisen-III-Chlorid zugesetzt und über vier Sandfiltertürme mit je 300 m³/h Durchsatz in den Reinwassertank gefördert. Die Rückleitung in den See erfolgt über eine Belüftungstulpe. Eine autonome Stromversorgung, Chemikalienlager, Werkstatt, Überwachungsmonitore und Betriebslabor komplettieren die eindrucksvolle „Entschlammungsfabrik". Die Förderung von 200 000 m³ Naßschlamm erforderte 15 Mio. DM.

Belüftung (Oberflächenbelüftung, Tiefenwasserbelüftung, Destratifikation, chemischer und flüssiger Sauerstoff)

Verfahrensprinzip

Um Schäden durch sauerstoffzehrende Prozesse zu vermeiden, werden die betreffenden Gewässer künstlich belüftet. Das defizitäre Wasser wird an die Grenzschicht Luft-Wasser gebracht. Die Grenzfläche soll möglichst groß sein und ständig wechseln. Der Gasaustausch wird durch Turbulenz verstärkt. Der Energiebedarf ist dann am niedrigsten, wenn das sauerstoffärmste Wasser belüftet wird, denn das Sauerstoffdefizit ist die Triebkraft des Sauerstoffeintrages. Je nach Belüftungstechnologie wird sauerstoffarmes Wasser in die Luft gebracht oder die Luft in das Wasser. Zur Oberflächenvergrößerung ist das Wasser in feine Tröpfchen zu verdüsen bzw. die Luft möglichst feinblasig einzutragen.

Randbedingungen

Ungleichgewichte von Produktion und Veratmung organischer Substanz stören den Sauerstoffhaushalt im See. Sauerstoffmangel oder gar völliger Schwund zählt zu den spektakulärsten Folgen von Gewässerbelastungen. Fischsterben oder gar Schwefelwasserstoffemission werden auch vom Laien als Katastrophen empfunden. Künstliche Belüftung ist eine notwendige Gegenmaßnahme, auch wenn damit nur das Symptom behandelt und die Ursache nicht beseitigt wird. Organisch belastete Standgewässer zeigen O_2-Defizite, wenn der physikalische Eintrag über die Oberfläche und die biologische Sauerstoffproduktion in der durchlichteten Schicht den respiratorischen Verbrauch nicht ausgleichen. Bei Flachseen wechselt oft eine Übersättigung am Tage und starkes Defizit in der Nacht. Bei tiefen Seen mit temperaturbedingter Schichtung ist das Hypolimnion während der Stagnationsperioden vom physikalischen Sauerstoffeintrag abgeschnitten. Da in der lichtlosen Tiefe kaum Photosynthese stattfindet, fehlt auch die biogene Belüftung.

Das Auftreten anaeroben Tiefenwassers ist in eutrophen Seen durchaus natürlich und erfordert Belüftung nur in den Fällen, bei denen wesentliche

Folgeschäden zu erwarten sind: Eisen-, Mangan- und Phosphorrücklösung in Trinkwassertalsperren, H_2S-Akkumulation in solchen Größenordnungen, daß es bei einsetzender Herbstvollzirkulation zu völligem Sauerstoffschwund kommen kann. Vorsicht ist bei der Belüftung von meromiktischen Seen geboten: Bei langjährigem Ausbleiben von Zirkulationen wurden z. B. im Solbad Staßfurt im nicht mitzirkulierenden Tiefenwasser, dem Monimolimnion, 400 mg/l H_2S und im Bindersee bei Halle 340 mg/l H_2S gemessen. Da zur Oxidation von 1 mg H_2S 1,88 mg/l O_2 benötigt werden, genügt schon die Einmischung relativ kleiner Wassermengen aus dem Monimolimnion, um den gesamten See anaerob werden zu lassen. Bei mechanischer Belüftung sind die anaeroben Bereiche von oben fortschreitend langsam in die Zirkulation einzubeziehen. Dabei ist die O_2-Konzentration im Oberflächenwasser ständig zu kontrollieren. Einige Belüftungsverfahren lösen keine Zirkulation aus: die chemische Oxidation mittels Nitrat oder die feinblasige Begasung mit Reinsauerstoff. Sie sind allerdings teurer als die mechanische Belüftung, deren Haupteffekt darauf beruht, daß die sauerstoffbedürftigen Wässer an die Oberfläche gefördert werden, wo sie sich aus dem atmosphärischen Vorrat selbst aufsättigen können.

Sobald das große Defizit befriedigt ist und beherrscht werden kann, ist zu entscheiden, ob die dauerhaft zu installierende Belüftung als Tiefenwasserbelüftung oder Destratifikation konzipiert werden soll. Erstere erhält die Temperatur- und chemische Schichtung aufrecht.

Der zu belüftende hypolimnische Wasserkörper ist meist nur sehr klein im Vergleich zum Gesamtvolumen. Bei der Destratifikation beruht die Wirtschaftlichkeit in erster Linie auf der verstärkten Ausnutzung des Sauerstoffeintrages über die Gewässeroberfläche.

Anwendungsbeispiele der verschiedenen Belüftungstechnologien

Oberflächenbelüftung von Flachseen und Teichen ermöglicht die Mitnutzung des physikalischen Sauerstoffeintrages weit über das von der Natur vorgegebene Maß hinaus. Die intensive Fischproduktion läßt sich bis auf etwa 10 t/ha · a steigern. Hochkonzentrierte Abwässer der Lebensmittelindustrie werden gestapelt, wobei die belüfteten Teiche mehrere Meter tief sein können. Bei sauerstofffreiem Ausgangswasser ist der energiebezogene Sauerstoffeintrag mit mehr als 5 kg O_2/kWh besonders hoch [39].

Kreiselbelüfter haben sich dabei als am wirtschaftlichsten erwiesen. Bei größeren Flächen empfiehlt sich aber eine Kombination mit schwimmenden *Belüftungswalzen*, die das Wasser horizontal vortreiben und damit verhindern, daß sich um die Schwimmkreisel herum „Sauerstoffinseln" ausbilden, wodurch der Eintrag sinkt. Im berüchtigten Silbersee bei Wolfen, einem mit Industrieabfallprodukten fast gefüllten Bergbaurestsee, wird die nur 0,5 bis 1 m dicke Wasserschicht allein mit schwimmenden Belüftungswalzen aerob erhalten, um H_2S-Emissionen zu vermeiden.

Für die Teichbelüftung werden zur Rückführung von Kreislaufwässern *hydropneumatische Förderer* (Mammutpumpen) verwendet, die die Förderung mit einer Belüftung verbinden. *Rohrgitterkaskaden* sind zwar ebenfalls geeignet, bei nur 0,3 kg O_2/kWh aber zu teuer [40].

Selbstansaugende Venturibelüfter können Bedeutung erlangen, wenn zwischen zwei Gewässern ausreichend Gefälle besteht. Unter Ausnutzung der Fließenergie wird Luft eingemischt. Die punktförmige Wirksamkeit schränkt den Einsatz in großen Gewässern stark ein. Gleiches gilt für den gepumpten *Treibstrahl* [41].

Die *Druckbelüftung* mit feinblasiger Verteilung über Filterkerzen ist wegen kurzer Aufstiegstrecken in Flachgewässern wenig effektiv. Allerdings sind bei geringen Drücken anstelle der Kompressoren Kreiskolbengebläse mit großem Volumenstrom einsetzbar. Zur besseren Ausnutzung der eingetragenen Luft werden auch horizontal auf dem Gewässergrund liegende *Belüftungstunnel* mit eingebauten Aufwuchsträgern z.B. in Form von Tischtennisbällen verwendet. Bei durchscheinender Abdeckhaube können auch autotrophe Prozesse den Sauerstoffeintrag unterstützen.

Fontänen sind zwar als Belüfter energieaufwendig, der Sauerstoffeintrag ist aber nur ein erwünschter Nebeneffekt des ästhetischen Hauptzweckes. Allerdings liegen die kritischsten Zeiten im Sauerstoffhaushalt von hypertrophen Flachseen in den Nacht- und frühen Morgenstunden, decken sich also nicht mit den üblichen Betriebszeiten der Wasserspiele.

Relativ bedeutungslos wird die Energieeffizienz der Belüftung, wenn es gilt, im Havariefall z.B. bei Sauerstoffmangel-Fischsterben Abhilfe zu schaffen. Zum provisorischen Sauerstoffeintrag können mobile Beregungsanlagen, die Paddel von Krautschneidebooten und andere Provisorien durchaus sinnvoll sein.

Die *Tiefenwasserbelüftung* wird vorrangig in Trinkwassertalsperren eingesetzt, um die O_2-Zehrung aus überstauter Vegetation in der Einstauphase zu kompensieren, den Eisen- und Mangangehalt im Hypolimnion zu senken, Meromixie zu vermeiden und den Lebensraum der Kaltwasserfische zu erhalten. Die obere Saaletalsperre mußte 16 Jahre lang (1976–1992) durch Tiefenwasserbelüftung vor dem Umschlag in H_2S-Anaerobie bewahrt werden. Die Binnenfischerei wurde beauflagt, die bei der Netzkäfighaltung in Seen auftretenden Belastungen durch Tiefenwasserbelüftung auszugleichen. Die niedrige Temperatur des Hypolimnions bleibt trotz der Belüftung erhalten. Die Sauerstofflöslichkeit ist im kalten Wasser größer und die vom Sediment ausgehende Zehrung geringer. Vor allem können die für Trinkwasser geforderten Temperaturen unter 15 °C problemlos eingehalten werden. Von den in der Literatur beschriebenen Geräten zur Tiefenwasserbelüftung [14] werden die vier in Deutschland am häufigsten eingesetzten Typen dargestellt. Davon arbeiten der neue Wahnbach-Belüfter Typ Hypolimnos (Fa. Enning) und der Limnox hypolimnion aerator (Atlas Copco) mit Druckluft aus Kompressoren.

Der in der DDR entwickelte Tiefenwasserbelüfter Typ „Sosa" (jetzt KGW Schwerin) und auch der TIBEAN (Petersen Schiffstechnik) verwenden Injektorbelüftung, so daß der Dauerbetrieb mit robusten und geräuscharmen Pumpen durchgeführt werden kann.

Der *Hypolimnos-Belüfter* gehört zu den leistungsstärksten Geräten. Mit etwa 500 m³/h Luft setzt er etwa 10 000 m³/h Wasser durch. In das als Teleskop ausgebildete Steigrohr wird an dessen Fußpunkt über eine Batterie von 12 Belüftungskerzen Druckluft eingeblasen. Zwei Rotationsverdichter mit je

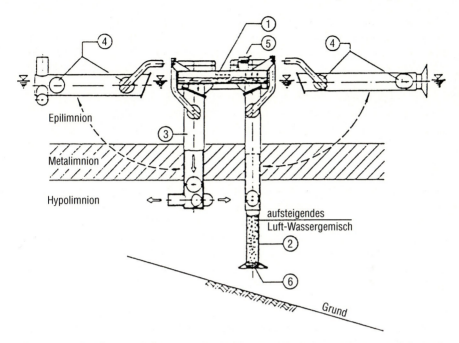

Abb. 3.19. „Hypolimnos"-Belüfter der Fa. Enning, Recklinghausen, Prinzip „Wahnbachtalsperre" [42]. *1* Ponton mit Entgasungsrinne, *2* Teleskopsteigrohr, *3* Fallrohr, *4* lenz- und flutbare Schwimmkörper, *5* Winde, *6* Belüfterkerzensystem

25,7 kW leisten maximal je Vn = 276 m³/h. Die Schleppkraft der während des Aufstieges expandierenden Luftblasen transportiert das Tiefenwasser in einen Ponton, in dem die Restluft entgast. Das luftblasenfreie, mit Sauerstoff angereicherte Wasser wird über das Fallrohr mit 3 Austrittsrohren unter das Metalimnion verfrachtet. Abbildung 3.19 zeigt, wie Steig- und Fallrohr horizontal an den Ponton andocken und durch Fluten der Schwimmer in die senkrechte Position gebracht werden [42].

Der *Limnox-Belüfter* hat u.a. durch sehr anwenderfreundliche Vermarktung die weiteste Verbreitung gefunden. Durch die partielle Mischluftförderung besitzt er eine relativ schlechte Ausnutzung der zugeführten Druckluft. Von landstationierten Kompressoren wird die Druckluft in einen untergetauchten Belüftungskessel gefördert. Der Mischluftheber, der das sauerstoffarme Tiefenwasser fördert, beträgt nur wenige Meter. Die Rückleitung erfolgt über drei oder sechs Auslaufrohre. Da hier immer wieder Luftblasen austraten, wurden Luftfallen eingerichtet und die Rückführung in den bis zur Oberfläche reichenden Abluftschlauch sichergestellt. Ein für Skandinavien wesentlicher Vorzug ist der ungehinderte Betrieb auch im Winter (s. Abb. 3.20).

Der *Tiefenwasserbelüfter Typ Sosa* besitzt eine besonders gute Luftausnutzung. Das sauerstoffarme Tiefenwasser wird mit einer Unterwasser-Propellerpumpe wenige Meter über dem Grund entnommen, an die Ober-

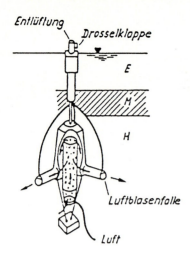

Abb. 3.20. Limnox hypolimnion aerator.
E Epilimnion, *M* Metalimnion, *H* Hypolimnion

fläche gefördert und mittels Hohlstrahldüse mit Luft angereichert. Das Wasser-Luft-Gemisch wird im Blasenführungsrohr bis 10 m unter den Wasserspiegel geleitet, um 180 °Grad umgelenkt und in das zentrale Steigrohr eingeführt, aus dem auch die Pumpe das Tiefenwasser entnimmt. Der sich bildende Mischluftheber fördert zusätzlich Wasser aus der Tiefe und bringt es mit Luft in Kontakt. Das belüftete Wasser wird über ein Mantelrohr in den oberen Teil des Hypolimnions zurückgeführt. Die Geräte wurden in der DDR aus glasfaserverstärktem Polyester leicht und korrosionsbeständig gefertigt, jetzt wird rostfreier Stahl und Aluminium eingesetzt (s. Abb. 3.21).

Bei einem größeren Tiefenwasserbelüfter Typ Schönbrunn wurden an einem größeren Kopfstück je 4 Pumpen, Blasenführungsrohre um ein Steig- und Mantelrohr montiert und damit 9200 m³/h durchgesetzt. In der o. g. oberen Saaletalsperre waren 14 dieser Großbelüfter in Betrieb. Der *TIBEAN* ist nach ähnlichem Technologie-Konzept gefertigt. Ein Fortschritt ist die Modulbauweise aus seewasserbeständigem Aluminium. Die Einzelteile werden zum Einsatzort transportiert und dort montiert. Der unterste Modul ist mit Unterwassermotor und Tauchpumpe bestückt. Die Pumpe drückt Treibwasser in einen Ejektor, der über ein Schnorchelrohr Luft ansaugt und von unten in ein großes Steigrohr einbläst. Die Hauptmenge an Tiefenwasser wird wie beim Belüfter Typ Sosa nach dem Mischluftheberprinzip gefördert und belüftet (s. Abb. 3.22).

Die *Destratifikation* ist die am häufigsten angewendete Technologie, um aus der Wasserstagnation herrührende Schäden zu überwinden. Dabei ist es zweckmäßig, bereits die ersten Anzeichen einer Temperaturschichtung zu bekämpfen. Zu Beginn der Stagnation ist die erforderliche Arbeit zur Einmischung des kälteren, damit schwereren Tiefenwassers in das Oberflächenwasser am geringsten. Hinsichtlich der Eutrophierung bewirkt die Destratifikation zwei gegenläufige Prozesse: Erstens werden die höheren Nährstoffgehalte des Tiefenwassers in den Gesamtwasserkörper eingemischt und

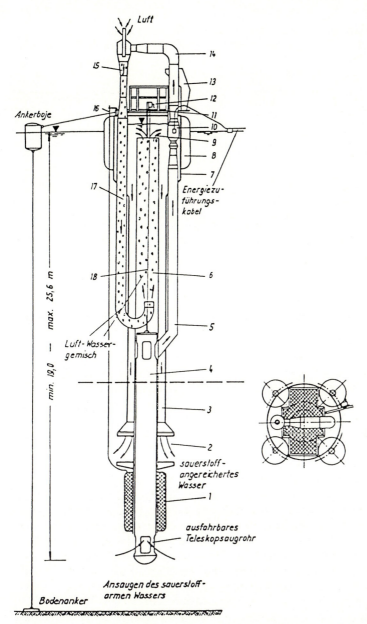

Abb. 3.21. Tiefenwasserbelüfter Typ „Sosa". *1* Gummischwimmer, aufblasbar; *2* Ausströmöffnung; *3* Mantelrohr; *4* Teleskopsaugrohr; *5* Pumpensaugleitung; *6* Steigrohr; *7* Kopfteil; *8* Schwimmer; *9* Überlauf; *10* Pumpe UPL; *11* Bedienungspodest; *12* Winde zum Ein- und Ausfahren für Teleskopsaugrohr; *13* Hebezeug für Pumpenmontage; *14* Pumpendruckleitung; *15* Hohlstrahldüse-Belüftungs- und Mischvorrichtung; *16* Flut- und Entleerungseinrichtung für Schwimmer; *17* Blasenführungsrohr; *18* Zugseil

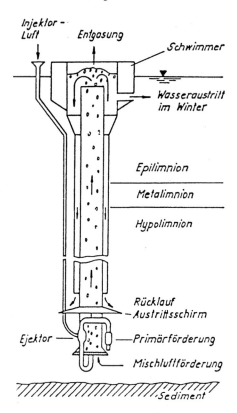

Abb. 3.22. Tiefenwasserbelüftungsanlge „TIBEAN" [43]

können die Primärproduktion steigern. Zweitens steigt im vollzirkulierenden See die Verweiltiefe der Algen, das Licht wird zum wachstumsbegrenzenden Faktor. Als Faustregel kann gesagt werden, daß Gewässer mit über 10 m mittlerer Tiefe durch Lichtlimitation weniger produzieren, flachere dagegen eher mehr. Wenn dennoch auch flachere Gewässer in künstliche Zirkulation versetzt werden, dann wegen der damit gegebenen Möglichkeit, die Dominanz der so unerwünschten Blaualgen zu überwinden.

Der *linienförmige Drucklufteintrag* erzielt den größten Massentransport. In der größten Tiefe werden gelochte Rohre möglichst waagerecht installiert und aus Kompressoren Druckluft zugeführt. Der Auftrieb des Luft-Wasser-Gemisches erzeugt einen kräftigen Wasserstrom nach oben. An der Oberfläche strömt das Wasser seitlich ab und taucht in etwa fünf mal Steighöhe ab, um schließlich an den Ausgangspunkt zurückzukehren. Die seitlich an den stark zirkulierenden Nahbereich anschließenden Gewässerteile werden zu einer gegenläufigen Sekundärwalze angeregt (s. Abb. 3.23).

Der spezifische Luftbedarf wird mit 9,2 m^3/min $\cdot$ km^2 Seefläche angegeben [44]. Für einen wirtschaftlichen Eintrag kleiner Luftblasen sollte mit einem nur ein bis zwei Atmosphären über dem für die Überwindung der Wassersäule notwendigen Druck gearbeitet werden. Die Düsen sollten theoretisch klein und mit geringem Abstand gebohrt werden. In der Praxis müssen aber

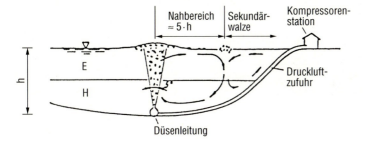

Abb. 3.23. Destratifikation durch linienförmigen Drucklufteintrag [14]. *E* Epilimnion, *H* Hypolimnion

Durchmesser unter einem Millimeter wegen Verstopfungsgefahr vermieden werden. Auch bei größeren Bohrungen kann feinblasige Belüftung erzielt werden, wenn die Luftrohre mit porösem Schaumstoff ummantelt werden. Bei Ausfall der Druckluftzufuhr schließen sich die Poren, das Lüfterrohr kann weder verschlammen noch verstopfen.

Neben dem beschriebenen Anwendungsgebiet des aufsteigenden Luftschleiers zur Belüftung sind weitere interessante Einsatzgebiete zu nennen: der über dem Belüftungsrohr entstehende Wasserberg mit gerichteter Lateralströmung eignet sich als Ölsperre, mit ihm können Wasserbauten eisfrei gehalten werden, Chemikalien eingemischt oder Druckwellen bei Unterwassersprengungen gedämpft werden.

Auch die Technik der Destratifikation ist vielfältig variiert worden. Durch Einleitung der Druckluft in senkrechte Steigrohre, sogenannte „aerohydraulic cannons" oder „bubble guns" kann der Mischungsprozeß beschleunigt werden.

Am Weißen See, Berlin, wird die Temperaturschichtung mit einem abgerüsteten Tiefenwasserbelüfter Typ Sosa zerstört [45]. Bei dem in Finnland häufig angewendeten Mixox-Verfahren wird warmes Oberflächenwasser in die Tiefe gepumpt und damit die erwünschte Konvektionsströmung erzeugt. Das gleiche Wirkungsprinzip wird am Jabeler See in Mecklenburg erprobt. Das sauerstoffreiche Oberflächenwasser eines 1,5 m höher gelegenen Sees wird ins Hypolimnion des Jabeler Sees eingeleitet.

Die Londoner Wasserspeicher werden über die „Jet-Aeration" über den Zufluß in Zirkulation gehalten. Das am Baldegger See eingesetzte System „Tanytarsus" besteht aus einer Destratifikation von November bis April durch Drucklufteintrag über Belüfterroste und einer Sauerstoffbegasung von Mai bis Oktober über die gleichen Verteilersysteme. Die 2,5 μm-Poren garantieren so feine Blasen, daß der Sauerstoff vollständig im Hypolimnion gelöst wird und die Schichtung erhalten bleibt. Die Sauerstoffbegasung schließt die Probleme der Stickstoffübersättigung aus (s. Abb. 3.24).

Die *chemische Sauerstoffversorgung* durch sauerstoffreiche Verbindungen, wie z. B. *Natriumnitrat* ist besonders geeignet, H_2S-Emissionen zu verhindern. Der größte Teil des Nitrates wird reduziert, und Stickstoff entweicht als N_2 in molekularer Form. Die Oxidation von 1 t H_2S erfordert 1,88 t O_2 oder

Destratifikation mit Luft

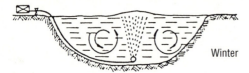

Winter

Eintrag von Reinsauerstoff

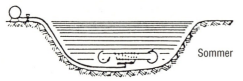

Sommer

Abb. 3.24. System „Tanytarsus" zur winterlichen Destratifikation und zum sommerlichen Sauerstoffeintrag ins Hypolimnion [46]

2,55 t NaNO$_3$. Obwohl diese Form der Sauerstoffzufuhr mindestens doppelt so teuer wie eine mechanische (Tiefenwasser-)Belüftung ist, ist sie doch vor allem bei Havariefällen zu empfehlen. Das Nitrat kann dem Sauerstoffbedarf angepaßt flexibel appliziert werden.

Auch *Flüssigsauerstoff* wird heute von der Industrie angeboten und die Dewar-Vorratstanks für den −270 °C kalten Sauerstoff sowie Wärmeaustauscher zur Verfügung gestellt. Wegen des Preises sollte vom Dauerbetrieb abgesehen werden. Die Effektivierung von Tiefenwasserbelüftern, die Befriedigung hohen Sauerstoffbedarfes meromiktischer Seen, Bekämpfung von Fischsterben unter Eis und andere, kurzzeitig zu lösende Belüftungsprobleme können den Sauerstoffeinsatz durchaus rechtfertigen.

Prophylaktische, therapeutische und kurative Maßnahmen zum Kampf gegen die Eutrophierung sind in der Übersicht (Abb. 3.25) zusammengefaßt. Die Organismenbekämpfung z. B. mittels Kupfersulfat gegen Blaualgen oder Herbiziden gegen unerwünschte Verkrautung wird hier nicht als Seensanierung beschrieben. Notwendige Einsätze sollen die Ausnahme bleiben. Nähere Informationen siehe [14].

Neutralisation versauerter Gewässer

Die Gewässerversauerung tritt in zwei Formen auf, der aerogen und der geogenen. Hinsichtlich der sauren Deposition liegt Deutschland fast im europäischen Immissionszentrum. Schwefel- und Stickoxide bilden mit dem Regen Säuren, deren Hauptwirkung in den Waldschäden deutlich wird. Seen und Talsperren reagieren auf den sauren Regen im allgemeinen nur in den sensitiven Urgebirgsgegenden der Mittelgebirge und bei forstwirtschaftlicher Nutzung der Einzugsgebiete. Die kaum gepufferten Wässer erreichen pH-Werte zwischen 4,5 und 5,5 und sind z. B. nicht mehr bewohnbar für Fische, Mollusken, Ephemeriden und Gammariden. Stark vereinfachte Nahrungsnetze machen die Ökosysteme anfällig, der heterotrophe Stoffabbau ist eingeschränkt. Aluminiumhydroxokomplexe in den Sedimenten erreichen im Vergleich zu neu-

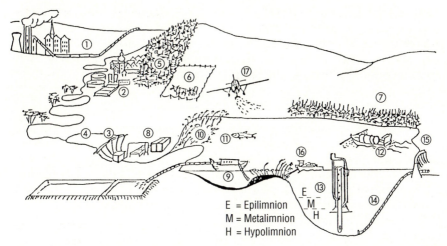

Abb. 3.25. Bekämpfung der Eutrophierung (abgeändert nach [47]). Prophylaktische Maß-nahmen gegen die Eutrophierung: *1* Abwasserableitung aus dem Einzugsgebiet, *2* Abwasser-reinigung mit Nährstoffelimination, *3* Stauhaltungen zur Nährstoffelimination, *4* Nährstoff-entnahme durch Makrophyten, *5* Aufforstung erosionsgefährdeter Hänge, *6* Bodennutzung mit vermindertem Nährstoffaustrag, *7* Schutzwaldstreifen, *8* P-Elimination im Seezulauf. The-rapeutische Maßnahmen gegen die Eutrophierung: *9* Entschlammung, *10* Einlauf-Bioplateau, *11* Raubfischbesatz zur Biomanipulation, *12* Nährstoffausfällung, *13* Tiefenwasserbelüftung (alternativ Destratifikation), *14* Tiefenwasserableitung, *15* Seespiegel-Erhöhung, *16* Makro-phytenernte, *17* Algizideinsatz ($CuSO_4$) gegen Blaualgen

tralen Gewässern 10- bis 100fache Werte und binden den Phosphor. Obgleich phänologisch einer Oligotrophierung entsprechend, ist die Versauerung allein wegen der Verarmung der Biozönosen und Verringerung der Selbstreini-gungsleistung als Schädigung anzusehen.

Gravierender sind das Ausmaß und die Folgen der geogenen Ver-sauerung in Bergbaurestseen. Die zuvor im anaeroben Milieu stabilen Pyrite und Markasite aus der Kohle und dem Begleitgestein werden beim Abbau oxi-diert und liefern Schwefelsäure, Sulfat und Eisen. Die hierfür verantwortlichen Reaktionen sind [48]:

$$FeS_2 + 7/2\,O_2 + H_2O \;\rightarrow\; Fe^{2+} + 2\,SO_4^{2-} + 2\,H^+ \qquad (3.1)$$

$$Fe^{2+} + 1/4\,O_2 + H^+ \;\rightarrow\; Fe^{3+} + {}^1\!/_2\,H_2O \qquad (3.2)$$

$$Fe^{3+} + 3\,H_2O \;\rightarrow\; Fe\,(OH)_3\,(s) + 3\,H^+ \qquad (3.3)$$

$$FeS_2 + 7\,Fe_2\,(SO_4)_3 + 8\,H_2O \;\rightarrow\; 15\,FeSO_4 + 8\,H_2SO_4 \qquad (3.4)$$

Die geogen sauren Bergbaurestseen füllen sich mit verdünnter Schwefelsäure, in der viele Metalle, vor allem das aus dem Pyrit stammende Eisen, gelöst sind. Carbonat und Hydrogencarbonat fehlen bei pH-Werten zwischen 2 und 3 völ-lig. Entsprechend fehlen alle Tiere, die für ihre Skelette Kalk benötigen (Fische, Amphibien, Krebse, Mollusken ...) und unter den Pflanzen diejenigen, die vor-wiegend Hydrogencarbonat assimilieren. Dennoch sind selbst diese Gewässer nicht tot, sondern durch typische Pioniergesellschaften gekennzeichnet. Beschaffenheitsstandards für Bade-, Fischerei- und Nutzwasser z. B. für die Trinkwasseraufbereitung werden nicht annähernd eingehalten. Mit Ausnahme von einigen Natur- und Landschaftsseen verlangen die Gewässer nach Maßnahmen gegen die Versauerung im Interesse ihrer Nutzbarkeit.

Verfahrensprinzip

Das Wasser der versauerten Weichwasserseen und -talsperren wird mit Kalk und/oder Soda auf einen Ziel-pH von > 6 gebracht, der die Reproduktion von Fischen gestattet.

Die im Sauren gepufferten Sulfatgewässer sind durch Basenzufuhr allein nicht wirtschaftlich zu neutralisieren. Komplexe Lösungen richten sich gegen die Bildung von Säure in den Kippen und deren Transport in den See, beziehen Oberflächenwässer zur Erstfüllung mit ein und nutzen vor allem langzeitig säurebindende biologische (Anaerob-)Vorgänge für die Neutralisation.

Randbedingungen

Die Neutralisation der durch den sauren Regen degradierten Gewässer mit Hilfe von Basen ist technisch gut machbar. Die erforderliche Menge wird durch Basentitration direkt ermittelt. Die Applikationsmenge ist den Teilvolumina des Sees oder der Talsperre zuzuordnen, und die Gewässerabschnitte sind durch Landmarken zu kennzeichnen. Die Ausbringung mit Futterkähnen der Fischerei gestattet das Löschen von Branntkalk beim Hin- und Herfahren im markierten Abschnitt. Bei der Talsperre Klingenberg (Sachsen) wurden 100 t Branntkalk appliziert und der geplante pH-Wert auf Zehnteleinheiten genau erzielt.

In Schweden wurden in den letzten 20 Jahren etwa 4000 Seen gekalkt und wieder für Fische bewohnbar gemacht. Bei dieser Größenordnung ist die aviotechnische Ausbringung von $CaCO_3$ oder CaO adäquat. Um den Hubschrauber vor Korrosion zu schützen, werden die Chemikalien hängend in Behältern transportiert, die sich über dem See öffnen lassen. Die Stabilisierung des Ergebnisses durch Carbonate kann entweder gleichzeitig vorgenommen werden oder aber in Form von Sodabriketts, die sich vom Gewässergrund her langsam lösen.

Wenn viele Talsperren in Urgebirgsgegenden keine Versauerungserscheinungen aufweisen, so liegt dies an der landwirtschaftlichen Praxis der Kalkung der Böden. Inwieweit die Waldkalkungen, die zur Eindämmung der Waldschäden durchgeführt werden, sich auf Bäche und Talsperren auswirken, wird noch untersucht. Die in Fernleitungen einspeisenden Trinkwassertalsperren verfügen zum Korrosionsschutz über Kalksättiger. Die Kalkmilch könnte im Prinzip auch in die Talsperrenzuläufe eingespeist werden. Damit würde allerdings die Algenproduktion angeregt und die aggressive Kohlensäure des Tiefenwassers dennoch nicht hinreichend neutralisiert. Die durch hohe Eisen- und Aluminiumkonzentrationen stark gepufferten Bergbaurestseen besitzen eine so hohe Basenbindungskapazität, daß die Kalkneutralisation allenfalls bei kleinen Gewässern ökonomisch in Betracht kommt. Die Technik ist in Gestalt der Grubenwasseraufbereitungsanlagen eingeführt. Vor Einleitung in die Fließgewässer ist der pH-Wert auf über 6 anzuheben und das entstehende Eisenoxidhydrat abzuscheiden. Dafür dienen Kalksilos, Lösebecken, Mischgerinne, Absetzbecken und die erforderlichen Steuereinrichtungen.

Beispiele

Das Problem der geogenen Versauerung ist eine Begleiterscheinung nicht nur des Kohleabbaues, sondern tritt auch beim Abbau aller sulfidischen Erze auf.

Tabelle 3.3. Belastungsarten und -folgen in Bergbaurestseen bei ihrer Flutung mit Grund- und/oder Oberflächenwässern. *GW* = Grundwasser, *OfW* = Oberflächenwasser, *TW* = Trinkwasser, *SM* = Schwermetalle

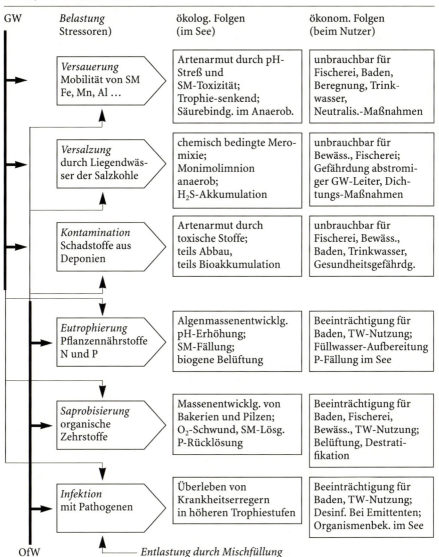

GW	Belastung (Stressoren)	ökolog. Folgen (im See)	ökonom. Folgen (beim Nutzer)
	Versauerung Mobilität von SM Fe, Mn, Al …	Artenarmut durch pH-Streß und SM-Toxizität; Trophie-senkend; Säurebindg. im Anaerob.	unbrauchbar für Fischerei, Baden, Beregnung, Trinkwasser, Neutralis.-Maßnahmen
	Versalzung durch Liegendwässer der Salzkohle	chemisch bedingte Meromixie; Monimolimnion anaerob; H_2S-Akkumulation	unbrauchbar für Bewäss., Fischerei; Gefährdung abstromiger GW-Leiter, Dichtungs-Maßnahmen
	Kontamination Schadstoffe aus Deponien	Artenarmut durch toxische Stoffe; teils Abbau, teils Bioakkumulation	unbrauchbar für Fischerei, Bewäss., Baden, Trinkwasser, Gesundheitsgefährd.
	Eutrophierung Pflanzennährstoffe N und P	Algenmassenentwicklg. pH-Erhöhung; SM-Fällung; biogene Belüftung	Beeinträchtigung für Baden, TW-Nutzung; Füllwasser-Aufbereitung P-Fällung im See
	Saprobisierung organische Zehrstoffe	Massenentwicklg. von Bakerien und Pilzen; O_2-Schwund, SM-Lösg. P-Rücklösung	Beeinträchtigung für Baden, Fischerei, Bewäss., TW-Nutzung; Belüftung, Destratifikation
	Infektion mit Pathogenen	Überleben von Krankheitserregern in höheren Trophiestufen	Beeinträchtigung für Baden, TW-Nutzung; Desinf. Bei Emittenten; Organismenbek. im See

OfW —— *Entlastung durch Mischfüllung*

In den USA unter der Bezeichnung AMD (Acid Mine Drainage) bekannt, gibt
es eine Reihe von Bekämpfungsansätzen, die aber überwiegend noch in der Er-
probungsphase sind. Dazu gehören die Zugabe von Kalkstein, Phosphatgestein
oder organischer Abwässer, die Mikroverkapselung, anaerobe Kalksteindräns,
Bakterizide, gebaute Feuchtgebiete und Überflutung. In Kanada wird die Forschung zum MEND (Mine Environment Neutral Drainage) gemeinsam vom
Staat und den Minengesellschaften getragen. In Deutschland wurden die geogen schwefelsauren Wässer im Zusammenhang mit der Beendigung des Uran-
abbaues und der drastischen Einschränkung der Braunkohlengewinnung zum
staatlich geförderten Forschungsgegenstand. An Hand der Tabellen 3.3 und 3.4
sowie Abb. 3.26 werden die gegenwärtig erkennbaren Lösungsansätze skizziert, wobei die Verfahrensentwicklung ein immanenter Bestandteil der Forschung ist.

Tabelle 3.4. Belastungsarten in Bergbaurestseen und Möglichkeiten zur Minderung ihrer Wirkungen

Belastung (Stressoren)	Einfluß- bzw. Steuerungsmöglichkeiten im Rahmen der Sanierung	Randbedingungen Risiken
Versauerung u. SM-Mobilität	Minimierung des GW-Fließens, Neutralisation durch Denitrifikation und Desulfurikation	Zufuhr von C-Quellen Fernhaltung von O_2
Versalzung	Minimierung der Liegendentwässerung, Umkehr des GW-Gefälles durch Fremdflutung, Verdünnung	Meromixie, Anaerobie und H_2S-Akkumulation im Monimolimnion
Kontamination SM u. Schadstoffe	Adsorption, Inkorporation, Kopräzipitation, Sedimentation, Abbau, Immobilisierung im Dauersediment, Verdünnung	giftige Metaboliten, Bioakkumulation, Migration im GW-Leiter
Eutrophierung Nährstoffe	P-Bindung an Fe^{3+}, Al^{3+}, Ca^{2+}, Inkorporation, Bioflockulation und Sedimentation, Biofiltration (tierische Filtrierer, Makrophyten und Aufwuchs), biogener O_2-Eintrag	O_2-Tag-Nacht-Gänge Zehrung im Hypolimnion, pH-Schwankungen, Licht, Lebensrhythmen
Saprobisierung Zehrstoffe	mikrobieller Abbau org. Stoffe: Sauerstoffatmung, Nitratatmung, Sulfatatmung, sulfidische Bindung von Säure u. SM, H_2S-Verwertung durch Photosynthese	O_2-Zufuhr oder Fernhaltung, Verkeimung, H_2S-Akkumulation, Licht
Infektion	Adsorption, Bioflockulation, Sedimentation, Entkeimung durch UV und Anoxie; mikrobielle Nutzung energiereicher, reduzierter Substrate: Nitrifikation, Enteisenung, Entmanganung, Sulfurikation (Erzleaching)	Überleben in saprobem Milieu, Nitrifikation und Sulfurikation bilden Säure

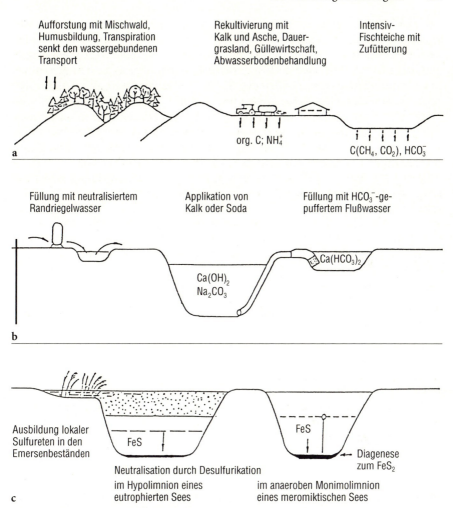

Aufforstung mit Mischwald, Humusbildung, Transpiration senkt den wassergebundenen Transport

Rekultivierung mit Kalk und Asche, Dauer- grasland, Güllewirtschaft, Abwasserbodenbehandlung

Intensiv- Fischteiche mit Zufütterung

org. C; NH_4^+

a $C(CH_4, CO_2)$, HCO_3^-

Füllung mit neutralisiertem Randriegelwasser

Applikation von Kalk oder Soda

Füllung mit HCO_3^--ge- puffertem Flußwasser

$Ca(HCO_3)_2$

$Ca(OH)_2$
Na_2CO_3

b

Ausbildung lokaler Sulfureten in den Emersenbeständen

FeS

FeS

Diagenese zum FeS_2

Neutralisation durch Desulfurikation

im Hypolimnion eines eutrophierten Sees

im anaeroben Monimolimnion eines meromiktischen Sees

c

Abb. 3.26 a–c. Förderung der Neutralisation geogen versauerter Bergbaurestseen. **a** Maßnahmen im Einzugsgebiet, **b** im See, **c** mikrobielle Naturprozesse zur Säurebindung

3.4.2
Fließgewässer

H. Guhr

Fließgewässer stellen Ökosysteme dar, die sich linear auf der Erdoberfläche erstrecken und unterschiedliche Naturräume über große Entfernungen miteinander verbinden. Ihre Hauptstruktur, das Gewässerbett, ist stationär, die andere, das abfließende Freiwasser, gerichtet dynamisch ausgebildet [49]. Sie sind in eine Flußlandschaft eingebettet, die aus dem Gewässer und der mit ihm in Wechselbeziehung stehenden Aue geformt wird. In ihm konzentriert sich der Abfluß von der Landfläche. Naturgegebenheiten und Nutzung des Einzugsgebiets bedingen das hydrologische Regime, die Ausbildung des Gewässerbettes und den Gehalt an Wasserinhaltsstoffen [50]. Das Wasser wiederum gestaltet die Landoberfläche. Die charakteristischen Eigenschaften der Bäche, Flüsse und Ströme sind letztlich auf das Gefälle zurückzuführen, das für Abfluß und Strömungsgeschwindigkeit die Voraussetzung bildet. Fließgewässersysteme entwässern die Landschaft und transportieren gelöste und partikuläre Wasserinhaltsstoffe zum Meer, das damit zur Senke auch der anthropogen eingetragenen Stoffe wird. Artenvielfalt und -anzahl, Wechselbeziehungen im Nahrungsnetz und Umsatzleistungen werden von der chemischen Zusammensetzung des Wasserkörpers und den geo- oder ökomorphologischen Bedingungen des Gewässers, d. h. den hydrologischen und strukturmorphologischen Verhältnissen geprägt. Die anthropogenen Einwirkungen äußern sich im Wasserhaushalt, in der stofflichen Gewässerbelastung aus punktförmigen und diffusen Quellen sowie in der Gewässerbett-, Ufer- und Auengestaltung, die zu Zwecken der Land- und Gewässernutzung vorgenommen wurde. Die Verschmutzungsprobleme sind hierbei stärker ins öffentliche Bewußtsein eingedrungen als andere Gewässerbeeinträchtigungen.

Die biologische Durchgängigkeit der Fließgewässer als Lebensadern in der Landschaft ermöglicht die Wanderung von Tieren vom Meer zum Süßwasser und umgekehrt. Für den genetischen Austausch zwischen einzelnen Landschaftsteilen besitzt das System Fluß – Aue eine Schlüsselstellung [51], da vor allem bei Hochwasser Samen, Früchte und andere verbreitungsfähige Pflanzenteile sowie Tiere auf Treibholz flußabwärts verfrachtet werden und offene Auenflächen besiedeln können.

Die Abwasserbelastungen aus Industrie, Kommunen und Landwirtschaft führten in der Vergangenheit zu einer immensen Verschmutzung der Fließgewässer, die in Westdeutschland in der ersten Hälfte der 70er Jahre und in Ostdeutschland in den 80er Jahren ihren Höhepunkt erreichte. Die Flüsse waren durch eine hohe Belastung mit leicht und schwer abbaubaren organischen Stoffen, Salzen, Nährstoffen, toxischen Schwermetallen und organischen Spurenstoffen charakterisiert. In der Elbe lagen beispielsweise auf 60 % der ehemaligen DDR-Fließstrecke die Sauerstoffgehalte bei sommerlichen Niedrigwasserverhältnissen unter 3 mg/l, an den Belastungsschwerpunkten Oberes Elbtal und unterhalb Muldemündung sogar unter 1 mg/l [52]. Die Fische waren weit über die Lebensmittelgrenzwerte mit Schwermetallen und organischen Schadstoffen belastet. Die Benthosgemeinschaft bestand aus einer Restbiozönose an verschmutzungstoleranten Arten [53]. Wie die Gewässergütekarte der alten Bundesländer beweist, konnte durch umfangreiche Abwasserreinigungsmaßnahmen die Gewässerbeschaffenheit erheblich verbessert werden. Ähnliches vollzieht sich gegenwärtig in den neuen Bundesländern.

In intensiv genutzten Einzugsgebieten treten trotz fortgeschrittener Abwassersanierung noch Wasserbeschaffenheitsprobleme auf. Die Wassermenge der Flüsse, die vor allem salzhaltige Abwässer aufnehmen müssen, reicht oft nicht für eine an Gütezielen orientierte Verdünnung aus. In einigen Flußabschnitten sind zeitweise erhebliche Sauerstoffdefizite anzutreffen. Um Schäden im Ökosystem und bei den Gewässernutzern zu vermeiden, werden zusätzliche Bewirtschaftungsmaßnahmen im Flußgebiet erforderlich, um eine Mindestwasserqualität zu erzielen. Flußsedimente akkumulieren Schadstoffe, wodurch bei notwendigen Baggerarbeiten hochbelastetes Material gefördert wird, für dessen Verwertung ökonomische Lösungen gesucht werden. Wasserläufe, die für bestimmte Nutzungsziele ausgebaut wurden, zeigen trotz verbesserter Wasserbeschaffenheit nicht die Artenmannigfaltigkeit weitgehend natürlicher Flußökosysteme, da mosaikreiche Habitatstrukturen im Gewässer und die Anbindung an terrestrische Naturräume fehlen. Sie sind auch sehr unterhaltungsintensiv. Damit diese Flußgewässer ihre ökologische und Wasserhaushaltsfunktion in der Landschaft annähernd erfüllen, müssen sie in einen naturnahen Zustand versetzt werden. Bei der Renaturierung sind die ökologischen Belange und die Gewässernutzungen in Einklang zu bringen. Im Sinne einer nachhaltigen Entwicklung haben nur extensive Nutzungen des Gewässers und der angrenzenden Flächen Bestand, da die Maximierung einer Nutzungsart zwangsläufig andere Nutzer und das ökologische Wirkungsgefüge beeinträchtigen.

3.4.2.1
Steuerung der Belastung durch Verdünnung

Gemäß der Maxime „Dilution is no Solution of Pollution" stellt das Verdünnen der Abwässer mit sauberem Wasser (Grundwasser, Trinkwasser, …) grundsätzlich keine Reinigungsmaßnahme dar. Die Allgemeine Rahmenverwaltungsvorschrift über Mindestanforderungen an das Einleiten von Abwasser in Gewässer [54] fordert daher, daß die für Abwässer verschiedener Herkunftsbereiche festgelegten Konzentrations- und Frachtwerte „… nicht entgegen den jeweils in Betracht kommenden Regeln der Technik durch Verdünnung oder Vermischung erreicht werden dürfen". Dessen ungeachtet nimmt die verbleibende Restkonzentration nach der Einleitung im Fluß ab, wenn nicht das von oberhalb der Einleitungsstelle zufließende Wasser bereits durch andere Emittenten mit dem jeweiligen Stoff entsprechend belastet ist. Bei der Festlegung von Gütezielen für ein Fließgewässer, an dem eine größere Anzahl von Emittenten gelegen ist, die ihre Abwässer nach den anerkannten Regeln der Technik bzw. nach dem Stand der Technik reinigen, muß letztlich über Verdünnungsrechnung geprüft werden, ob jene erreicht werden, um ggf. weitere Maßnahmen zu fordern.

In den Staaten, vor allem in den ehemaligen Ostblockländern, in denen die Gewässer primär nach dem Immissionsprinzip bewirtschaftet werden bzw. wurden, wird der Durchfluß des Flusses („Vorfluters") bei der Festlegung der Abwassereinleitungswerte in gewissem Maße berücksichtigt bzw. die Abwasserableitung erfolgt durchflußbezogen.

Der Nördliche Donez durchfließt das große Industriegebiet des Donezbeckens in der Ukraine, in dem etwa 7 Millionen Menschen leben. Die Trinkwasserversorgung muß zu 20% aus dem Fluß gewährleistet werden. Die Hauptmenge seines Wassers dient der Industrie als Brauchwasser und der Landwirtschaft für Bewässerungszwecke. Aufgrund der kritischen Wassermengen- und Beschaffenheitssituation des Nördlichen Donez wurde auf einem 100 km langen Abschnitt ein Steuersystem installiert, das aus 7 automatischen Meßstationen am Gewässer und 3 an den größten Industrieeinleitern (Soda- und chemische Industrie), Laboreinrichtungen sowie einer Steuerzentrale besteht. Diese Betriebe besitzen Überjahresspeicher für ihre Abwässer, die bei der chemischen Produktion vorher lokal gereinigt werden. Vor Errichtung des Steuersystems wurden die Abwasserspeicher während der Hochwasserperioden nach einem empirischen Regime entlastet. Mit der Inbetriebnahme des Steuersystems erfolgt die Abwasserableitung dieser 3 Betriebe entsprechend der Beschaffenheitssituation des Flusses, die von anderen, nicht mit Abwasserspeichern ausgerüsteten Einleitern und vom Durchfluß mitgeprägt wird. Der Chloridgehalt als Steuergröße soll im Nördlichen Donez 350 mg/l nicht überschreiten, wobei der Salzgehalt nicht das alleinige Beschaffenheitsproblem darstellt. Auch organische Gewässerbelastung und Schadstoffe im Spurenbereich beeinträchtigen den Gewässerzustand und die Nutzungen.

Ähnlich funktioniert die seit 1963 in der Saale praktizierte Salzlaststeuerung (Abb. 3.27). Dieser Nebenfluß der Elbe wird insbesondere über die Unstrut und ihre Zuflüsse Helbe und Wipper durch die magnesiumchloridhaltigen Ablaugen der Kaliindustrie im Südharz erheblich aufgesalzen. Davon ist die chemische Industrie in Leuna und Buna am stärksten betroffen, die das Saalewasser als Betriebs-/Kühlwasser benötigt. Damit das Wasser ökonomisch vertretbar aufbereitet werden kann, wurde als Steuerziel am Querschnitt Leuna-Daspig 40° dH und 470 mg/l Chlorid im Tagesmittel festgelegt [55]. Die technologische Grundlage der Steuerung bilden das Saaletalsperrensystem (nutzbare Speicherkapazität 350 Mio. m^3) für die Zufuhr von Verdünnungswasser und Stapelbecken für die Zwischenspeicherung der Salzabwässer aus den Kaligruben mit einer Gesamtspeicherkapazität von rund 0,8 Mio. m^3 (Abb. 3.27), wobei auch Direkteinleitungen erfolgen. Die planmäßige Steuerung umfaßte [56]

– die Vorausberechnung des möglichen Salzwasserabstoßes in CaO (kg/s) in Abhängigkeit von dem zu erwartenden Durchfluß und vom Mischungsverhältnis Unstrut- zum Saalewasser,
– die Vorausberechnung der erforderlichen Zuschußwasserabgaben aus dem Talsperrensystem der Saale bei zu erwartenden Grenzwertüberschreitungen am Nutzungsquerschnitt Leuna-Daspig infolge von Durchflußänderungen oder anderweitig nicht beherrschbaren Abwasserlaststößen.

Diese Kurzfriststeuerung wurde computergestützt [57] von einer Steuerzentrale der zuständigen Wasserwirtschaftsbehörde in Halle veranlaßt. Bei mittleren und niedrigen Wasserstandsverhältnissen betrugen die Fließzeiten der Abwasserlastspitzen meist über 40 Stunden, während die Laufzeiten der Zuschußwasserabgaben darunter lagen.

Da die Salzkonzentrationen der Saale und nicht die der belasteten Zuflüsse den Bezugspunkt bildeten, waren damit in der Vergangenheit zeitweise sehr hohe Salzkonzentrationen in der Wipper und Helbe verbunden. Nach Stillegung der Kaligruben in Nordthüringen ist die Salzfracht in diesen

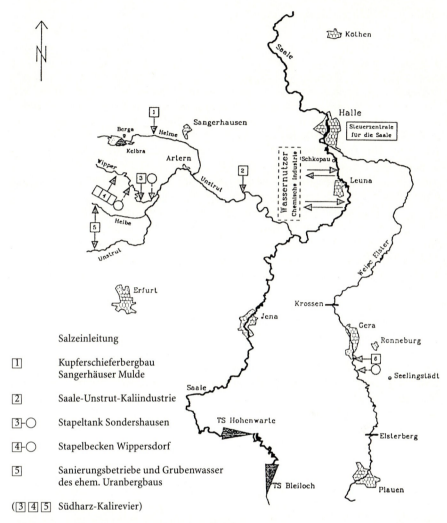

Abb. 3.27. Salzlaststeuerung Saale und Weiße Elster

betroffenen Gewässerabschnitten gesunken, so daß hier auch eine umweltverträglichere Abstoßregelung möglich wird.

In der Weißen Elster, einem Nebenfluß der Saale, ist ebenso eine Salzlaststeuerung notwendig, um Richtwerte einzuhalten. Die Belastung resultiert aus dem früheren Uranbergbau der ehemaligen SDAG Wismut. Der Abstoß salzhaltiger technischer Abwässer aus den jetzigen Sanierungsbetrieben und Grubenwässer von Bergbaubetrieben beeinflussen die Salzbilanz des Gewässers negativ. Talsperrenwasser steht als Verdünnungswasser für die Salzlaststeuerung wegen zu geringer Speichervolumina nicht zur Verfügung. Das Abwasser der Sanierungsbetriebe muß daher in Abhängigkeit von der natürlichen Wasserführung der Weißen Elster eingeleitet werden, so daß die Richt-

Tabelle 3.5. Richtwerte für Salzkomponenten in der Weißen Elster [55] (s. Abb. 3.27)

Meßstelle	Chlorid mg/l	Sulfat mg/l	Gesamthärte (CaO) mg/l
Elsterberg	80	225	120
Krossen	250	550	220

und Überwachungswerte für die Salzkonzentration nicht überschritten werden. Die für die Wassergütebewirtschaftung festgesetzten Richtwerte in Thüringen sind in Tabelle 3.5 aufgeführt.

Diese Salzlaststeuerung wird in Zusammenhang mit der Sanierung der Folgen des Uranbergbaus bis zur Jahrtausendwende fortgesetzt werden müssen.

Die Steuerung der Gewässerbelastung über die Verdünnung wird, wie aus den Beispielen ersichtlich, nur bei Salzen praktiziert. Das ist dann gerechtfertigt, wenn der infrage kommende Konzentrationsbereich im Gewässer andere Nutzungen nicht ausschließt und das limnische Ökosystem nicht nachhaltig verändert wird.

3.4.2.2
Steuerung des Sauerstoffhaushaltes

Der gelöste Sauerstoff bildet die Grundlage für die Lebensvorgänge in Gewässern. Sein Gehalt wird vom Partialdruck in der über der Wasseroberfläche befindlichen Gasphase – im Normalfall die Atmosphäre, von der Wassertemperatur, vom Druck und in geringerem Maße vom Gehalt an Wasserinhaltsstoffen, vor allem Salzen, bestimmt. Luftgesättigtes Wasser enthält zwischen 0° und 20 °C 14,6 bis 9,1 mg/l Sauerstoff.

Die physikalische Belüftung und die Assimilation pflanzlicher Wasserorganismen wirken sauerstoffzehrenden Prozessen entgegen. Neben der Diffusion über die Wasseroberfläche lösen insbesondere die beim Fließen und beim Wellengang entstehenden Turbulenzen den gasförmigen Sauerstoff auf. Unter Wirkung des Lichtes bilden Algen und höhere Wasserpflanzen aus Wasser und Kohlendioxid neben organischer Substanz auch Sauerstoff. Dieser als Photosynthese bezeichnete Vorgang ist auf die durchlichteten Gewässerbereiche während der Vegetationsperiode beschränkt.

Sauerstoffverbrauchende Prozesse umfassen den aeroben biochemischen Abbau von organischer Substanz, weitere mikrobielle Oxidationsprozesse (Nitrifikation, Oxidation von Methan, Schwefel, Eisen und Mangan), Respiration der Wasserorganismen, chemische Autoxidation anorganischer und organischer Verbindungen sowie Abgabe an die Atmosphäre bei Sauerstoffübersättigung. Insbesondere während der Sommermonate, wenn sich die Wasserführung beträchtlich verringert, die eingeleitete Schmutzfracht aber gleich bleibt, können kritische Situationen entstehen. Dazu tragen die Abnahme der Sauerstofflöslichkeit und die Beschleunigung des Stoffumsatzes mit ansteigenden Temperaturen bei.

Für den Fischbestand in Gewässern muß ein Mindestsauerstoffgehalt von 4 mg/l aufrechterhalten werden. Unzureichende Abwasserreinigung, thermische Überlastung durch Kühlwassereinleitungen, punktförmige und diffuse Nährstoffeinträge können den Sauerstoffhaushalt eines Fließgewässers erheblich beeinflussen. Hohe Gehalte an abbaubaren organischen Verbindungen und Ammonium verbrauchen bei der Mineralisation bzw. Nitrifikation erhebliche Mengen Sauerstoff. Die Phosphor- und Stickstoffkomponenten fördern das Wachstum von Algen, die durch ihre Respiration Sauerstoffmangelsituationen in den frühen Morgenstunden hervorrufen können. Nach dem Absterben der Algen und höheren Wasserpflanzen (Sekundärverschmutzung) wird für deren Biomassenabbau Sauerstoff verbraucht. Insbesondere in langsam fließenden und staugeregelten Fließgewässern können diese Prozesse den Sauerstoffhaushalt wesentlich beeinflussen. Der Zeitpunkt der Mineralisation toter Wasserpflanzen fällt mit den Verarbeitungskampagnen landwirtschaftlicher Produkte (Zucker, Stärke) zusammen. Nur eine ausreichende und störungsfreie Abwasserreinigung kann dann kritische Beschaffenheitssituationen verhindern.

Um eine ausreichende Sauerstoffkonzentration im Fluß zu halten, bedarf es einer Begrenzung der externen Belastung und in besonderen Fällen auch sauerstoffstützender Maßnahmen im Gewässer.

Immissionsbegrenzung

Der Grad der Gewässerverschmutzung hängt von der Anzahl der Emittenten, dem Niveau der Abwasserreinigung, der Intensität der Landnutzung und von der Wasserführung des Fließgewässers ab. Abwässer sind nach den allgemein anerkannten Regeln der Technik zu reinigen, die Mindestanforderungen entsprechen (Wasserhaushaltsgesetz [58]). Enthält ein Abwasser gefährliche Stoffe, die durch Giftigkeit, Persistenz, Anreicherungsfähigkeit oder eine kanzerogene, teratogene oder mutagene Wirkung charakterisiert sind, muß die Reinigung entsprechend dem Abwasserherkunftsbereich nach dem Stand der Technik erfolgen. Für das eingeleitete Abwasser ist eine Abgabe zu entrichten, die sich nach dessen Schädlichkeit richtet. Für einzelne Inhaltsstoffe und die Giftigkeit des Abwassers werden dazu im Abwasserabgabengesetz [59] Schadeinheiten ausgewiesen. Eine solche Einheit entspricht – auf das nicht abgesetzte, homogenisierte Abwasser bezogen – beispielsweise folgenden Frachten, die in Rechnung zu setzen sind, wenn die Schwellenwerte hinsichtlich Konzentration und Jahresfracht überschritten werden:

	Schadeinheit Fracht	Schwellenwert	
		Konzentration	Jahresfracht
Chemischer Sauerstoffbedarf	50 kg O_2	20 mg/l O_2	250 kg O_2
Phosphor	3 kg	0,1 mg/l P	15 kg P
Stickstoff	25 kg	5 mg/l N	125 kg N

Von 1981 bis 1997 erhöht sich der Abgabensatz je Schadeinheit stufenweise von 12 auf 70 DM. Die Abwasserabgabe darf aber mit bestimmten Gewässerschutzmaßnahmen verrechnet werden, wenn einer der abgabepflichtigen Schadstoffparameter um mindestens 20% reduziert wird. Die gesamte geschuldete Abwasserabgabe der letzten 3 Jahre vor Inbetriebnahme der Anlage kann dann mit den Investitionskosten voll abgegolten werden, vorausgesetzt, daß keine Überschreitung der Überwachungswerte zu einer Abgabenerhöhung geführt hat, die bei der Verrechnung auszuschließen wäre. Mit solchen Regelungen wird bei den Emittenten das Interesse geweckt, in die Abwasserreinigung zu investieren. Dessen ungeachtet kann das o. g. Emissionsprinzip in intensiv genutzten Flußgebieten nicht ausreichen, einen gewünschten Gewässerzustand, Güteklasse II beispielsweise, zu erzielen. Hier können die Einleiter beauflagt werden, ihre dem Gewässer zugeführte Restlast über die anerkannten Regeln der Technik hinaus zu senken.

Flußbelüftung

Zur Vermeidung kritischer Gewässerzustände müssen in hochbelasteten Flußabschnitten technische Maßnahmen ergriffen werden, um die Sauerstoffverhältnisse zu stabilisieren. Hierbei kann man den bauwerksbedingten Lufteintrag nutzen oder über entsprechende Anlagen einen erzwungenen Luft- bzw. Sauerstoffeintrag bewirken [60]. Der Lufteintrag durch Wasserbauwerke umfaßt insbesondere die Wirkung von Wehren, Tosbecken, Kaskaden u. a. Es wird die Energie des Flusses ausgenutzt.

Der Sauerstoffeintrag hängt von der Hydromechanik der Anlagen, dem Sauerstoffdefizit im Gewässer und von der Wasserbeschaffenheit ab. Die Anwesenheit von oberflächenaktiven Stoffen, die die Oberflächenspannung vermindern, erschwert die Diffusion von Sauerstoff aus der Luft ins Wasser [61]. Der Sauerstoffsättigungswert steigt mit dem Druck und sinkt mit steigender Temperatur und dem Salzgehalt des Wassers.

Bauwerksbedingter Lufteintrag

Beim Einsatz technischer Mittel kommt es darauf an, einen wesentlichen Teil der Abflußmenge mit Sauerstoff anzureichern. Das trifft für die Wirkung von Wehren und für die Turbinenbelüftung in einem Kraftwerk zu, das bei Niedrigwasser ggf. nur mit einer Belüftungsturbine gefahren wird.

Mit Wehren kann eine hohe Belüftungsleistung erbracht werden [62, 63]. Auf einer 76 km langen Fließstrecke mit 13 Wehren wurde der autochthone Sauerstoffgewinn zu 77% über Wehre gedeckt [63]. Die Energie wird um so besser ausgenutzt, je geringer die Fallhöhe ist [64]. Bei über 6 m Fallhöhe wird die Turbinenbelüftung wirtschaftlicher, wenn das Wehr mit einer Wasserkraftanlage verbunden ist. Sturzwehre erreichen eine bessere Wirkung als überströmte schräge Wehrrücken oder unterströmte Walzen, da der Sauerstoff vor allem nach dem Auftreffen des Wasserstrahls im Unterwasser über die Luftblasen aufgenommen wird und beim herabfallenden Wasserkörper auch von dessen Rückseite her Luftblasen in das Unterwasser eindringen können

[65, 66]. Bei Stauhaltungen, die der Energiegewinnung dienen, können Wehre die Sauerstoffsituation eines Gewässers in kritischen Zeiten verbessern, wenn man den Überfall freigibt und den Zufluß zur Wasserkraftanlage drosselt. Die Aufteilung des Durchflusses kann in einem gewissen Rahmen nach dem gewünschten Belüftungseffekt geschehen. Die Verluste bei der Wasserkraftgewinnung müssen ggf. entgolten werden.

Bei der Turbinenbelüftung werden zwei Verfahren angewendet (s. [62]). Nach Wolff wird die Luft maschinell verdichtet und oberhalb der Laufradebene im Überdruckbereich zugeführt. Bei dem Verfahren nach Wagner-Voith tritt Luft durch zahlreiche Öffnungen in den Unterdruckbereich des Turbinenlaufradmantels ein. Die Menge ist über ein Ventil regelbar. Das Einsaugen der Luft geht mit einem Leistungsabfall einher.

Eine senkrechte Ufergestaltung in kanalisierten Flüssen hat negative Auswirkungen auf die benthische Lebensgemeinschaft, aber auch auf die biogene Sauerstoffproduktion im Vergleich zu Gewässern mit schrägen Böschungen. In [67] konnte gezeigt werden, daß eine Neigung von 1:3 an einem Ufer auf einer Tagesfließstrecke von 86,4 km bereits eine Sauerstoffproduktion von 2 t und 7 t bei einem Anstiegsverhältnis von 1:10 bewirkt.

Erzwungener Sauerstoffeintrag

Die künstliche Belüftung schließt sowohl den Luft- oder Sauerstoffeintrag über ein Rohrsystem (Blasenschleierverfahren) als auch die Sauerstoffanreicherung über Belüftungskreisel ein. Die Effektivität der Belüftung hängt von dem Sauerstoffdefizit des Wassers ab. Diese läßt sich dadurch vergrößern, daß der Sauerstoffsättigungswert erhöht wird. Nach dem Henryschen Gesetz ist das durch erhöhten Außendruck (zunehmende Gewässertiefe) und die Verwendung von reinem Sauerstoff möglich. In Abb. 3.28 ist das Schema einer Belüftungsanlage an der Weser dargestellt. Der in flüssiger Form angelieferte Sauerstoff wird gasförmig und feinblasig über perforierte Begasungsschläuche in das Wasser eingetragen. Gegenüber einem Lufteintragssystem erhöht sich die Sauerstoffausnutzung um das 4–5fache. Durch feinere Blasen verbessert sich das Verhältnis Oberfläche/Volumen und damit die Kontaktfläche. Sie werden mit zunehmendem Wasserdruck kleiner, wodurch sich ihre Aufstiegsgeschwindigkeit verringert und die Kontaktzeit erhöht. Die Erhöhung des Turbulenzgrades fördert ebenfalls den Übergang des Sauerstoffs in die wäßrige Phase [61].

Da der Wirkungsgrad des Sauerstoffeintrages mit sinkender Blasenaufstiegsgeschwindigkeit steigt, ergeben sich günstige Bedingungen bei feinblasigem Eintrag und nicht zu hohen Gasdurchflüssen in einem tiefen Gewässer mit einer hohen Fließgeschwindigkeit.

Neben den genannten Einrichtungen zur Sauerstoffanreicherung in Flüssen werden auch Belüftungskreisel verschiedener Bauart, wie sie auch bei stehenden Gewässern Anwendung finden, eingesetzt.

Der Eintrag von reinem Sauerstoff hat gegenüber derartigen Belüftungsaggregaten den Vorzug, daß er völlig geräuschlos erfolgt. Auch energetisch können sich leichte Vorteile ergeben. Der Energieaufwand für die Erzeu-

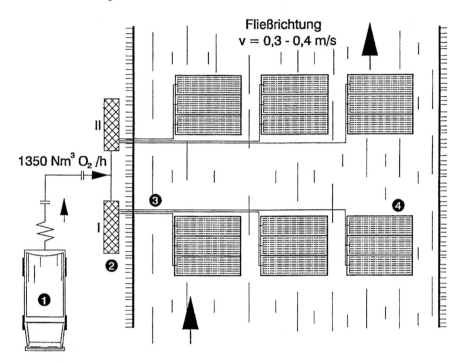

Abb. 3.28. Stationäre Sauerstoffbegasungsanlage an der Weser (SOLVOX® B-Anlage nach [68]). *1* O₂-Tankfahrzeug mit luftbeheizten Verdampfern, *2* O₂-Meß/Steuerkästen zur O₂-Dosierung I und II, *3* O₂-Zuleitungsschläuche, *4* Begasungs-Grund- und Schlauchrahmen

gung von Sauerstoff in modernen Anlagen liegt bei 0,8 kWh/m³. Um einen Kubikmeter Luftsauerstoff in Wasser, das zu 50% sauerstoffgesättigt ist, aufzulösen, werden ca. 0,9 kWh an elektrischer Energie benötigt [69]. Der apparative Aufwand ist dabei größer als für reinen Sauerstoff.

An der Saar müssen verschiedene Sauerstoffunterstützungsmaßnahmen angewandt werden, da die Sanierung der Abwassereinleiter nicht mit dem Ausbau des Flusses zur Großschiffahrtstraße einher ging. Dem Sauerstoffeintrag dienen Wehrbelüftung, Belüftung an den Obertoren der Schleusen, Sauerstoffeintrag vor den Turbinen bei Wasserkraftwerken, Sauerstoffeintrag über eine stationäre Schlauchbegasung bei Bous und mit dem Sauerstoffeintragsschiff „Oxigenia" [70, 71, 72]. Als Belüftungsziel wurden Sauerstoffgehalte von 2 mg/l im Oberwasser und 4 mg/l im Unterwasser festgelegt. Anhand der aktuellen Sauerstoffgehalte werden die Sauerstoffstützungsmaßnahmen durch die Zentralwarte Fankel der Moselkraftwerke/Saarkraftwerke gesteuert. Pro Jahr muß an bis zu 150 Tagen belüftet werden. Die Kosten dieser Maßnahmen beliefen sich 1991 und 1992 auf etwa 1,75 Mio. DM [70].

Auch der Hamburger Isebeck-Kanal leidet in den Sommermonaten unter Sauerstoffmangelsituationen. Eine automatisch arbeitende Anlage, bestehend aus einem 5 m³-Tank für Sauerstoff, Verdampfer, in Längsrichtung angeordneten, perforierten Schläuchen sowie entsprechenden Sonden, sorgt dafür, daß der O_2-Gehalt nicht unter 4–5 mg/l sinkt.

An kleineren Fließgewässern eignet sich bei kritischen Sauerstoffsituationen auch das schnell realisierbare Versprühen des Wassers über die Gewässeroberfläche, wobei der Sauerstoff während des Transportes der Wassertröpfchen aus der umgebenden Luft aufgenommen wird. Pumpen und Leitungen können ggf. aus der landwirtschaftlichen Beregnungstechnik oder über die Feuerwehr bereitgestellt werden.

3.4.2.3
Entschlammung von Fließgewässern

Bildung belasteter Schlämme

Die Flüsse transportieren auf ihrem Fließweg erhebliche Mengen an Feststoffen. Am Flußbett werden die gröberen Bestandteile (i. a. > 3 mm) als Geschiebe mitgeführt. Die Schwebstoffe im Wasserkörper können erodierte Gesteins- oder Bodenteilchen darstellen, die über den Oberflächenabfluß aus dem Einzugsgebiet eingetragen wurden. Auch die Abwässer befrachten die Gewässer mit suspendierten Stoffen unterschiedlicher Art – je nach Produktionszweig und Abwasserreinigungsgrad. Ein wesentlicher Teil des suspendierten Materials wird im Gewässer durch verschiedenartige Prozesse gebildet (erodierte Teilchen, Belebtschlammflocken, Sphaerotiluszotten, Plankton). Die Schwebstoffbildung als Folge biologischer Prozesse ist um so ausgeprägter, je höher der Substrat- bzw. Nährstoffgehalt im Gewässer ist. So bestand der Schweb in der Stomelbe bisher hauptsächlich aus Belebtschlammflocken, was dem Kläranlagendefizit im Stromgebiet geschuldet war. Sie bilden eine Mikrobiozönose, bestehend aus Bakterien, Algen, Protozoen und anderen Organismen sowie Detritus und weiteren organischen Stoffen, die durch extrazelluläre polymere Substanzen (EPS) zusammengehalten werden und in die Mineralpartikeln eingelagert sind. Diese Aggregate bestehen zu etwa 80 % Volumenanteil aus organischem Material. Ihre Form bzw. Ausstattung begünstigt den Transport in der Schwebe während des Fließvorganges.

Tonpartikel und organisches Material, d. h. insbesondere der Feinkornanteil mit einer Korngröße $\leq 20\ \mu m$, reichern Schadstoffe im Spurenbereich aus dem umgebenden Wasser an. Die Schwebstoffe üben dadurch einerseits eine reinigende Wirkung auf die wäßrige Phase und andererseits eine Trägerfunktion für toxische Schwermetalle und organische Mikroverunreinigungen aus. Die Akkumulation erfolgt durch chemische und physikalische Sorption an den Teilchenoberflächen, durch Ionenaustausch und Fällung von Metallsalzen (bei Überschreiten des Löslichkeitsproduktes in der wäßrigen Phase). Diese Prozesse werden durch vielfältige Faktoren, wie Temperatur, pH-Wert, Redoxpotential, Salzgehalt, Komplexbildner u. a. beeinflußt.

In strömungsberuhigten Zonen, wie Stauanlagen, Buhnenfeldern, Häfen und Überschwemmungsflächen, sinken die Schwebstoffe allmählich zu Boden und bilden Sediment. Die Selbstausflockung, bei der infolge der Wechselwirkung zwischen makromolekularen, kolloidalen oder echt gelösten Stoffen sowie frei schwebenden Mikroorganismen Teilchen agglomerieren, ggf. ungelöste anorganische Komponenten einschließen und aussinken, kann an dem Prozeß beteiligt sein. Im allgemeinen wird im Tidebereich das sedimentierte, einen größeren organischen Prozentsatz enthaltende Material als Schlick, im typischen Binnengewässer hingegen als Schlamm bezeichnet. Die stark belasteten Ablagerungen als Gesamtheit werden häufig durch den an der Gewässersohle mitgeführten Sand „verdünnt". Die organischen Sedimentkomponenten hingegen könnten einem biologischen Abbau unterliegen, der an der Sedimentoberfläche aerob unter Freisetzung von Kohlendioxid und in den tieferen Sedimentschichten (etwa unterhalb 3 cm) anaerob unter Methanbildung verläuft. Einer in diesem Zusammenhang zu erwartenden Aufkonzentrierung der Schadstoffe wirken ggf. gleichzeitig ablaufende Remobilisierungsprozesse entgegen (z. B. mikrobielle Methylquecksilberbildung).

Die Dicke der Sedimentablagerungen wird von den morphologischen Bedingungen des Gewässerbettes und den Strömungsverhältnissen geprägt. In Buhnenfeldern und Hafeneinfahrten lagern sich Feststoffe häufig in Form von „Linsen" ab, die das Zentrum von Strömungswalzen darstellen, die sich bei der Ablenkung von Teilströmen herausbilden können (s. Abb. 3.29). Während der Lagerung geben die feinkörnigen Sedimente, die wie bindige Böden betrachtet werden können [73], infolge des darüberstehenden Druckes allmählich Porenwasser ab, sie konsolidieren. Die Konsolidation bewirkt, daß der Sedimentkörper praktisch für Wasser undurchlässig wird [74].

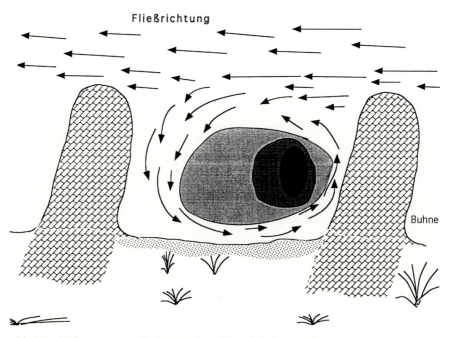

Abb. 3.29. Walzenströmung in einem Buhnenfeld mit Ablagerungen

Entschlammung von Fließgewässern

Vor allem die Belange der Schiffahrt und des ordnungsgemäßen Wasserabflusses erfordern, daß die Fahrrinne in den Wasserstraßen, Häfen und Vorhäfen bzw. Schleusenkanälen bei Schiffshebeanlagen von Ablagerungen frei gehalten werden müssen. Die natürlichen Gewässerprozesse reichen dazu nicht aus. Bei Hochwasser werden nur die remobilisierbaren Sedimente aufgewirbelt und flußabwärts transportiert, wo sie bei geringeren Fließgeschwindigkeiten wieder aussinken, oder sie werden auf Überschwemmungsflächen als Hochflutsedimente abgelagert. Es müssen technische Mittel angewendet werden, um das Gewässerbett zu beräumen. Allein im Hamburger Hafen fallen jährlich 2,5 Mio. m^3 gebaggerter Naßschlamm an [75].

Das Umlagern der Sedimente im Gewässer wird seit langem praktiziert. Sie werden gebaggert und an anderer Stelle im Gewässer wieder abgelagert. Bei gezielter Verbringung werden meist Areale von Übertiefen und Seitenbereiche der Wasserstraße genutzt. Baggergut kann bei entsprechender Korngrößenzusammensetzung auch als Geschiebzufuhr an erosionsgefährdete Gewässerstellen umgelagert werden. Wenn es aber in die fließende Welle verklappt wird oder die Sedimentschichten durch Eggen beseitigt werden, verteilen sich die Feststoffe flußabwärts, aber nicht genau definiert. Infolge der hohen Schadstoffbelastung vieler Flußsedimente wurde für die Umlagerungs-/Verklappungspraxis ein sogenanntes Verschlechterungsverbot formuliert. Danach dürfen (nach [74])

- keine höher belasteten Sedimente auf geringer belasteten Gewässerflächen und
- keine feinkörnigen (und ggf. belastete) Sedimente auf ökologisch höherwertigen Sedimenten verbracht werden.
- Das Verklappen ist an bestimmte Mindestwasserführungen und Wassertemperaturen sowie an einen Mindestsauerstoffgehalt im Gewässer zu koppeln.
- Wassergewinnungsanlagen (z.B. Uferfiltrationsstrecken) sind besonders zu schützen.

Da das Meer letztendlich die Schadstoffsenke für umgelagertes Material darstellt, ist auch bei Einhaltung der o.g. Forderungen eine Gefährdung der Meeresumwelt nicht auszuschließen. Kontaminierte Sedimente sollten daher bei notwendig werdender Beräumung anderweitig untergebracht oder verwertet werden. Bei der Baggerung selbst werden in Abhängigkeit von der eingesetzten Technik unterschiedliche Mengen von Trübstoffen freigesetzt, die eine zusätzliche Sauerstoffzehrung bewirken. Auch das mit dem Wasserkörper verstärkt in Kontakt tretende Porenwasser trägt zur Verschmutzung bei (Ammonium beispielsweise). Wenn anoxischen Sedimenten Sauerstoff zugeführt wird, werden verschiedene Metalle, darunter insbesondere auch Cadmium, in erheblichem Maße freigesetzt.

An Baggerverfahren werden folgende Anforderungen gestellt [76]:

- selektive Aufnahme unterschiedlicher Baggergutarten, um gezielt die Ablagerung von belasteten und unbelasteten Sedimenten zu steuern,

- minimale Masseverluste bei Entnahme, Transport und Ablagerung der Sedimente (tolerierbar maximal 5%),
- Vermeidung der Resuspension von Feststoffen (an der Mittelweser als Zielwert bei der Baggerung ≤ 1 g/l Trockenmasse) und
- keine zusätzliche Aufnahme von großen Wassermengen während der Baggerung.

Untersuchungen an verschiedenen Baggertypen zeigten [76], daß spezielle resuspensionsarme Baggerverfahren die Kosten im Vergleich zur gängigen Praxis um etwa das 10fache ansteigen lassen können. Von den üblichen Verfahren wiesen Bagger mit geschlossenem Greifer an den meisten Erprobungsorten die geringsten Schwebstoffgehalte in den Trübungswolken auf, was allerdings mit einem Minimum an Baggerleistung erkauft wird. Der Laderaumsaugbagger ohne Überlauf zeichnet sich durch eine hohe Förderleistung aus, wobei die Resuspensionsraten im Vergleich zu anderen Verfahren, wie Saugbagger mit Jetdüse oder Laderaumsaugbagger mit Überlauf, relativ gering ausfallen, aber weit über denen des geschlossenen Greiferbaggers liegen. Nur mit dem Löffelbagger können Sedimente mit in-situ Wassergehalten aufgenommen werden, während bei den anderen Verfahren in die gebaggerten Feststoffe Wasser eingetragen wird, was zu einer Volumenzunahme und größeren belasteten Wassermengen führt. Das ist auch der Grund, warum im Hamburger Hafen Eimerketten- und in schmalen Bereichen Greiferbagger anstelle der Laderaumsaugbagger eingesetzt werden. Beim Saugbagger entstehen außerdem Furchen, während der Eimerbagger eine ebene Sohle erzeugt [75].

Ein ganz anderes Verfahren wird in Luxemburg zur Entschlammung von Kiesbänken eingesetzt. Im Rahmen des Rheinprogramms Lachs 2000 wird in der Sauer und in der Our kokkolithische Kreide (versteinertes Meeresplankton) in suspendierter Form ausgebracht, wodurch organische Teilchen beschleunigt abgebaut werden [77]. Allerdings ist auch hier die Wirkung zeitlich begrenzt.

Verwertung bzw. Entsorgung des Naßschlammes

Die Baggergutverwendung hängt hauptsächlich von der Korngrößenverteilung, dem Belastungsgrad mit Schadstoffen und dem organischen Anteil ab. Bei der Verwertung an Land geht der Verwertung/Entsorgung eine Korngrößentrennung voran, da das Grobgut (Kies, Sand) > 63 µm meist sehr wenig mit Schadstoffen belastet und nach der Abtrennung als Wirtschaftsgut beispielsweise zur Geländeaufhöhung, Verfüllung von Senken, Auffüllung von erodierten Uferbereichen, zum Straßen- und Dammbau u.a. einsetzbar ist, wenn nicht Fremdbestandteile, Strahlgut beispielsweise, solche Nutzungen ausschließen. An ein Trennverfahren werden folgende Anforderungen gestellt [73]:

- ausreichende Trennschärfe (5% Feinanteil im Grobgut sind tolerabel),
- weitgehende Unempfindlichkeit gegen Schwankungen der Kornverteilung und der Wassergehalte und
- kostengünstig.

Als Verfahren werden hauptsächlich Siebung, Klassierung mit horizontaler oder vertikaler Durchströmung und Zentrifugalabscheidung eingesetzt. Bei der Aufstromklassierung wird ein Sand mit einem minimalen Feingutanteil gewonnen. Allerdings verbleibt ein wesentlicher Anteil des Feinsandes in der abgetrennten Feinfraktion. Aus diesem Grunde wurde bei der mechanischen Trennung des Hamburger Hafenschlickes (METHA) ein Hydrozyklon vorgeschaltet, der für die Abtrennung der Schluff- und Tonfraktion vom Sand besonders geeignet ist. Der noch nicht ganz vom Schlick gereinigte Sand wird dann in der Wirbelschicht des Aufstromklassierers gewaschen [78]. Abbildung 3.30 zeigt schematisch die Technologie der mechanischen Trennung von Hafenschlick, wie sie für das Baggergut des Hamburger Hafens praktiziert wird.

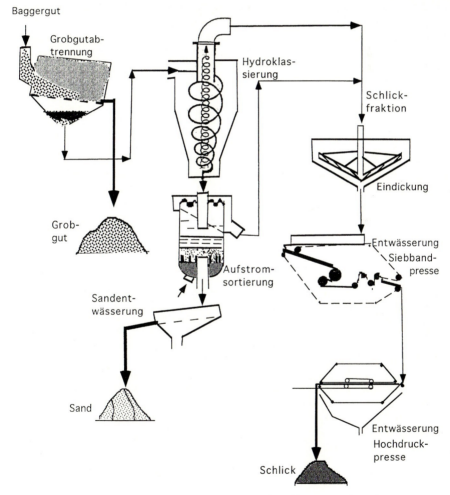

Abb. 3.30. Schema der *me*chanischen *T*rennung von *Haf*enschlick in Hamburg (METHA-Verfahren nach [75])

Tabelle 3.6. Verwertungs- und Verbringungsmöglichkeiten für belastetes Baggergut [73, 75, 80, 81]

Verwertung/Verbringung der Feinkornfraktion	Erläuterung	Bemerkung
Dichtungsmaterial	als Deponiebasisdichtung oder Oberflächenabdichtung von Halden und Deponien, da i. a. hydraulische Durchlässigkeiten für Wasser $<10^{-8}$ m/s	Defizite an vertiefenden Untersuchungen zu technischen, ökologischen, ökonomischen und juristischen Problemen
Zuschlag bei Ziegel- und Blähtonherstellung	Dem Rohstoff wird ein gewisser Anteil an feinkörnigem Baggergut zugemischt	leistungsfähige Abgasreinigung erforderlich, Akzeptanzschwierigkeiten beim Abnehmer
Herstellung eines pelletierten blähtonähnlichen Bau- bzw. Bauzuschlagstoffes	Pellets werden bei 1150 °C gebrannt, dabei Schwermetalle größtenteils in glasartige Strukturen eingebunden	energie- und damit kostenintensiv; aufwendige Abgasreinigung erforderlich
Zuschlagstoff bei der Zementherstellung	Ein Teil der Schadstoffe gelangt in das Abgas, die verbleibenden Schwermetalle werden später beim Abbinden in das Kristallgitter des Betons eingebunden	intensive Abgasreinigung erforderlich
Chemische Dekontamination	Extraktion der Schwermetalle mit Mineralsäuren und Wiederausfällung der gelösten Schwermetalle als Carbonate oder Hydroxide	hauptsächlich nur Cd, Zn und Cu herausgelöst, Anfall von Abwasser mit hohem Salzgehalt und stark kontaminierten Fällungsprodukten
Verbrennung	1. direkte Verbrennung der Schadstoffe im Drehrohr- oder Wirbelschichtofen bei 450–800 °C, Nachverbrennung des gebildeten Gasstromes bei 1300 °C und Reinigung der Abluft 2. Pyrolyse durch indirekte Verbrennung im abgeschlossenen Drehrohrofen bei Temperaturen bis 760 °C, Verbrennung der gebildeten organischen Substanzen in zweiter Brennkammer bei 1000–1300 °C und Behandlung des Abgases	eignet sich nur für Baggergut mit einem hohen organischen Anteil
Deponie an Land	Deponierung erfordert Basis- und Seitendichtung in Abhängigkeit von den hydrogeologischen Gegebenheiten. Zur Fassung des Sickerwassers ist über Basisdichtung Flächendränung vorzusehen. Sickerwasser muß behandelt werden. Nach Ende der Schüttung ist Oberfläche abzudichten.	Aus dem Hamburger Feinschlick werden 2 hügelförmige Schlicklagerstätten errichtet. Der Schlick wird damit als Element der Landschaftsgestaltung eingesetzt.

Tabelle 3.6 (Fortsetzung)

Verwertung/Verbringung der Feinkornfraktion	Erläuterung	Bemerkung
Unterbringung auf Spülfeldern	Das Baggergut wird beim Spülvorgang weitgehend suspendiert. Im Ablagerungsbereich – vor dem Spülkopf – findet entsprechend Größe und spezifischem Gewicht der Festteilchen eine Klassierung statt: in Einspülkopfnähe Grobfraktion (Sand, Kies), weiter entfernt Feinfraktion (Schluff, Ton)	Bei stationär-intermittierender Einspülung entstand ein lateral differenzierter Ablagerungskörper mit vertikaler und horizontaler Grob- und Feinkornschichtung, bei mobil-intermittierendem Zyklus ein heterogener Ablagerungskörper
Unterbringung in Kiesgruben	Unterwasserablagerung von kompaktem Baggergut in Kiesgruben der Flußaue, die sich in einer hydrogeologisch geeigneten Lage befinden; aufgrund der hydraulischen Leitfähigkeit des Feinkornes wirkt die Ablagerung gegen Wasserdurchströmung wie eine Plombe	Untersuchungsdefizite bestehen hinsichtlich Technik der Baggergutverbringung, Konsolidierung und Langzeitaspekten
Unterbringung in Unterwasserdeponien	Bisher im Meer angewendet. a) Ablagerung zwischen Unterwasserdämmen auf dem Meeresboden b) Ablagerung in einer Grube im Meeresboden c) Ablagerung innerhalb eines über die Wasseroberfläche herausragenden Ringdeiches	a) und b) an ruhiges Wetter gebunden Das Abdecken (capping) mit unbelastetem Material entsprechender Mächtigkeit trennt belastetes Baggergut vom Wasserkörper auch bei starker Strömung

Für die Verwertung/Entsorgung des belasteten Baggergutes bieten sich verschiedene Möglichkeiten an, wofür in Tabelle 3.6 einige genannt sind. Die beste Verbringung ist die in der Landwirtschaft und im Landschaftsbau. Aufgrund der hohen Nährstoffkonzentrationen bei einem entsprechenden Gehalt an organischer Substanz würde sich Sediment als Bodenverbesserungsmittel eignen, wenn dem nicht die hohen Schadstoffgehalte entgegenstünden. Deshalb müssen die Anstrengungen der Gewässerbewirtschaftung langfristig auf das Ziel gerichtet sein, die Schadstoffbelastung so weit zu senken, daß eine landwirtschaftliche Nutzung der Feinsedimente wieder möglich wird. Da es aber bisher keine gesetzlichen Regelungen zur Verbringung von belastetem Baggergut in Abhängigkeit vom Schadstoffgehalt gibt, müssen aushilfsweise solche Bewertungsmaßstäbe herangezogen werden, die dem beabsichtigten Verwendungszweck des Baggergutes adäquat sind. Insbesondere betrifft das die in der Klärschlammverordnung [79] ausgewiesenen Grenzwerte für Böden und Klärschlamm.

3.4.2.4
Renaturierung von Fließgewässern

Die Menschen haben von jeher bevorzugt die Flußauen besiedelt, da hier günstige Bedingungen für die Entwicklung der Wirtschaft gegeben sind. Gefahrenabwehr, Land- und Gewässernutzung machten Eingriffe in das Gewässer notwendig, die den Flußlauf, seine Bett- und Uferausbildung, das Abflußregime, die Außenlandschaft u. a. veränderten. Der mit der industriellen Entwicklung, fortschreitenden Urbanisierung und intensiveren Landnutzung einhergehende Gewässerausbau veränderte die Fließgewässer nachhaltig, so daß sie streckenweise zu einem Abflußgerinne degradierten und ihre ökologische Funktion in der Landschaft nicht mehr oder sehr eingeschränkt erfüllen. Dabei sind solche Ziele der Wasserwirtschaft, wie ausreichender Hochwasserschutz und Wasserrückhaltung in der Landschaft zunehmend gefährdet. Infolge der fortschreitenden Flächenversiegelung, der Waldschäden, der Abholzungen, des Verlustes an Retentionsräumen und der Überweidung verstärken sich die Hochwässer im Laufe der Jahre. Die Hochwasserwellen bewegen sich außerdem in einem kanalisierten Fluß schneller flußabwärts als in einem naturnahen. Am Rhein und seinen Nebenflüssen führte der Ausbauzustand in Verbindung mit der meteorologisch-hydrologischen Situation bei einem Weihnachtshochwasser 1993 dazu, daß die Hochwasserwelle des Rheines durch Spitzenabflüsse aus Nebenflüssen verstärkt wurde, die nicht – wie bei früheren Ereignissen – zeitlich versetzt in den Hauptstrom gelangten, sondern mit dem Hochwasser des Hauptstromes zusammentrafen.

Mit den Ausbaumaßnahmen wurden die Gewässer den Bewirtschaftungsmethoden bei der Landnutzung und an die Hochwasserwiederkehrsintervalle angepaßt, die Gewässer von ihrer Aue entkoppelt. Die übermäßige Streckung eines Flusses verursacht eine Tiefenerosion, der mit Querbauten entgegengewirkt wurde, wie an dem stark geschiebeführenden Lech mit Stützwehren bzw. Stützkraftstufen [82]. Die Ackerflächen an den Wasserläufen des Tieflandes reichen häufig bis an die Böschungsoberkante heran. Das Bewässerungsprogramm der früheren DDR führte im Bezirk Magdeburg dazu, daß sich an den zentralen Wasserläufen 1989 im Mittel alle 6,8 km eine Stauanlage befand [83]. Infolge der schlechten Gewässerbeschaffenheit setzte an diesen Stellen eine intensive Sauerstoffzehrung ein, die durch den Sauerstoffbedarf des abfließenden Schlammes beim Öffnen der Wehre verstärkt wurde. In hohem Maße wurden Binnenentwässerungsgräben verrohrt, um große Flächen für die Landmaschinen zu schaffen. An der früheren innerdeutschen Grenze diente die Verrohrung der besseren Sicherung. Dem verrohrten Graben fehlt die biogene Belüftung, er ist häufig anaerob.

Die ökologischen Belange bei der Nutzung der Wasserkraft bestehen nicht nur in einem Beitrag zur Reduktion der globalen Kohlenstoffdioxid-Emission, sondern auch in der Erhaltung des Fließgewässerkontinuums mit seinen Auen. Abwandernde Fische müssen häufig den tödlichen Weg durch die Turbinen nehmen, da bei vielen Wehren mit Wasserkraftnutzung das gesamte Wasser dem Kraftwerk zugeführt wird und die Abgitterung der Einläufe nur unvollständig gelingt [84].

In Tabelle 3.7 sind wesentliche Erfordernisse der Flußregulierung und die wasserbauliche Umsetzung zusammengefaßt. Die Verbesserung der Wasserbeschaffenheit durch Kläranlagenbau in den 70er und 80er Jahren in den alten Bundesländern erbrachte hinsichtlich des ökologischen Gewässerzustandes nicht den gewünschten Erfolg. Die Rückbesinnung darauf, daß Wasserkörper, Gewässerbett, Uferbereich und das vom Gewässer beeinflußte Umland eine Einheit bilden und über ein kompliziertes Wirkungsgefüge miteinander verbunden sind, führte zur Forderung der Naturnähe beim Ausbau und bei der Unterhaltung von Fließgewässern. Der als Renaturierung verstandene Prozeß soll die betroffenen Fließgewässer in einen in Struktur und Funktion ausgewogenen Gewässerzustand zurückführen, der hinsichtlich der Ausprägung biotischer und abiotischer Faktoren einem für den jeweiligen Naturraum typischen Gewässer entspricht. Die Güteklasse II oder besser stellt eine Voraussetzung für die Renaturierung dar, d.h., die Abwassereinleitungen müssen vorher saniert werden [85]. Da natürliche und anthropogene Faktoren den besonderen Charakter eines Fließgewässers geprägt haben, können bei Renaturierungsvorhaben nur individuelle Lösungen entwickelt werden, die sich an gewässertypischen Strukturen möglichst naturnaher Gewässer in vergleichbaren Natur- und Kulturräumen orientieren sollten.

Naturnaher Gewässerausbau

In Tabelle 3.8 sind mögliche ökologische Beeinträchtigungen wasserbaulicher und gewässerunterhaltender Eingriffe zusammengefaßt. Jene können dann wirksam werden, wenn das ingenieurtechnische Ziel des Wasserbaus (Tabelle 3.7) isoliert verfolgt wird und die natürlichen Gegebenheiten negative Entwicklungen bei Eingriffen begünstigen. Häufig sind die Auswirkungen komplexer Natur. Die Tiefenerosion, die durch eine feinkörnige Struktur des Sohlenmaterials begünstigt wird, ist beispielsweise mit einem Absinken des Grundwasserspiegels in der Aue und einer Beeinträchtigung der Standsicherheit der Ufer verbunden. Bereits in der Planungsphase müssen technische, ökologische und landschaftspflegerische Aspekte integriert werden, um die Gewässer naturnah zu gestalten. Der gesamte Gewässerlauf von der Quelle bis zur Mündung ist möglichst zu berücksichtigen. Der Flußbau muß zunehmend landschaftsgestalterisch wirken. Wesentliche Anforderungen bestehen in der Erhaltung bzw. Schaffung der biologischen Durchgängigkeit als Voraussetzung für ein Fließgewässerkontinuum und in der Vernetzung mit der Aue. Im Gewässer dürfen weder unüberwindliche Barrieren vorhanden noch naturnahe Uferstrecken großräumig unterbrochen sein. Die Durchlässigkeit ist nicht nur für die Wanderfische vom Meer zum Binnengewässer und umgekehrt bedeutsam, sondern auch die übrige Gewässerfauna benötigt die freie Passage für kleinräumige Bewegungen wie Kompensation der Abdrift, Habitatwechsel, Ausgleich der Bestandsdichte und Aufsuchen von Zufluchtsorten, für Laichwanderungen der übrigen Fischarten, Wiederausbreitung zurückgedrängter Arten und für die Wiederbesiedlung von verödeten Gewässerabschnitten nach Schadstoffhavarien, Grundeisbildung, Sohlberäumung, Gewässerausbau u.ä.

Tabelle 3.7. Flußregulierungen – Ziele und Maßnahmen

Ziel der Flußregulierung	Maßnahmen
Hochwasserschutz	Vergrößerung des Gerinnequerschnittes Erhöhung des Gefälles Eindeichung Schaffung von Flutmulden (Umfluter) Begradigung des Flußlaufes Bau von Stauhaltungen (Wehre, Talsperren, Hochwasser- schutzbecken) Einrichten von Polderflächen Böschungs- und Sohlbefestigung mittels künstlicher Baustoffe
Wasserentnahme für Trinkwassergewinnung, Industrie u. Landwirtschaft	Anstau (Wehre, Talsperren), Entnahmebauwerk Anlegen von Uferfiltratfassungen
Schiffbarmachung	Ausbau des Flußbettes (trapez- u. doppeltrapezförmig) Buhnen- und Leitwerksverbau begradigte Uferführung Staustufen und Schleusen Vertiefung der Fahrrinne
Energiegewinnung	Anstau (Wehre, Talsperren) Bau von Ausleitungskanälen
Intensivierung der Landwirtschaft durch – Entwässerung von Feuchtgebieten – Bewässerung – Flußbegradigung	 Begradigung, Sohlenvertiefung, Gefälleerhöhung s. Wasserentnahme oben gestreckte Linienführung (Beseitigung von Mäandern), hydraulisch günstige Profile, Verlegung und Verrohrung des Wasserlaufes; Einbau von Wehranlagen und Sohlschwellen bzw. Sohlabstürzen, um die Fließgeschwindigkeit zu mindern
Fischzucht	Anstau
Grundwasserspiegel- erhöhung	Anstau (Wehre) Sohlenstufen
Verhindern erhöhter Erosionen	Einbau von Sohlschwellen, Grundschwellen, Sohlstufen oder Stützwehren Steinschüttungen Ufersicherung mit Betonplatten, Bohlen, Spundwänden, Steinblöcken oder biologischer Uferverbau
Rückhaltung von mit- geführtem Sand und Geröll	Einbau von Sand- und Geröllfängen, Sohlenvertiefungen oder Auffangrechen

Tabelle 3.8. Mögliche ökologische Auswirkungen des Gewässerausbaus und der Gewässerunterhaltung (nach [49, 86–88])

Wasserbauliche Eingriffe und Gewässerunterhaltung	Mögliche ökologische Auswirkungen
Verbreiterung des Sohlquerschnittes	Abholzung von Uferbäumen – Veränderung des Stoffhaushaltes vor allem von kleinen Fließgewässern – Anstieg der Wassertemperaturen – Zunahme der Verkrautung und Eutrophierung, dadurch Wegfall der Kiesregionen, die als Laichplätze oder als Unterschlupf für Fische dienen – Erhöhung der Ufererosion
Erhöhung der Abflußgeschwindigkeit	Erosion der Flußsohle, bei deren Vertiefung paralleles Absinken des Grundwasserstandes mit Auswirkungen auf den terrestrischen Bereich; Veränderungen der Korngrößenzusammensetzung des Sedimentes mit Veränderung (Verarmung) der benthischen Besiedlung
Bau von Stauhaltungen (Wehre, Staustufen)	Erosion unterhalb des Anstaus infolge defizitären Geschiebehaushalts; Barriere gegen biologische Durchgängigkeit und damit Veränderung der Zusammensetzung von Plankton-, Benthos- und Flußfischgemeinschaften; Reduzierung der Auenflächen durch Baumaßnahmen; Wegfall bzw. Abflachung der für den Auenbestand notwendigen Wasserstandsschwankungen; Kolmation der Gewässersohle bei entsprechender Sedimentzusammensetzung
Begradigung der Ufer und des Flußlaufes	Abtrennung von Alt-, Neben- und Seitengewässern, die schnell verlanden; Verödung der sonst reich gegliederten Uferbereiche, Tiefenerosion; Zerstörung der Makrophytenvegetation in größeren Flüssen; Reduzierung der Fischartenzahl und Instabilität der Gemeinschaften; Verringerung der Selbstreinigungskraft durch Rückgang an Habitaten mit ihren Zönosen; Herausbildung einseitig geprägter Lebensgemeinschaften mit Massenentfaltung einzelner anspruchsloser Arten
Stabilisierung der Sohle	Blockierung der Wechselbeziehungen mit dem hyporheischen Interstitial
Eindeichung	Verlust von Auenflächen und damit auch Verringerung der Grundwasserneubildung bei Überflutung
Sohlenräumungen	Vereinheitlichung der Struktur der Gewässersohle; extreme Verarmung des Benthos
Entkrautung	Bei regelmäßiger Unterhaltung Herausbildung einer Pionierstruktur, die nach kurzer Entwicklungszeit wieder auf Ausgangszustand zurückgeführt wird; kurzzeitige Aufwirbelung von fäulnisfähigem Bodenschlamm und Sauerstoffzehrung; Arten mit spezifischen Lebensbedingungen haben keine Entwicklungsmöglichkeit – Vermehrung bei Makrophyten nur vegetativ, hohe Verlustrate bei Wirbellosen durch Unterhaltungseingriff, Selektion von anspruchslosen Arten mit kurzen Reproduktionszeiten; Entfernung von Fischlaich, Abwanderung von Fischen
Böschungs- und Sohlensicherung mittels künstlicher Baustoffe	Verminderung des Wasserrückhaltevermögens und des Selbstreinigungspotentials, geringere Makrozoobenthosbesiedlung

Das bedeutet, daß Querbauwerke im Gewässer möglichst vermieden werden sollten. Existierende Stauhaltungen sind aus ökologischer Sicht zu prüfen, ob der damit verbundene Zweck auch auf andere Weise erzielt werden kann. An manchen Stellen lassen sich die Wehre durch Sohlenrampen bzw. Sohlengleiten ersetzen, an anderen kann das Wehr der Zerstörungskraft des Wassers („kontrollierter Verfall") überlassen werden. Bei Staubauwerken, deren Notwendigkeit außer Frage steht (Trinkwasserbereitstellung, Hochwasserschutz u. a.), müssen Fischpässe eingerichtet werden. Sie können als Fischtreppe oder besser als naturnahes Umgehungsgerinne um das Bauwerk und bei ausreichendem Flächenangebot ggf. um die gesamte Stauhaltung konzipiert werden. Bei letzterem werden in Form eines eigenständigen Gewässers auch die Bedingungen für die Migration bestandsbedrohter Kleinfischarten (einschließlich Abwärtsbewegung) und der Benthosorganismen geschaffen. Häufig entfällt aber eine solche Möglichkeit aus Platzmangel. Anstelle einer hohen Staustufe ist die Anordnung mehrerer kleiner Bauwerke für technische Lösungen zur linearen Durchgängigkeit günstiger.

Die technischen Ausführungen von Fischaufstiegsanlagen umfassen Beckenpässe in verschiedenen Formen, Schlitzpässe und spezielle Einrichtungen, wie Aalleitern und die für sehr große Höhenunterschiede anwendbaren Fischschleusen und Fischaufzüge. Beim Schlitzpaß (Vertical-Slot-Paß) sind die Zwischenwände über die gesamte Höhe mit vertikalen Schlitzen ausgestattet. Dadurch kann die Sohle naturnah mit einem entsprechenden Lückensystem für die Wanderung von Benthosorganismen gestaltet werden [89, 90]. Für die Funktionsfähigkeit der Fischpässe ist neben der Bemessung die richtige Anordnung im Gewässer und die regelmäßige Wartung entscheidend. Die Fischaufstiegshilfe muß von den Fischen gefunden werden. Ihr Zugang sollte möglichst unmittelbar vor dem Turbinenauslauf oder vor der Staustufe liegen und die von ihr ausgehende Leitströmung („Lockströmung") die Fische auf diesen Pfad orientieren. Die Durchlaßöffnungen können vor allem bei Beckenpässen leicht verstopfen. Eine wöchentliche Wartung ist unumgänglich [90].

Bei einem großen Flußsystem wie dem des Rheines oder der Elbe benötigen die Langdistanz-Wanderfische, die zum Laichen in den Oberlauf und in die Zuflüsse ziehen (Lachs, Meerforelle, Maifisch, Schnäpel, Stör u. a.) den Zugang zu diesen. Aber gerade in Nebenflüssen aus den Gebirgen wird häufig die staatlich geförderte Energiegewinnung aus Kleinstkraftwerken betrieben. Wenn hier mit keiner technischen Maßnahme die Durchlässigkeit gewährleistet werden kann, müssen unter dem Blickwinkel des gesamten Flußsystems ggf. einige Fließstrecken oder ganze Zuflüsse mit geeignetem Untergrund von Baulichkeiten freigehalten werden, um die erforderlichen Laichmöglichkeiten zu schaffen. Große Anstrengungen werden unternommen, um im Rhein den Lachs, der als Indikator für die Regeneration des Fischbestandes anzusehen ist, wieder einzubürgern. Er war ausgestorben, weil die Wanderwege versperrt waren, die Laichbiotope und Ruhezonen infolge des Ausbaus verschwanden und die starke Gewässerverschmutzung eine gedeihliche Entwicklung dieser Fischart verhinderte. Nachdem sich die Rheinwasserbeschaffenheit erholt hat, wurde von der Rhein-Ministerkonferenz 1986 als Ziel für das

Jahr 2000 beschlossen: „Das Ökosystem des Rheins soll in einen Zustand versetzt werden, bei dem heute verschwundene, aber früher vorhandene höhere Arten (z.B. der Lachs) im Rhein als großem europäischen Strom wieder heimisch werden können." [77] Seither wurden einige Hilfsprojekte gestartet, die bereits erste Erfolge zeigen. So gelang 1994 in dem Nebenfluß Sieg und ihrem Zufluß Bröl der Nachweis von frisch geschlüpften Dottersack-Larven in natürlichen Laichbetten, nachdem seit 1988 Aktionen zur Wiederbesiedlung mit Lachsen und Meerforellen gestartet und naturnahe Fischaufstiegsanlagen in Form rauher Rampen im Konsens mit anderen Gewässernutzungen gebaut wurden. Daß die „Reparatur" geschädigter Ökosysteme nicht billig ist, belegen die Kosten für die Fischpässe an den Rheinstaustufen Iffezheim und Gambsheim, die mit ca. 24 Mio. DM veranschlagt sind.

Ein ähnliches Programm „Elbelachs 2000" wird gegenwärtig an der Elbe entwickelt. Auch hier stellt der Lachs eine Leitfischart dar, die durch Verbauung des oberen Stromlaufes und der wichtigsten Nebenflüsse in Zusammenhang mit der hohen organischen Gewässerbelastung als ausgestorben galt [91]. Neben der Beseitigung von biologischen Sperren bildet die Umgestaltung der Linienführung einen Schwerpunkt der Renaturierung. Sie beinhaltet die Entfesselung der Gewässer, die die Eigendynamik mit wechselnden Wasserständen, Schaffung von Flußmäandern und Aufweitung des Profils fördert. Das bedeutet, daß Uferstreifen weitgehend von intensiver Nutzung freigehalten werden müssen, denn naturnahe Gewässer benötigen einen Korridor für Veränderungen [92], d.h. mehr Fläche als technisch ausgebaute Wasserläufe, was entsprechenden Grunderwerb voraussetzt. In Abhängigkeit von der Abflußdynamik und der Feststofführung bildet sich ein Wechselspiel von Abtrag und Anlandungen aus, das insbesondere auch davon bestimmt wird, inwieweit Defizite des Geschiebezulaufes behoben werden können. Die Uferstreifen, deren erforderliche Breite vom Gewässertyp, von der Oberflächengestalt und Standfestigkeit der Ufer abhängt, wirken auch dem direkten Eintrag von Pflanzenschutzmitteln, Düngern und Bodenpartikeln entgegen [93].

Anstelle von Betonelementen ist bei der Böschungssicherung der biologische Verbau vorzuziehen. Standortgerechte Gehölze, die an ausgebauten Gewässern mehrreihig angepflanzt wurden, wie beispielsweise Roterle (Schwarzerle) - Böschungsfuß, Esche - zweite Reihe und Ahorn - dritte Reihe [94], sind besonders geeignet, mit ihrem dichten und tief unter die Mittelwasserlinie eindringenden Wurzelwerk die Ufer vor Erosion zu schützen. Die Schattenbildung der ausgewachsenen Bäume wirkt starkem Krautwuchs entgegen, gleicht Tag-Nachtschwankungen der Wassertemperatur und des Sauerstoffgehaltes im Gewässer aus und reduziert das Pflanzenwachstum auf den Böschungen. Die Ausbildung von Gehölzsäumen bereichert das Landschaftsbild und puffert direkte Nähr- und Schadstoffeinträge aus angrenzenden, intensiv genutzten Flächen ab. Sie sind Leitlinien für wandernde Tierarten und vernetzte Landschaftschaftsräume. Die Bepflanzungen können sich bei ausreichendem Flächenangebot zu auenwaldartigen Komplexen entwickeln. Sie tragen zur Strukturbereicherung und Eigenentwicklung eines Wasserlaufes bei, wenn unterspülte Wurzelstöcke und Totholz im Gewässer belassen werden. Für einige Fluß- und Bachlandschaften im Gebirgsraum kann auch der Steinsatz als gewässertypische Bauweise gelten. Natürliche Steinbrocken werden strukturreich eingebaut und im Bereich über der Uferlinie mit Pflanzen bewachsen [82].

An Wasserstraßenabschnitten, wo die Ufer mit einer Spundwand gesichert werden müssen, sollte bei ausreichendem Platzangebot dahinter ein möglichst breiter und mindestens 1 m tiefer Bruchsteinbereich geschaffen werden, der über Durchlässe mit dem Gewässer im Wasseraustausch steht. Diese von der Sog- und Schwallwirkung der Schiffahrt weitgehend geschützten Zonen bieten Besiedlungsmöglichkeiten für strömungsempfindliche Tier- und Pflanzenarten und bereichern die sonst besiedlungsarmen Flußabschnitte [87].

Die beim Stromausbau geschaffenen Buhnen- und Leitwerksfelder haben einen besonderen ökologischen Wert, da sie als Teilersatz für die ursprünglich vorhandenen strömungsberuhigten Flachwasserbereiche dienen können. Allerdings kann wie an der Elbe ihre Wirksamkeit durch Verlandung, Wasserspiegelabsenkung und Sedimentbelastung eingeschränkt sein. Die landseitige Begrenzung der Buhnenfelder als fließender, meist flacher Übergang zum Auenbereich hin darf nicht durch Steinschüttungen verbaut werden [88].

Sohlenbauwerke sollen stabilisierend wirken, um die Erosion zu stoppen bzw. zu verlangsamen. Dazu dienen Grundschwellen, die bündig abschließen oder etwas über der Sohle herausragen, und Sohlenstufen. Hierbei wird das Gefälle am Bauwerk zusammengefaßt, da sich oberhalb ein geringeres Sohlengefälle als im unverbauten Fluß herausbildet. Die Gewässerfauna kann jedoch solche Stufen meist nicht überwinden. Steinschwellen und Steinrampen bzw. weniger steile Sohlengleiten bieten sich als Alternative an. Sie zeichnen sich durch geringere Baukosten, gute landschaftliche Einbindung, Verbesserung des physikalischen Sauerstoffeintrages und des Selbstreinigungsvermögens aus [89]. Steinschwellen bestehen aus aneinandergesetzten Natursteinen, die beim Verbau so anzuordnen sind, daß zwischen den Steinen Lücken verbleiben, durch die das Wasser strömen kann. Der Unterschied zwischen Ober- und Unterwasser sollte nicht mehr als 10–25 cm betragen.

Steinrampen werden als Schüttsteinrampe, d.h. mehrlagig als Steinschüttung mit Bagger bzw. einlagig von Hand als Setzsteinrampe eingebracht (Abb. 3.31). Bei entsprechender Rauhigkeit dieser Sohlrampen bzw. -gleiten findet die Umwandlung der kinetischen Energie in Wärme und Schall im Gegensatz zu Abstürzen größtenteils auf der Rampe statt.

Kolke und Anlandungen im Gewässer sollten belassen werden. Der Wechsel von Stillzonen und stark durchflossenen Bereichen erhöht die Habitatvielfalt. Eine uneinheitliche Korngröße von Schüttsteinen zur Sicherung der Sohle fördert ebenfalls dieses Ziel. Unstetigkeiten im Fließverhalten lassen sich auch durch Einbauten erreichen, wie Störsteine, Strömungsabweiser, Buhnen oder rauhe Sohlenrampen bzw. -gleiten, die die Wirkung von Stromschnellen haben. Bei Durchlässen sind Steinschüttungen anstelle von Beton für die Gestaltung der Sohle zu verwenden.

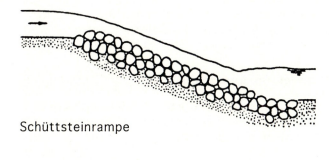

Schüttsteinrampe

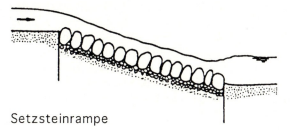

Setzsteinrampe

Abb. 3.31. Bauarten von Steinrampen, nach [89]

In intensiv genutzten Flußabschnitten, beispielsweise in Siedlungsgebieten, gibt es zum technischen Gewässerausbau mit Betonelementen längerfristig keine Alternative, um den Hochwasserabfluß zu ermöglichen. Allerdings stellen Umfluter die ökologisch beste Lösung für einen sicheren Hochwasserschutz von Ortschaften [49] dar. In Niedermoorgebieten (Drömling z.B.) sind Stauhaltungen notwendig, um das verfügbare Wasserdargebot zu bewirtschaften und einen hohen Grundwasserstand für die Erhaltung des Moorbodens zu sichern.

Bei Hochwassersituationen erhält die Flußaue infolge der Überflutung das benötigte Wasser. Der Verlust der Auenflächen durch Bebauung und Eindeichung erhöhte die Spitzenabflüsse. In die Renaturierung sind auch diese Flächen einzubeziehen. Ackernutzung ist in extensive Grünlandbewirtschaftung umzuwandeln. Die Bebauung sollte eingeschränkt werden. Sommerdeiche können an einigen Flußabschnitten geschlitzt werden. Stellenweise eröffnen die lokalen Gegebenheiten die Möglichkeit der (Winter)Deichrückverlegung.

Durch die zunehmende Eintiefung der ausgebauten Gewässer leiden vielerorts die Auen unter Wassermangel. Um der weiteren Tiefenerosion in Wasserstraßen zu begegnen und die Wiederanhebung der Sohle auf einzelnen Abschnitten zu erreichen, bedarf es einer Beschränkung bzw. teilweisen Rücknahme des Ausbauzustandes der Buhnen und der Uferzonen sowie einer Reaktivierung der Geschiebezufuhr vom Oberstrom und aus den Nebenflüssen. Dafür ist auch die künstliche Geschiebezugabe einzubeziehen [96, 97]. Im Rhein werden unterhalb der letzten Staustufe Iffezheim seit 1978 jährlich etwa 170 000 m^3 Kies zugeführt [50], wodurch der Bau einer weiteren Staustufe entfallen konnte. Der Wasserrückhaltung im Auenbereich in Zusammenhang mit

einem integrierten Hochwasserschutzkonzept ist besondere Bedeutung beizu-
messen. Neue Retentionsflächen können durch Deichrückverlegung, Polder-
einstau oder Ausbaggern verlandeter Altgewässer geschaffen werden.

Ökologisch geprägte Gewässerunterhaltung

Die gewässerunterhaltenden Aktivitäten sind auf die Erhaltung eines ordnungsgemäßen Zustandes für den Abfluß gerichtet. Unterschieden wird zwischen Instandsetzung, die die Beseitigung eingetretener Schäden (Ausbessern
von Uferabbrüchen, Kolken, beschädigten Schwellen usw.) umfaßt, und Instandhaltung, deren wiederkehrende Maßnahmen hauptsächlich das Krauten
der Sohle und das Mähen der Böschung sind. Die Unterhaltungsintensität ist
dabei umgekehrt proportional der Naturnähe eines Gewässers. Im dynamischen Gleichgewicht befindliche Wasserläufe bedürfen allenfalls lokaler Un-
terhaltungsmaßnahmen [86]. Naturferne, eutrophe Gewässer erfordern zur
Sicherung der Nutzungsansprüche bis zu 3 Instandhaltungseingriffe pro Jahr.
Hierbei ist zu beachten, daß auch die ausgebauten Gewässer in intensiv genutzten Gebieten eine Vernetzungsfunktion und Bedeutung für den Rückzug
und das Überleben pflanzlicher und tierischer Organismen besitzen.

Zum Einsatz gelangen insbesondere schwimmende und landge-
stützte Geräte, da die Anwendung von Herbiziden nach Wasserhaushaltsgesetz
erlaubnispflichtig ist, die Einbringung von pflanzenfressenden Fischen ebenfalls eine Genehmigung nach dem Fischereigesetz erfordert und die Gewäs-
serpflege per Hand zu kostenintensiv ist. Der Unterhaltung vom Wasser aus ist
der Vorrang einzuräumen.

Auf kleineren Gewässern (mindesten 20 cm Wassertiefe) können
von Land aus steuerbare Pontonboote mit Dreiecksmesser verwendet werden,
für größere Wasserläufe eigenen sich Mähboote und Amphibien – Mähboote,
die je nach Bauart mit Front- und Seitenmähwerken, Dreiecksense, Glieder-
sensenkette u. ä. ausgestattet sind [99]. Zu den landgestützten Geräten gehören
Mähkorbbagger sowie Böschungsmäher, Mähraupen und Mähmobile, die bei
geeigneter Böschungsneigung auch die Sohle kleiner Gewässer mähen können.
Bei Verwendung des Mähkorbs werden Sohle und Böschung häufig in einem
Arbeitsgang geschnitten. Der Einsatz von Fräsen bei der Gewässerunterhaltung führt zu besonders starken Schädigungen der Tierwelt, deshalb sollte auf
ihren Einsatz in natürlichen Gewässern weitgehend verzichtet werden. Die Un-
terhaltungspraxis muß sich an den biologischen Zusammenhängen orientieren, um die in Tabelle 3.8 genannten möglichen Auswirkungen zu minimieren.
Häufigkeit, Zeitpunkt und Art der Instandhaltungsmaßnahmen bestimmen
bei einer gegebenen Wasserqualität die Struktur und Dynamik der Lebensgemeinschaften.

So sollte der Mähkorb nicht zum Teilentsanden oder Teilent-
schlammen verwendet werden, um das benthale Leben und unterschiedliche
Sohlenstrukturen zu erhalten. Wenn das Schneidwerk einen Abstand zur Gewässersohle von mindestens 10 cm hat, können bestimmte Arten (z.B.
Schlammpeitzger, Großmuscheln) geschützt und eine Egalisierung der Sohle
verhindert werden. Zur Vermeidung der Aufwirbelung von Bodenschlamm

und zur Schonung des Bodenreliefs läßt sich ein hydraulisch steuerbarer T-Frontmäher einsetzen, der die Pflanzen oberhalb der Gewässersohle abmäht.

Für eine schonende Behandlung des aquatisch-amphibischen Lebensraumes reicht bereits in vielen Fällen eine Teilkrautung in Form einer Krautschneise aus, um den erhöhten Mittelwasserstand auf das erforderliche Maß abzusenken. Dabei verbleibt in den aquatisch-amphibischen Seitenbereichen ausreichender Lebensraum für viele pflanzliche und tierische Organismen [99]. Durch eine frühzeitige Mahd einer Krautschneise – im Mai/Juni – kann bei einigen Gewässern der Schnitt im Sommer entfallen, da die geschnittenen Pflanzen in ihrem Wachstum gehemmt sind.

Wenn die hydraulischen Forderungen erfüllt werden können, besteht eine andere Möglichkeit in der abschnittsweisen Entkrautung auf Abschnitten von 500–1000 m, wodurch eine rasche Wiederbesiedlung aus den nicht gemähten Strecken zu erwarten ist. Das Räumen von angeschlossenen Grabensystemen sollte in einem mehrjährigen Zyklus erfolgen, damit solche Organismen wie Libellen, die eine mehrjährige Larvenzeit durchlaufen, auch dauerhafte Populationen entwickeln können.

Bei Einsatz des weitreichenden Mähkorbbaggers läßt sich die Forderung nach zeitweiligem Erhalt bestimmter Pflanzenbestände am Ufer (z.B. Röhrichtzone) erfüllen, wobei auch die Böschungsvegetation infolge geringerer Schäden durch Fahrzeugreifen und Abstandshalter geschont wird. Auch bei der Böschungsmahd ist zu prüfen, ob bestimmte Abschnitte (z.B. Halbtrockenrasen im oberen Böschungsbereich) ausgelassen werden. Das zeitversetzte Mähen von Böschung und Böschungsfuß kann dabei Vorteile für die aquatische Lebensgemeinschaft bringen. Die Höhe der Schneidwerkzeuge sollte ≥ 10 cm eingestellt werden, um auch hier die Bodentiere und ihren Lebensraum zu schonen. Das gemähte Kraut treibt bei ausreichender Fließgeschwindigkeit und Wassertiefe zu einem günstigen Entnahmepunkt (Brücke, Wehr u.a.) oder zu einem mobil oder stationär angeordneten Krautfang, von wo es am besten einer Rotte oder Gründüngung zugeführt wird. Auf dem Fließweg können sich Tiere vom Pflanzenmaterial lösen und in den Gewässerrandbereichen Schutz suchen. Wenn das Räumgut unmittelbar aus dem Wasser entfernt wird – wie meistens bei Anwendung des Mähkorbes – können bis zu 75 % der Wirbellosenfauna pro Unterhaltungseingriff verlustig gehen [100]. Wegen der Siliergefahr ist eine längere Zwischenlagerung des Mähgutes in Gewässernähe ungeeignet.

Mit der biologischen Entkrautung wurden in der früheren DDR gute Erfahrungen gesammelt. Die eingesetzten Graskarpfen (Amurkarpfen) aus Brutanstalten stellen Organismen dar, die nicht zur heimischen Fauna gehören. Da sich dieser pflanzenfressende Fisch unter den gegebenen natürlichen Temperaturverhältnissen nicht reproduzieren kann, besteht keine Gefahr einer unkontrollierten Vermehrung. Wegen seines ausgeprägten Wandertriebs müssen sich die mindestens 0,3–1,0 m tiefen Gewässer abgittern lassen. Der Graskarpfen benötigt für seine Freßaktivität wenigstens 4 mg/l O_2 und während 3 Monaten Wassertemperaturen um oder über 20 °C. Die unter Naturschutz stehende Teichrose und einige andere Wasserpflanzen werden nicht aufgenommen. Die Ohre, ein Nebenfluß der Elbe im Regierungsbezirk

Magdeburg, brauchte 10 Jahre nicht gekrautet zu werden, was zu einer Massen-entwicklung der Teichrose führte [94]. Bei einem Besatz von ca. 250 kg/ha waren bisher solche ökologischen Schäden, wie Beseitigung der Fischbrut und Übertragung von Fischkrankheiten, nicht nachweisbar. Infolge der Bevorzu-gung bestimmter Pflanzenarten durch diese Graskarpfen könnte es zu Selek-tionseffekten bis hin zu einer verstärkten Phytoplanktonentwicklung kom-men. Die erforderliche Abgitterung der Flußläufe hindert auch andere Fisch-arten am freien Wechsel [100]. Zur maschinellen Entkrautung mit ihren ökologischen Nachteilen bleibt aber der Einsatz des Graskarpfens trotz einiger Vorbehalte eine Alternative. Zumindest in solchen Gewässern, wo die maschi-nelle Unterhaltung problematisch ist, kann er eine dieser Funktionen über-nehmen, da sich diese Faunenverfälschung und eventuelle andere ökologische Nachteile durch Wegfang wieder beseitigen lassen.

Weil bei der Gewässerunterhaltung häufig gegensätzliche Interessen zu beachten sind, sollten mit den Betroffenen (Anlieger, Naturschutzverbände, Fischerei u.a.) abgestimmte Gewässerpflegepläne aufgestellt werden, die die Ziele und Maßnahmen zur Entwicklung des Wasserlaufes, zur biotopgerechten Pflege des Bewuchses am Gewässer und zur Nutzung der gewässernahen Flächen beinhalten [95]. Der Eigenentwicklung des Bewuchses am Gewässer ist Vorrang einzuräumen, wenn dem nicht begründete Anforderungen, resultierend aus Bio-top- und Artenschutz bzw. Nutzungen, z. B. Freihalten von Gewässerufern für die Erholung, entgegenstehen. Die Unterhaltung des Uferstreifens muß gewährlei-sten, daß die Entwässerungsfunktion des Wasserlaufes nicht beeinträchtigt wird, Gehölze nicht in anliegende Nutzflächen hineinwachsen und landwirtschaftliche Problemwildkräuter sich nicht massenhaft ausbreiten.

3.4.3
Feuchtgebiete

R. Meißner, J. Zeitz

3.4.3.1
Definition und Funktion

Der Begriff Feuchtgebiet wird für eine breite Gruppe von Biotopen verwandt, bei denen sich der Wasserspiegel zeitweilig oder ständig entweder an oder in der Nähe der Oberfläche befindet oder diese relativ flach völlig überflutet. Feuchtgebiet werden natürlich oder künstlich, stehend oder fließend durch Süß-, Brack- oder Salzwasser beeinflußt. Sie weisen charakteristische Merk-male sowohl von terrestrischen als auch aquatischen Ökosystemen auf und er-füllen hydrologische und ökologische Funktionen [101, 102]. Gegenwärtig ist man bemüht, vor allem die zu den Feuchtgebieten gehörenden und durch an-thropogene Maßnahmen besonders beeinträchtigten Flußauen und Moore wieder in einen naturnahen Zustand zurückzuführen.

Unter Auen werden Standorte mit Lebensgemeinschaften verstan-den, bei denen ein mehr oder weniger regelmäßiger Wechsel zwischen nahezu flächendeckender Überflutung bei Hochwasserereignissen und Trockenfallen während hydrologischer Mittel- und Niedrigwasserperioden zu verzeichnen ist [103]. Bedingt durch die geologische Entstehung umfaßt der ursprüngliche Auenbereich nicht nur die von künstlichen Hochwasserschutzbauten in Form von Deichen umgebenen Retentionsflächen, sondern auch die landseitig durch natürliche Hochufer und Dünenflächen begrenzten Niederungsgebiete.

Flußauen üben eine regulierende Wirkung gegenüber Hochwässern aus. Die meist nur kurzfristig eintretenden Hochwasserscheitel werden durch die Überflutung der direkt an den Flußbetten angrenzenden Areale gebrochen, und es erfolgt eine zeitverzögerte Abführung der Wassermassen in den Unterlauf. Neben dieser dämpfenden Wirkung auf den Gebietswasserhaushalt kommt es aufgrund der Verminderung der Fließgeschwindigkeit des Wassers in den flächenhaft ausgedehnten Auen zu einer verstärkten Ablagerung der darin enthaltenen Hochflutsedimente. Sie stellen ein Reservoir für Pflanzennährstoffe dar und bedingen die hohe natürliche Fruchtbarkeit dieser Gebiete.

Aus hydrologischer Sicht bestehen Unterschiede zwischen den großen Flußauen der Unter- bzw. Mittelläufe, wie beispielsweise dem Oderbruch bzw. der Elbwische und den meist kleineren Flußauen im Bereich der Oberläufe. Während bei letzteren aufgrund der relativen Grundwasserferne verstärkt anhydromorphe Böden anzutreffen sind, zeichnen sich die Flußauen im unteren und mittleren Bereich durch das Vorkommen von hydromorphen Böden aus.

Moore sind organische Böden; sie nehmen im Stoffkreislauf der Natur eine Sonderstellung ein. Im Unterschied zu den Mineralböden ist bei den Moorböden die Umwandlung und Akkumulation von organischem Stoff gleichzeitig Substrat- und Bodenbildungsprozeß. Somit ist aus geologisch-bodenkundlicher Sicht unter Moor ein Standort mit einer mindestens 30 cm mächtigen Schicht aus organischen Ablagerungen in Form von Torfen oder Mudden über Mineralboden zu verstehen. Torfe sind sedimentäre Substrate mit einem organischen Anteil von > 30 %. Voraussetzung für die Moorentstehung ist ein Wasserüberschuß am Standort und das Vorhandensein einer torfbildenden Vegetation. Durch den Luftabschluß von unter Wasser gelangenden, abgestorbenen Pflanzenteilen wird diese Biomasse von der Humifizierung abgeschlossen. Es kommt zur Unterbrechung des Kohlenstoff-Kreislaufes und zur Anlagerung organischer Masse; Torfe werden gebildet. Da bei Wasserüberschuß keine Nitrifizierung stattfinden kann, reichert sich Stickstoff in den Torfen an. Die Biomasseproduktion ist höher als die Zersetzung – es werden je nach klimatischen und Wasserverhältnissen bis mehrere Meter mächtige Torfe akkumuliert. Kommt es zur Sedimentation von im Wasser gelösten organischen und/oder mineralischen Stoffen, dann werden die dabei entstehenden Substrate als Mudden bezeichnet. Je nach topologischen und hydrologischen Verhältnissen können sie sehr mächtig sein und den Moorkörper fast völlig ausfüllen oder geringmächtiger als erste Schicht im Verlauf der Moorbildung die topogene Hohlform auskleiden.

Aus der Sicht künftiger Moorrenaturierungen ist die Gliederung nach hydrologischen und ökologischen Aspekten von besonderer Bedeutung (Abb. 3.32).

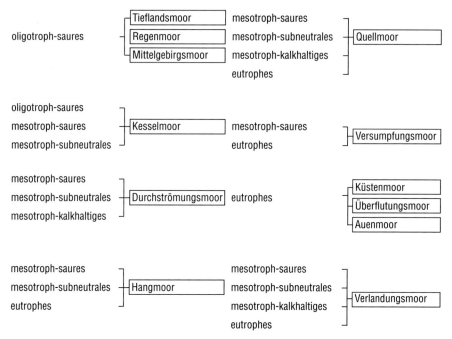

Abb. 3.32. Übersicht der ökologischen und hydrologischen Moortypen, nach [104]

Die ausschließlich durch Niederschlagswasser gespeisten (ombrogenen) Moore bilden einen über dem Grundwasserniveau liegenden eigenen Moorwasserspiegel. Sie werden als Regenmoore oder aufgrund der durch die torfbildende Vegetation (vorwiegend Sphagnum) bedingten uhrglasförmigen Aufwölbungen als Hochmoore bezeichnet.

Erfolgt die Wasserspeisung durch nährstoffreiches Grund- oder Überflutungswasser in entsprechenden topogenen Landschaftsformen (Täler, Senken), so entstehen Niedermoore. Von Bedeutung sind hierbei vor allem Verlandungsmoore (entstehen semiaquatisch durch Überwachsen eines Gewässers oder subaquatisch im/am Grunde eines Gewässers, bestehen aus geringmächtigen Schilf-, Grobseggen- und/oder Braunmoostorfen über mächtigen, häufig Kalkmudden), Versumpfungsmoore (entstehen durch Grundwasseranstieg und teilweise flacher Überstauung, bestehen aus häufig <1 m mächtigen Schilf-, Grobseggen und Erlenbruchtorfen über Talsanden), Durchströmungsmoore (entstehen durch ständigen Wasserzulauf in Flußtälern, bestehen aus mächtigen Feinseggen- und Schilf-Seggentorfen über Mudden oder Sand) und Überflutungsmoore (entstehen auf langzeitigen Überflutungsstandorten, sind durch geringmächtige Torfe in ständigem Wechsel mit mineralischen Ablagerungen gekennzeichnet).

Unentwässerte Moore sind aufgrund ihrer Lage in der Landschaft und dem großen Anteil an wasserhaltender Porenstruktur großräumige Wasserspeicher. Sie können bis zu über 95 % Volumenanteil aus Wasser bestehen;

nur 3 bis 10% Volumenanteil machen die Feststoffe (Substanzvolumen) der Moore aus.

Flußauen und Moore wurden aufgrund ihrer ungünstigen Standortbedingungen relativ spät besiedelt. Voraussetzung für die Bewirtschaftung derartiger Gebiete ist die Durchführung von kulturtechnischen Arbeiten, hauptsächlich in Form von Hochwasserschutzmaßnahmen (Deichbau) und der Anlage von Entwässerungsnetzen. Besonders im 18. und 19. Jahrhundert wurden verstärkt die in den Flußniederungen befindlichen Auenwälder gerodet und entwässerte Böden in die Ackernutzung überführt [105]. Desweiteren trug die in den letzten Jahrzehnten zu verzeichnende Entwicklung von Wissenschaft und Technik zu einer immer besseren Beseitigung von „Standortdefekten" bei. Damit wurde eine zunehmend intensivere Nutzung dieser Gebiete als landwirtschaftliche Produktionsstandorte oder zur Schaffung von zusätzlichem Baugrund ermöglicht. Gleichzeitig war mit dieser Entwicklung zwangsläufig auch ein erheblicher Verlust der natürlichen Funktionen dieser Feuchtgebiete verbunden.

Sollen großflächige Flußauen wieder renaturiert werden, so ist davon auszugehen, daß mit der Errichtung von Hochwasserschutzanlagen eine Entkopplung des Wasserlaufes von seinen natürlichen Retentionsflächen erfolgte [106]. Dieser anthropogene Eingriff war einerseits die Voraussetzung zur Besiedelung und Nutzung dieser Gebiete, hatte andererseits aber auch eine beschleunigende Wirkung auf das natürliche Abflußregime zur Folge. Gleichzeitig wurden damit die Grundlagen geschaffen, um weitere wasserbaulich-kulturtechnische Maßnahmen zur Nutzung des Flusses selbst (z.B. Schiffbarkeit) als auch der Areale vor und hinter dem Deich vorzunehmen. Die zunächst im Mittelpunkt stehende Steigerung der Agrarproduktion auf den früheren Retentionsflächen erforderte die Durchführung von Entwässerungsmaßnahmen. Durch die Wasserregulierung über Schöpfwerke, Gräben und Dräne wurde die Befahr- und Bearbeitbarkeit der anstehenden hydromorphen Auenböden verbessert, und es konnte eine Ertragserhöhung erzielt werden. Vor allem bedingt durch die Einbindung der Vorfluter in den meist flach anstehenden Grundwasserleiter und den Einsatz von Landtechnik mit hohem spezifischem Bodendruck kam es zu Bodenschädigungen in Form von Verdichtungen sowie zu einer Verminderung der Speicher- und Filterfunktion. Die schnelle Ableitung des Wassers über Entwässerungsnetze und die durch verbesserte agrotechnische Maßnahmen zwischenzeitlich zu verzeichnende Steigerung der Biomasseproduktion auf den Feldern führten zu einem erhöhten Wasserdefizit während der Vegetationsperiode. Da intensive Pflanzenproduktion nur bei ausreichendem Wasserdargebot möglich ist und besonders in den ostdeutschen Bundesländern ein natürlich bedingtes hydrologisches Niederschlagsdefizit besteht, mußten zusätzlich in erhöhtem Umfang Bewässerungsanlagen (Beregnung, Grabenan- und -einstau) installiert werden. Vor allem beim Einsatz einer nicht den Pflanzen und Standortbedingungen angepaßten Beregnung sind als Folgewirkungen Bodenverschlämmungen, erhöhte Stoffverlagerungen in den Untergrund und Stoffaustrag aus der Landschaft möglich.

Die Anlage von großflächigen Bewirtschaftungseinheiten führte zum weitgehenden Verlust von ökologischen Funktionen in den Flußauen.

Diese beschränkten sich nicht nur auf die eingedeichten Gebiete, sondern ebenfalls auf die dem Deich vorgelagerten Überflutungsflächen. Zur Schaffung von zusammenhängenden Weide- und zum Teil auch Ackerflächen wurden auf diesen Vorländern bestehende Bewirtschaftungshindernisse (wie z. B. Bäume, Sträucher, Altarme, Kolke) in großem Umfang beseitigt und an periodische Überflutungen angepaßte Gräser mit niedriger Futterqualität zunehmend durch uniforme Intensivgrassorten mit hoher Erneuerungsrate ersetzt. Während eines Hochwasserereignisses werden Sedimente auf den noch verbliebenen Überflutungsflächen bevorzugt abgelagert. Infolge der in den letzten Jahrzehnten zu verzeichnenden Gewässerverschmutzung weisen diese Gebiete eine erhöhte Belastung mit toxischen Kontaminanten auf.

Es lassen sich daraus folgende Hauptziele bei der Renaturierung von Flußauen ableiten:

- Wiederherstellung der hydrologischen Retentionsfunktion,
- Vermeidung der weiteren Bodenschädigung,
- Erhaltung und Aufbau von feuchtgebietstypischen Biozönosen und
- Sanierung von kontaminierten Überflutungsflächen.

Die Nutzung der Moore für land- und forstwirtschaftliche Zwecke der Rohstoffgewinnung (Brenntorfe, Torfe im Gartenbau, Torfe in der Bäderheilkunde) setzt eine Entwässerung voraus. Die damit einhergehenden Teilprozesse

- setzungsbedingte Bodenkonsolidierung,
- Schrumpfung,
- aerobe Humifizierung,
- oxidativer Torfverzehr,
- Bodenlockerung und -durchmischung durch Bodentiere einschließlich Bodenbearbeitung und
- Verlagerungs- und/oder Auswaschungsvorgänge

führen zu pedogenen Veränderungen und zum Moorbodenverlust (Tabelle 3.9). Letzterer kann in Abhängigkeit von verschiedenen natürlichen und anthropogen beeinflußten Bedingungen 5–40 mm/a betragen.

Geht die Beeinträchtigung der Bodeneigenschaften so weit, daß die Bodenfruchtbarkeit gemindert wird, spricht man von einer Degradierung. Diese Bodenentwicklungsstufe ist in Deutschland heute vor allem auf den intensiv landwirtschaftlich genutzten Niedermooren anzutreffen. Die Böden sind durch Stau- und Haftnässe gekennzeichnet. Der Oberboden besitzt ein Einzelkorngefüge, das bei Austrocknung potentiell winderosionsgefährdet ist. Die Mineralisierungsvorgänge bedingen eine Stickstofffreisetzung von 700–1100 kg N(ha · a) [109]. Verstärkt wandern nitrophile Unkräuter in die Pflanzenbestände ein und verdrängen die moortypischen Arten. Nicht ausgenutzte Stickstoffmengen können als Nitrat in den Untergrund verlagert werden.

Eine andere Art der „Moorvernutzung" ist der Abbau von Torfen, vorwiegend auf Hochmooren. Durch unterschiedliche Verfahren (industrielle Sodentorf-, Frästorf-, Klumpentorf-, Schältorfgewinnung, bäuerliche Handtorfstiche) werden Hochmoore oft über einen Zeitraum von bis zu 50 Jahren schichtenweise abgetorft.

Tabelle 3.9. Durch Entwässerung und Bodenbildung veränderte Eigenschaften von Niedermoorböden (nach [108])

Zunahmen	Abnahmen
Rohdichte (100 → 400 g/l)	Porenvolumen (> 90 → < 80%)
Asche (10 → 70%)	C/N (30 → 10)
Haftnässe	Grundwasserflurabstand (Sackung)
Totwasseranteil (10 → 30% Volumenanteil)	Grob- und Mittelporen (25 → < 10% Volumenanteil) Benetzbarkeit
Erodierbarkeit durch Wind	nFK (60 → 125 mm/dm) Denitrifikation
Nitrifikation (0 → 1000 kg Nitrat/(ha · a))	kf (> 100 → 10 cm/d) ku (> 5 → < 0,5 mm/d (60 hPa))
KAK 50 → 450 mmol/l)	Desorption

Moorbodenzerstörung durch land- und forstwirtschaftliche Nutzung sowie durch Torfabbau vernichtet mehr als den Boden; Flora und Fauna verändern sich – ein Ökosystem verliert seine ursprüngliche Funktion im Landschaftshaushalt. Forderungen nach einem Überdenken der Nutzungsformen auf Mooren kommen aus der Sicht des Naturschutzes und in den letzten Jahren verstärkt vom Bodenschutz. Die „Moorrückentwicklung" umfaßt drei Phasen:

Wiedervernässung – Renaturierung – Regeneration

Unter Wiedervernässung ist dabei das Einstellen der Grund- bzw. Stauwasserstände auf ursprünglich moortypisches Niveau zu verstehen. Sind nach länger anhaltender Wiedervernässung die Einbürgerung von moortypischen Pflanzengesellschaften und damit folgend entsprechende Biozönosen zu beobachten, kann von Renaturierung gesprochen werden [110]. Die Regeneration der Moore stellt dann das großflächige Wachstum von moortypischen Pflanzen und die dadurch ermöglichte Torfbildung dar [111]. Es wird eingeschätzt, daß die Phase der Wiedervernässung Jahre, die der Renaturierung Jahrzehnte und die der Regeneration Jahrhundert(e) dauern wird.

3.4.3.2
Renaturierungsmaßnahmen

Flußauen

Die von den Einrichtungen der Wasserwirtschaft zur Zeit als technische Gegenmaßnahme favorisierte Deicherhöhung zur schadlosen Ableitung von Hochwasserwellen stellt weder aus ökonomischen noch ökologischen Gesichtspunkten eine dauerhafte Alternative zur Wiederherstellung der natürlichen Funktionen einer Flußaue dar. Diese wurden durch die Intensivierung der Produktion, hauptsächlich der Landwirtschaft, in immer stärkerem Maße reduziert. Da aufgrund der Besiedlung und der vorhandenen Infrastruktur eine Beseitigung bestehender Hochwasserschutzanlagen weder sinnvoll noch möglich ist, sollte die angestrebte Renaturierung nur schrittweise und für einzelne Teilgebiete vorgenommen werden und sich sowohl auf Bereiche im Binnenland der Aue als auch im Vorland erstrecken. Infolge der Heterogenität von Flußauenlandschaften können keine verbindlichen Regularien für die Renaturierung dieser Gebiete vorgegeben werden. Die Planung von Renaturierungsmaßnahmen setzt deshalb eine umfassende Ist-Zustandsanalyse voraus und ist unter komplexer Einbeziehung verschiedener Nutzungsansprüche (Hochwasserschutz, ökologische und wirtschaftliche Belange) vorzunehmen. Besonderer Wert ist dabei auf die weitgehende Vernetzungsfähigkeit der Einzelmaßnahmen zu legen. Voraussetzung zur möglichst weitgehenden Wiederherstellung der ursprünglichen Auenfunktionen ist in jedem Fall eine Extensivierung der bisherigen Landnutzung. Die nachfolgend genannten Möglichkeiten zur Rückführung von anthropogen geprägten Auen in einen naturnäheren Zustand erheben daher keinen Anspruch auf Vollständigkeit und lassen einen weiteren Forschungsbedarf erkennen (Abb. 3.33).

Eine einfach zu realisierende Möglichkeit zum Abbau von Hochwasserspitzen stellt die nach hydrologisch-ökologischen Gesichtspunkten ausgerichtete Bewirtschaftung von ausschließlich landwirtschaftlich genutzten Poldern dar. Diese wertvollen Retentionsflächen dienen vor allem der Beweidung sowie zur Erzeugung von Grund- und Konservatfutter. Infolge des Rückgangs der Viehbestände sind diese Areale bevorzugt für eine extensive Landnutzung geeignet. Eine bei Hochwasserereignissen zeitigere Öffnung der im Deich befindlichen Siele und der damit verbundene verzögerte Abfluß tragen zur Verbesserung der überflutungsbedingten Grundwasseranreicherung bei. Diese wirkt sich besonders vor und während der Vegetationsperiode günstig auf alle auenzugehörigen Biozönosen aus.

Durch ein verändertes Steuerungsregime der im Binnenteil der Aue gelegenen Wasserregulierungseinrichtungen kann ebenfalls ein Beitrag zur Wiederherstellung der natürlichen Funktionen einer Aue geleistet werden. Erst bei vollständiger Überflutung der Vorlandbereiche vollzieht sich ein verstärkter Übertritt von Oberflächenwasser in das Grundwasser. Diese natürliche Grundwasseranreicherung über die Bodendeckschicht ist bedeutsamer als die Infiltration durch das Gewässerbett. Das hangseits der Aue zufließende Grundwasser wird durch die Überflutung im Vorland und das dabei eingespeiste Wasser gestützt. Bedingt durch die Schutzwirkung des Deiches erfolgt dieser Vorgang zeitverzögert, d. h. das landseitige Grundwasser erreicht meist seinen Höchststand, wenn das Hochwasser im Fluß bereits abgeklungen ist [103]. Bisher ist man aus ökonomischen Erwägungen heraus bemüht, das unterirdisch zufließende Wasser möglichst kurzfristig aus dem Niederungsgebiet zu entfernen. Diese Entwässerungsanlagen, die häufig mit Staueinrichtungen ausgerüstet sind, können ebenso für die Rückhaltung des Wassers eingesetzt werden. Die daraus resultierende länger andauernde Vernässung erfordert eine Umstellung der Landnutzung, zumindest in Teilgebieten. Durch die partielle Umwandlung von Acker-

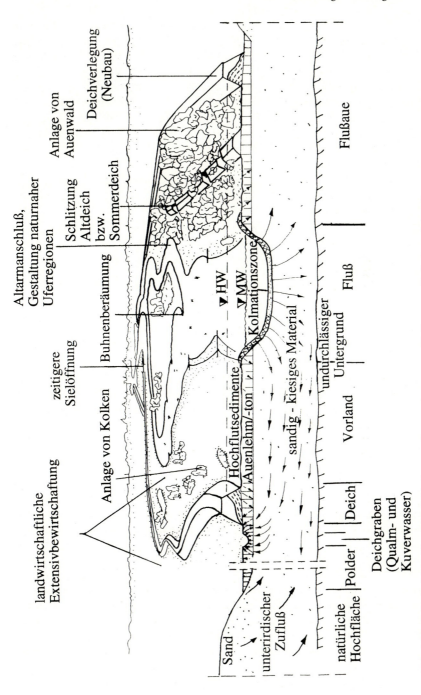

Abb. 3.33. Prinzipskizze über Möglichkeiten zur Renaturierung von Flußauen verändert, nach [112]

land in weitgehend extensiv genutzte Grünlandstandorte und die Verzögerung des Abflusses durch Anstau wird sowohl zur Wiederherstellung der ursprünglich wechselfeuchten Bedingungen als auch zur Minderung von weiterer Bodenschädigungen durch erhöhte Mechanisierung beigetragen.

Durch den Einsatz von vergleichsweise aufwendigen kulturtechnischen und wasserbaulichen Arbeiten können Renaturierungsprozesse initiiert und in ihrem zeitlichen Verlauf beschleunigt werden. Diese Maßnahmen stellen jedoch einen tiefgreifenden Eingriff in den Landschaftswasserhaushalt dar. Sie sind kostenintensiv und sollten sich deshalb auf ausgewählte Teilgebiete beschränken. Beispiele hierfür sind:

- Beseitigung von verrohrten und Bau von mäandrierenden und/oder muldenförmig ausgeprägten Vorflutern mit flachen Böschungen, die dem natürlichen Gefälle folgen,
- Rückbau oder teilweise Unterlassung der Instandhaltung von überdimensionierten Entwässerungseinrichtungen und/oder
- Anlage von Feuchtbiotopen mit auentypischer Flora und Fauna.

Als weitere Maßnahme zur Renaturierung von Flußauen wird gegenwärtig auch eine Rückverlegung von Hochwasserschutzdeichen diskutiert [112]. Dies erscheint jedoch nur für ausgewählte Teilabschnitte realistisch. Wenn die im vorhandenen Deichkörper enthaltenen Erdstoffe nicht für den Deichneubau benötigt werden, dann ist die Anlage von Schlitzen im Deich, die eine weitgehend ungehinderte Zu- und Abführung des Überflutungswassers gewährleisten, ausreichend. Außerdem ist darauf hinzuweisen, daß zwischenzeitlich auch Deiche durchaus schützenswerte Lebensräume in einer Auenlandschaft darstellen. Neben der Funktion der Hochwasserabwehr stellen sie wertvolle Rückzugsgebiete für Kleintiere (z. B. Käfer, Insekten) und für bestimmte Pflanzenarten (Trockenrasen) dar.

Auch ohne technisch aufwendige Deichrückverlegungen sind in den bestehenden Vorlandbereichen ergänzende Renaturierungsmaßnahmen möglich. Voraussetzung ist wiederum die Extensivierung der bestehenden landwirtschaftlichen Produktion. Unbedingt zu vermeiden ist die weitere Bewirtschaftung und Neuanlage von Ackerland in diesen Gebieten. Die bestehende Grünlandnutzung ist zu extensivieren (keine weitere organische und mineralische Düngung). Es sind wieder standortangepaßte und überflutungsresistente Gräser zu etablieren. In diesem Zusammenhang ist auch die dauernde Öffnung von bestehenden Sommerdeichen, der Anschluß noch vorhandener Altarme, die Anlage von geschlossenen Kolken, die Schaffung von naturnah gestalteten Uferregionen und strömungsberuhigten Bereichen als Rückzugsgebiete für seltene Arten der Flora und Fauna (z. B. Beräumung von Buhnen) zu prüfen. Desweiteren sind Möglichkeiten für den Erhalt und die Erweiterung von Auenwäldern vorzusehen. Diese sind jedoch nur dann intakt, wenn wieder ein periodischer Wechsel von Hoch- und Niedrigwasser eingestellt ist.

Außerdem ist durch Maßnahmen der Gewässerreinhaltung zukünftig dafür Sorge zu tragen, daß die Belastung der Vorländer mit toxischen Hochflutsedimenten eingeschränkt wird. Vor einer weiteren landwirtschaftlichen Nutzung dieser Gebiete sind Untersuchungen über den Transfer dieser Schadstoffe in die Nahrungskette notwendig. Werden überhöhte Belastungen angetroffen, dann sollten diese Flächen von der Nahrungsgüterproduktion ausgeschlossen werden und vorzugsweise für die Belange des Naturschutzes genutzt werden.

Moore

Das Wasser ist entscheidender Faktor für die erste Phase der Renaturierung – Wiedervernässung – von Mooren, daher muß vor jeglichen Maßnahmen eine exakte Ist-Zustandserfassung (insbesondere der hydrologisch-ökologische Moortyp, die Wasserverfügbarkeit nach Menge und Qualität, die ökologischen Standortbedingungen wie Moormächtigkeit, Nährstoffverhältnisse und pH-Wert des Oberbodens einschließlich aktueller Pflanzengesellschaften und der Zustand vorhandener hydrotechnischer Anlagen) vorgenommen werden. Aus diesen Daten sind dann die standortdifferenzierte Renaturierbarkeit des Moores und die dafür geeigneten Maßnahmen abzuleiten. Zielansprüche an die Moorlandschaft aus der Sicht des Naturschutzes, des Bodenschutzes und einer möglichen extensiven Landwirtschaft sind zu berücksichtigen. Aus der Fülle der Überlegungen zur Wiedervernässung können im folgenden nur wesentliche Aspekte herausgegriffen werden. Diese Maßnahmen sind immer tiefgreifende Einschnitte in den Landschaftshaushalt. Sie setzen eine sorgfältige Standortkenntnis und Planung voraus. Begleitende Untersuchungen zum erfolgreichen Verlauf bzw. zur eventuell notwendigen Korrektur von bereits begonnenen Renaturierungsarbeiten sind unbedingt notwendig. Dabei ist zu beachten, daß Zweck und Ziel aller einzuleitenden Maßnahmen zur Wiedervernässung der Moore immer nur die Schaffung der ökologischen Voraussetzungen sein kann, durch die sich langfristig die moortypische Fauna und Flora *allein* bis zu einem naturnahen Moor entwickeln [113].

In Deutschland liegen seit etwa 1975 Erfahrungen mit der Wiedervernässung von Hochmooren vor. In Abhängigkeit vom Ausgangszustand der vorgesehenen Renaturierungsflächen (vegetationslose Torfflächen ohne Bunkerde, Torfflächen mit Bunkerde, bäuerliche Torfstichflächen, Moorheideflächen, Birken-, Kiefern-, Moorwälder, Pfeifengrasflächen, kultivierte Moorflächen bzw. „Moorbrachen") werden verschiedenste Verfahren des Pflegemanagements (Aushagerung, Abräumen von Biomasse, Beseitigung von Gehölzen durch „Entkusseln", Beweiden, kontrolliertes Brennen) sowie konkrete ökotechnische Verfahren der direkten Vernässung durch Torfabbau empfohlen [114]. Diese kann auf Flächen mit dem Ziel der Hochmoorregeneration nur durch den Niederschlag erfolgen; nährstoffbelastete Grund- und Oberflächenwasser dürfen nicht verwendet werden. Die im Gebiet fallenden Niederschläge müssen größer als die Verdunstung sein; Jahresmittelwerte ab 650 mm/a Niederschlag sind günstig. Das Niederschlagswasser muß in dem zu regenerierenden Hochmoor gestaut werden, d.h. es darf nicht versickern oder abfließen. Für die dazu einzusetzenden ökotechnischen Maßnahmen ist zu fordern, daß

- die Entwässerungsgräben nicht bis in den mineralischen Untergrund bzw. in wasserdurchlässige Torfe ausgebaut werden dürfen,
- eine Stauschicht von > 50 cm aus gewachsenem Hochmoortorf auf der Fläche verbleiben muß,

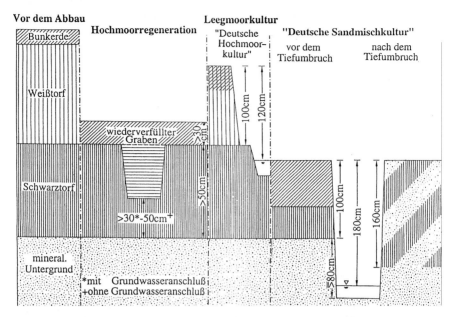

Abb. 3.34. Beispiel für die Herrichtung von Hochmoorflächen nach Torfabbau, nach [115]

- bei Anschnitt des mineralischen Untergrundes der Graben abgedichtet wird (entweder mit stark zersetztem Torf verfüllen, durch Bretter anstauen oder mit Plastefolien abdichten; Abb. 3.34) und
- durch Oberflächengestaltung die für ein Torfmooswachstum weitgehend ebene Fläche mit stehendem oberflächennahem Wasserstand geschaffen wird (Abb. 3.35).

Für eine erfolgreiche Wiederbesiedelung von hochmoortypischen Pflanzen ist außerdem das Aufbringen der Bunkerde (die oberste mit Samen und Sporen der Hochmoorflora versehene Vegetationsschicht) von Bedeutung.

Im Gegensatz zu den Hochmooren liegen derzeitig über die Renaturierung von Niedermooren lediglich sporadisch Ansätze, aber keine praktischen Erfahrungen und nur unzureichende wissenschaftliche Erkenntnisse vor. In Abhängigkeit von den hydrologischen Bedingungen mit Einzugsgebiet sowie den Bedarfsanforderungen der Ober- und Unterlieger ist die Prüfung der Wassermengenbereitstellung die entscheidende Voraussetzung bei der Wiedervernässung von Niedermooren. Für eine standortkundlich begründete Auswahl der zu vernässenden Niedermoorflächen und für die anzuwendenden Vernässungsverfahren können die Erfahrungen aus dem Bewässerungslandbau (An- und Einstauverfahren) genutzt werden [113]. Dabei sind folgende Aspekte zu berücksichtigen:

- der Bodenwasserhaushalt muß gesichert oder wiederhergestellt werden; der Wasserhaushalt der umgebenden Landschaft ist dabei mit einzubeziehen,

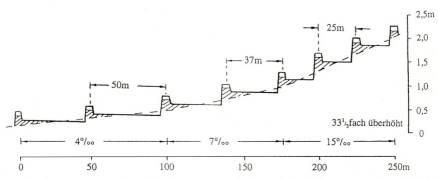

Abb. 3.35. Ökotechnisches Schema zur Regeneration von Hochmoor bei geneigter Oberfläche, nach [116]

– der typische oberflächennahe Grundwasserflurabstand ist wieder einzustellen, ein Ansteigen des Wasserspiegels über Gelände ist positiv zu beurteilen,
– in Abhängigkeit vom hydrologisch-genetischen Moortyp sind entsprechende Schutzzonen als Puffer zwischen dem Schutzgebiet und der Umgebung auszuweisen; (dies ist beim Ankauf oder Pachten von Schutzflächen im Finanzplan zu beachten; Abb. 3.36, und
– die Wahl der verfahrenstechnischen Maßnahmen zur Wiedervernässung ist stets nach den hydrologischen Bedingungen der Niedermoorentstehung und -entwicklung zu treffen.

Für die Realisierbarkeit der einzelnen An- und Einstauverfahren sind das Oberflächengefälle sowie die Wasserdurchlässigkeit im grundwasserdurchströmten Bereich von entscheidender Bedeutung.

Unter Berücksichtigung der bereits genannten Aspekte sowie im Umkehrschluß zu den Entstehungsbedingungen lassen sich für die einzelnen Moortypen folgende Maßnahmen zur Wiedervernässung ableiten [104]:

– Verlandungsmoore: • allmähliche Anhebung des Seewasserspiegels (vor allem in eutrophen Verlandungsmooren),
– Versumpfungsmoore: • Rückhaltung der Winter- und Frühjahrsniederschläge,
  • phasenhafter Überstau, auch mit nährstofffreichem Wasser,
  • wasserbauliche Arbeiten (Staue) bzw. entsprechende Regulierung über vorhandene wechselseitige Grundwasserregulierungssysteme,
– Durchströmungsmoore: • Abdichten aller einstigen Entwässerungsanlagen, insbesondere am direkten Talrand,
  • Schaffung hydrologischer Schutzzonen ohne Entwässerungsgräben,
– Überflutungsmoore: • Überstau in Poldergebieten unter Berücksichtigung einer ausreichenden Wasserqualität.

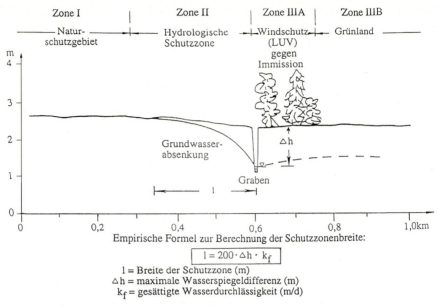

Abb. 3.36. Schutzzonen für Moore, nach [111]

Desweiteren sind bei der Renaturierung von Niedermooren folgende flankierende Maßnahmen im Einzugsgebiet zu empfehlen:

- Schutz vor Eutrophierung durch Anlegen von weiträumigen Gehölzsäumen,
- Einrichtung von hydrologischen Pufferzonen,
- Verhindern jeglicher weiterer Hydromelioration (auch Eindeichungen),
- Beseitigung von Gehölzaufwuchs und
- Senkung der Nährstoffbelastungen durch Aushagerung und Abtransport der Biomasse.

3.4.4
Grundwässer

H.-J. Voigt, M. Nahold

3.4.4.1
Das Grundwasser als Schutzgut

Seit 1900 hat in Deutschland der Anteil des Grundwassers an der Trinkwasserversorgung stetig zugenommen. Gleichzeitig stieg der Anteil des künstlich angereicherten Grundwassers. Gründe dafür sind der steigende Wasserbedarf und die Forderung nach der ständigen Verfügbarkeit der benötigten Wassermengen – unabhängig von den natürlichen Mengenschwankungen der erschlossenen Aquifere. Weitere Eingriffe in den Grundwasserhaushalt erfolgen durch unsere sehr weitgehende Bewirtschaftung (Kanalisierung) von Oberflächengewässern. Lokal erlangt auch die Versiegelung von Oberflächen wasserwirtschaftliche Bedeutung. Krasse Gegensätze zwischen dem regionalen Bedarf und den nutzbaren Ressourcen führten zwangsläufig zur Ausweitung überregionaler Wasserverbände.

Sozusagen Hand in Hand mit dem Mengenproblem wuchs und wächst die Schwierigkeit, unserem Anspruch nach hoher und möglichst gleichbleibender Wasserqualität gerecht zu werden. Zum einen sind unsere Entnahmemengen limitiert durch die bereits erwähnten beschränkten Speichervolumina und durch die gegebenen Grundwasserneubildungsraten. Zum anderen haben der Umgang mit wassergefährdenden Stoffen, die sorglose Einleitung von Abwässern und die überintensive Verwendung von Pflanzenschutz- und Düngemitteln die Qualität vieler Grundwasservorkommen bereits nachhaltig vermindert. Die natürlichen Rückhalte- und Abbaufähigkeiten unserer Böden und Aquifermaterialien sind zum Teil bereits erschöpft. Zusätzliche „Angriffe" auf diese natürlichen Systeme erfolgen durch stetige Immissionen, wie beispielsweise durch saure Niederschläge.

Grundwasserleiter (Aquifere) sind sensible Systeme mit zum Teil erheblichen Selbstreinigungsfähigkeiten. Um diese zu bewahren und genutzte Ressourcen zu schützen, haben wir Schutz- und Schongebiete für unsere Wassergewinnungen geschaffen. Aktuelle Konflikte in zunehmender Anzahl machen jedoch deutlich, daß dies allein nicht mehr einen hinreichenden Schutz der Grundwasserqualität gewährleisten kann. Die aktuellen Diskussionen um eine europaweite Vereinheitlichung von Richt- und Grenzwerten für wassergefährdende Stoffe macht deutlich: Der Schutz des Grundwassers wird nur durch die Kombination von lokalen Maßnahmen mit einer Reform der übergreifenden Rahmenbedingungen zu gewährleisten sein.

Langfristig müssen wir anstreben, auch zum Schutz der Grundwässer ganzheitliche Konzepte durchzusetzen. Diese beinhalten neben gesetzlichen Vorgaben auch Eingriffe in den stark marktwirtschaftlich ausgerichteten Vertrieb von Wasser. Zusätzlich bedarf es verstärkt agrarpolitischer und raumplanerischer Instrumente, um Nutzungskonflikte zurückzudrängen und den Grundwasserschutz langfristig in den Vordergrund zu stellen.

Einzugsgebiete und Grundwasserschutzzonen

Grundwasserentnahmestellen und Quellen sowie ihre Umgebung bis zur Fläche des gesamten Einzugsgebietes werden zum Schutz vor Verunreinigungen und sonstigen Beeinträchtigungen in Zonen gegliedert. Diese Schutzzonen (Zone I bis III) werden anhand hydrogeologischer Größen bemessen, innerhalb jeder Zone gelten Nutzungsbeschränkungen. Diese und weitere Schutzbestimmungen sind in [117] definiert und detailliert erläutert. Die Ermittlung des nutzbaren Grundwasserdargebotes beschreibt [118] im Detail. In zunehmendem Maße treten jedoch Nutzungskonflikte auf. Dafür sind unterschiedliche Gründe festzustellen:

- Durch teilweise intensive Wasserentnahme kommt es zur Verschiebung bzw. zur Überlagerung der Einzugsgebiete von Fassungen.
- Die intensive Verwendung von Pflanzenschutz- und Düngemitteln in manchen landwirtschaftlich genutzten Einzugsgebieten wurde noch immer nicht hinlänglich eingeschränkt.
- In vielen Kommunen kommt es zur Überlagerung von Bau- und Industrieland mit Schutzzonen. Manche Teile ganzer Ortschaften liegen zwangsläufig zumindest in der Schutzzone III, manche sogar innerhalb der 50- bzw. 100-Tage-Isochrone, die als Grenze der Schutzzone II herangezogen wird.
- Kontaminiertes Grundwasser (sogenannte „Abstromfahnen" von Schadensfällen) treffen erst nach langen Fließzeiten und -strecken bei den Wasserwerken ein, und zusätzliche Abwehrmaßnahmen werden nötig.
- In vielen städtischen Bereichen ist der aktive Grundwasserschutz wegen vieler Schadstoffeintragsstellen und wegen des meist schadhaften Kanalnetzes kaum mehr gewährleistet.
- Schließlich bieten die Böden und die Deckschichten der Grundwasserleiter mancherorts nicht mehr ausreichenden Schutz vor dem Eintrag luftgetragener Schadstoffe. Die Bodenversauerung vermindert den Schutz vor vertikalen Stoffeinträgen weiter.

Konsequenterweise bleiben uns neben der chemisch-technischen Aufbereitung des geförderten Grundwassers noch mehrere Möglichkeiten, die Grundwasserressourcen direkt zu schützen bzw. weiterhin zu nutzen. Ein „integrierter Grundwasserschutz" beinhaltet nicht nur die maßvolle Bewirtschaftung von Grundwässern, sondern unter anderem folgende Komponenten:

- Die Verminderung des Verbrauches durch modernere technische Anlagen, geschlossene Kreisläufe, gegebenenfalls durch die Trennung von Trink- und Brauchwasser. Art und Umfang der Bewirtschaftung: Fördermengen und Bewirtschaftungszeiten sind in Abhängigkeit von den Aquifereigenschaften zu dimensionieren. Die „nicht-Bewirtschaftung" kann durchaus (zeitweilig) zum Schutz vor folgenschweren Kontaminationen dienen.
- Weitere Stoffeinträge ins Grundwasser müssen nachhaltig limitiert werden. Das Dilemma zwischen intensiver landwirtschaftlicher Flächennutzung und Bewahrung der Grundwasserqualität kann nur durch überregionale Bewirtschaftungskonzepte und Bewirtschaftungszwänge vermindert werden. Leider ist derzeit die vielfach praktizierte Mischung (Verdünnung) verschiedener Wässer neben der z. T. sehr aufwendigen Wasseraufbereitung die einzige Möglichkeit, den lokalen Bedarf an Wasser mit „hinreichender" Qualität noch zu decken.

Nur über die sofortige Verminderung der Stoffeinträge kann mittel- bis langfristig die Grundwasserqualität sichergestellt werden. Schutzkonzepte müssen über die gesetzlich festgelegten Schongebiete hinausgehen. Strenge Beschränkungen nützen kaum, wenn sie weder kontrollierbar sind noch von der Allgemeinheit getragen werden.

- Der Grundwasserschutz darf nicht durch kommunale „Sachzwänge", wie z.B. die Ausweisung von Gewerbegebiet, nachrangig behandelt werden.

Langfristige Regionalplanungen zur Grundwasserbewirtschaftung sollten bevorzugt verwirklicht werden können.
– Zur Sanierung kontaminierten Grundwassers stehen heute unterschiedliche Techniken zur Verfügung. In den meisten Fällen wird kontaminiertes Wasser am Ort des Eintrages oder im Bereich einer zum Teil bereits langgezogenen abströmenden Kontaminations„fahne" entnommen, gereinigt und nach Möglichkeit dem Grundwasserleiter wieder zugeführt. Die Entnahme kontaminierten Wassers bietet die größte Sicherheit gegenüber weiterer Ausbreitung von Schadstoffen. Die Förderung und Wasseraufbereitung ist jedoch mittel- bis langfristig sehr energieintensiv. Bei einer eingeschränkten Zahl von Grundwasserschadensfällen führt auch der Einsatz sogenannter „in situ-Techniken" zur erforderlichen Reinigungswirkung. Die obertägige Wasseraufbereitung wird dadurch reduziert, meist aber nicht vollständig ersetzt. Bei Sanierungstechniken zur Dekontamination von Untergrund und Grundwasser ist noch bedeutendes Forschungs- und Entwicklungspotential vorhanden.
– Die Stadtentwässerung und Kanalsanierung ist ein weiteres unserer nur langfristig zu lösenden Probleme. Ebenso wie bei lokal nachhaltig kontaminierten Grundwässern wird man nicht umhin können, sogenannte „Negativzonen" auszuweisen. Dies sind jene Grundwasserbereiche oder ganze Aquifere, die nicht mehr oder nur mit energetisch unverhältnismäßigen Mitteln zu reinigen sind.

3.4.4.2
Die Gewinnung von Uferfiltratwasser

Oberflächengewässer wie Flüsse und Seen können Vorfluter für Grundwässer bilden und umgekehrt kann Wasser von Oberflächengewässern dem Grundwasser zufließen. Diese Prozesse der In- oder Exfiltration werden von den jeweiligen Wasserständen des Grundwassers und der Vorfluter gesteuert und sind zeitlichen und örtlichen Wechseln unterworfen.

In den dicht besiedelten Regionen an den großen Flüssen reichen die natürlichen Grundwasserressourcen schon seit langem nicht mehr zur Wasserversorgung aus. Brunnen wurden in der Nähe der Flußufer niedergebracht, um die für die Ballungsgebiete benötigten Wassermengen dauerhaft sicherzustellen. Die Wasserwerke an unseren großen Flüssen beziehen meist „echtes Grundwasser" und sogenanntes „Uferfiltratwasser". Letzteres ist Flußwasser, welches während der kurzen Untergrundpassage vom Fluß zum Brunnen filtriert wird und damit eine eingeschränkte Reinigung erfährt. Durch Wechselwirkungen mit dem Aquifermaterial und mit dem vorhandenen Grundwasser kommt es zu hydrochemischen Veränderungen [119, 120]. Durch schadstoffbelastetes Uferfiltratwasser kann das geförderte Trinkwasser auch nachteilig verändert werden [121], weswegen der Schutz und die kontrollierende Überwachung der Flußwässer von Bedeutung ist. Umgekehrt ist in einigen Fällen das geförderte Grundwasser durch hohe Nitratgehalte belastet, so daß nur über die ufernahe Entnahme Mischwasser der gewünschten Qualität zu gewinnen ist.

In den 40er bis 70er Jahren verschlechterte sich die Wasserqualität durch ungeklärte Einleitungen, vermehrten Pestizideinsatz in der Landwirtschaft und steigende Mengen industrieller Abwässer. Dies und die Angst vor Stoßbelastungen durch die chemische Industrie führte einerseits zur Errichtung von technisch aufwendigen Wasseraufbereitungsanlagen und hatte Untersuchungs- und Schutzmaßnahmen zur Folge. So ist beispielsweise am Rhein seit dem Höhepunkt der Belastungen Mitte der 70er Jahre eine deutliche Qualitätsverbesserung zu verzeichnen [122]. Neuen Aufschwung erfuhren die Aktivitäten zur Unfallvorsorge und zur Reduzierung der Schadstofffrachten nach dem Brand einer Lagerhalle der Sandoz AG in Basel 1986. Damals waren mit dem Löschwasser große Mengen an Pflanzenschutzmitteln in den Rhein gespült worden. Die Qualität von Wässern einiger ufernaher Wasserwerke ist auch durch Einleitungen aus dem Bergbau beeinflußt. Bekannt sind beispielsweise die Probleme in Werra, Elbe und Rhein durch Salzfrachten aus der Kaligewinnung.

Um den Anforderungen der Trinkwasserverordnung [123] zu genügen, muß das Mischwasser aus Uferfiltrat und Grundwasser aufbereitet werden. Da Chlor seit 1990 nicht mehr als Oxidationsmittel verwendet werden darf, erfolgt der Sauerstoffeintrag über Belüftung und mittels Ozon. Chlor wird in geringen Konzentrationen zur Desinfektion zugesetzt. Von allen Wasserwerken wird heute Aktivkohle zur Entfernung unpolarer organischer Verbindungen eingesetzt. In einigen Fällen müssen zur Aufbereitung zusätzliche Schritte wie eine Teilenthärtung oder Flockung erfolgen.

3.4.4.3
Die Anreicherung durch künstliche Infiltration

Die Überbewirtschaftung von Grundwasserkörpern sowie die Möglichkeit, den natürlichen Untergrund als vielseitiges Filter zu verwenden, haben die künstliche Grundwasseranreicherung zu einem wichtigen wasserwirtschaftlichen Instrument werden lassen. Während in weitgehend natürlichen Landschaften Feuchtbereiche zur Grundwasserneubildung beitragen, wurde in den Industrieländern dränagiert und kanalisiert. Dies führte nicht nur zu Abflußproblemen und Überschwemmungen bei Starkniederschlägen, sondern führte zum Absinken der Grundwasserstände mangels Neubildung (wozu auch die Entnahmen zur Bewässerung landwirtschaftlicher Flächen beitragen). Viele der oberirdischen Fließgewässer sind über lange Strecken weitgehend abgedichtet. Das bedeutet, daß nur geringe Wassermengen aus dem Flußbett austreten und dem Aquifer zusickern.

In Gebieten mit geringen Grundwasserneubildungsraten ist die künstliche Versickerung von Oberflächenwasser die einzige Möglichkeit, um eine eingeschränkte Nutzung des Grundwasserkörpers aufrecht zu erhalten. Es gibt noch andere Gründe zur gezielten Versickerung von Oberflächenwasser oder zur Wiedereinleitung von entnommenem Grundwasser:

Der *In-situ-Wasserenteisenung* und *In-situ-Denitrifikation* ist Abschn. 3.4.4.5 gewidmet. Dabei kommt dem Aquifer die Funktion eines Reaktors zu mit dem Ziel, Nitrat abzubauen und Eisen und Mangan zu oxidieren und die gebildeten Oxide gleich aus dem Wasser zu filtrieren.

Bei *Grundwassersanierungen* sind durch die Rückversickerung von entnommenem und gereinigtem Grundwasser hydraulische Vorteile zu erzielen. So kann die lokale Fließrichtung und -geschwindigkeit durch die Infiltration gezielt geändert werden. Dadurch wiederum kann der Transport schadstoffbeladenen Wassers zur Entnahmestelle beschleunigt werden. Auch der gegenteilige Effekt ist zu erzielen: Durch die Infiltration im Zustrombereich einer Wasserentnahmestelle kann diese vor Kontaminationen geschützt werden, welche ansonsten herangezogen würden. Dadurch ist es möglich, diese Wasserentnahme vielleicht mit geringerer Fördermenge weiter zu betreiben.

Bei der Sanierung von Kontaminationen des Grundwassers (und des ebenfalls kontaminierten Sedimentes) werden sogenannte „hydraulische Sanierungsinseln" [124] geschaffen. Dazu wird das über (einen oder mehrere) Brunnen entnommene Grundwasser gereinigt, gegebenenfalls mit Hilfsstoffen versetzt, und in hydraulischer Reichweite wieder infiltriert. Nach Bedarf handelt es sich bei den Hilfsstoffen um Salze, die den Eintrag größerer Sauerstoffmengen (z. B. Nitrate) erlauben. Auch der Einsatz von Detergenzien zur in situ-Auswaschung von Kohlenwasserstoffen wird erforscht. Ein mikrobiologischer Abbau von Mineralöl-Kohlenwasserstoffen kann dadurch in bestimmten Fällen beschleunigt werden. Derartige Sanierungen können nur ausgeführt werden, wenn der Schadstoffherd abgegrenzt und die hydrogeologische Situation genau erkundet ist. Zur Planung, Dimensionierung derartiger Sanierungsmaßnahmen ist heute der Einsatz numerischer Strömungsmodelle unerläßlich. Vorab können so unterschiedliche Brunnenpositionen und Fördermengen im Zuge einer Sanierungsvariantenstudie untersucht werden.

**Die Grundwasseranreicherung durch Versickerung
von Oberflächenwasser**

Die künstliche Grundwasseranreicherung [125] hat die bessere Nutzung eingeschränkter Aquifere und damit die Erhöhung der Förderleistung von Wassergewinnungsanlagen zum Ziel. Schmidt u. Balke [126] gliedern Grundwasserspeicher nach ihrem hydrodynamischen Verhalten in statische und dynamische Speicher sowie Übergangsformen zwischen diesen Typen mit geringer Wasserbewegung. Nach der Tiefenlage kann unterschieden werden, wenn getrennte Grundwasserstockwerke vorliegen. Auch das Speichervolumen und andere hydrogeologische Größen und Randbedingungen sind für die Konzeption des Anreicherungsgebietes von Bedeutung. Sie werden über detaillierte Erkundungs- und Versuchsprogramme erkundet und bemessen. Vor der Inbetriebnahme einer Grundwasseranreicherung wird ein hydrochemisches Beweissicherungsprogramm erstellt.

Verschiedene Methoden der Grundwasseranreicherung erlauben die Nutzung von in genügender Menge vorhandenen Oberflächenwassers, ohne auf die Vorteile echten Grundwassers verzichten zu müssen. Wegen der zum Teil schlechten Wasserqualität des Oberflächenwassers ist dessen Aufbereitung vor der Versickerung nötig. Der Untergrund übernimmt dann die Enteisenung und Nachfiltration. Allerdings muß meist aus hygienischen Gründen das geförderte Grundwasser wiederum aufbereitet werden. Die Verweilzeit des infiltrierten Wasser vor der Wiedergewinnung ist zumeist größer als die für Schutzzonen relevante Zeit von 50 Tagen.

Um den Infiltrationsbereich und den Aquifer vor frühzeitiger Verstopfung oder Verunreinigung zu bewahren, muß Fließwasser meist vor dessen Versickerung gereinigt werden. Dies beinhaltet eine Grobfiltration, die Belüftung z. B. über Kaskaden, eine zusätzliche Oxidation z. B. mit Ozon sowie eine Sedimentation und die Adsorption polarer Schadstoffe an Aktivkohle [127]. Wie im modernen Infiltrationswasserwerk Biebsheim [122] erfolgt vor der Infiltration die aufwendige Wasserreinigung fast auf Trinkwasserqualität.

Die eigentliche Infiltration des Wassers in den Untergrund erfolgt über offene Sickerbecken, offene Gräben, Rieselfelder oder Wässerwiesen, Sickerschlitzgräben und -Galerien oder Sickerbrunnen. Infiltrationsbrunnen sind meist Vertikalbrunnen, um Wartung und Pflege zu erleichtern. Bei Brunnen wird zwischen unvollkommenen (Filter ganz oder zum Teil über der Grundwasseroberfläche) und vollkommenen Schluckbrunnen unterschieden. Sickergalerien sind meist oberflächennahe horizontal verlegte Infiltrationsorgane. Besondere Aufwände zur Instandhaltung bedürfen alle Infiltrationsorgane. Aus offenen Sickerbecken wird regelmäßig der abgelagerte Schlamm maschinell abgebaut. Während des Betriebes ist auf die Vermeidung von übermäßigem Algenwachstum zu achten. Zur Reinigung von Brunnen bedarf es der Kombination chemischer und hydraulischer Techniken, es werden Säuren und Wasserstrahlverfahren eingesetzt. Über starke Förderpumpen werden Infiltrationsbrunnen rückgespült.

Wird Oberflächenwasser über offene Sickerbecken infiltriert, so besteht die Möglichkeit der (eingeschränkten) Speicherhaltung. Ist beispielsweise das Flußwasser durch einen Unfall kontaminiert, so kann der Wasserbedarf bis nach Durchgang einer Kontaminationswelle gut aus dem Aquifer und den Sickerbecken gedeckt werden.

Haberer [128] empfiehlt die in Tabelle 3.10 aufgeführten spezifischen Zusätze an organischen Substanzen für die biologische Denitrifizierung.

Tabelle 3.10. Spezifische Zusätze an organischen Substanzen für die biologische Denitrifizierung

Zusatzstoffe	Zusatz in g/m^3	
	pro 10 mg/l NO$_3$	pro mg/l O$_2$
Methanol	4,3	0,67
Ethanol	3,0	0,48
Glucose	6,0	0,94
Methan	1,6	0,25
Essigsäure	6,1	0,94
Wasserstoff	0,8	0,06
Schwefel	3,4	0,67

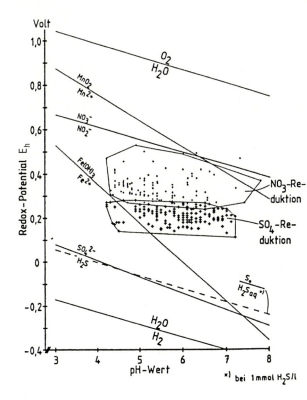

Abb. 3.37. E_h/pH-Diagramm aus [131] der Redoxpotentialbereiche mit Nitrat- und Sulfatreduktion und Stabilitätslinien verschiedener wichtiger Wasserinhaltsstoffe

In [129] werden fünf unterschiedliche Reaktionen des Nitratabbaues unterschieden, meist in Verbindung mit der Oxidation von organischem Kohlenstoff (siehe auch [130]). Stoffumsetzungsbereiche in reduzierendem Grundwasser charakterisieren Böttcher u. Strebel [131] durch Lokalisierung ihrer Proben im E_h/pH-Diagramm (Abb. 3.37).

3.4.4.4
Grundwassersanierung

Ausgangssituation

Noch vor Jahren war die Ansicht weit verbreitet, daß die letzte Reserve für eine anthropogen unbeeinflußte Trinkwasserversorgung in den Grundwasserressourcen liegt, da diese vor umweltschädigenden Einflüssen durch den Boden und andere Deckschichten geschützt sind. Gleichzeitig war man der Meinung, daß Kontaminationsherde in der überwiegenden Mehrzahl der Fälle lokalen Charakter tragen und ihre regionalen Auswirkungen auf das Grundwasser beschränkt sind. Die zunehmende Anzahl von Schadstoffeinbrüchen in Wasserversorgungsanlagen, die Analyse potentieller Kontaminationsherde, erste zielgerichtete Untersuchungen zur zeitlichen Entwicklung der Grundwasserbeschaffenheit durch den systematischen Aufbau von Grundwassermonitoringnetzen in den Bundesländern sowie auf die Sanierung bekannter Schadstoffareale im Grundwasser gezielte Untersuchungen zeigen:

- ein Großteil unserer Grundwässer ist einer kontinuierlichen Beeinflussung durch anthropogene Überprägung unterworfen,
- die von den „lokalen" Kontaminationsherden ausgehenden Beschaffenheitsveränderungen im Grundwasser tragen unter den Bedingungen der dichtbesiedelten, industriell und landwirtschaftlich hochentwickelten Struktur unseres Landes bereits teilweise regionalen Charakter. Aufgrund des dynamischen Systems Grundwasser können sich Kontaminationen durchaus regional überlagern, ein Faktor, der besonders bei geohydraulischen Sanierungsmaßnahmen vordergründig zu beachten ist.
- Bedingt durch die im Vergleich zum Oberflächengewässer wesentlich eingeschränkten Wasseraustauschbedingungen sind kontaminierte Grundwasserbereiche auch nach Einleitung von Sanierungsmaßnahmen für Zeiträume, die häufig ein Menschenalter überschreiten, unbrauchbar. Die Langwierigkeit von Grundwasserrevitalisierungsmaßnahmen wird zum einen durch die beschränkte Zugänglichkeit des Grundwassersystems, zum anderen durch die Kompliziertheit des Mehrphasensystems „Untergrund" bestimmt. Neben der flüssigen Phase, festen Gesteinsphase und der Gasphase beinhaltet das System „Untergrund" auch feste organische Phasen. Veränderungen einer Phase lösen in den meisten Fällen Folgereaktionen in anderen Phasen aus, die zu sekundären stofflichen Veränderungen im Grundwasser führen können.

Grundwasserkontaminationen

Unter einer Grundwasserkontamination (bzw. einem Grundwasserschaden) werden „die durch die menschliche Tätigkeit hervorgerufenen Qualitätsveränderungen des Grundwassers (seiner physikalischen, chemischen und biologischen Eigenschaften) verstanden, die es teilweise oder vollständig für eine Nutzung ungeeignet machen bzw. machen können" [132]. Die in Vorbereitung befindliche „LAWA-Empfehlung für die Erkundung, Bewertung und Behandlung von Grundwasserschäden" [133] spricht bei Grundwasserschäden von „nachteiligen Veränderungen der Grundwasserbeschaffenheit", wobei diese Veränderungen als „deutlich über den geogenen Hintergrund hinausreichende Stoffkonzentrationsveränderungen" beschrieben werden.

Die Art und das Ausmaß einer Grundwasserkontamination hängt von einer Vielzahl von Faktoren ab, die bedingt in *äußere*, auf das Grundwasserleitersystem einwirkende, und *innere*, das Mehrphasensystem „Untergrund" beschreibende Faktoren unterschieden werden können.

Äußere Faktoren sind:

- die Eigenschaften der Kontaminanten (Zustandsform, chemische Zusammensetzung, Löslichkeit der Elementverbindungen, Migrationsfor-

men der Lösungsbestandteile, E_h- und pH-Wert, Temperatur, Dichte, Viskosität u.a.),
– die Zeit, Intensität und Fläche der Einwirkung. Sie sind von den Eigenschaften der Kontaminanten, natürlichen Faktoren wie Grundwasserneubildung und technogenen Einflüssen wie unkontrollierte Regen- und Abwasserversickerungen abhängig.

Entsprechend den Auswirkungen des Kontaminationsherdes können folgende nachteilige Veränderungen im Grundwasser auftreten:

– physikalische Veränderungen, z.B. der Temperatur- und Druckverhältnisse (insbesondere der Gasphase),
– chemische Veränderungen, insbesondere grundwasseruntypische Stoffanreicherungen,
– physikalisch-chemische Veränderungen im Mehrphasensystem Untergrund verbunden mit der Veränderung der Milieuparameter Redoxpotential und Acidität,
– biologisch-bakterielle Veränderungen der Lebensbedingungen der systemeigenen Mikroflora und -fauna,
– Änderung der Durchlässigkeit (Auswaschung oder Kolmation).

Nach der Geometrie der Kontaminationsherde unterscheidet man:

– diffuse Kontaminationen, die innerhalb eines Einzugsgebietes flächenhaft wirksam werden,
– flächenhaft begrenzte Schadstoffherde,
– lineare Kontaminationsquellen,
– punktförmige Kontaminationsquellen.

Häufig treten verschiedene Zwischenformen auf. So lassen sich z.B. mehrere punktförmige Kontaminationsquellen an einem Altstandort zu einer Gruppe zusammenfassen, die in ihrer Auswirkung einer linearen Kontaminationsfront bzw. einem flächenhaft begrenzten Kontaminationsfeld entsprechen.

Zur Gruppe der diffusen Kontaminationsfelder sind z.B. Rauchschadensgebiete, landwirtschaftliche Nutzflächen, aber auch die flächenhafte Grundwasserabsenkung in Tagebaugebieten zu zählen. Die therapeutische Behandlung derartiger Grundwasserschäden ist häufig auf Unterbindungsmaßnahmen beschränkt.

Das räumliche, zeitliche und substantielle Ausmaß der Beeinträchtigung findet seinen Ausdruck in der Intensität der Belastung des Ökosystems. Dabei spielt die räumliche Stellung des Kontaminationsherdes im Grundwasserfließsystem eine entscheidende Rolle.

Befindet sich der Kontaminationsherd über der Grundwasseroberfläche, so besteht bereits im aeroben Bereich die Möglichkeit einer Wechselwirkung mit dem Sickerwasser, der Bodenluft, dem Gestein sowie der lebenden und toten Biomasse. Der Boden sowie die Deckschichten bieten somit einen gewissen Schutz gegenüber den nachteiligen Veränderungen. Gleichzeitig ergeben sich dadurch z.T. günstigere Bedingungen zur Schadensbegrenzung als für die Fälle, wo sich der Schadensherd bereits im Grundwasser befindet. Hierbei erfolgt die Schadstoffzufuhr unmittelbar ins Grundwasser.

Eine besondere Stellung nehmen dabei die Grundwasserschäden ein, wo durch Eingriffe in den Grundwasserhaushalt nicht konditionsgerechte (milieufremde) Wässer z. B. aus liegenden, versalzenen Grundwasserleitern oder aus hydraulisch verbundenen Oberflächengewässern in den Grundwasserleiter gelangen.

Die die Grundwasserschäden limitierenden inneren Faktoren des Mehrphasensystems Untergrund sind:

- geologische Faktoren,
- klimatische Faktoren,
- hydrologische Faktoren,
- hydrogeologische Faktoren,
- geochemische Faktoren,
- biologische Faktoren.

Diese Faktoren sind über unterschiedliche Prozesse miteinander gekoppelt. Die Vielzahl der Einflußfaktoren auf Art und Ausmaß einer Grundwasserkontamination und die Festlegung von Sanierungszielwerten bestimmt im entscheidenden Maße auch die richtige Auswahl von Sicherungs- und Sanierungsmaßnahmen für den konkreten Grundwasserschadensfall.

In der bereits zitierten LAWA-Empfehlung [134] wird deshalb folgende Vorgehensweise vorgeschlagen:

- Erfassung und Erstbewertung,
- Sofortmaßnahmen,
- Erkundung,
- Bewertung und Festlegung der Dringlichkeit,
- Festlegung des Umfanges einer Schadenssanierung oder Sicherung,
- Planung und Durchführung dieser Maßnahme,
- Überwachung der Sanierungs- und Schutzmaßnahmen,
- Dokumentation aller Maßnahmen von der Erfassung bis zur abschließenden „Entlassung" aus der Behandlung.

Die Erfassung und Erstbewertung beinhaltet vor allem die historische Analyse des Kontaminationsherdes, in deren Ergebnis nach Möglichkeit umfassende Informationen zu den äußeren Faktoren gewonnen werden sollten. Aus dieser Analyse leitet sich die Sofortmaßnahme sowie das Konzept zur Erkundung der beeinträchtigten Kompartimente Wasser-Boden-Luft ab.

Sofortmaßnahmen müssen eingeleitet werden, wenn eine akute Gefahr für die menschliche Gesundheit, z. B. an Standorten mit sensibler Nutzung (wie Kinderspielplätze oder im Einflußgebiet von Trinkwassergewinnungsanlagen) besteht. Sicherungsmaßnahmen verhindern eine weitere Ausbreitung des kontaminierten Grundwassers. Unterbindungsmaßnahmen schließen eine weitere Stoffzufuhr ins Grundwasser aus.

Im Zuge der Erkundung ist zum einen das räumliche Ausmaß der Grundwasserkontamination, das von ihr ausgehende Gefährdungspotential (Schadstoffspecies und Transferpotential) zu klären, wobei insbesondere die regionale Grundwasserdynamik zu berücksichtigen ist.

Gleichzeitig sind möglichst umfangreiche Informationen über die inneren, eine Schadstoffausbreitung bestimmende Faktoren zu gewinnen, aber auch die Wechselbeziehung des zu sanierenden Grundwasserkörpers zu anderen Kontaminationsherden bzw. Nutzungen.

Die Bewertung der Schutzgutbetroffenheit schließt die Festlegung der Dringlichkeit der einzuleitenden Maßnahmen sowie unter Beachtung der Verhältnismäßigkeit der Mittel Konzepte zur Sicherung bzw. Sanierung ein. In Abstimmung mit den zuständigen Behörden sind die Sanierungszielwerte zu erarbeiten.

Aus den Erfahrungen der Kontaminationserkundung und -sanierung kann geschlußfolgert werden, daß es kein Allgemeinrezept für eine Grundwassersanierung gibt, sondern jeder Grundwasserschadensfall individuell bewertet und behandelt werden muß.

Therapie

Die Behandlung eines Grundwasserschadensfalls erfolgt im allgemeinen nach folgendem Schema:

- Beseitigung der akuten Gefahren durch *Sicherungsmaßnahmen,*
- Einleitung von *Unterbindungsmaßnahmen* zur Verhinderung einer weiteren Stoffzufuhr in das Grundwasser bzw. Ausschalten von Risiken für die Zukunft (z. B. Sanierung der ungesättigten Zone),
- *Sanierung* des kontaminierten Grundwasserkörpers bis zu vorgegebenen Sanierungszielen (d. h. Grundwasser *und* betroffenes kontaminiertes Aquifermaterial!).

In den wenigsten Fällen ist eine Wiederherstellung des natürlichen Zustandes aus volkswirtschaftlicher Sicht möglich, jedoch sollte die Sanierung stets die Wiedereingliederung des kontaminierten Grundwasserkörpers in eine bewirtschaftbare Grundwasserressource anstreben.

Sicherungsmaßnahmen

Sicherungsmaßnahmen sind in der Mehrzahl der Fälle Sofortmaßnahmen, die unverzüglich und zuverlässig wirken und die zur Absicherung der Dekontaminationsmaßnahmen dienen.

Bei Grundwasserschadensfällen sind das insbesondere geohydraulische Maßnahmen, die eine weitere Ausbreitung der Schadstoffe bzw. ein kontrolliertes Abfangen der sich ausbreitenden Kontaminationsfahne verhindern. Daneben sind Immobilisierung durch Einkapselung des Kontaminationsherdes mittels bautechnischer Verfahren zu den Sicherungsmaßnahmen zu zählen.

Geohydraulische Verfahren

werden zur Entnahme kontaminierten Grundwassers, zur Schaffung hydraulischer Riegel meist in Kombination mit der Infiltration des gereinigten Wassers eingesetzt. Abschirmbrunnen werden einzeln oder als Brunnengalerie betrieben. Ihr optimaler Ausbau und ihre Anordnung ergeben sich aus der Form der Schadstoffahne sowie den Eigenschaften des Grundwasserleiters.

Auf die technische Ausführung von Abwehrbrunnen muß an dieser Stelle verzichtet werden, verwiesen sei auf die einschlägige Fachliteratur [134–136] und auf die DIN 18302 [137] sowie bezüglich der Filterauswahl auf die DIN 4920 bis 4925 [138–142].

Die Projektierung der Abwehrbrunnen ist durch Simulationen der Strömungsverhältnisse mit unterschiedlichen Randbedingungen zu untersuchen, um einerseits die Wirksamkeit der Maßnahmen bewerten und andererseits die Auswirkungen auf benachbarte Kontaminationsherde bzw. die zu schützende Wassergewinnungsanlage einschätzen zu können.

Die Versickerung gereinigter Wässer erfolgt am effektivsten über Sickergräben oder Gräben mit tiefreichenden kiesgefüllten Säulen, über Infiltrationsbrunnen bzw. über Sickerbecken.

Neben der abschirmenden Wirkung der Infiltrationsmaßnahme kann mit der Infiltration des gereinigten Wassers auch die biochemische Aktivität der bodenständigen Mikroorganismen z. B. durch Sauerstoffzufuhr angeregt und ein zusätzlicher Sanierungseffekt erzielt werden.

Einkapselungsmaßnahmen

zur Verhinderung des lateralen Abströmens der Schadstoffe im Grundwasserleiter werden in den meisten Fällen durch Schlitz- und Spundwände verwirklicht. Auch Verfahren zur Herstellung von Injektionswänden oder -schirmen sind in Erprobung.

Eine Einkapselung kann das Ziel einer zeitlichen Abschirmung verfolgen, sie kann aber auch als Schutz für aufwendige Eingriffe hergestellt werden. Diese Eingriffe können erst zur schubhaften Mobilisierung von Schadstoffen führen. So lassen sich innerhalb eines seitlich umgrenzten Bereiches leichte Spülungen oder mikrobiologische Maßnahmen durchführen. Bei diesen Maßnahmen entstehen zum Teil Reaktionsprodukte, die mobiler als deren Ausgangsstoffe sind. Deshalb sind Einkapselungen in der Regel mit geohydraulischen Abwehrmaßnahmen zu kombinieren.

Die Wirksamkeit der Einkapselung ist ebenso wie die der geohydraulischen Maßnahmen durch Strömungsmodellierungen zu bewerten.

Unterbindungsmaßnahmen

Sicherungsmaßnahmen sind als Bestandteil einer komplexen Sanierung nur dann langfristig wirksam, wenn Unterbindungsmaßnahmen die Emission aus dem Kontaminationsherd verhindern.

Die einfachste, jedoch meist kostenintensivste Unterbindungsmaßnahme für den Fall, daß sich der Kontaminationsherd in der ungesättigten Bodenzone befindet, ist der Erdaushub mit anschließender On-Site-Behandlung bzw. Entsorgung auf Deponien.

Eine Unterbindungsmaßnahme ist jedoch auch der Anbau von Pflanzengesellschaften, die einen effektiven Schadstoffentzug aus dem Boden

gewährleisten. Diese Maßnahme hat sich zum Beispiel auf ehemaligen Riesel-
feldern bewährt, wo durch Pappelanpflanzungen der Stickstoffeintrag in den
Untergrund entscheidend verringert werden konnte.

In der Mehrzahl der Fälle werden jedoch *Immobilisierungsverfahren* als Unterbindungsmaßnahmen angewandt. Das Ziel dieser Verfahren ist es,
durch die Errichtung von Barrieren das Eindringen von Sickerwasser und damit die Aktivierung des Schadstoffherdes zu verhindern.

In der TA-Abfall bzw. TA-Siedlungsabfall werden verschiedene
Varianten zur Oberflächenabdichtung vorgeschlagen. Für andere technische
Lösungen muß die Gleichwertigkeit nachgewiesen werden, wie am Beispiel des
Einsatzes von Kapillarsperren [143].

Die Sohl- oder Basisabdichtung ist ebenso für Deponiebauwerke
vorgeschrieben. In besonderen Fällen denkt man heute auch über die nachträgliche Einbringung einer Abdichtung nach, wenn ein Aushub der Altlast
zwar nötig, aber zu umfangreich oder zu gefährlich ist. Mit einer Sohlabdichtung in Kombination mit der seitlichen Umschließung läßt sich die Altlast
hydraulisch isolieren. Diese Isolation ist jedoch nie völlig undurchlässig. Die
Entnahmemengen kontaminierten Wassers lassen sich jedoch reduzieren.

Mehrere Techniken werden zur nachträglichen Sohlabdichtung erprobt:

– Herstellung einer Injektionssohle über vertikale, horizontale und geneigte
  Injektionsbohrungen,
– Unterfahrung der Altlast mit Robotern und Einbringung einer mehrschich-
  tigen Abdichtung,
– Teilaushub und Umlagerung mit begleitender hydraulischer Maßnahme:
  Wenn keine Sanierungs- oder Aufbereitungstechnik zur Verfügung steht
  oder die Umlagerung nicht möglich ist, kommen neben Einkapselungs-
  maßnahmen Verfestigungstechniken zum Einsatz. Verfestigungstechniken
  zählen nicht zu den hydraulischen Techniken, werden aber in vielen Fällen
  zumindest zeitweise in Kombination mit Wasserhaltungen durchgeführt.
– Immobilisierung:
  Wir unterscheiden eine in-situ-Verfestigung von der Auskofferung, Ver-
  mengung mit Bindemittel und anschließendem Wiedereinbau. In-situ-
  Maßnahmen zur Stabilisierung und Verfestigung von Schadstoffen sind
  heute im Stadium der Entwicklung. Die Grenzen dieser Techniken liegen in
  der nur eingeschränkten Injizierbarkeit von Bindemitteln in den Porenraum, in der inhomogenen Ausbreitung und Aushärtung des Injektions-
  gutes und in dessen Wechselwirkung mit Boden, Schadstoff und Grundwasser. Verfestigungen sind als Injektionsschirme bereits unter den Geo-
  techniken etabliert. Ihr alleiniger Einsatz zur Altlastenstabilisierung ist
  noch nicht ausgereift. Als zur Zeit neue Form der Stabilisierung ist das Verfahren des „in-situ-soil-mixing" zu benennen. Dabei erfolgt die mechanische Durchmischung der Sedimente in situ bei gleichzeitiger Injektion von
  Bindemitteln.
  Physikochemische Immobilisierungsverfahren verfolgen das Ziel, durch
  Umwandlung der Schadstoffe in eine andere Zustandsform ihr Migra-
  tionsvermögen herabzusetzen bzw. ihre Umwandlung aus einer toxischen

Form in eine ungefährlichere zu vollziehen. Zu beachten ist dabei vor allem die Reversibilität des Prozesses nach Einstellung der Unterbindungsmaßnahme.

– pneumatische Maßnahmen:
Bei LCKW-Schäden ist oft der Umstand zu verzeichnen, daß aufgrund der Flüchtigkeit der chlorierten Kohlenwasserstoffe ein Großteil der CKW in der Gasphase innerhalb der Aerationszone vorliegt und durch eindringende Sickerwässer gelöst und ins Grundwasser eingetragen werden kann. Für diese Fälle haben sich pneumatische Sanierungsverfahren bewährt, die häufig unter dem Begriff „Bodenluftabsaugung" zusammengefaßt werden. Eine umfassende Beschreibung der theoretischen Grundlagen und praktizierten Sanierungstechniken wird in den Unterlagen zum 50. DVWK-Seminar „Strategien zum Grundwasserschutz bei Altlasten, Teil II – Sanierung und Kontrolle von Altlasten" [144] gegeben.

Sanierungsmaßnahmen

Durch den Sachverständigenrat für Umweltfragen wird das Ziel einer Altlastensanierung wie folgt umschrieben: „… die Durchführung von Maßnahmen, durch die sichergestellt wird, daß von der Altlast nach der Sanierung keine Gefahr für Leben und Gesundheit des Menschen sowie keine Gefährdung für die belebte und unbelebte Umwelt im Zusammenhang mit der vorhandenen oder geplanten Nutzung des Standortes ausgehen."

Man unterscheidet „in-situ-Verfahren", bei denen die Behebung der Kontamination vor Ort erfolgt. Bei „On-Site-Verfahren" erfolgt die Behandlung des kontaminierten Erdreiches oder Grundwassers durch Umlagerung (Entfernung) des kontaminierten Materials bzw. durch Aufbereitung des geförderten kontaminierten Grundwassers.

Die On-Site-Verfahren werden an dieser Stelle nicht beschrieben. Aus der Vielzahl der unterirdischen Wasserbehandlungsverfahren wird nachfolgend lediglich auf die in-situ-Wasserenteisenung sowie in-situ-Denitrifikation eingegangen.

3.4.4.5
In-situ-Wasserenteisenung und in-situ-Denitrifikation

Die Qualität vieler Grundwässer ist durch erhöhte Gehalte an Eisen und Nitrat eingeschränkt. Hohe Eisen- und Mangangehalte sind meist autigenen Ursprungs und durch anaerobe Verhältnisse verursacht. Aufgrund erhöhter organischer Einträge zum Beispiel unter Gülleverbringungsflächen sind gegenwärtig in vielen oberflächennahen Grundwässern eine zunehmende Sauerstoffverarmung und damit verbunden steigende Eisengehalte im Grundwasser feststellbar.

Bei subterrestrischen Verfahren zur Wasseraufbereitung können die Vorteile ressourcenschonender Verfahren mit einem eingeschränkten Bedarf an Aufbereitungsanlagen verbunden werden. Dabei lassen sich sogar nachteilige Wasserqualitäten durch die Mischung und Reaktion nitrathaltiger Wässer mit eisenführenden Wässern kompensieren. Die dabei wirksamen Prozesse sind in der Hydrogeologie als „Nitratreduktion" oder „autotrophe Denitrifikation" seit langem bekannt [145]. In wäßrigen Systemen mit Nitrat, Eisen und Sauerstoff treten intensive hydrochemische und mikrobielle Wechselwirkungen auf. Neben der Denitrifikation durch sulfaterzeugende Bakterien (*Thiobacillus denitrificans*) ist auch die Reaktion von Sulfat durch heterotrophe Bakterien nachgewiesen und wurde in den Einzugsgebieten unterschiedlicher Grundwasserwerke intensiv untersucht [129, 146]. Die Oxidation von Eisen und Mangan wird durch enzymatische Reaktionen von Bakterien (*Leptothrix discophora*, *Gallionella ferruginea*, *Pseudomonas-* und *Hyphomicrobia*-Arten) und Pilzen sowie durch katalytische Schritte in Anwesenheit von Sauerstoff bedingt. Die Bedeutung für die Beschaffenheit des Grundwassers ist in [147] dargestellt.

Eisen und Mangan finden sich in fast allen Grundwässern. In reduzierten Milieus, d.h. in Wässern, die arm oder frei von gelöstem Sauerstoff sind, sind Eisen und Mangan als zweiwertige Ionen Fe^{2+} und Mn^{2+} gelöst. Gelangen sie mit Luft oder mit Sauerstoff in anderer Form in Kontakt, so wird erst Eisenhydroxid gebildet und dann fällt rotbraunes Eisenoxidhydrat sowie schwarzes Mangandioxid aus:

$$Fe^{2+} \Rightarrow Fe^{III}(OH)_3 \quad \text{sowie} \quad Mn^{2+} \Rightarrow Mn^{IV}(OH)_4.$$

$Fe(OH)_3$ (Goethit) ist die vereinfachte Schreibweise für kolloide Kondensate (Komplexe) der Form $Fe(OOH)_x$ aq. Die möglichen Reaktionen werden vorwiegend über die gelösten anorganischen Wasserinhaltsstoffe und Gase bestimmt. Organische Stoffe im Grundwasser oder in den Sedimenten beeinflussen die Gleichgewichte direkt oder indirekt, wenn beim Abbau organischer Substanz Sauerstoff gezehrt wird.

Durch Wechselwirkung mit dem Material des Aquifers kommt es ständig zu Austauschprozessen. Diese finden z.B. an den Oberfläche von Sand und Kies, an den Schichtflächen von Tonmineralen oder an (anderen) Kristallisationskeimen oder an organischer Substanz statt. Bereits anwesende Metalloxidhydrate wirken als Katalysator und beschleunigen die Reaktion. Die Stabilitätsbereiche von Eisen in unterschiedlichen Bindungsformen (als zwei- oder dreiwertiges Ion, als $Fe(OH)_2^+$, als $Fe(OH)_3$, als FeO oder als FeS sind an das Oxidationspotential (E_h) und an den pH-Wert gebunden. $Fe(OH)_2$ ist im alkalischen Medium ein sehr starkes Reduktionsmittel und oxidiert zum schwerlöslichen $Fe(OH)_3$.

Eisen kommt in Flüssen in Konzentrationen zwischen etwa 20 und 700 µg/l vor, in den Sedimenten und Gesteinen sind durchschnittlich zumindest mehrere Gramm Fe/kg enthalten. Die Ausfällung von Eisenoxiden ist als Bodenverockerung bekannt und als Brunnenverockerung oder Filterkolmation gefürchtet [148, 149]. Auch in der Tiefsee kann es zur Ausfällung von Fe und Mn und zur Bildung von Krusten oder Knollen kommen. Im Grundwasser können bis zu mehrere mg Eisen/l in Form zweiwertiger Ionen gelöst sein. In vielen Fällen liegen die Konzentrationen über den in der Trinkwasserverordnung festgelegten Grenzwerten von 0,2 mg Fe/l und 0,05 mg Mn/l, so daß eine Aufbereitung mit Belüftung und Filtration nötig wird. Es gibt nun mehrere Ansätze, diese Prozesse in den Untergrund zu verlegen.

Wasser wird dazu entnommen, mit einem Oxidationsmittel angereichert und wieder versickert. Dabei fallen die Metallionen aus und werden adsorbiert oder im Untergrund abfiltriert. Der hydrochemische Prozeß sollte nur dann in den Grundwasserleiter verlegt werden, wenn dessen Durchlässigkeit hoch ist (k_f allgemein besser als $3 \cdot 10^{-4}$), und der Umsatz auf das vorhandene Speichervolumen und die Mächtigkeit des Aquifers abgestimmt werden kann. Auch die mineralogische Zusammensetzung der Sedimente und die Kornverteilung müssen geprüft werden.

Neben den hydrogeologischen Randbedingungen, die vorab über Pumpversuche genau erkundet werden, ist der Chemismus des Grundwassers von Bedeutung. Mit der Oxidation wird das gesamte hydrochemische Gleichgewicht verlagert und es kann durchaus zu vielfältigen unerwünschten Nebeneffekten kommen. Unkontrollierte Störungen des Kalk-Kohlensäure-Gleichgewichtes können zur Verkalkung der Brunnenfilter führen, hohe Gehalte an organischer Substanz fördern das Wachstum von Bakterien, die wiederum eine Kolmation von Fassungs- und Versickerungsanlagen bewirken. Auch die Anwesenheit von Mineralkörnern wie z.B. oxidierbaren Sulfiden (Pyrit FeS_2) im Aquifermaterial beeinflußt die Reaktionen im Aquifer. Wenn die hydrogeologischen Verhältnisse entsprechen und die erkundenden Wasseranalysen dies erlauben, wird eine in-situ-Wasseraufbereitung erst durch Aufbereitungsversuche geprüft, dann über Feldversuche dimensioniert [150–153].

Als Verfahren können zur Enteisenung und Entmanganung Luftsauerstoff, technischer Sauerstoff oder Nitrat eingesetzt werden. Wässer mit wenig oder keinem Sauerstoff können in obertägigen Anlagen belüftet werden. In Abhängigkeit von der Temperatur können bei Normaldruck bis zu 12 mg O_2/l Wasser gelöst werden. Unter Druck kann die fast zehnfache Sauerstoffmenge im Wasser verteilt werden. Gelöst als Nitrationen können größere Sauerstoffmengen in Wasser transportiert werden. So verweisen Luckner und Eichhorn [154] darauf, daß ein Grundwasser mit einem Nitratgehalt von 200 mg/l eine Oxidationskapazität besitzt, die ca. 15mal höher liegt als die mit Luftsauerstoff im oberflächennahen Grundwasser erreichbare. Der zusätzliche Vorteil besteht darin, daß Nitrat bei Druckentlastung nicht aus dem Wasser ausgast und somit über größere Aquiferbereiche verteilt werden kann. Allerdings sind die beim Nitratabbau beteiligten chemischen Reaktionen vielfältig und nicht so einfach wie eine direkte Oxidation über gasförmigen Sauerstoff.

Bei der Untersuchung der Kinetik der unterirdischen Enteisenung wurde festgestellt [155], daß sich der Prozeß als komplexe Oxidation-Protolyse-Ionenaustauschreaktion darstellt. Im Grundwasser hat sich historisch zwischen Austauschkomplex, der Feststoffmatrix und dem eisen(II)-haltigen Grundwasser ein Gleichgewicht eingestellt. Je nach der Höhe der Kationenaustauschkapazität des Grundwasserleiters sowie der Art und der Konzentration der anderen Lösungskomponenten wird Fe(II) bis zu einem maximalen

Wert durch Ionenaustausch gebunden. Der Grundwasserleiter ist unter diesen Bedingungen mit Fe(II) gesättigt; anströmendes Fe(II) gelangt ungehindert zum Förderbrunnen.

Wird nun sauerstoffhaltiges Wasser über Satellitenbrunnen (externe Infiltration) oder über den Förderbrunnen in Förderpausen (interne Infiltration) infiltriert, kommt es im mit diesem Wasser durchströmten Feststoffvolumen zur Oxidation des durch Ionenaustausch gebundenen Fe(II). Das gebildete Fe(III) protolysiert bei den in der Praxis auftretenden pH-Werten von 6,5 bis 7 sehr schnell. Dadurch wird die Bindung am Feststoff gelöst, und es scheidet sich Fe(III)-Oxidhydrat ab [Gl. (3.29)]. Die freiwerdenden Plätze am Ionenaustauschkomplex des Feststoffs werden zunächst von Protonen und/oder von anderen im Grundwasser vorhandenen Kationen besetzt. Nach Beendigung der Infiltration sauerstoffhaltigen Wassers werden aus dem nachströmenden natürlichen Grundwasser wiederum Fe(II)-Ionen durch Ionenaustausch am Feststoffgerüst gebunden. Die erneute Infiltration an sauerstoffhaltigem Wasser ist dann als Beginn des nächsten Zyklus aufzufassen. Die in einem mit Fe(II) gesättigten (das bedeutet dynamisches Gleichgewicht zwischen Feststoff und Wasser) Bodenvolumen durch Infiltration sauerstoffhaltigen Wassers stattfindenden Oxidations-, Protolyse- und Ionenaustauschreaktionen zwischen Eisen und Calcium sowie die erneut erfolgende Beladung des Bodens mit Fe(II) durch Ionenaustausch können durch folgende Gleichungen beschrieben werden:

$$
\begin{array}{l}
\text{Fe(II) Ca} \\
\boxed{\text{Austauscher}} + 1/2\ O_2 + 2\ Ca^{2+} + 5\ H_2O \\
\text{Fe(II) Ca}
\end{array}
$$

$$
\begin{array}{l}
\text{Ca Ca} \\
\boxed{\text{Austauscher}} + 2\ Fe(OH)_3 + 4\ H^+ \\
\text{Ca Ca}
\end{array}
$$

$$
\begin{array}{l}
\text{Ca Ca} \\
\boxed{\text{Austauscher}} + 2\ Fe^{2+} \Leftrightarrow \boxed{\text{Austauscher}} + 2\ Ca^{2+} \\
\qquad\qquad\qquad\qquad\qquad\quad \text{Fe(II) Ca}
\end{array}
$$

Die technologische Seite der unterirdischen Enteisenung, deren Hauptaufgabe vor allem darin besteht, durch ein gezieltes Förder- und Infiltrationsregime die räumliche Ausdehnung der Fe(II)-Oxidation optimal zu gewährleisten, ist ausführlich in den Arbeiten von Eichhorn [158], Nestler u. Eichhorn [156], Hartmann [157] bzw. sowie Kölle [153] beschrieben. Durch die im Dresdner Grundwasserforschungszentrum entwickelte stöchiometrische Betriebsweise für Anlagen zur unterirdischen Enteisenung (s.g. UNEIS-Technologie) ist es möglich, Fe(II)-Konzentrationen bis zu 70 mg/l im Untergrund bis auf die in der Trinkwasserverordnung fixierten Grenzwerte abzubauen.

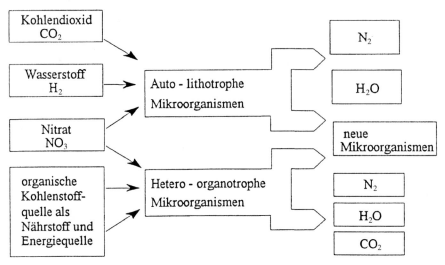

Abb. 3.38. Wege der biologischen Denitrifikation, nach Rutten [160]

Bei der Nitratreduktion unterscheidet man zwischen autotropher und heterotropher Denitrifikation. Die Wege der biologischen Denitrifikation sind schematisch in Abb. 3.38 dargestellt. Die autotrophe Nitratreduktion erfolgt nach folgender Reaktionsgleichung (vereinfacht):

$$6\,Fe(OH)_2 + NO_3^- + 6\,H^+ \rightarrow 6\,Fe(OH)_3 + N_2.$$

In saurer Lösung wird Fe^{2+} durch stärkere Oxidationsmittel wie z. B. HNO_3 oder H_2O_2 oder über bakterielle Prozesse in Fe^{3+} überführt. Vereinfacht:

$$3\,Fe^{2+} + NO_3^- + 6\,H* \Rightarrow 3\,Fe^{3+} + \frac{1}{2}\,N_2 + 3\,H_2O.$$

Auch durch die Lösung von Pyrit wird das Milieu sauer:

$$2\,NO_3^- + 4\,H^+ + S^{2-} \Rightarrow SO_4^{2-} + 2\,H_2O + N_2.$$

Bei der heterotrophen Denitrifikation wird das Nitrat ebenfalls wie bei der autotrophen Variante zu inertem Stickstoffgas und Biomasse gewandelt. Träger des Prozesses sind denitrifizierende Bakterien. Vereinfacht läßt sich dieser an und für sich komplizierte Vorgang in folgender Abbaureaktion darstellen:

$$4\,H^+ + 5\,C + 4\,NO_3^- \Rightarrow 5\,CO_2 + 2\,N_2 + 2\,H_2O.$$

Die Denitrifikation im Untergrund ist heute in der Praxis vielfach getestet worden. Durch die Stoffzufuhr von abbaubaren organischen Substanzen können auch bei nicht ausreichendem Vorrat an Organika im Untergrund die im Boden existierenden heterotrophen Mikroorganismen für eine steuerbare Denitrifikation aktiviert werden. In Abb. 3.39 und 3.40 sind zwei in der Praxis übliche technologische Verfahren zur in-situ-Denitrifikation dargestellt.

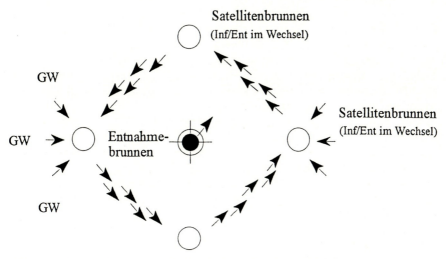

Abb. 3.39. Schema der in situ-Denitrifikation im Kreislaufbetrieb [128]

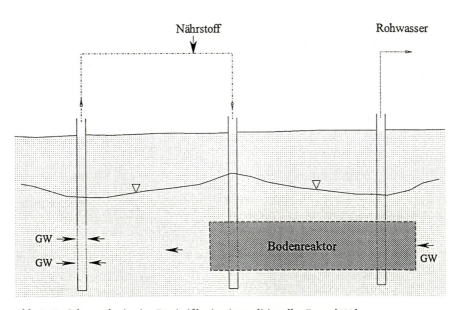

Abb. 3.40. Schema der in situ-Denitrifikation in traditioneller Form [128]

Es besteht noch ein erhebliches Potential, die in-situ-Verfahren hinsichtlich der Reaktionen, der Fördermengen und der Stofffrachten sowie energetisch zu optimieren. Die Eingabe von Nitrat als Sauerstoffdonator wird nicht nur zur Ausfällung von Eisen und Mangan weiter an Bedeutung gewinnen. Auch bei der in-situ-Sanierung von Grundwässern, die mit (unpolaren) organischen Kohlenwasserstoffen kontaminiert sind, verspricht der Einsatz von Nitrat, daß die nötige Sauerstoffmenge in anionischer Form besser an die Orte der mikrobiellen Reaktionen gebracht wird. Die gewollte Ausfällung von Oxiden, Hydroxiden und Eisenoxidhydrat hat für alle Techniken durch die Gefahr der Verockerung auch einschränkenden Charakter. Die Brunnen müssen dazu nicht nur nach den hydrogeologischen Gegebenheiten ausgelegt werden, sondern auch mit festzulegenden Fördermengen betrieben werden. Dazu zählen die ständige Überwachung der Betriebsparameter und die regelmäßige Regeneration der Brunnenfilter.

Nach dem Wasserhaushaltsgesetz bedürfen die Einleitung ins Grundwasser oder die Veränderung der Wasserqualität einer Genehmigung nach einem wasserrechtlichen Verfahren. Erst wenn Vor- und Nachteile abgewogen sind und alle geforderten Nachweise erbracht worden sind, kann diese für eine bestimmte Zeit erteilt werden. Anhaltspunkte für die Betriebskosten bei unterirdischer Wasseraufbereitung gibt der Probebetrieb der Stadtwerke Paderborn: 1993 wurden die Kosten für Energie und Wartung mit unter $0,1 \, DM/m^3$ beziffert, die Betriebskosten für herkömmliche Anlagen wurden ohne Schlammentsorgung mit nicht unter $0,15-0,20 \, DM/m^3$ veranschlagt. Diese errechnen sich aus den Aufwendungen für Brunnenbau, obertägige Anlagen und Leitungen. Auch die System- oder Investitionskosten sind für in-situ-Anlagen erwartungsgemäß geringer als im Falle einer herkömmlichen zweistufigen Filtration mit Belüftung.

Literatur

1. Maurizi S, Poillon F (ed) (1992) Restauration of aquatic ecosystems. National Academy, Washington
2. Vollenweider RA, Kerekes J (1982) Eutrophication of waters monitoring, assessment and control. OECD Paris
3. Bernhardt H, Clasen J (1982) Z Wasser-Abwasser-Forsch 15:96
4. Hamm A (1976) Z Wasser-Abwasser-Forsch 9:110
5. Fachbereichstandard TGL 27885/02 (1983) Nährstoffelimination in Vorsperren. Standardis, Leipzig
6. Bernhardt H, Clasen J (1985) Int Congr Lakes Pollution and Recovery. Rome, p 213
7. Bernhardt H (1978) Phosphor – Wege und Verbleib in der Bundesrepublik Deutschland. Chemie, Weinheim, New York
8. Bernhardt H, Lüsse B (1993) F/E Abschlußbericht BMFT 02 WT 8742/0
9. Länderarbeitsgemeinschaft LAWA (1990) Limnologie und Bedeutung ausgewählter Talsperren in der Bundesrepublik Deutschland. Woeste, Essen
10. Kischnik P (1992) Arch Hydrobiol Beih Ergebn Limnol 38:273
11. Scharf BW, Ehlscheid T (1993) Natur und Landschaft 68:562
12. Benndorf J (1988) Limnologica 19:1
13. Reynolds CS (1994) Arch Hydrobiol 130:1
14. Klapper H (1992) Eutrophierung und Gewässerschutz. Verl G Fischer Jena, Stuttgart

15. Oksijuk OP, Stolberg FW (1986) Steuerung der Wasserqualität in Kanälen (russ) Naukowa Dumka, Kiew
16. Bestmann (1984) Wasser und Boden 1:20
17. Ripl WK (1985) in: Int Congr Lakes Pollution and Recovery, Rome, p 255
18. Kalbe L (1976) in: Symp Eutrosym '76. Karl-Marx-Stadt DDR B 5:64
19. Kraft H (1984) Korrespondenz Abwasser 31:840
20. Niemann G, Wegener U (1976) Acta hydrochim hydrobiol 4:269
21. Fichtner N (1983) Acta hydrochim hydrobiol 11:339
22. Bisogni JJ, Driscoll CT (1977) J of the Environm Engng Div 103:593
23. Böhme H, Bieneck D (1983) Wasserwirtsch Wassertechn 33:160
24. Koschel R (1987) Grundlagen zum Stoffhaushalt geschichteter Gewässer. Diss B Techn Univ Dresden
25. Klapper H (1992) in: Sutcliffe DW, Jones JG ed: Eutrophication Research and Application to Water Supply, p 107
26. Klapper H, Bahr K, Jahnke W (1989) Verfahren zur Sanierung von Binnenseen. Pat DD 300 379 A7
27. Rönicke H und Mitarbeiter (1994) Entwicklung und Erprobung eines Verfahrens zur Seensanierung mittels Calcitaufspülung. F/E-Ber. 02 WA 9247
28. Schunke K (1972) Das Gartenamt 12:682
29. Riechert D (1977) Wasserwirtschaft-Wassertechnik 27:226
30. Rohde E (1984) Veränderung der Beschaffenheitsparameter von Wasser und Sediment eines hypertrophen Flachsees unter dem Einfluß einer Entschlammungsmaßnahme. Diss Techn Univ Dresden
31. Fachbereichsstandard TGL 27885/01 (1982) Stehende Binnengewässer; Klassifizierung. Standardis, Leipzig
32. Bauer K, Röbisch D, Warnke P (1980) Wasserwirtschaft-Wassertechnik 30:379
33. Kucklenz V, Hamm A (1988) Möglichkeiten und Erfolgsaussichten der Seenrestaurierung. Ber Bayer Landesanst Wasserforsch München, 2. Aufl
34. Nürnberg G (1987) Wat Res 21:923
35. Scharf BW, Bernhardt H, Ehlscheid T, Lüsse B (1992) in: Scharf BW, Björk S (eds): Limnology of Eifel Maar Lakes. Arch. Hydrobiol Beih Ergebn Limn 38:307
36. Klapper H (1983) Erarbeitung von Lösungen für die Verhinderung und Bekämpfung von Algenmassenentwicklungen in Trinkwassertalsperren und Seen. Studie Inst f Wasserwirtschaft Berlin
37. Cooke GD, Welch EB, Petersen SA, Newroth PR (1993) Restoration and Management of Lakes and Reservoirs 2nd ed. Lewis Publishers Boca Raton, Ann Arbor London Tokyo
38. Senatsverwaltung Berlin Hrsg (1993) Der Große Müggelsee und sein Einzugsgebiet. Nutzungen, Belastungen, Sanierungskonzeption. Bes Mitt z Gewässerkundl Jahresber f Berlin und Umland
39. Knösche R (1977) Sicherung der O_2-Versorgung bei der Karpfenprodukton in Teichen auf dem Niveau von mehr als 5 t/ha. F/E-Bericht Inst f Binnenfischerei Berlin
40. Knösche R (1974) Z Binnenfischerei DDR 21:114
41. Koch R (1975) Wasserwirtschaft-Wassertechnik 25:232
42. Prien K-J, Bernhardt H (1989) GWF Wasser-Abwasser 130:206
43. Petersen F (1987) Tiefenwasser-Belüftungsanlage. Firmenprospekt
44. Lorenzen MW, Fast AW (1977) A guide to aeration/circulation techniques for lake management. Ecol Res Ser EPA-600/3-77-004, USEPA
45. Wilinski E (1982) Wasserwirtschaft-Wassertechnik 32:195
46. Imboden DM (1985) in: Lakes Pollution and Recovery, Rome, p 29
47. Klapper H (1980) Flüsse und Seen der Erde. Urania, Leipzig Jena Berlin
48. Singer PC, Stumm W (1970) Science 167:1121
49. Schönborn W (1992) Fließgewässerbiologie. Gustav Fischer, Jena Stuttgart
50. Friedrich G (1992) in: Friedrich G, Lacombe J (Hrsg) Ökologische Bewertung von Fließgewässern. Gustav Fischer, Jena Stuttgart, S 1
51. Dister E (1991) Laufener Seminarbeitr 4/91:8

52. Guhr H, Spott D (1990) Wasserwirtschaft – Wassertechnik 40:26
53. Mädler K (1992) Berichte aus dem Zentrum für Meeres- und Klimaforschung d Universität Hamburg, Nr 24, S 5
54. Rahmen-Abwasser VwV v 8. September 1979. GMBl 1989 S 518
55. Thüringer Ministerium für Umwelt und Planung (1992) Gewässergütebericht des Landes Thüringen 1991 (Hrsg Thüringer Landeanstalt für Umwelt) Jena
56. Aurada KD (1975) Wasserwirtschaft-Wassertechnik 25:341
57. Becker A, Glos E, Melcher M, Sosnowski P (1977) Mathematisches Modellsystem zur kontinuierlichen Prozeßvorhersage und -steuerung in der mittleren Saale. Mitt d Inst f Wasserwirtschaft, Sonderheft zum 25jährigen Bestehen S 34 – 44. VEB Verlag für Bauwesen, Berlin
58. Wasserhaushaltsgesetz (23. September 1986) BGBl I S 1529, ber S 1654, geändert durch G v 12.02.1990, BGBl. I S 205
59. Abwasserabgabengesetz (6. November 1990) BGBl. S 2432
60. Kobus H (1980) in: Natur- und Modellmessungen zum künstlichen Sauerstoffeintrag in Flüsse. Paul Parey, Hamburg Berlin, S 3 (Schriftenr d Dt Verb f Wasserw u Kulturbau, H 49)
61. Markofsky M (1980) in: Natur- und Modellmessungen zum künstlichen Sauerstoffeintrag in Flüsse. Paul Parey, Hamburg Berlin, S 43 (Schriftenr d Dt Verb f Wasserw u Kulturbau, H 49)
62. Imhoff KR (1980) in: Natur- und Modellmessungen zum künstlichen Sauerstoffeintrag in Flüsse. Paul Parey, Hamburg Berlin, S 23 (Schriftenr d Dt Verb f Wasserw u Kulturbau, H 49)
63. v Tümpling W (1973) Acta hydrochim hydrobiol 1:111
64. Londong D (1968) Gewässerschutz-Wasser-Abwasser 12:10
65. Albrecht D, Imhoff KR (1973) GWF 114:131
66. DVGW – Regelwerk (1985): Maßnahmen zur Sauerstoffanreicherung von Oberflächengewässern. Merkblatt W 250, ZfGW, Frankfurt/M
67. Kothé P (1982) Ufergestaltung bei Ausbau und Unterhaltung der Bundeswasserstraßen, 1. Limnologisch-ökologische Aspekte, Jahresbericht 1982 der Bundesanstalt für Gewässerkunde, Koblenz
68. Linde Symposium „Reiner Sauerstoff für die Abwassertechnik" Firmenschrift der Linde AG, Höllriegelskreuth 1991
69. Messer Griesheim (1991) Gase und Know-how für den Umweltschutz. Firmenschrift der Messer Griesheim GmbH, Düsseldorf
70. Ehlscheid Th, Frenzer R, Jenewein R, Schmitt A, Thron H-D (1992) Stützungsmaßnahmen des Sauerstoffgehaltes der Saar – Zusammenfassender Bericht 1990/1991. Landesamt für Wasserwirtschaft Rheinland-Pfalz Nr 205/92, Mainz
71. Müller D, Kirchesch V, Thron H-D (1992) in: Deutsche Gesellschaft für Limnologie eV (Hrsg) Erweiterte Zusammenfassungen der Jahrestagung v 05.10.–09.10.1992, Bd II S 666, Konstanz
72. Ehlscheid Th, Frenzer R, Jenewein R, Schmitt A, Thron H-D (1993) Stützungsmaßnahmen des Sauerstoffgehaltes der Saar, Jahresbericht 1992. Landesamt für Wasserwirtschaft Rheinland-Pfalz Nr 212/93, Mainz
73. Schwieger f (1994) Mitt d BfG Nr 6: Unterbringung von belastetem Baggergut im aquatischen Milieu, S 41, Koblenz
74. Bertsch W (1993) Baggergut, Teil 1: Verwertung und Unterbringung. BfG-Bericht, Koblenz
75. Freie und Hansestadt Hamburg, Behörde für Wirtschaft, Verkehr und Landwirtschaft, Strom- und Hafenbau (1993) Informationen zum Baggergut. Hamburg
76. Kuz KD (1994) in: Mitt d BfG Nr 6: Unterbringung von belastetem Baggergut im aquatischen Milieu, S 19, Koblenz
77. Internationale Kommission zum Schutz des Rheines (1994): Lachs 2000. Koblenz
78. Freie und Hansestadt Hamburg, Behörde für Wirtschaft, Verkehr und Landwirtschaft, Strom- und Hafenbau (1987) Francop: Zukunftssicherung des Hafens. Hamburg

79. Klärschlammverordnung (AbfKlärV) v 15. April 1992. Bundesgesetzblatt 1992, 912–934
80. Müller G (1992) Entsorga-Magazin, S 16
81. Bertsch W (1994) Mitt d BfG Nr 6: Unterbringung von belastetem Baggergut im aquatischen Milieu, S 13, Koblenz
82. Oberste Baubehörde i Bayer Staatsministerium des Innern (1990) Wasserwirtschaft in Bayern, H 2
83. Simon M (1992) Gewässerausbau im Bezirk Magdeburg in: BWK u Niedersächs Landesamt f Abfall (Hrsg) Naturnahe Gewässergestaltung und Gewässerunterhaltung. 30. Fortbildungslehrgang 22.05.–24.05.91, Hankensbüttel
84. Schwevers U, Adam B (1993) Gedanken zur Problematik „Fischaufstiegsanlagen" am Beispiel der Lahn. Inst f Angewandte Ökologie, Ohmes
85. Friedrich G (1986) Was bedeutet Renaturierung von Fließgewässern? In: Aktuelle Fragen der Gewässerunterhaltung, S 23, Düsseldorf
86. Gaumert D (1991) Ökologische Auswirkungen der maschinellen Gewässerunterhaltung in: BWK u Niedersächs Landesamt f Abfall (Hrsg) Naturnahe Gewässergestaltung und Gewässerunterhaltung, 30. Fortbildungslehrgang 22.05.–24.05.91, Hankensbüttel
87. Tittizer Th, Schleuter A (1989) DGM 33:91
88. Spott D (1994) in: IÖR-Schriften, H 8 Zukunft Elbe Flußlandschaft und Siedlungsraum. Dresden, S 39
89. Gebler RJ (1991) Naturgemäße Gestaltung von Sohlstufen und Fischaufstiegen. In: BWK u Niedersächs Landesamt f Abfall (Hrsg) Naturnahe Gewässergestaltung und Gewässerunterhaltung, 30. Fortbildungslehrgang 22.05.–24.05.91, Hankensbüttel
90. Deutscher Verband für Wasserwirtschaft und Kulturbau e V (1994) Merkblätter zur Wasserwirtschaft – Fischaufstiegsanlagen (Entwurf). Bonn
91. Arbeitskreis Elbefischerei (1995): Wasserwirtschaft-Wassertechnik (im Druck)
92. Brookes A (1988) Channelized Rivers – Perspectives for Environmental Management. John Wiley & Sons, Cichester
93. Landesamt für Wasser und Abfall NRW (1989) Richtlinie für naturnahen Ausbau und Unterhaltung der Fließgewässer in Nordrhein-Westfalen. Woeste, Essen
94. Höhne U (1991) Nutzung biologischer Verfahren bei der Unterhaltung von Gewässern und Deichen, dargestellt an Beispielen des Landes Sachsen-Anhalt in: BWK u Niedersächs Landesamt f Abfall (Hrsg) Naturnahe Gewässergestaltung und Gewässerunterhaltung, 30. Fortbildungslehrgang 22.05.–24.05.91, Hankensbüttel
95. Binder W, Kraier W (1994) gn-info 1/94 in Wasser & Boden 11/1994, S 2
96. Henrichfreise A (1992) Berichte des Landesamtes für Umweltschutz Sachsen-Anhalt, H 5. halle, S 22
97. Jährling KH (1992) in: Wilken R-D, Beyer M, Guhr H (Hrsg) 4. Magdeburger Gewässerschutzseminar – Die Situation der Elbe. Tagungsbericht, S 211, Geesthacht
98. Rast G (1992) Berichte des Landesamtes für Umweltschutz Sachsen-Anhalt, H 5. Halle, S 12
99. Hemker F (1991) Verfahren und Geräte zur naturschonenden Gewässerunterhaltung in: BWK u Niedersächs Landesamt f Abfall (Hrsg). Naturnahe Gewässergestaltung und Gewässerunterhaltung, 30. Fortbildungslehrgang 22.05.–24.05.91, Hankensbüttel
100. DVWK (Hrsg) (1992) Methoden und ökologische Auswirkungen der maschinellen Gewässerunterhaltung. DVWK – Merkblätter 224/1992. Paul Parey, Hamburg Berlin
101. Kuntze H (1992) in: Blume H-P (ed) Handbuch des Bodenschutzes, 2. überarb und wesent erw Aufl. ecomed, Landsberg, S 794
102. Committee on Restoration of Aquatic Ecosystems (1992) Restoration of Aquatic Ecosystems. National Academy Press, Washington DC, S 340
103. Henrichfreise A (1993) in: DVWK-Seminar Grundwasser- und Feuchtgebiete, 15–16 Jun 1993. DVWK, Bonn
104. Succow M (1991) in: Wegener U (Hrsg) Schutz und Pflege von Lebensräumen – Naturschutzmanagement. Fischer, Jena Stuttgart, S 313
105. Müller L (1992) Die Agrarlandschaft Oderbruch, Zentrum für Agrarlandschafts- und Landnutzungsforschung, Müncheberg
106. Wohlrab B (1992) Landschaftswasserhaushalt. Paul Parey, Hamburg Berlin

107. Schmidt W (1981) Kennzeichnung und Beurteilung der Bodenentwicklung auf Niedermoor unter besonderer Berücksichtigung der Degradierung, Forschungsbericht, Akademie der Landwirtschaftswissenschafaten der DDR, Paulinenaue, S 215
108. Roeschmann G (1993) Geolog Jahrbuch, Reihe F 29:3
109. Scheffer B (1993) in: DVWK-Seminar Grundwasser- und Feuchtgebiete, 15–16 Jun 1993. DVWK, Bonn
110. Nick K-J (1985) Natur und Landschaft 60:20
111. Kuntze H, Eggelsmann R (1981) Telma 11:197
112. Jährling K (1992) in: Wilken R-D 4. Magdeburger Gewässerschutzseminar, 22–26 Sept. 1992. Spindlermühle, Tschechoslowakei
113. Eggelsmann R (1989) Telma 19:27
114. Eigner J, Schmatzler R (1991) Handbuch des Hochmoorschutzes, 2. vollst überarb Aufl Kilda, Berlin, S 159
115. Informationen des Naturschutzes Niedersachsens (1990) 10:52
116. Eggelsmann R (1987) Telma 17:59
117. DVGW-Regelwerk W 101 (1975, 1992)
118. DVWK (1982) Ermittlung des nutzbaren Grundwasserdargebots, Schr dt Verb für Wasserwirtschaft und Kulturbau, 58/1 und 2, Paul Parey, Bonn
119. Sontheimer H, Nissing W (1977) Änderungen der Wasserbeschaffenheit bei der Bodenpassage unter besonderer Berücksichtigung der Uferfiltration am Niederrhein. – Gas-Wasser-Abwasser 57:639, Zürich
120. Hoehn E, Zobrist, J, Schwarzenbach RP (1983) Infiltration von Flußwasser ins Grundwasser – Hydrogeologische und hydrochemische Untersuchungen im Glattal. Gas – Wasser – Abwasser 63 (8):401, Zürich
121. Hötzl H, Reichert B, Maloszewski P, Moser H, Stichler W (1989) Contaminant transport in Bankfiltration – Determining hydraulic parameters by means of artificial and natural labeling. In: Kobus & Kinzelbach (eds) Contaminant transport in Groundwater. – IAHR-Proc, 3:65, Stuttgart
122. Haberer K (1994) Trinkwasserversorgung am Rhein. Wasser & Boden 3/94; 20
123. Die Trinkwasserverordnung, Einführung und Erläuterungen für Wasserversorgungsunternehmen und Überwachungsbehörden (1990), Erich Schmidt, Berlin
124. DVWK (1991) Sanierungsverfahren für Grundwasserschadensfälle und Altlasten – Anwendbarkeit und Beurteilung. Schrift des deutschen Verbandes für Wasserwirtschaft und Kulturbau, 98, Paul Parey, Bonn
125. DVWK Bulletin (1982) Artifical groundwater recharge, Vol 1–3, Paul Parey, Bonn
126. Schmidt H, Balke K (1985) Anforderungen an Standorte für die künstliche Grundwasseranreicherung in der BRD und deren Erfassung. UBA-Texte 31/85, Umweltbundesamt Berlin
127. DVWK (1988) Bedeutung biologischer Vorgänge für die Beschaffenheit des Grundwassers. Schr dt Verb für Wasserwirtschaft und Kulturbau, 80:322, Paul Parey, Bonn
128. Eichhorn D (1991) Wasserbehandlung im Grundwasserleiter – Denitrifikation – in-situ-Test Tännicht. Abschlußbericht zum BMFT-Vorhaben MFT-7270-30F202200. Institut für Wassertechnologie, Dresden
129. Obermann P, Bundermann G (1977) Untersuchungen zur NO_3-Belastung des Grundwassers im Einzugsgebiet eines Wasserwerkes. Wasser und Boden 29:289
130. Mattheß G (1990) Die Beschaffenheit des Grundwassers. Lehrbuch der Hydrogeologie, Band 2. Borntraeger, Berlin Stuttgart
131. Böttcher J, Strebel O (1985) Redoxpotential und E_h/pH-Diagramme von Stoffumsetzungen in reduzierendem Grundwasser (Beispiel Fuhrenberger Feld). Geologisches Jahrbuch, C 40, Hannover, Schweizerbart
132. Voigt H (1989) Hydrogeochemie, Deutscher Verlag für Grundstoffindustrie, Leipzig
133. LAWA – Empfehlungen für die Erkundung, Bewertung und Behandlung von Grundwasserschäden (Entwurf, Stand 10/92)
134. Bieske E (1959) Handbuch des Brunnenbaus, Rudolf Schmidt, Berlin
135. Bieske E (1959) Bohrbrunnen, 7. Aufl. R Oldenburg, München Wien

136. Arnold W (Hrsg) (1993) Flachbohrtechnik. Deutscher Verlag für Grundstoffindustrie, Leipzig
137. DIN 18302 Brunnenbauarbeiten
138. DIN 4920 Stahlfilterrohre für Bohr- und Rammbrunnen
139. DIN 4922 Stahlfilterrohre für Bohrbrunnen
140. DIN 4923 Drahtgewebe im Brunnenbau
141. DIN 4924 Filtersande und Filterkiese für Brunnenfilter
142. DIN 4925 Filter- und Vollwandrohre aus weichmacherfreiem Polyvinylchlorid (PVC-U) für Bohrbrunnen
143. Zischak R, Hötzl H (1994) Ergebnisse des Testfeldes zur kombinierten Kapillarsperre auf der Deponie Karlsruhe West – Schr Angew Geol Univ. Karlsruhe 34:125, Universität Karlsruhe
144. 50. DVWK-Seminar (28.–29. April 1994 in Schwerin): Strategien zum Grundwasserschutz bei Altlasten, Teil 2: Sanierung und Kontrolle von Altlasten
145. Golwer A, Mattheß, Schneider W (1969) Selbstreinigungsvorgänge im aeroben und anaeroben Grundwasserbereich. Vom Wasser 36:64, Weinheim, Bergstraße
146. Kinzelbach W, van den Ploeg R, Rohmann U, Rödelsberger M (1992) Modellierung des regionalen Transportes von Nitrat: Fallbeispiel Bruchsal-Karlsdorf. In: Kobus H (1992)
147. DVWK (1988) Bedeutung biologischer Vorgänge für die Beschaffenheit des Grundwassers. – Schr dt Verb für Wasserwirtschaft und Kulturbau, 80:322. Paul Parey, Bonn
148. Kuntze H (1978) Verockerungen. Diagnose und Therapie. Schriftenreihe des Kuratoriums für Wasser und Kulturbauwesen, 32. Paul Parey, Bonn
149. Siegrist R (1987) Soil clogging during subsurface wastewater infiltration as affected by effluent composition and loading rate. Journal Environ Quality 16:181
150. Olthoff R (1986) Die Enteisenung und Entmanganung von Grundwasser im Aquifer. Veröffentlicht am Institut für Siedlungswasserwirtschaft und Abfalltechnik, Universität Hannover, 63
151. Rott U et al. (1988) Unterirdische Enteisenung und Entmanganung – Ein Statusbericht gwf Wasser – Abwasser 129, 321
152. Rott U, Meyerhoff R (1991) Subterestrische Verfahren zur Aufbereitung von Grundwasser – Unterirdische Enteisenung und Entmanganung. Wasserbau-Mitteilungen, Universität Darmstadt, 36, 69
153. Kölle W (1991) Aufbereitung im Aquifer unter Verwendung nitrathaltigen Wassers. Stuttgarter Berichte 115:89
154. Luckner L, Eichhorn D (1991) Arbeiten des DGFZ zur Untergrundwasserbehandlung. 5. Stuttgarter Trinkwasserkolloquium vom 20. Februar 1991, Oldenburg
155. Reißig H, Fischer R, Eichhorn D (1983) Beitrag zur unterirdischen Enteisenung von Grundwässern. Dresden, Wissenschaftliche Zeitschrift der TU Dresden 32, 1:163–169
156. Nestler W, Eichhorn D (1987) Enteisenung im Untergrund – Beitrag zur Prozeßanalyse und zu den Erfahrungen bei der Nutzung in der DDR. Wien, VGW-Bericht SW 3:403–416
157. Hartmann U (1987) Beitrag zur Vorbereitung, Projektierung und Inbetriebnahme von Anlagen zur Untergrundenteisenung. Diss A, Sektion Wasserwesen an der TU Dresden
158. Eichhorn D (1987) Der gesteuerte Stoffeintrag bei der Untergrundwasserbehandlung. Berlin, Wasserwirtschaft/Wassertechnik 6
159. Rudolvsky J (1986) Die biologische Denitrifikation von Trinkwasser. Prag
160. Rutten P (1989) Physikalisch-chemische und biologische Maßnahmen zur Reduzierung der Nitratkonzentration im Trinkwasser. Stadtwerke Mönchengladbach GMBH

4 Sanierung von Bauwerken

S. Fitz

4.1
Sanierung oder Austausch

4.1.1
Grundsätzliche Überlegungen

Wird von Umweltschäden an Bauwerken und Materialien gesprochen, so werden darunter die negativen Veränderungen verstanden, welche infolge der Einwirkung einer Vielfalt von Schadensursachen entstehen. Die Frage wird wohl stets unbeantwortet bleiben müssen, wenn es darum geht, einen monokausalen Zusammenhang zwischen auftretenden Schäden an Baustoffen und den sie verursachenden Wirkungen aufzuzeigen. Einer der Gründe für diese Schwierigkeit liegt darin, daß es nahezu unmöglich sein dürfte, eindeutig zu definieren, was ein Umweltschaden sei. Viele verstehen darunter die Folgen der direkten Einwirkung von Luftschadstoffen, wie z.B. von Schwefeldioxid auf bestimmte Objekte als einzigen verursachenden Faktor. Sind aber nicht die häufig als stark schädigend wirkenden erkannten Salze im Mauerwerk eines Gebäudes der „Umweltschaden", unabhängig davon woher sie stammen: aus Schadstoffdepositionen, dem Streusalz des Winterdienstes oder den Baustoffen selbst? Sind Veränderungen des Grundwasserspiegels, als Folge von Maßnahmen, welche an ganz anderer Stelle getroffen worden sind, wie z.B. durch Baumaßnahmen oder Bergbau und die ihrerseits zu schädigenden Veränderungen bauphysikalischer Eigenschaften führen, nicht ebenfalls Umweltschäden. Wie steht es um Schädigungen als Folge von Schwingungen, angefangen beim Überschall-Knall der Düsenflugzeuge bis hin zu Vibrationen, verursacht durch starke Verkehrsbelastung oder die Preßlufthämmer einer nahegelegenen Baustelle?

Ein zweiter Teilaspekt ist darin zu suchen, daß jedes Bauwerk, jeder Bauteil sich in einem sehr komplexen Umfeld befindet und einer Vielfalt verschiedener Einflüsse ausgesetzt ist, die sich unter ungünstigen Umständen verstärken könnten. Experimentell konnten derartige synergistische Effekte in mehreren Laborversuchen nachgewiesen werden, vor allem was die kombinierte Wirkung von Schwefeldioxid und von Stickstoffoxid betrifft [1, 2]. In diesem speziellen Fall ist die verstärkte Wechselwirkung von Schwefeldioxid und Stickstoffoxiden erkannt, wenn auch – das sei an dieser Stelle angemerkt – nicht vollkommen verstanden worden. Wir können sicher sein, daß viele der synergistisch wirkenden Einflüsse unserer Erkenntnis bisher noch verborgen bleiben.

Wird auch der Begriff der Umweltschäden weiter gefaßt, nämlich als diejenigen Schäden, welche auf menschliches Wirken und menschliche Tätigkeit zurückzuführen sind, so wird stets ein meßbarer Anteil an den Schadensprozessen auf natürliche Alterung, Verwitterung oder Korrosion von Materialien zurückzuführen sein. Sie würden auch dann stattfinden, wenn keinerlei menschliche Einflüsse zur Wirkung kämen. Die treibenden Kräfte sind den Naturgesetzen gehorchende Prozesse, welche bewirken, daß die betroffenen Systeme in einen thermodynamisch günstigeren Zustand gebracht werden. Allein durch die Einwirkung von klimatischen Verhältnissen und den Schwankungen des Wetters werden natürliche Zerfallsprozesse initiiert und aufrechterhalten.

Will man bei den Umweltschäden als Ursache nur den anthropogenen Anteil herausgreifen, so ist es jedoch auch sinnvoll, diejenigen Schäden, welche unmittelbar auf menschliches Fehlverhalten, wie z.B. Vernachlässigung, unsachgemäße Ausführung, Wartung oder Pflege zurückgehen, nicht als „Umweltschäden" zu klassifizieren. Im übrigen dürften vermutlich gerade diese Ursachen den Hauptanteil an den auftretenden Schäden ausmachen.

Unabhängig davon, welchen Anteil die jeweilige Schadensursache an einer negativen Veränderung besitzt, geht es bei der Sanierung um die Wiederherstellung eines Zustandes, der einen weiteren Gebrauch oder Nutzung erlauben soll. Nachdem es sich bei Schäden stets um physikalische oder chemische Veränderungen an realen Systemen handelt, bleiben diese – auch nach Beseitigung der jeweiligen Schadensursachen – irreversibel vorhanden. Die nicht mehr umkehrbare Veränderung von Materialien hat Konsequenzen für jegliches Handeln, dessen Zielsetzung in einer Sanierung liegt.

4.1.2
Sanieren bedeutet nicht Wiederherstellen

Was bleibt, ist entweder der Wiederaufbau und die Rekonstruktion des gesamten Objektes oder von dessen Teilen, beziehungsweise, als Alternative, der Einsatz von bestimmten Produkten oder Verfahren, die den vorhandenen Zustand soweit stabilisieren, bis eine weitere Nutzung, gegebenenfalls auch unter veränderten Bedingungen, wieder möglich ist.

Wird von „Sanieren" im Bereich des Baugewerbes und des architektonischen Denkmalschutzes gesprochen, so ist dieses im allgemeinen als ein Oberbegriff für unterschiedliche Methoden der Herangehensweise an geschädigte Gebäude zu verstehen. Feilden [3] hat den Versuch unternommen, diese Unterschiede unter bestimmten Begriffen zusammenzufassen:

4.1.2.1
Erhaltung/Konservierung

Schädigungen die durch Einwirkung aggressiver Stoffe, von Feuchtigkeit, Mikroorganismen oder auch durch höhere Lebewesen an Objekten entstehen, werden durch Erhaltungs- bzw. Konservierungsmaßnahmen an ihrem Fortschreiten gehindert, so daß die Objekte in dem Zustand bewahrt bleiben, in dem sie sich bei Einleitung der Maßnahmen befinden. Zur Konservierung gehört regelmäßige Wartung und Beobachtung, denn rechtzeitiges Eingreifen bei geringen Schädigungen, kann schwerwiegenderen Folgeschäden vorbeugen.

4.1.2.2
Festigung

Durch das Hinzufügen von Bindemitteln oder Stützmaterialien wird die strukturelle Festigkeit und der Materialbestand von Objekten vor Verlusten gesichert. Bei einer Festigung wird die ursprüngliche Form des Gegenstandes nicht geändert. Nach Möglichkeit sind traditionelle, der ursprünglichen Herstellung adäquate Festigungstechniken anzuwenden. Ist dieses nicht möglich, was leider meist zutrifft, so sollte die Anwendung neuer Materialien und Werkstoffe bei historisch wertvollen Objekten nur dann in Frage kommen, wenn die Reversibilität dieser Maßnahmen gesichert ist. Diese Forderung wird erhoben, damit zu späteren Zeitpunkten bei Vorhandensein besserer und sichererer Erhaltungstechniken diese auch eingesetzt werden können.

4.1.2.3
Restaurierung

Die Zielsetzung einer Restaurierung liegt in der Wiederherstellung des ursprünglichen Konzeptes und Nutzung des Gegenstandes. Das bedeutet eine Integration aller verlorener Teile durch Ergänzung, die dem ursprünglichen Entwurf voll entsprechen, möglichst aus demselben Material angefertigt sind und die erneute Erstellung der ursprünglichen Form zum Ziele haben.

4.1.2.4
Wiederherstellung

Damit historische Gebäude auch weiterhin gute Überlebenschancen haben ist eine Nutzung notwendig, welche sich allerdings, bedingt durch veränderte äußere Umstände, durchaus ändern kann. Eine Wiederherstellung von Gebäuden unter Gesichtspunkten einer Modernisierung bedeutet, daß es zahlreiche Eingriffe in das ursprüngliche Konzept des Gebäudes geben muß, damit seine Erhaltung im Rahmen einer vergleichsweise wenig oder nur geringfügig veränderten äußeren Form gewährleistet bleibt. Bei der Erhaltung historischer Bausubstanz ist die Wiederherstellung wohl die häufigste Form der Sanierung.

4.1.2.5
Kopie

Das Kopieren ist eine Sanierungsmaßnahme, die ihren Sinn erhält, wenn besonders wertvolle, einmalige Kunstwerke durch Umwelteinwirkungen stark gefährdet sind und an ihrem Standort eine unverzichtbare Rolle als Bezugspunkt, als Teil eines gesamten Ensembles bilden. Zu ihrem Schutz werden die Originale häufig durch Kopien ersetzt. Üblicherweise werden Kopien nur für kleinteiligere Objekte angefertigt, wie z.B. wertvollen Figurenschmuck von Bauten oder einzelstehende Skulpturen. Die gefährdeten oder bereits geschädigten Originale werden in eine sicherere Umgebung, z.B. ein Museum verbracht. Die Kopie wird oft mit der Rekonstruktion verwechselt.

4.1.2.6
Rekonstruktion

Eine Rekonstruktion ist ein neu geschaffenes Gebäude oder ein Einzelobjekt, welches unter Nutzung von alten Plänen, Unterlagen oder Photographien angefertigt wird. Auf diese Weise erstanden wieder ganze historische Stadtviertel, die z.B. durch kriegerische Auseinandersetzungen, staatlichen oder individuellen Vandalismus zerstört worden sind, oder Naturkatastrophen zum Opfer fielen.

Eine eigene Art der Rekonstruktion – die Anastylose – wurde bei der Rekonstruktion von griechischen Tempeln, wie z.B. dem nach einem Erdbeben eingestürzten Tempel von Basaï benutzt [4], indem man die Säulen wieder Säulentrommel auf Säulentrommel zur etwaigen ursprünglichen Gebäudeform wieder aufrichtete.

Doch auch das Translozieren von ganzen Gebäuden – Stein für Stein – von einem Ort zu einem anderen ist eine besondere Art der Rekonstruktion. Praktiziert worden ist dieses bei zahlreichen Oberägyptischen Tempeln nach dem Bau des Assuanstaudammes. Mehrere kleinere Tempel fanden ihren Weg in diverse Museen (New York, Berlin, Oxford), der größte – Abu Simbel – wurde nach einer großangelegten internationalen „Rettungsaktion" nur einige hundert Meter höher gelegt, in einen künstlich geschaffenen Berg.

Das Transferieren eines gesamten Gebäudes – ohne es zu zerlegen und anschließend wieder zu Rekonstruieren, wurde in der nordböhmischen Stadt Most (Brüx) durchgeführt. Der gesamte Ort mußte dem oberirdischen Braunkohleabbau durch Abbruch weichen. Lediglich die gotische Stadtkirche überlebte, nachdem sie – horizontal vom Baugrund abgetrennt – auf Schienen an einen mehr als einen Kilometer entfernten neuen Standort geschoben worden ist. Diese glanzvolle Ingenieurleistung ist natürlich sehr fragwürdig, denn die Stadtkirche steht nun, ohne irgendeine Beziehung zu einer Stadt, allein auf einsamer Flur (s. Abb. 4.1)

Abb. 4.1. Wegen des Abbaus der unter der nordböhmischen Stadt Most (Brüx) liegenden Braunkohleflöze wurde die Stadt abgerissen. Lediglich die gotische Stadtkirche (rechts im Bild) ist als gesamtes Bauwerk auf Schienen zu einem neuen Standort gebracht worden

4.1.3
Vorbeugen geht vor Sanieren

Den unterschiedlichen aktiven Sanierungsmaßnahmen ist die Vorbeugung, als wohl eine der besten, sichersten und wirkungsvollsten Maßnahmen zur Erhaltung gefährdeter Bausubstanz voranzustellen. Vorbeugender Schutz bedeutet kontrollierte Feuchtigkeit, Temperatur und Beleuchtung, soweit dieses die natürlichen klimatischen Parameter zulassen. Er bedeutet aber auch Schutz vor Vandalismus und Vernachlässigung, ebenso wie er Vorsorgemaßnahmen gegen Katastrophen (Brand, Erdbeben) erfordert. Schließlich heißt Vorbeugen auch das Mindern der Schadstoffbelastungen aus der Luft, eine Reduzierung der Erschütterungen durch zu intensiven Verkehr oder den Verzicht auf die Nutzung von Streusalz im Winterdienst, nur um einige mögliche Schadensursachen zu nennen.

Bei Entscheidungsprozessen, in denen es darum geht, zwischen der Erhaltung oder dem Ersatz zu wählen, werden ökonomische Überlegungen im Vordergrund stehen. Ein typisches Beispiel dafür – wenn auch etwas durch politisches Geplänkel überschattet – ist der nach einem Hochwasser stark geschädigte noch im Bau befindliche Schürmannbau des Deutschen Bundestages in Bonn. Hier wird eine Kostenkalkulation die Entscheidungshilfe bieten, was günstiger sei: der Abriß oder eine Sanierung, Weiterbau und anschließend Vermietung. Während die Abwägungsgrundlagen bei Neubauten noch verhältnismäßig einfach zu verstehen sind, müssen bei historischer Bausubstanz – besonders natürlich bei denkmalgeschützten Bauten – ideelle Werte in die Waagschale geworfen werden. Das Resultat solcher Entscheidungsprozesse läßt sich nicht vorhersagen. In der Praxis gibt es genügend Beispiele für beide Möglichkeiten, also den Abriß oder die Erhaltung von Baudenkmälern.

4.2
Reinigung

4.2.1
Oberflächenablagerungen

4.2.1.1
Schmutzschichten

Ablagerungen von Fremdstoffen, die aus der Umgebung an Oberflächen herangetragen werden – hierbei kann es sich um gasförmige, flüssige, tröpfchenförmige oder feste Stoffe handeln, müssen nicht unbedingt direkt oder indirekt die Zusammensetzung der Unterlage verändern. Dennoch werden sie als Schaden verstanden, denn sie beeinträchtigen das äußere Erscheinungsbild. Sie sind daher oft Anlaß für Reinigungsmaßnahmen.

Allein durch unterschiedliche Regenexposition oder fehlerhafte Regenableitungssysteme, werden die den Niederschlägen ausgesetzten Teile durch das ablaufende Wasser geringer verschmutzt. Auch Unterschiede in der Oberflächenstruktur, welche sich durch den Einsatz verschiedener Materialien ergeben, beeinflussen in unterschiedlich starkem Maße das Anhaften von Schmutz und geben Anlaß zu einem uneinheitlichen Erscheinungsbild (Abb. 4.2).

Verschmutzungen und Verunreinigungen sind allerdings auch eine der häufigsten Ursachen für weitergehende, materielle Veränderungen der Oberflächen und daher einer der auslösenden Faktoren für eine ganze Palette von Schäden. Sie können selbst angreifender Stoff oder Träger für Feuchtigkeit oder Schadstoffe sein.

Hinsichtlich einer echten Vorsorge kann daher die Entfernung von Verschmutzungen oder sogar die vorbeugende Verhinderung von Depositionen ein wichtiges Anliegen sein. Auf jeden Fall ist stets zu prüfen, ob Schmutzdepositionen Schäden verursachen.

4.2.1.2
Patina

Hinsichtlich der Abwägung von Notwendigkeiten der Entfernung von Schmutzkrusten und Ablagerungen an Oberflächen, begibt man sich im Bereich der Kunst- und Kulturgüter in eine von ideellen Werten geprägte, daher

Abb. 4.2. Wasserablauf-spuren an Fassadenteilen des Kölner Doms zeigen die ursprüngliche Färbung des Naturwerksteins, führen jedoch zugleich auch zu verstärkter Verwitterung

häufig emotional geführte Grundsatzdiskussion zu Fragen der Alterung von Materialien und der Ausbildung von Patinaschichten. Die Patina wird in diesem Zusammenhang als Informationsträger gewertet, welcher Aussagen über Nutzung, Gebrauch und Alter des jeweiligen Objektes geben kann. Wegen ihres Informationsgehaltes kann nicht auf die Patina verzichtet werden.

In der Diskussion um Reinigungsmaßnahmen werden oft die Verschmutzungen einerseits und die Alterungs-, Gebrauchs- oder Abnutzungsspuren andererseits häufig verwechselt. Ein gebrauchter Gegenstand kann, genauso wie ein altes Gebäude vollständig sauber sein. Dennoch wird er anhand deutlicher Merkmale als altes Gebäude oder bereits benutzter Gegenstand kenntlich sein. Ästhetische Gesichtspunkte spielen hier eine zusätzliche Rolle: das Neue und Unbenutzte vermittelt meist Kühle und Distanz. Beides sind keine Eigenschaften, die bei älterer Bausubstanz gefordert werden. Leider ist es häufig schwer, eine eindeutige Grenze zwischen unerwünschter und schädlicher Verschmutzung und von Nutzungsspuren zu ziehen. Eine Entscheidung und Abwägung ist, wie so oft, jeweils nur von Fall zu Fall möglich und läßt sich nicht verallgemeinern.

4.2.1.3
Reinigungsziele

Die Entscheidung darüber, welches Verfahren effizient bei einer Reinigung eingesetzt werden sollte, richtet sich sowohl nach der Art der Verschmutzung, als auch nach dem angestrebten Reinigungsziel. Es ist daher unumgänglich, diese Maßnahme in der Regel im Zusammenhang mit einem wesentlich komplexeren Sanierungs- bzw. Erhaltungsprogramm zu sehen. Isolierte Betrachtungsweise und Problemlösung würden auf lange Sicht nicht zum erwünschten Erfolg führen.

Eine Prognose des erwarteten Resultates einer Reinigung kann in der Regel nicht gemacht werden. Bei besonders wertvollen Objekten (Denkmälern) darf ohne eine vorhergehende Probereinigung, welche die möglichen Alternativen in der Praxis aufzeigen sollte, eigentlich nicht Hand angelegt werden.

4.2.2
Mechanische Reinigungsmethoden

Es erweist sich systematisch als sinnvoll, die mechanischen Reinigungsverfahren in zwei Kategorien, nämlich die trockenen und die nassen Reinigungsverfahren zu unterscheiden.

4.2.2.1
Trockene Reinigungsverfahren

Alle mechanische Verfahren beruhen darauf, daß die oberflächlich anhaftenden Schmutzpartikel und andere Stoffe durch Anwendung mechanischer Kräfte von der Oberfläche abgetragen werden. Voraussetzung für eine erfolgreiche Anwendung ist, daß die Haftkräfte der Schmutzschichten zur Oberfläche geringer sind, als diejenigen Kräfte, die das unverschmutzte Material zusammenhalten. Die von mechanischen Reinigungsverfahren ausgeübte Krafteinwirkung sollte dazwischen liegen.

Reinigen durch Abbrüsten, Abschleifen, Abkratzen

Bei kleinen Objekten und bei außerordentlich wertvollen Objekten kann eine behutsame mechanische Reinigung die zweifelsohne schonendste Methode sein. In den Händen von erfahrenen Restauratoren oder Handwerkern können mit einem Pinsel, einer Bürste, sogar mit einem Skalpell Oberflächen sehr sensibel freigelegt werden. Hilfe kann dabei auch der Einsatz eines Staubsaugers leisten. Mit einer aufgesetzten Gummitülle lasen sich alle losen Teile trocken entfernen.

Bei größeren Objekten und Flächen werden gerne Metallbürsten oder Kunststoffbürsten eingesetzt, manchmal auch Schleifgeräte. Diese sollten nur dann verwendet werden, wenn die Abtragung der originalen Oberfläche, verbunden mit einem Substanzverlust in Kauf genommen wird. Nach einer derartigen Behandlung bleiben Schleif- und Kratzspuren zurück. Wird auf diese Schädigungsmöglichkeiten insofern Rücksicht genommen, indem bei den Bürsten durch Auswahl eines weicheren Bürstenmaterials ein schonenderes Verfahren eingesetzt wird, so ist meist auch der erwünschte Reinigungseffekt nicht mehr zu erzielen. Dieses Verfahren ist außerdem besonders dann ungeeignet, wenn Ablagerungen aus tiefer liegenden Partien oder Poren entfernt werden sollen, die unzugänglich für die Borsten sind.

Steinmetzmäßiges Abarbeiten

Als Reinigungsmethode zu erwähnen ist natürlich bei Natursteinoberflächen auch eine steinmetzmäßige Überarbeitung, d. h. ein Abtragen der geschädigten Partien bis hin auf den gesunden Stein. Hierbei handelt es sich um eine radikale Lösung von Verschmutzungsproblemen. Die verschmutzte Steinoberfläche wird soweit zurückgearbeitet, bis originale, unveränderte Steinsubstanz zurückbleibt. Die Arbeiten erfolgen mit üblichen Methoden steinmetzmäßigen Bearbeitens von Oberflächen mit Meißel oder Scharriereisen oder sogar einem entsprechendem Preßluftgerät. Das Tieferlegen der Oberfläche ist nicht allein wegen des enormen Substanzverlustes als problematisch anzusehen. Die mechanische Bearbeitung kann zu weiteren Schäden infolge von Rißbildungen oder Oberflächenaufrauhung führen und damit eine erneute Verschmutzung beschleunigen. Es dürfte auch klar sein, daß derartige Reinigungsmethoden nicht beliebig oft wiederholt werden können.

Sandstrahlverfahren

Die bisher genannten trockenen Verfahren eignen sich natürlich dann nicht, wenn die Reinigung großer Flächen, z. B. von Fassaden ansteht. Hier haben sich vor allem Sandstrahlverfahren durchgesetzt, von welchen es zahlreiche Varianten gibt. Die Arbeitserfolge hängen vom Geschick des Handwerkers, vom verwendeten Druck, der Entfernung von Düse zum Objekt und der Art, Größe und Härte des Strahlgutes und dem Aufprallwinkel ab. Es kann allerdings auch als sicher gelten, daß wegen des scheinbar deutlich sichtbaren Reinigungserfolges bei Anwendung dieses Verfahrens leichtfertiger Einsatz eine der Ursachen für schwerste Reinigungs-Folgeschäden ist. Das liegt sicher daran, daß mit zu hohem Druck oder zu hartem Strahlgut gearbeitet wird. In der Hand eines verantwortungsvollen Betriebes und unter Kontrolle des vorsichtigen Auftraggebers sind Strahlverfahren durchaus geeignet, zu sehr guten Ergebnissen der Reinigung zu führen.

Das mechanische Abtragen der Oberfläche erfolgt gewissermaßen in einem Schleifvorgang. Das Strahlgut trifft auf die Oberfläche; durch den Aufprallimpuls werden anhaftende Teilchen von der Oberfläche entfernt, sozusagen abgesprengt.

Bei trockenen Sandstrahlverfahren wird in Druckstrahlgeräten das unter Druck stehende ($6 - 8 \cdot 10^5$ Pa) Strahlgut mit einer hohen Geschwindigkeit von ca. 720 m/s gemeinsam mit Luft aus einer Düse auf die zu behandelnde Ober-

fläche geschleudert. Die Düsenform ist maßgebend für das resultierende Strahlbild. Konisch zulaufende Düsen (Venturidüsen) ergeben gegenüber rund ge-
formten Düsen deutlich bessere Leistungen bei gleichmäßigerem Strahlbild.

Nach einem anderen Prinzip arbeiten Injektor-Strahlgeräte. Hier
befindet sich das Strahlgut in einem Vakuumgefäß und wird mittels Preßluft
$(6-8 \cdot 10^5$ Pa) in die Düse angesaugt. Dabei wird zwar wesentlich weniger Luft-
durchsatz benötigt, die Flächenleistung ist allerdings mit diesem Verfahren erheblich, etwa um ein Zehntel geringer.

Als Strahlgut findet eine ganze Reihe von Stoffen Anwendung. Sie
werden nach Bedarf entsprechend ihrer Härte eingesetzt. Die Art der Körnung
– ob rund oder kantig – hat Einfluß auf das Ergebnis und muß entsprechend
den Anforderungen gewählt werden. Einige wichtige Strahlgüter sind:

- Korund,
- Quarzsand,
- Hochofenschlacke,
- Glaskugeln,
- Kunststoffgranulate,
- Nußschalen (gemahlen) und
- Olivenkerne (gemahlen).

Sandstrahlen birgt enorme Risiken für die behandelten Oberflächen in sich.
Die neu geschaffene Oberfläche ist in der Regel wesentlich größer, d.h. rauher
als die nicht behandelte und daher empfänglicher für weitere Verschmutzung.
Daneben besteht stets die Gefahr der Beschädigung des Grundmaterials durch
Rissebildung oder zu starken Verlustes an unbeschädigtem Material. Die den
Arbeitsschutz betreffenden und in jedem Anwendungsfall auch zu ergreifenden Maßnahmen, müssen besonders beim trockenen Sandstrahlen explizit genannt werden, da es zu einer außergewöhnlich hohen Staubbelastung durch
das Strahlgut und die abgetragenen Partikeln kommt.

Eine Variante des Sandstrahlverfahren ist das Mikrosandstrahlen.
Das Verfahren bietet im Grundsatz nicht Neues gegenüber den Sandstrahlverfahren, es ist lediglich „miniaturisiert" und erlaubt ein sehr genaues und
präzises Arbeiten. Es wird normalerweise in Restaurierungswerkstätten zur
Reinigung von Kunstgütern eingesetzt. Bei einiger Übung und Erfahrung ist
auch das Freilegen sehr sensibler und wertvoller, künstlerisch gestalteter Oberflächen, wie z.B. von skulpturalem Schmuck [5] oder Glasmalereien [6], durchaus erfolgreich möglich.

4.2.2.2
Nasse Reinigungsverfahren

Normaldruckverfahren

Reinigung unter Verwendung eines reinen Lösemittels (Wasser, Aceton, Essig-
ester) ist sicher schonend für die behandelten Objekte. Der zu erwartende Reinigungseffekt, also die Effizienz einer derartigen Maßnahme, ist allerdings nur

in wenigen Fällen ausreichend, denn das Verfahren setzt voraus, daß sich die Schmutzpartikeln rückstandslos ohne Einwirkung größerer mechanischer Kräfte ablösen.

Mit Wasser können größere Oberflächen, im Dauerverfahren durch mehrstündiges Berieseln, von grob anhaftendem Schmutz befreit werden. Die Berieselung mit Wasser sollte bei Natursteinfassaden jedoch nicht länger als 6 Stunden, bei hoch porösen Natursteinen sogar erheblich kürzer sein, damit es nicht zu einer allzu starken Durchfeuchtung des Materials kommt. Das Berieseln gilt nicht als gänzlich unbedenklich. Es besteht nämlich die Gefahr, daß einige Steinbestandteile oder Mörtel ihre Festigkeit durch Aufquellen oder Auslaugung verlieren. Ist nach Zeiträumen von mehr als 6 Stunden kein Reinigungseffekt eingetreten, kann davon ausgegangen werden, daß auch bei längerer Applikation der Erfolg ausbleiben wird.

Als sehr vorteilhaft auf den Reinigungseffekt haben sich kleine Zusätze von Netzmitteln erwiesen, welche man in Mengen von ca. 0,1 % dem Wasser zusetzen kann und damit dessen Reinigungswirkung beträchtlich steigern. Ist allerdings eine anschließende Hydrophobierung vorgesehen, sollte man bei der Nutzung von Netzmitteln sparsamer sein oder ganz davon absehen. Auch sehr geringe, am Untergrund verbliebene Mengen von Netzmitteln wirken der hydrophobierenden Wirkung entgegen, indem sie den Benetzungswinkel verkleinern. Netzmittel sollen eine Benetzbarkeit herstellen – nicht sie verhindern!

Von einem allzugroßen Wassereinsatz bei der Reinigung wird allerdings oft abgeraten, denn dieser könnte Ursache für eine Mobilisierung von Salzen mit den daraus folgenden Schäden durch Ausblühungen werden [7].

Die Reinigung mit organischen Lösemitteln sollte nur bei kleineren Objekten und auch nur dann ausgeführt werden, wenn hierzu geschlossene Anlagen vorhanden sind und erwiesenermaßen durch eine Probereinigung gezeigt werden kann, daß sie zum gewünschten Erfolg führt. Eine Berieselung der zu behandelnden Objekte ist bei organischen Lösungsmitteln nicht angebracht.

Wird naß gereinigt, so kann dann ein verstärkter positiver Reinigungseffekt beobachtet werden, wenn zusätzlich mechanische Verfahren zum Einsatz kommen. Schon die Benutzung einer nicht allzu harten Bürste führt bei einem Berieselungsverfahren zu sehr guten Ergebnissen.

Hochdruckreinigung mit Wasser

Die reinigende Wirkung des Naßverfahrens wird erhöht, wenn mechanisch wirkende Kräfte in Form einer Hochdruckreinigung zur Geltung kommen. Das Wasser wird hier in doppelter Funktion eingesetzt: einmal als Lösemittel für wasserlösliche Bestandteile, zum anderen mittels des hohen Wasserdrucks als mechanisches Verfahren. Das Wasser wird auf die Oberfläche (bei den handelsüblichen Maschinen) mit einem Druck zwischen 10 und $120 \cdot 10^5$ Pa aufgesprüht. Der Reinigungseffekt hängt von dem angewandten Druck und selbstverständlich auch vom Anwendungszeitraum ab. Der Wasserverbrauch liegt bei 5 bis 40 Litern in der Minute. Alle losen Teile werden allein durch den mechanischen Druck abgetragen. Fest anhaftende, wasserunlösliche Bestandteile sind mit diesem Verfahren nicht entfernbar.

Wird das Wasser kalt, etwa im Temperaturbereich von 8 – 15 °C angewandt, spricht man von einer Kaltwasserreinigung. Wird das Wasser in heißem
Zustand, bei 60 – 90 °C appliziert (Heißwasserreinigung), ist der Reinigungseffekt besonders beim Abwaschen öliger Bestandteile erhöht. Die Lösevorgänge
der wasserlöslichen Salze werden beschleunigt, so daß ein rascherer Reinigungseffekt gegenüber einer Kaltwasserreinigung erzielt werden kann.

4.2.2.3
Wasserdampfdruck-Reinigung (Dampfstrahlen)

Einen noch höheren Reinigungseffekt erzielt man mit dem Dampfstrahlver-
fahren. Das in einem Druckkessel überhitzte Wasser entspannt sich an einer
entsprechenden Düse im Bereich der Gesteinsoberfläche. Der Druckbereich
liegt zwischen 10 und $50 \cdot 10^5$ Pa. Der überhitzte Wasserdampf (einige Verfahren arbeiten sogar mit überhitztem Wasserdampf von ca. 140 – 180 °C) dispergiert ölige Bestandteile sehr gut. Dieses Verfahren ist besonders dann gut wirksam, wenn ölige Verschmutzungen oder Ruß entfernt werden müssen.

4.2.2.4
Naßstrahlen

In ähnlicher Weise wie beim Sandstrahlverfahren können der unter hoher
Geschwindigkeit aus einer Düse austretenden Flüssigkeit feste Partikeln
(Strahlgut) zugesetzt werden, so daß gewissermaßen eine Kombination des
Sandstrahlens und des Hochdruck-Wasserstrahlens wirksam wird.

Das patentierte JOS-Reinigungsverfahren (ein Niederdruck-Rota-
tionswirbel-Verfahren) ist eine Variante des Naßstrahlverfahrens. Ein Gemisch von Preßluft (Niederdruck, $0,5 - 1,5 \cdot 10^5$ Pa), wenig Wasser (5 – 45 l/h)
und dem inerten Strahlgut wird rotierend verwirbelt. Der gegen eine Oberfläche gerichtete Reinigungsstrahl entfernt so die Verunreinigungen durch die
nahezu tangential wirkenden Kräfte des Strahlguts außerordentlich schonend.
Die Reinigungserfolge gelten meist als sehr zufriedenstellend und zugleich
substanzschonend.

4.2.3
Chemische Reinigungsverfahren

4.2.3.1
Saure Reinigung

Sehr häufig wurde und wird eine Reinigung im sauren Milieu durchgeführt.
Das Ziel des Verfahrens ist die chemische Umwandlung von anhaftenden Krusten, zumindest jedoch der sie zusammenhaltenden Bindemittel unter Bildung
löslicher Salze.

Die Problematik dieser Reinigungsmethoden ist einfach zu erkennen: zum einen muß sorgfältig darauf geachtet werden, daß eine Reaktion des Reinigungsmittels ausschließlich mit der Schmutzkruste erfolgt, darunterliegendes Material muß gegen die verwendete Säure inert sein. Andernfalls würde der Reinigungsprozeß zu einer Schädigung des Substrats führen. Zum anderen gilt es jedoch auch zu berücksichtigen, daß sich bei der gewollten chemischen Umwandlung der Schmutzkrusten bauschädliche Salze bilden können. Es besteht dann die Gefahr, daß diese im zu reinigenden Baustoff verbleiben und zu einem späteren Zeitpunkt die Ursache für Folgeschäden werden.

Diese Probleme beschränken die Anwendungsmöglichkeiten auf nicht säureempfindliche Baustoffe (z.B. Granit, Basalt, kieselgebundene Sandsteine, Klinker und dichte Betonsorten); Flußsäure und Flußsäurepräparate greifen auch diese an. Trotz dieser Vorbehalte erfreuen sich die sauren Reinigungsmittel großer Popularität in der Fassadenreinigungsbranche.

Damit bei einer Anwendung die benutzten Säuren nicht zu tief in poröses Material eindringen, müssen diese vorgenäßt werden. Dieses verhindert, daß die oberflächennahen Schichten während des Reinigungsvorgangs nur geringfügig Flüssigkeit aufsaugen, soweit dies praktisch überhaupt zu verwirklichen ist. Die sauren Reinigungsmittel dringen dann nicht in das Porengefüge ein und vermögen folglich dort auch nicht zu irreversiblen Schäden zu führen. Nach dem eigentlichen Reinigungsvorgang – dem Absäuern – muß sich ein sorgfältiges Abspülen des Reinigungsmittels bis zur neutralen Reaktion anschließen.

Die häufigsten gebräuchlichen Säuren sind:

- Flußsäure HF,
- Salzsäure HCl,
- Phosphorsäure H_3PO_4,
- Ameisensäure $HCOOH$,
- Essigsäure CH_3COOH,
- Citronensäure $(CH_2)_2COH(COOH)_3$,
- Amidosulfonsäure NH_2SO_3H,
- Hexafluorokieselsäure H_2SiF_6,
- Ammoniumhydrogenfluorid NH_4HF_2,
- und deren Gemische.

Die Säuren werden allgemein in verdünnter Form flüssig verwendet, jedoch gibt es auch Anwendungen in Pastenform. Bei handelsüblichen Präparaten – welche meist Säuregemische sind – sind häufig Netzmittel zugesetzt. Beim Einsatz von Flußsäure oder Ammoniumfluorid bilden sich schwerlösliche Fluoride aus, die ihrerseits wieder Krusten bilden können.

4.2.3.2
Reinigung mit Alkalien (Laugen)

Dieses chemische Reinigungsverfahren wird häufig dann empfohlen, wenn sich die Verwendung von Säuren grundsätzlich verbietet, wie z.B. bei dem extrem säureempfindlichen Kalkstein oder bei Marmor. Eingesetzt werden verdünnte Kali- oder Natronlauge. Über die Wirkung alkalischer Reinigungsmethoden läßt sich nicht viel positives aussagen. Sie führen bei den meisten Schmutzkrusten ohnehin wohl kaum zum Erfolg, denn die Mehrzahl dieser Krusten bestehen aus Neutralsalzen mit Zusätzen von hochpolymeren, nicht verseifbaren organischen Stoffen (Ruß, ölige Rückstände u. ä.). Diese sind gegen niedrigkonzentrierte Laugen meist beständig. Als Folgeprodukte der Laugenreinigung bilden sich in jedem Fall Salze aus, welche als bauschädliche Salze nicht willkommen sind.

Günstig wirkt die alkalische Reinigungsmethode lediglich bei der Entfernung alter Farbanstriche (Abbeizen) durch Verseifung öliger Anteile und der Bildung löslicher Alkalisalze.

4.2.3.3
Reinigung mit Komplexonen

Komplexbildende Stoffe (Komplexone) besitzen die Eigenschaft, mit einigen Ionen besonders stabile Verbindungen einzugehen. Die häufigsten verwendeten Komplexbildner sind Ethylendiamintetraessigsäure (EDTA), deren Natriumsalz und Polyphosphate. In der Regel bilden sich bevorzugt Verbindungen des Calciums mit den Komplexbildnern (EDTA, Polyphosphate). Diese sind gut wasserlöslich. Diese chemische Stoffeigenschaft der Komplexone macht man sich zunutze, indem man sie in Form von Pasten auf die zu reinigenden Stellen aufträgt. Für die Herstellung der Pasten werden die wäßrigen Lösungen der Reinigungsmittel auf Füllstoffen absorbiert, die sich durch hohe Wasseraufnahmefähigkeit auszeichnen, wie z. B. Kieselsäuregele, Methylcellulose, Reisasche, Tonminerale (Attapulgit oder Sepiolith). Die Auftragung der feuchten Pasten erfolgt in einer Stärke von ca. 5 mm auf die trockenen Oberflächen, um dann nach einer Einwirkungszeit von ca. 30–45 Minuten wieder abgenommen zu werden. Manchmal kann ein mehrmaliges Auftragen der Pasten notwendig werden. Nach Abnahme der Pasten-Kompresse läßt sich die mürbe gewordene Schmutzschicht entweder gleich abziehen oder sie ist einer einfachen mechanischen Reinigung oder einer einfachen Wasserreinigung gut zugänglich. Nach dem Entfernen der Paste ist ohnehin ein Nachwaschen mit deionisiertem Wasser notwendig.

4.2.3.4
Reinigung mit Oxidations- bzw. Reduktionsmitteln

Diese chemischen Verfahren beruhen auf Stoffumwandlungen von Bestandteilen der Schmutzkrusten. Sie werden in der Regel nur dazu benutzt, unerwünschte Verfärbungen, welche durch eine Oxidation oder Reduktion von bestimmten Ionen in den Oberflächen entstanden sind, rückgängig zu machen. Ihr Vorteil liegt in der Selektivität der Anwendung, die sie allerdings zugleich auch einschränkt. Sie sind keineswegs als universell einsetzbare Reinigungsmittel verwendbar.

An historischen Farbgläsern in den Glasgemälden zahlreicher Kirchen und Kathedralen treten neben „normalen" Verwitterungserscheinungen (Bildung von Gipskrusten) auch Abdunkelungen der Gläser auf, welche auf Depositionen bestimmter dunkelfarbiger oxidierter Glasbestandteile, hier von Eisen- und Manganionen, zurückzuführen sind. Die selektive Rückführung in den ursprünglichen Oxidationszustand dieser Ionen mittels einer Behandlung mit dem starken Reduktionsmittel Hydrazinhydrat, führt zu einer Aufhellung der Gläser und einer Wiederherstellung deren Transparenz [8].

4.2.4
Thermo-optische Reinigungsverfahren (Laser-Reinigung)

In jüngster Zeit wurden neue Reinigungsverfahren mittels Laserstrahlen vorgeschlagen und an einigen Problemflächen von skulpturalem Schmuck erfolgreich angewandt. Mit Hilfe hochenergetischer Laser-Pulse werden die Bestandteile einer Schmutzkruste verdampft. Der Laserstrahl wird an das Objekt mit einer Glasfaseroptik herangebracht. Von den Benutzern dieses Verfahrens wird außerordentliches Geschick erwartet, denn sie müssen – ähnlich wie bei einer mechanischen Reinigung – entscheiden, wie oft der Reinigungsprozeß an einer Stelle wiederholt werden muß, ohne das „gesunde Material" zu beschädigen.

In einem alternativen, immer noch in der Entwicklung befindlichen Verfahren werden die beim Laser-Puls verdampfenden Stoffe simultan analysiert. Das Analyse-Gerät zeigt an, sobald der Laserstrahl auf dem originalen Untergrund angelangt ist, weil sich dann die Zusammensetzung deutlich ändert. Auch wenn die geschilderten Arbeitsschritte außerordentlich rasch ablaufen, ist mit großflächigen Reinigungen zur Zeit wohl kaum zu rechnen.

4.3
Entsalzungsverfahren

4.3.1
Die schädigenden Mauerwerkssalze

Den negativen Auswirkungen von Salzen im Mauerwerk [9] läßt sich entweder damit begegnen, daß der Salzgehalt auf ein unwirksames Maß herabgesetzt wird, oder die vorhandenen Salze in ihrer Wirkung inaktiviert werden. Ein vollständiges Entsalzen von Mauerwerk und allen anderen porösen Materialien ist in der Praxis nicht möglich.

Salze im Mauerwerk manifestieren sich nach außen hin sichtbar als Salzausblühungen (Abb. 4.3). Diese oberflächlichen Kristallbildungen beeinträchtigen zwar den optisch-ästhetischen Eindruck der betroffenen Objekte, wirken hinsichtlich einer physikalisch-chemischen Veränderung der Ober-

Abb. 4.3. Salzausblühungen an der Oberfläche einer verputzten Fassade

fläche zunächst nicht schädigend. Der Mechanismus, welcher der Salzaus-
blühung zugrunde liegt, ist darin begründet, daß an den Oberflächen eine
durch Sonneneinstrahlung, Luftströmungen (Wind) oder allein durch die Tatsache, daß die umgebende Luft trockener ist, Verdunstung eintritt. Sie führt
zur Konzentration der gelösten Salze im feuchten Mauerwerk und – bei Überschreiten der Löslichkeit – zum Auskristallisieren der darin gelösten Salze.
Feuchtigkeit aus tiefer gelegenen Schichten drängt dabei nach und transportiert weitere salzhaltige Lösung zur Oberfläche [10].

In der Tabelle 4.1 sind diejenigen Salze aufgelistet, welche häufig im
Mauerwerk gefunden werden.

Manche Mauerwerkssalze sind stark hygroskopisch. Sie nehmen
Feuchtigkeit aus ihrer Umgebung (z. B. der Luft) auf und gehen in Lösung. Nach
außen hin manifestieren sich derartig geschädigte Mauerwerke mit feuchten
Flecken (Abb. 4.4).

4.3.2
Physikalische Methoden der Entsalzung

Das Grundprinzip der Entsalzungsverfahren beruht darauf, daß Salze in Wasser löslich sind und daher bei ausreichender Durchspülung – also mittels
Wasserzufuhr – im gelösten Zustand abtransportiert werden. Man bedient sich
dabei gewissermaßen der Umkehrung des Transportmechanismus, der zu
Salzausblühungen führt.

Tabelle 4.1. Häufige Mauerwerkssalze und ihre Löslichkeit in Wasser

Anionen	chemische Formel	Bezeichnung	Löslichkeit in g/100 ml H_2O bei 20 °C	
			bezogen auf hydratisiertes Salz	bezogen auf wasserfreies Salz
Nitrate	$Mg(NO_3)_2 \cdot 6\,H_2O$	Magnesiumnitrat		43
	$Ca(NO_3)_2 \cdot 4\,H_2O$	Salpeter		55
Chloride	$CaCl_2 \cdot 6\,H_2O$	Calciumchlorid	84	43
	NaCl	Kochsalz	26	26
Carbonate	$Na_2CO_3 \cdot 10\,H_2O$	Soda	48	18
	$K_2CO_3 \cdot 2\,H_2O$	Pottasche	68	53
Sulfate	$MgSO_4 \cdot 7\,H_2O$	Epsomit	61	30
	$MgSO_4 \cdot 6\,H_2O$	Hexahydrit		
	$MgSO_4 \cdot H_2O$	Kieserit		
	$MgSO_4 \cdot Na_2SO_4 \cdot 4\,H_2O$	Astrakanit		
	K_2SO_4	Arcanit		
	$K_2Mg(SO_4)_2 \cdot 6\,H_2O$	Picromerit		
	$CaSO_4 \cdot 2\,H_2O$	Gips	0,26	0,20
	$K_2Ca\,(SO_4)_2 \cdot H_2O$	Syngenit		
	$Na_2SO_4 \cdot 10\,H_2O$	Mirabilit	36	16
	Na_2SO_4	Thenardit		
	$K_3Na(SO_4)_2$	Aphtitalit		
	$Na_3(SO_4)(NO_3) \cdot H_2O$	Darapskit		
	$3\,CaO \cdot Al_2O_3 \cdot 3\,CaSO_4 \cdot 32\,H_2O$	Ettringit		
	$(NH_4)_2SO_4$	Ammoniumsulfat	43	43

Bei kleinen Objekten, die in Tauchbädern vollständig durchfeuchtet werden können, sollte demnach eine langfristige Aufbewahrung in langsam fließendem Wasser auch zu einer Entsalzung führen. Tatsächlich ist dem allerdings nicht so, denn ein Porengefüge kann nicht frei durchströmt werden. Feuchte-, und daher auch Stofftransporte in Lösungen erfolgen hier – vor allem im kapillaren Bereich – allein durch Diffusionsvorgänge. Die Transportgeschwindigkeiten gehorchen den Gesetzmäßigkeiten der Kapillardiffusion und der Osmose. Entscheidend sind daher auch die Konzentrationsgefälle zwischen dem Salzgehalt im behandelten Objekt und der umgebenden Flüssigkeit. Mit zunehmender Entsalzung werden die Konzentrationsunterschiede geringer, so daß auch der Prozeß langsamer abläuft.

Auf der Grundlage des Verdünnungsprinzips, d.h. bei regelmäßigem Erneuern der umgebenden Flüssigkeit in einem Tauchbad, das bei einfachen Systemen sehr rasch zur Entsalzung des behandelten Gegenstandes führen sollte, wird sich erst nach außerordentlich langen Lagerungszeiten der gewünschte Erfolg einstellen. Aus den genannten Gründen kann sich ein Gleichgewicht der Salzkonzentrationen der Flüssigkeiten im Körper und derjenigen der Umgebung nicht sofort einstellen und dementsprechend werden

Abb. 4.4. Hygroskopische Salze im Mauerwerk des historischen Gebäudes Taubenstraße 3 in Berlin-Mitte, die durch unsachgemäße Restaurierung eingebracht worden sind, führen zur Durchfeuchtung. Kristallisationsvorgänge beim Abtrocknen des Mauerwerks bei sehr trockenen Umgebungsbedingungen bewirken Schäden, hier Abblätterung des Putzes

längere Zeiträume benötigt. Außerdem ist aus rein praktischen Gründen die Anwendung von Tauchbädern zur Entsalzung nur auf kleinere Objekte (kleinere Architekturteile oder Skulpturen) anwendbar, denn der Größe der Tauchbäder sind Grenzen gesetzt.

Bei allen Entsalzungsverfahren ist es notwendig, daß die zu behandelnden Bereiche vollständig durchfeuchtet sind, d. h. die löslichen Salze müssen in Lösung gehen können. Bei Tauchbädern kann ein Entlüften des Porensystems durch langsames Erhitzen bis kurz unter den Siedepunkt des Wassers beschleunigt werden. Das Erwärmen des Wassers hat zudem den Vorteil, daß auch die darin gelösten Gase aus dem Wasser entweichen und sich nicht als Luftblasen im Porengefüge festsetzen. Die Gesamtmenge des Wassers in Tauchbädern muß nicht unbedingt groß sein. Es ist lediglich sicherzustellen, daß das Bad erneuert wird, sobald die Salzkonzentration Werte annimmt, welche eine Entsalzung des Objektes behindern würde.

Die Verwendung großer Mengen, vor allem von deionisiertem Wasser, birgt allerdings auch Gefahren in sich. Schwerlösliche Salze, welche Bestandteile der zu behandelnden Matrix des Baustoffes sind (z. B. Kalk bei vielen Natursteinarten) können in Lösung gehen. Das würde zu einer Schädigung der Matrix führen.

4.3.3
Elektrophoretische Entsalzungsverfahren

Bei Anlegen einer elektrischen Spannung an eine Salzlösung, welche unterhalb derjenigen der elektrochemischen Zersetzungsspannung liegen muß, kommt es zu einer Wanderung der in der Lösung vorhandenen Ionen Na^+, K^+, Ca^{2+}, Mg^{2+}, Cl^-, NO_3^-, SO_4^{2-}, CO_3^{2-}: Die Kationen wandern zur Kathode, die Anionen zur Anode. Gelingt es nun, in ein salzbelastetes Mauerwerk spezielle Elektroden so einzubauen, daß die Anoden in Bereiche gelegt werden, aus welchen die hingewanderten Anionen einfach zu entfernen sind und die Kathoden als Erdung in den Boden gesetzt werden, so ist ein Entsalzungseffekt zu beobachten [11]. An der Kathode reagieren die Kationen mit dem stets vorhandenen Kohlendioxid unter Bildung von Carbonaten. An den Anoden muß dafür gesorgt werden, daß die anodischen Reaktionsprodukte nicht wieder in das Mauerwerk eindiffundieren. Die gebildeten Produkte müssen daher aus dem Anodenbereich entfernt werden. Damit die Anionen in eine Form überführt werden, welche für die Entfernung der Reaktionsprodukte günstig ist, werden als Anodenmaterial Eisenelektroden verwendet, die teilweise mit einer Calciumkarbonat-/Calciumhydroxid-Mischung ummantelt sind.

Sulfate reagieren mit den vorhandenen Calciumionen und dem Eisen unter Bildung fester Verbindungen (Gips, Eisensulfat), welche von Zeit zu Zeit aus dem Anodenraum mechanisch entfernt werden müssen. Vorhandene Chloride oder Nitrate bilden hingegen hygroskopische Verbindungen. Über eine schräg gestellte Rinne, die sich unterhalb der Anode befindet, können diese Salzlösungen aus dem Mauerwerk herausfließen und werden außerhalb aufgefangen.

Die Geschwindigkeit dieser Entsalzungsmaßnahme hängt von der angelegten Spannung, der Porenraumverteilung des betroffenen Baustoffes und von dessen Wassergehalt ab. Bei einer angelegten Gleichspannung von 50 V und 3–5%iger Mauerwerksfeuchte muß mit einer mehrjährigen Prozedur gerechnet werden. Ist die Feuchtigkeit im Mauerwerk höher, etwa 10%ig, so kann die Entsalzung bereits nach einigen Monaten beendet werden. Es dürfte verständlich sein, daß eine derartige Entsalzungsmaßnahme nur mit einem enormen zeitlichen Aufwand und erheblichen Eingriffen in das Bauwerk zu bewerkstelligen ist.

4.3.4
Immobilisierung von Salzen

Im Gegensatz zu den Verfahren, die eine echte Entsalzung bewirken, stehen Maßnahmen, bei welchen mittels Einsatzes von chemischen Mitteln die vorhandenen Salze in Stoffe umgewandelt werden, die weitestgehend wasserunlöslich sind und daher keine weiteren salzspezifischen Schäden verursachen.

Im Grunde werden leichtlösliche Salze in schwerlösliche umgewandelt. Daraus läßt sich ableiten, daß es kein allgemein anwendbares Verfahren geben kann und für jedes spezifische Salz eine eigene Entsalzungsmaßnahme erforderlich ist.

Sulfate werden im allgemeinen durch Reaktion von Bariumhydroxid (welches allerdings auch nicht sehr löslich ist) zu schwerlöslichem Bariumsulfat umgewandelt. Um größere Eindringtiefen zu erzielen wurde vorgeschlagen, dieses Verfahren in Gegenwart von Harnstoff oder Glycerin anzuwenden [12]. Die Verwendung von leichtlöslichem Bleihexafluorid ($PbSiF_6$), welches sich mit Sulfaten zu schwerlöslichen Fluoriden und Bleisulfat umwandelt, ist zwar experimentell im Rahmen von Forschungsarbeiten [13] erprobt worden, fand allerdings offensichtlich nicht den Weg in die Praxis.

4.3.5
Anwendung von Kompressen und Sanierputzen

Der Mobilität von löslichen bauschädlichen Salzen kann man sich auch zu deren Entfernung zunutze machen. Wegen der Verdunstung des Wassers an der Baustoffoberfläche wird bei feuchtem Mauerwerk Salzlösung zur Oberfläche transportiert. Liegt die Kristallisationszone auf oder kurz unterhalb der Oberfläche, so bildet sich in dieser Zone eine Salzanreicherung aus. Mittels einer aufgelegten Kompresse aus Zellstoff oder aus einem tonhaltigen Material wird eine poröse Substitutoberfläche geschaffen, welche, sobald sie ausreichend Salze aus dem Untergrund in sich aufgenommen hat, einfach mechanisch entfernt werden kann [14, 15].

Auch bei der Applikation von sog. Sanierputzen [16] benutzt man die bekannten Salztransportphänomene, da die Gebäudeoberfläche mit einem Wandputz beschichtet wird, dessen Aufgabe es ist, die Salze aus dem Mauerwerk aufzunehmen. Nach längerer Standzeit wird der Sanierputz mit den auskristallisierten Salzen entfernt.

Sanierputze zeichnen sich durch geringe Frischmörtelrohdichte ($\varrho < 1500$ kg/m^3), kleinen Wasserdampf-Diffussionswiderstand ($\mu < 12$), hohe Porosität (Wasseraufnahmekoeffizient nach 1 Stunde: $0,3 < w1 < 0,5$ kg/m^{2}h^{0,5}, bzw. nach 6 Stunden: $0,15 < w6 < 0,25$ kg/m^{2}h^{0,5}) geringe Druckfestigkeit ($\beta_d < 6$ N/mm^2) und hydrophobe Eigenschaften aus. Insgesamt sind sie derartig gestaltet, daß sie möglichst viel Salze in sich aufnehmen können, den Wassertransport im Mauerwerk nicht behindern und einfach wieder vom Mauerwerk zu entfernen sind. Anforderungen an Sanierputze sind in Richtlinien des Wissenschaftlich Technischen Arbeitskreises für Denkmalpflege und Bausanierung vorgeschlagen [17].

4.4
Festigung loser Teile

4.4.1
Einleitung

Wenn Bauteile von Substanzverlust durch Abtragungen loser Teile bedroht sind und entschieden werden muß, ob eine Festigung möglich ist, wird es notwendig zu analysieren, auf welche Weise die Lockerung der Struktur erfolgte. Ohne Kenntnis der Schadensursachen wird eine dauerhafte Festigungsmaßnahme nicht möglich sein.

In der Regel sind die Schäden auf Verluste von Bindemitteln, vereinzelt jedoch auch auf mechanisch bedingte Lockerungen der Substanz, z.B. durch Frostaufsprengung oder den Kristallisationsdruck von Salzen zurückführbar. Bei älteren Gebäuden, auch wenn sie sozusagen statisch zur Ruhe gekommen sind, entstehen Sprünge und Risse durch Einwirkung äußerer Kräfte, zum Beispiel bei Baugrundabsenkungen oder Erdbeben. Auch die Einwirkung von Hitze (Feuer) führt zu Beschädigungen des Kornverbandes betroffener Werkstoffe.

Infolge der unterschiedlichsten Schadensursachen und der jeweiligen spezifischen Materialeigenschaften kann es vom oberflächlichen Abpudern oder Absanden des betroffenen Materials bis hin zum Abheben ganzer Krusten oder Schalen kommen. Die Strukturlockerung ist meist auf Bindemittelverluste bei heterogen zusammengesetzten Materialien oder auf die Auflösung des Kornverbandes bei polykristallinem Material zurückzuführen.

Die Wiederherstellung eines stabilen Zustandes erfordert demzufolge den Ersatz der stabilisierenden Substanz. An die betroffenen Stellen wird mit dem Einbringen eines neuen Bindemittels, welches an die Stelle des verlorengegangenen tritt, eine erneute Verfestigung des geschädigten Werkstoffes beabsichtigt. Im Idealfall würde man versuchen, den Verlust von carbonatischer Bindung durch ebensolche zu ersetzen. Praktisch sind derartigen Verfahren, wie z.B. der Umwandlung von Gips in Kalk [18], allerdings Grenzen gesetzt. Zum einen ist es sehr schwierig, durch die Ausbildung carbonatischer Niederschläge eine in Textur und Struktur vergleichbare dichte und feste kristalline Matrixstruktur zu erhalten, zum anderen handelt es sich bei den geschädigten Partien im Regelfall um bereits stark veränderte Materialien. Solche gestörten und infolge der Ausscheidung von Umwandlungsprodukten auch vollständig veränderten Strukturen, lassen sich in ihrer ursprünglichen Form nicht mehr wiederherstellen.

In der Sanierung und Konservierung geschädigter poröser Baustoffe, also im wesentlichen von Naturstein, Keramik und mineralischen Bindemitteln, stellt die Festigung eine einschneidende Maßnahme dar. Ihre Vorbereitung ist daher sehr sorgfältig und gründlich durchzuführen. Fehler, die bei einer falschen Anwendung von Festigungsmitteln am Bauwerk gemacht worden sind, können kaum wieder gutgemacht werden. Voraussetzung für eine Festigung muß es infolgedessen stets sein, daß dieser Maßnahme eine sorgfältige Voruntersuchung vorangeht, welche die Ursachen der zu behebenden Schäden genau analysiert und unter Kenntnis der jeweils herrschenden Umweltbedingungen, sowie einer guten Materialkenntnis Vorschläge für geeignete Festigungsmaßnahmen erarbeitet. Bei besonders wertvoller Bausubstanz, an der man sich keinerlei Fehler erlauben darf, ist es zweckmäßig, Musterflächen zu behandeln und deren weiteres Verhalten – möglichst langfristig – zu beobachten, um daraus Schlüsse für eine vollständige Instandsetzung ziehen zu können. Die behutsame Vorgehensweise, welche nicht allein bei Festigungsmaßnahmen zu berücksichtigen ist, wird in einer VDI-Richtlinie geregelt [19].

Eingehende Voruntersuchungen werden in der Baupraxis nicht gerne gemacht, da sie scheinbar kostentreibend wirken. Tatsächlich haben sich entsprechende Voruntersuchungen bei manchem Bauherren als kostensparend erwiesen, denn Fehleinschätzungen und -entscheidungen führen in einer längeren Zeitachse gesehen, stets zu Zusatzkosten.

In der Vergangenheit wurde für die Festigung eine nahezu unübersehbare Reihe von unterschiedlichsten Verfahren vorgeschlagen und auch angewandt [20]. Versuche und Applikationen von zahlreichen Festigungsmitteln sind bereits vor etwa hundert Jahren unternommen worden. Stets dann, wenn neue Stoffklassen auf den Markt kamen, von welchen man sich in der Anwendung eine festigende Wirkung bei ihrer Applikation an den geschädigten Werkstoffen versprach, wurden sie ausprobiert.

Heute unterliegen die meisten dieser Verfahren einer sehr kritischen Betrachtungsweise: entweder haben sie sich als mehr oder weniger wirkungslos herausgestellt oder sie führten, nach kurzem anfänglichen Erfolg, nach Ablauf einer bestimmten Zeitspanne zu erheblich stärkeren und umfangreicheren Schäden, als wenn ihre Anwendung gänzlich unterblieben wäre.

Der hauptsächliche Grund für die vielen Mißerfolge in der Vergangenheit liegt vorwiegend darin begründet, daß nach heutigem Wissen ein Festigungssystem zur Stabilisierung gelockerter oder loser Partien mehrere Eigenschaften gleichzeitig erfüllen muß. Dieser Anforderungskatalog ist nur sehr schwierig vollständig zu erfüllen.

4.4.2
Anforderungen an Festigungsmittel

Die Anforderungen an Festigungsmittel lassen sich folgendermaßen zusammenfassen:

- Die eingesetzten Stoffe müssen ein Eindringvermögen in die porösen Werkstoffe besitzen, welches sicherstellt, daß die gesamte gelockerte Zone bis hin in das originale, ungestörte Matrixmaterial erreicht ist. Die gelockerte Zone ist im allgemeinen identisch mit der Wasserkondensationszone.
- Das nach der Verfestigung neu entstandene System sollte eine möglichst ähnliche Porenstruktur besitzen, wie das gesunde Material und die thermische Dehnung des Materials sollte sich kaum verändern.

– Die Wasserdampfdurchlässigkeit, ebenso wie die Wasseraufnahme, sollten sich nicht von dem Originalmaterial unterscheiden.
– Die Festigkeit des neu eingeführten Bindemittels darf keineswegs diejenige des ursprünglichen überschreiten, muß aber dennoch eine ausreichende Haftfestigkeit (Klebefähigkeit) besitzen, um dem behandelten Werkstoff ausreichend Stabilität zu geben.
– Die Farbe und das Aussehen des behandelten Materials sollten sich von denjenigen des unbehandelten nicht unterscheiden.
– Die Alterung des angewandten Festigungsmaterials sollte nicht zu dessen Eigenschaftsänderung führen, d. h. Versprödung, Erweichung, Vergilbung. Das applizierte Festigungsmittel soll einen dauerhaften Schutz vor chemischen, physikalischen und biologischen Angriff bieten.
– Die Festigungsreaktion des neuen Bindemittels darf keine neuen schädigenden Stoffe einführen, wie z. B. lösliche Salze, Säuren oder Laugen.
– Die zugeführten Festigungs- oder Imprägnierungsmittel müssen vor allem die Festigkeit der gestörten Zonen erhöhen. Zugleich jedoch darf ihr Elastizitätsmodul nicht zu hoch sein, damit die Ausbildung von Spannungen bei Temperatur- oder Feuchtewechseln nicht zu Folgeschäden führt.

Auf dem Markt werden immer wieder neue Steinkonservierungsverfahren angeboten, deren Wirksamkeit häufig hinter den in Aussicht gestellten Erwartungen zurück bleibt. Bevor eine Anwendung von Mitteln in Aussicht genommen wird, sollte zunächst festgelegt werden, welche Anforderungen an das Konservierungsmittel gestellt werden. Viele der Mittel entsprechen nicht einmal den Grundanforderungen, sollten daher auch nicht in Erwägung gezogen werden. Mit den in einer Auswahl für die Anwendung in Frage kommenden verbleibenden Stoffen ist in der Regel eine Probekonservierung durchzuführen, um deren Eignung für den speziellen Fall prüfen zu können.

4.4.3
Die verwendeten Stoffklassen

4.4.3.1
„Historische" Festigungsmittel

Über die verschiedenen erst in jüngerer Vergangenheit angewandten, teilweise leider immer noch üblichen „historischen" Festigungsverfahren, deren Anwendungsmöglichkeiten und Mißerfolge wird bei Weber [21] oder Snethlage [22] berichtet (Tabelle 4.2). Sie sollten hier lediglich eine kurze Erwähnung finden, denn sie spielen in der heutigen Praxis nur eine untergeordnete Rolle.

Leim und Gelatine können gelockerte und absandende Sandsteine oder Ziegel verkleben. Diese Verbindung ist nicht dauerhaft und eignet sich daher ausschließlich für provisorische Festigungen.

Lange Zeit erfreute sich Wasserglas als Festigungsmittel großer Beliebtheit. Es härtet unter CO_2-Einwirkung aus. Als Produkte dieser Reaktion ent-

Tabelle 4.2 Die Wirkungsweise und Risiken von Festigungsmitteln (nach 22)

Mittel	Wirkungsweise	Risiken
Leim: Knochenleim, Mehlleim, Leim aus tierischen Eingeweiden	Antrocknung	wasserlöslich, Filmbildung, Eindringtiefe
Wachse natürliche und synthetische: Paraffine, Bienenwachs	Antrocknung	Eindringtiefe, Filmbildung, Klebrigkeit, Alterung
Öle: Leinöl, Mohnöl	Verharzung	Eindringtiefe, Versprödung, Vergilbung
Kalksinterwasser	Chemische Ausfällung von $CaCO_3$	Vergrauung, Krustenbildung, Durchfeuchtung, zu geringe Menge gelöst
Wasserglas	Abscheidung von Kieselgel	Eindringtiefe, Versalzung
Flutate: Mg-, Zn-Fluate	Chemische Ausfällung von CaF_2, MgF_2 und Kieselgel	Vergrauung, Eindringtiefe, Krustenbildung
Barytwasser	Chemische Ausfällung von $BaCO_3$	Vergrauung, Krustenbildung
Organische Harze		
Acrylharze aus Lösungsmitteln	Antrocknung	Glanz, oberflächennaher Porenverschluß, Eindringtiefe
Acrylharze als Reaktivharz: Vakuum-Drucktränkung	Polymerisation	völlige Porenausfüllung
Polyesterharze als Reaktivharz	Polymerisation	Glanz, Eindringtiefe, Versprödung, Porenverschluß
Polyurethanharze als Reaktivsystem	Polymerisation	Glanz, Eindringtiefe, Versprödung, Porenverschluß
Epoxidharze als Reaktivsystem	Polymerisation	Glanz, Eindringtiefe, Vergilbung, Versprödung, Porenverschluß
Siliciumorganische Verbindungen		
Kieselsäureester	Polykondensation und Kieselgelbildung	Schrumpfung bei Entwässerung des Kieselgels, Verarbeitung
Siliconate	Polykondensation und Siliconharzbildung	Salzbildung, Nebenreaktion mit Calciumionen
Silane monomer und oligomer; Siloxane	Polykondensation und Siliconharzbildung	Verarbeitung
Siliconharze aus Lösungsmittelsystem	Antrocknung	Verarbeitung

stehen Kieselgele, welche die gelockerten Teilchen verkleben. Zugleich allerdings bilden sich auch, je nach verwendetem Wasserglas Kalium- oder Natriumkarbonat. Wegen dieser Salzbildung, doch auch wegen geringer Eindringtiefe des Wasserglases in die zu behandelnden porösen mineralischen Werkstoffe, wird Wasserglas als Festigungsmittel nicht mehr in großem Umfang eingesetzt.

In historischen Rezepturen wird Leinöl oder Mohnöl zur Tränkung der zu festigenden Natursteine genannt. Die Wirkung beruht auf der Aushärtung und Verharzung der Öle im Porengefüge. Bei geringer Eindringtiefe werden die oberflächlich liegenden Schichten versiegelt, was wegen der daraus resultierenden Sperrschicht nicht erwünscht ist.

Fluate, als Derivate der Fluorkieselsäure (z.B. $MgSiF_6$) wurden ebenfalls sehr häufig zur Festigung eingesetzt. Ihre Wirkung ist allerdings fragwürdig, da die ausgeschiedenen Flußspatkristalle wohl nur geringfügig zur Festigung der gelockerten Strukturen beitragen, so daß lediglich die ebenfalls gebildeten Kieselgele festigende Wirkung erzielen sollen. Es wird angenommen, daß sie sich nach folgenden Reaktionen mit den behandelten Mineralstoffen umsetzen:

$$2\,Ca(OH)_2 + MgSiF_6 \;\rightarrow\; 2\,CaF_2 + MgF_2 + SiO_2 + 2\,H_2O$$
$$2\,CaCO_3 + MgSiF_6 \;\rightarrow\; 2\,CaF_2 + MgF_2 + SiO_2 + 2\,CO_2$$

4.4.3.2
Kieselsäureester

Heutzutage haben sich in Deutschland fast ausschließlich siliciumorganische Verbindungen (Kieselsäureester, KSE) als geeignete Konservierungsmittel herausgestellt [23].

Die Wirkungsweise der Kieselsäureester, einer Verbindungsklasse der Kieselsäure mit Alkanolen beruht darauf, daß sie mit Wasser unter Ausbildung gelartiger Polymere reagieren. In der ersten Reaktionsstufe setzt sich der üblicherweise benutzte Orthokieselsäuretetraethylester zur instabilen Orthokieselsäure unter Abgabe von Ethylalkohol um:

$$
\begin{array}{ccc}
OC_2H_5 & & OH \\
| & & | \\
C_2H_5O{-}Si{-}OC_2H_5 + 4\,H_2O \;\rightarrow\; HO{-}Si{-}OH + 4\,C_2H_5{-}OH \\
| & & | \\
OC_2H_5 & & OH
\end{array}
$$

Die Orthokieselsäure bildet unter Wasserabspaltung ein amorphes Kieselgel:

$$Si(OH)_4 \;\rightarrow\; SiO_2(aq) + 2\,H_2O$$

Die Hydrolyse des Kieselsäureesters verläuft langsam. In der Praxis muß diese Reaktion beschleunigt werden, was durch Zugabe von sauren, alkalischen oder metallorganischen Katalysatoren geschieht.

Die Kieselsäureester genügen weitgehend den an die Festigungsmittel gestellten Anforderungen. Als Reaktionsnebenprodukt entsteht lediglich Ethylalkohol. Er verdampft rückstandslos aus dem behandelten Material.

Die Eindringtiefe ist bei fast allen Steinarten groß genug, so daß die zu festigenden Partien bis hin zu dem gesunden Matrixmaterial durchtränkt werden. In der Anwendung ist es wichtig, daß das behandelte Material nicht zu feucht ist, denn dann würde die Hydrolyse zu früh eintreten und lediglich die oberflächennahen Zonen würden gefestigt. Die vollständige Hydrolyse von Kieselsäureester im Sandstein benötigt mindestens 5–7 Tage. Erst dann hat er sich zu einem SiO_2-Gel umgewandelt. Das gebildete Kieselgel füllt die Porenstrukturen nicht vollständig aus, so daß diese weiterhin für eine Wasserdampfdiffusion, ebenso wie für den Transport von Salzen verfügbar bleiben.

Das Auftragen der Kieselsäureester erfolgt üblicherweise mit einem Airlessgerät und einer Düse möglichst unmittelbar an der Steinoberfläche. Der Stein wird mit dem Festigungsmittel abschnittsweise geflutet [24]. Großflächiges Fluten mit einer Dauerbesprühungsanlage ist bei größeren Flächen, wie z.B. ganzen Fassadenteilen, durchaus möglich. Allerdings sollte der Abstand der Sprühdüsen zur Fassadenoberfläche möglichst gering gehalten werden, damit der Kieselsäureester nicht bereits am Weg zur Oberfläche hydrolisiert.

4.4.3.3
Organische Harze

Vereinzelt werden zum Festigen auch einige organische Harze auf der Basis von Epoxiden, Polyurethanen oder Polyacrylaten eingesetzt.

Epoxide

Epoxidharze [25] bestehen aus dem reaktiven Harz, dessen funktionelle Epoxidgruppe mit einem Aminhärter zum eigentlichen Harz polymerisiert:

$$H_2C-\overset{\overset{\displaystyle O}{/\ \backslash}}{C}H-CH_2-OR + R'NH_2 \rightarrow [-R'-NH-CH_2-\overset{\overset{\displaystyle OH}{|}}{C}H-CH_2-OR]_n$$

Diese Verbindungsklasse führt zu kraftschlüssigen Verbindungen. Sie ist daher gut geeignet, als Material für Verklebungen gebrochener oder zerborstener Teile eingesetzt zu werden. Haftzugfestigkeiten von bis zu 300 kg/cm^2 werden beschrieben [26].

Zur festigenden Tränkung sind Epoxide allerdings weniger geeignet [27], da sie eine ausreichende Viskosität, daher auch Eindringtiefe, erst dann erreichen, wenn sie ausreichend in einem Lösungsmittel verdünnt sind und aus dieser Lösung appliziert werden. Dann ist jedoch die festigende Wirkung unzureichend. In tonigen Bindemittelbereichen von einigen Natursteinen dringen verdünnte Epoxidharze etwa bis 5 mm tief ein. Als nachteilig wird die starke Vergilbung der Epoxide betrachtet, welche in Oberflächenbereichen gegebenenfalls zu unerwünschten Farbveränderungen führen kann.

Polyurethane

Diese Stoffklasse von Polymeren ist für den Einsatz als Festigungsmittel das Ergebnis eingehender Untersuchungen und gezielter Synthesen [28, 29]. Sie werden durch das Vernetzen polyfunktioneller Isocyanate und mehrwertiger Alkohole hergestellt:

$$O=C=N–(CH_2)_6–N=C=O + HO–(CH_2)_4–OH \rightarrow$$

$$[–(CH_2)_4–O–\overset{\overset{\textstyle O}{\|}}{C}–NH–(CH_2)_6–NH–\overset{\overset{\textstyle O}{\|}}{C}–O–]_n$$

Die Ergebnisse von Laboruntersuchungen und an Testflächen sind vielversprechend, allerdings steht die Überprüfung in situ und über längere Zeiträume noch aus.

Acrylharze

Acrylharze werden normalerweise in Form von Lösungsmittelsystemen angewandt. Dabei werden diese Polymere in einer Konzentration von 5–15 % in Lösungsmitteln appliziert. Während des Eindringens in den Porenverband kann es zur Trennung des Harzes vom Lösungsmittel kommen, so daß die Poren bald durch Harzablagerungen verstopft werden, ohne daß eine große Eindringtiefe erreicht worden ist. Günstige Eigenschaften der Acrylharze sind deren chemische Stabilität, außerordentlich geringe Tendenz zur Vergilbung und die Möglichkeit, sie mit geeigneten Lösungsmitteln wieder zu entfernen. Auf das Acrylharz-Volltränkungsverfahren wird in Abschnitt 4.5.1 näher eingegangen.

Perfluorpolymere

In den südeuropäischen Ländern werden auch andere Stoffklassen, wie die Perfluorpolymere (Perfluorpolyether, jüngst auch Perfluorpolyurethane [30]) erfolgreich eingesetzt. Diese positiven Ergebnisse liegen vermutlich vorwiegend an den dort vorherrschenden unterschiedlichen klimatischen Verhältnissen und infolgedessen an unterschiedlichen Belastungsparametern. Damit wird auch deutlich, daß die erfolgreiche Applikation von Festigungsmitteln nicht allein von den Eigenschaften der Festigungsmittel abhängen, sondern daß auch die Umgebungsbedingungen an deren Einsatzorten maßgeblich für ihren Erfolg sind.

Sicher kann hier eine endgültige Bewertung nicht gemacht werden, denn die längste vorliegende Erfahrung zur Anwendung dieser Stoffklassen reicht nur etwa 30 Jahre zurück.

4.5
Strukturverstärkende Maßnahmen

4.5.1
Acrylharzvolltränkung

Schäden an Natursteinobjekten können soweit fortgeschritten sein, daß eine einfache Festigungsmaßnahme, welche in der Regel auf eine Konsolidierung der äußeren gelockerten Schichten hinausläuft, wohl nicht mehr zu einer Stabilisierung des Objektes führen wird. Dieses trifft vor allem dann zu, wenn die Bindemittelverluste infolge stofflicher Umwandlungen beträchtlich sind und auch tiefliegende Zonen oder das betroffene Objekt sogar in seiner Gänze erfaßt haben. Bei einfachem Mauerwerk würde bei derartigen schweren Schäden stets die Entscheidung für den Austausch fallen. Handelt es sich um historisch wertvolle Bausubstanz, beispielsweise um künstlerisch verzierte Teile oder skulpturalen Schmuck, ist eine vollständige Tränkung des offenen Porenraumes durch stabilisierendes Kunstharz zu erwägen [31]. Volltränkungen dieser Art wurden bisher mit Polymethylmethacrylat in einem eigens hierfür entwickelten Verfahren ausgeführt. Das Acrylharz-Volltränkungsverfahren wird seit einigen Jahren angewandt und hat sich weitgehend bewährt [32, 33]. An neu angefertigten Kopien von Sandsteinskulpturen des Kölner Doms werden Acrylharzvolltränkungen mit dem Ziele der Verringerung der Verwitterungsanfälligkeit der Skulpturen durchgeführt. Auch wenn vereinzelt Fehlschläge bei den Volltränkungsverfahren berichtet worden sind, so liegen diese weniger an Unzulänglichkeiten des Verfahrens, sondern eher daran, daß eine Anpassung von bestimmten Verfahrenskenngrößen an die jeweiligen Materialien und deren Zustand nicht ausreichen berücksichtigt worden ist.

Die Verfahrensschritte der Acrylharzvolltränkung lassen sich grundsätzlich folgendermaßen zusammenfassen:

- Vollständige Trocknung des Objektes zur Entfernung des physikalisch gebundenen Wassers aus dem Porensystem.
- Evakuierung des Porenraumes, d.h. die Entfernung von Luft aus dem Objekt in einer eigens konstruierten Kammer.
- Einbringen der dünnflüssigen mono- bis oligomeren Imprägnierflüssigkeit, bestehend aus Methylmethacrylat, bis das Objekt vollständig bedeckt ist. Die Viskosität des monomeren Methylmethacrylats ist geringer als diejenige von Wasser.
- Beaufschlagung des Objektes in der Kammer mit einem Druck von 10–15 bar.
- Unter Beibehaltung des Drucks wird überschüssiges Methylmethacrylat entfernt und anschließend die Aushärtung, d.h. die Polymerisation des Kunstharzes eingeleitet. Es ist möglich Methylmethacrylat aus den obersten Schichten des Objektes abdampfen zu lassen, so daß das Objekt, mit Ausnahme einer geringfügigen Nachdunklung nicht das glänzige Aussehen einer Kunstharzoberfläche annimmt.
- Nach erfolgter Härtung und Druckentlastung kann das Objekt aus der Kammer entnommen werden. Das Porensystem sollte vollständig mit Polymethylmethacrylat gefüllt sein.

Der wesentliche Unterschied dieses Verfahrens zu anderen Tränkungsverfahren, die der Festigung gelten, liegt darin, daß hier die vollständige Tränkung eines offenen Porensystems durch lösungsmittelfreie monomere Substanzen erfolgt. Nach vollständiger Durchdringung des Werkstoffes füllen sie den Porenraum aus und polymerisieren darin ohne Schwindung. Das Objekt wird mit dieser Maßnahme strukturell verstärkt. Tränkungsverfahren mit anderen polymeren Stoffen, wie Kieselsäureestern, sind nur mit hohen

Lösungsmittelanteilen zur Erniedrigung der Viskosität und praktisch nur bei relativ geringen Eindringtiefen der Polymere möglich, so daß die festigende Wirkung nicht das ganze Objekt betrifft, sondern nur dessen oberflächennahe Zonen.

4.5.2
Anker

Für die Verfestigung, Stabilisierung oder Verbindung von Bauteilen oder Bauelementen werden seit jeher Anker, Nadeln und Dübel eingesetzt, wenn eine Verbindung von Bauteilen mit mineralischen Bindemitteln nicht möglich ist. An den hierfür traditionell benutzen metallischen Werkstoffen treten besonders bei den häufig verwendeten Eisenteilen bei unsachgemäßem Einsatz Schäden auf. Wird normaler Baustahl nicht vor Wasser-

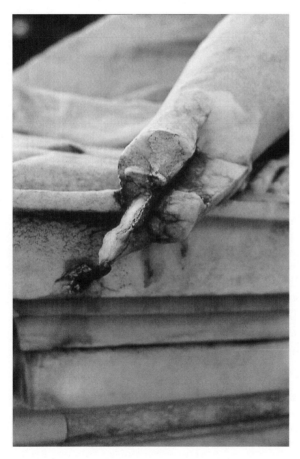

Abb. 4.5. Das Rosten eines eisernen Dübels führte infolge der Volumenexpansion zur Rissebildung und dem Verlust eines Skulpturenteiles. Detail einer Marmorskulptur im Park von Potsdam-Sanssouci (1990)

und Sauerstoffzutritt geschützt, beginnt er zu rosten. Dieser Oxidations-
vorgang, begünstigt in Anwesenheit von Säuren und Salzen, geht mit einer
Volumenvergrößerung einher und kann zur Rissebildung und Absprengung
der betroffenen Teile führen (s. Abb. 4.5 und 4.6). Bei eisernen Ankern,
Nadeln oder Dübeln ist daher für Rostschutz durch entsprechende Korro-
sionsschutzanstriche oder das traditionelle Vergießen mit Blei zu sorgen.
Besser, wenn auch teurer, ist die Verwendung von korrosionsbeständigem
Material (V2A-, V4A-Stahl). Vereinzelt wurden, wie z.B. an den Bauten der
Akropolis in Athen, sogar Anker aus Titan benutzt, um die rostenden
Eisenanker auszutauschen.

 Die Notwendigkeit die Standfestigkeit und Tragfähigkeit von
Mauerwerken zu verbessern ist vor allem bei historischen Konstruktionen gegeben. Diese sind in der Regel in ihrem Aufbau heterogen, oft in mehreren Schalen aufgebaut und haben entweder bereits aus ihrer Bauzeit oder im Verlaufe ihrer langen Geschichte zahlreiche Fehlstellen, auch in ihrem inneren Mauer-
werkskern, erfahren. Risse und Hohlräume sind nicht nur destabilisierende
Faktoren aus statistischen Gründen, sondern auch die Stellen, in welchen sich
unerwünschte Stoffe, wie Salze oder Feuchtigkeit ansammeln können.

 Hohlräume und Risse werden mit Injektionen von Bindemitteln
verfüllt. Zusätzlich werden zur Stabilisierung des Mauerwerks Nadelanker
eingefügt.

 Muß eine Verfestigung durch Nadelanker vorgenommen werden,
so ist diese selbstverständlich vor einem Verpressen der Hohlräume mit

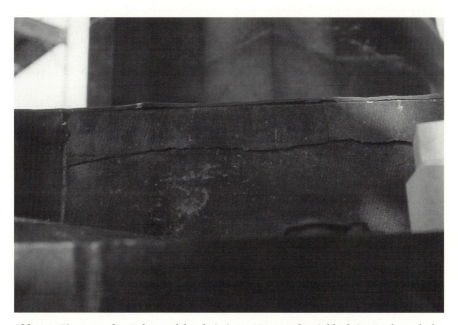

Abb. 4.6. Ein rostender Anker, welcher bei einem Naturwerksteinblock im Strebewerk des
Meissener Domes hindurchgeführt worden ist, hat infolge der Volumenexpansion den Stein
zerborsten

Abb. 4.7. Steinaustausch und Einsetzen von Dübeln und Ankern am Westturm des Domes zu Meißen

Injektagen auszuführen. Damit das Rosten der Nadelanker vermieden wird, verwendet man entweder Anker aus rostfreiem Stahl, oder, wenn normaler gerippter Betonstahl verwendet wird, müssen die Anker in Bohrlöcher oder Fugen von mindestens 50 mm Durchmesser eingesetzt werden, damit eine sichere Abdeckung durch die alkalischen Bindemittel gegeben ist [34, 35] (Abb. 4.7).

4.5.3
Konstruktive Stabilisierung

Injektionstechniken die das Eindringen von Bindemitteln in Hohlräume und Risse im Mauerwerk ermöglichen, führen zu einer Stabilisierung von Mauerwerk [36]. Die Injektion erfolgt durch Bohrlöcher, welche in horizontalen oder vertikalen Fugen des Mauerwerks angebracht werden, damit während der Injektage der Druck klein, etwa zwischen $3-5 \cdot 10^5$ Pa, gehalten werden kann. Dieses ist bei der Verwendung von Expoxidharzen und Polyurethanen wegen deren relativ niedrigen Viskosität in der Anwendungsphase vor deren Erhärten durchaus möglich. Die zweikomponentigen Epoxidharze härten im Mauerwerk nach kürzester Zeit aus. Polyurethane benötigen zum Einleiten des Aushärteprozesses Wasser, welches jedoch stets in ausreichender Menge vorhanden ist.

Erheblich problematischer stellt sich die Verwendung von Zementinjektionen dar. Die Teilchengröße von normalem Zement ist mit rund 50 µm zu groß, um hochviskose Injektionsmassen zu erhalten. Besser eignen sich sog.

Mikrozemente mit Teilchengrößen um 4 μm. Zur Erhöhung der Fließfähigkeit werden dem Zement bis zu 10% Bentonit zugesetzt.

Problematisch bleibt allerdings das chemische und physikalische Verhalten von Zement nach der Injektion ins Mauerwerk. Auch in Gegenwart von kleinen Mengen von Gips bilden sich stark quellende Mineralneubildungen, wie Thaumasit oder Ettringit ($3\,CaO \cdot Al_2O_3 \cdot 3\,CaSO_4 \cdot 32\,H_2O$), welche einen sehr starken Druck auf das sie umgebende Material ausüben und daher eher weiter zu dessen Zerstörung als seiner Konsolidierung beitragen. Darüber hinaus enthält Zement stets kleine, jedoch mit 1–2% nicht vernachlässigbare Mengen von Natriumhydroxid. Letzteres ist stark hygroskopisch und setzt sich bereitwillig mit Kohlendioxid zu Natriumcarbonat um. Die temperaturabhängige Aufnahme und Abgabe von Kristallwasser des Natriumcarbonats im Bereich von 32–35 °C belastet durch Volumenänderungen das Gefüge und fördert damit ebenfalls den Zerfall des Mauerwerkes.

4.6
Ergänzung von Fehlstellen

Häufig werden schadhafte Stellen – gemessen am Gesamtvolumen des Bauwerkes – entweder sehr klein sein oder es sind nur besonders exponierte und wichtige Teile betroffen, wie z.B. ornamentaler oder skulpturaler Schmuck an Fassaden. Damit der Gesamteindruck eines Bauwerkes nach erfolgter Sanierung nicht allzu stark beeinträchtigt wird, sieht man gerne von einer reinen Konservierungsmaßnahme, die ja den vorliegenden Zustand festzuhalten versucht, ab und ergänzt die Fehlstellen auf geeignete Wiese. In jedem Fall ist dabei vorzuziehen, die Fehlstellen mit dem Material auszubessern, welches bereits vorher Anwendung gefunden hat. Von dieser Verfahrensweise sollte nur dann abgewichen werden, wenn z.B. die verwendeten Baustoffe sich in der Vergangenheit als besonders verwitterungsanfällig erwiesen haben und ihr wiederholter Einsatz im Bauwerk in absehbarer Zeit zu erneuten Schäden zu führen droht, oder wenn die reparierten Fehlstellen nicht sehr gravierend sind. So hat man beispielsweise beim Austausch des am Regensburger Dom stark verwitterten Grünsandsteins den erheblich witterungsbeständigeren Istrischen Sandstein verwendet.

4.6.1
Materialersatz durch originale Werkstoffe

Bei Fehlstellen in einem Mauerwerk lassen sich einzelne Steine oder Ziegel vollständig durch neues Material ersetzen. Die geschädigten Teile werden dazu einschließlich des umgebenden Fugenmaterials vorsichtig herausgestemmt. An ihre Stelle wird Ersatzmaterial in das vorbereitete vollflächige Mörtelbett eingesetzt und neu verfugt. Bei Steinaustausch ist eine Mindestdicke der Fugen von 10 mm wünschenswert.

Es ist nicht immer notwendig ganze Steine in einem Mauerwerk zu ersetzen. Manchmal genügt es, durch vorsichtiges Ausspitzen lediglich das geschädigte Material zu entfernen und Teilstücke einzusetzen. Selbstverständlich muß dabei das Material soweit freigelegt werden, bis neues, gesundes Material erreicht wird [37]. Diese Arbeitsweise, im Fachjargon „Vierung" genannt, setzt voraus, daß die Teilstücke genau auf das ursprüngliche Material hinsichtlich ihrer Lage und des Erscheinungsbildes abgestimmt sind. Im Anschluß an den Steinersatz erfolgt das Verfugen.

Besonders bei Naturstein ist es nicht einfach, geeignetes Ersatzmaterial zu finden. Es sollte möglichst aus dem Steinbruch kommen, wie das ursprünglich verbaute Material. Bei historischen Bauten ist dieses ein kaum einzulösender Wunsch. Denn nur selten ist der Bruch bekannt, welcher für die Errichtung des ursprünglichen Baus das Material lieferte, oder ist der Steinbruch zwar bekannt, wird jedoch seit vielen Jahren nicht mehr ausgebeutet. Abgesehen davon, ist auch innerhalb eines Steinbruches das anstehende Steinmaterial alles andere als einheitlich.

Schwierig ist auch die Bereitstellung von Ziegelersatzmaterial. Nachdem sich die Fabrikationstechniken der Ziegelherstellung von den im Meilerbrand produzierten handgestrichenen Ziegeln zu vollautomatisch hergestellten, in modernen Tunnelöfen gebrannten Ziegelsteinen entwickelt haben, ist es nicht leichter geworden, Ersatzmaterialien für geschädigte historische Ziegelbauten zu erhalten. Inzwischen haben sich jedoch einige Betriebe darauf spezialisiert, in „traditionellen" Techniken Backsteine herzustellen, welche auch in den eigenwilligsten Formaten verfügbar gemacht werden können.

Ein Problem bei Ersatz von Fassadenteilen entsteht durch die an der Oberfläche alter Bauten vorhandenen Alterungsspuren. Die oberflächlich ausgebildete Patina ist nicht allein auf Ablagerungen von Schmutz, sondern auch auf die Bildung von Korrosionsprodukten und die chemischen Veränderungen des Steines selbst, sowie den Bewuchs durch Mikroorganismen zurückzuführen, welche zu Veränderungen in der Oberflächenstruktur (z.B. Aufrauhung) beitragen.

Neu eingesetztes Material trägt diese Spuren (Patina) nicht, setzt sich daher optisch deutlich vom ursprünglichen Material ab und erzeugt einen uneinheitlichen Gesamteindruck. Selten nur wird nach langen Zeiträumen eine vollständige Angleichung des Erscheinungsbildes erreicht.

4.6.2
Ergänzungsmassen

Kleinere Fehlstellen, Ausbrüche oder plastische Teile lassen sich bei Natursteinen neben dem Ersatz durch Kopien auch mit Steinergänzungsmassen korrigieren. Steinergänzungsmassen sind plastisch verarbeitbare Massen aus Bindemittel und Zuschlagstoffen, welche auf dem ergänzten Material aushärten.

Als Zuschlag verwendet man gerne gemahlenes oder gesiebtes Material, welches demjenigen des zu ergänzenden Werkstoffes am meisten entspricht. Das bedeutet, daß die Korngröße der gesteinsbildenden Materialien sich auch im

Größtkorn der Zuschlagstoffe wieder finden sollen. Grundsätzlich ist darauf zu achten, daß die Sieblinie der Zuschläge sorgfältig aufgebaut wird. Zuschläge sind entweder aus gebrochenem und gesiebtem Gesteinsmaterial hergestellt, das es zu ergänzen gilt. Sie können aber auch aus Gruben- und Flußsanden, Kalk, Quarzsand bestehen. Darüber hinaus ist es möglich, Pigmente zuzusetzen, um zu einer farblichen Abstimmung der Ersatzmassen mit derjenigen des Substrats zu kommen. Festigkeitserhöhend wirken Zuschläge von Faserstoffen (Zellstoff, Rinderhaar). Die Körnung der Zuschläge sollte, wegen der geringeren Haftfestigkeit, nicht allzu fein sein und sowohl gröbere, als auch feinere Teilchen enthalten.

In bezug auf die verwendeten Bindemittel werden die Steinersatzmassen in drei Mörtelarten unterschieden [38]: Mörtel mit mineralischer Bindung, Mörtel mit kunststoffmodifizierter mineralischer Bindung und schließlich kunstharzgebundene Mörtel.

4.6.2.1
Mineralisch gebundene Ergänzungsmassen

Die anorganischen Bindemittel sind in der Regel identisch mit denjenigen, die bei der Mörtelzubereitung eingesetzt werden: Kalk (Sumpfkalk), Traßzement, Portlandzement, weißer Portlandzement oder Gips. Dem Sumpfkalk kann Kasein zugesetzt werden.

Kalkmörtel sind sicher als die „klassischen" Bindemittel zu bezeichnen. Werden sie bei Ergänzungsarbeiten eingesetzt, so gilt es zu bedenken, daß sie sehr lange Aushärtungszeiten benötigen, denn sie müssen zum Abbinden CO_2 aus der Umgebungsluft aufnehmen. Außerdem führt der Reaktionsschwund zur Rissebildung in den Grenzflächen.

Bei reinen Zementmörteln, die nach dem Abbinden zu einer meist unerwünschten sehr hohen Mörtelfestigkeit führen, werden Luftporenbildner und Leichtzuschläge hinzugefügt, damit die Festigkeit reduziert wird. Grundsätzlich ist darauf zu achten, daß der Bindemittelanteil nicht zu hoch gewählt wird, denn beim Erhärtungsschwinden könnten sich Risse ausbilden oder die reparierte Stelle vom Untergrund wieder ablösen. Das Mischungsverhältnis von Bindemittel und Zuschlag (maßgebend bestimmt vom Größtkorn) sollte sich im Bereich zwischen 1:2 bis 1:4 Raumteilen bewegen.

Sorgfältiges Verarbeiten und geeignete Nachbehandlung, z. B. wenn ein zu rasches Trocknen vermieden wird, trägt maßgeblich zur Dauerhaftigkeit der Reparaturstelle bei. Die Haftfestigkeit der Ausbesserungen kann durch Zusätze von organischen Dispersionen (nicht über 5 %), zumindest in den untersten Antragungsschichten, erreicht werden.

4.6.2.2
Kunststoffmodifizierte Ergänzungsmassen

Werden Teile des mineralischen Bindemittels, insbesondere bei den Zementmassen, durch organische polymere Stoffe ersetzt, so handelt es sich um kunststoffmodifizierte mineralische Mörtel. Der Anteil an Kunststoffen kann bis zu 100 % der Bindemittelmassen betragen. Die Kunstharze werden entweder in Pulverform oder in wäßrigen Dispersionen eingebracht. Die Steinergänzungsstoffe auf dieser Basis zeichnen sich durch eine bessere Verarbeitbarkeit, gute Haftung und geringere Rißbildungsneigung aus. Die Mörtel sind oft sehr dicht, was in einigen Fällen durchaus als eher nachteilig einzustufen ist.

4.6.2.3
Kunstharzgebundene Ersatzmassen

Als Bindemittel auf organischer Basis werden Polyurethanharze und Epoxidharze [39], doch auch Acrylharze und Polyester verwendet. Auch hier sollte der Bindemittelanteil nicht zu groß sein. Empfohlen werden Bindemittel-Zuschlag im Mischungsverhältnis von 1:8 bis 1:13 Masseteilen. Die Abbindung dieser Kunstharze erfolgt bei Zutritt von Feuchtigkeit (in Gegenwart von zugesetzten Härtern und Beschleunigern) als Polyadditionsreaktion.

Eine alternative Möglichkeit der Bindemittelbeigaben organischer Polymere ergibt sich aus Kunstharzlösungen und Dispersionen in organischen Lösemitteln. Besonders bei lösungsmittelhaltigen Kunstharzdispersionen ist die Schwindung während des Verdunstens des Lösungsmittels ein Problem. Die Verdunstung des Lösungsmittels von der Oberfläche führt zur Ausbildung von dichteren Oberflächenhäuten, welche die weitere Verdunstung des Lösungsmittels aus tieferen Schichten behindern. Für die Antragung organisch gebundener Restauriermörtel bedeutet das, daß mehrlagig in dünnen Schichten zu arbeiten ist. Die Schichtdicke variiert zwischen wenigen Millimetern bis höchstens 2 cm. Dennoch ist es günstiger, mit höheren Lösungsmittelanteilen zu arbeiten, denn bei hochkonzentrierten Kunstharzlösungen von 20–40 % ist die Lösungsmittelrückhaltung sehr hoch, so daß diese Systeme sehr langsam aushärten [40]. Um diese kunstharzgebundenen Steinersatzmassen standfest zu machen, werden der Masse disperse Kieselsäure (Aerosil) als Füllstoff zugesetzt.

4.6.3
Eigenschaften und Verarbeitung von Ersatzmassen

Bei der Anwendung von Steinersatzmassen muß die fehlerhafte Stelle (s. Abb. 4.8) zunächst bis auf gesundes Material zurückgearbeitet werden (s. Abb. 4.9). Dann wird die Ergänzungsmasse angetragen und zunächst grob (s. Abb. 4.10), dann fein nachgearbeitet. Die Unterschiede in der Farbe lassen sich durch Einfärben der Masse abgleichen, werden allerdings manchmal bewußt betont, damit die ergänzten Stellen kenntlich bleiben.

Die Eigenschaften von Steinergänzungsmassen, soweit sie am Markt erhältlich sind, bewegen sich innerhalb bestimmter Bandbreiten, die nicht beliebig erweitert oder geändert werden können. Bei einer Anwendung dieser Massen ist sehr genau darauf zu achten, daß eine gute Übereinstimmung

Abb. 4.8. Detail eines bearbeiteten Naturwerksteines mit starken Abwitterungen. Im unteren Teil ist eine ältere Reparaturstelle erkennbar

Abb. 4.9. Die verwitterten Partien wurden bis auf das gesunde Material des Naturwerksteines abgespitzt

Abb. 4.10. Ergänzung der fehlenden Teile mit Steinersatzmasse, nicht eingefärbt

zwischen Steinergänzungsmassen und dem bei den jeweils bearbeiteten Naturwerkstein besteht (Abb. 4.11a und 4.11b). Ein Beispiel für die Anpassung von Kennwerten der Ersatzmassen ist in Tabelle 4.3 (nach [41]) zusammengestellt. Ist dieses nicht möglich, so sollte von einer Applikation abgesehen werden.

4.6.4
Fugensanierung

Fugenbereiche sind bei Bauwerken stets Problembereiche. Der Grund dafür liegt darin, daß Fugen Grenzschichten zwischen unterschiedlichen Werkstoffen darstellen, die sich in ihren physikalischen und chemischen Eigenschaften normalerweise voneinander unterscheiden und daher Anlaß zur Entstehung von Spannungen, Feuchtestau oder unterschiedlich stark ausgeprägter Schadstoffaufnahme führen. Wie sich die betroffenen Werkstoffe verhalten, läßt sich nur im Einzelfall analysieren. Entweder erweist sich das Fugenmaterial als der stabilere Anteil (Abb. 4.12a) oder die Fugen gehen verloren, ohne daß das Steinmaterial beeinträchtigt wird (Abb. 4.12b). Sind von einer Schädigung die Baustoffe (Naturstein, Ziegel) betroffen, dann ist, abhängig vom jeweiligen Schadensausmaß, der gesamte Bereich entweder zu stabilisieren oder auszutauschen. Sind hingegen nur die Fugenmaterialien betroffen, ist deren Ersatz möglich und sollte auch vorgenommen werden.

Abb. 4.11 a. Steinergänzungsmassen, deren Kennwerte nicht auf den Untergrund angepaßt sind, führen nach kurzen Zeiträumen erneut zu Schäden. Dargestellt sind erneut ausbrechende Ergänzungen geschädigten Maßwerkes an der Kathedrale von Toledo/Spanien. **b** Die ergänzte Gesichtspartie einer Sandsteinskulptur vom Neuen Palais in Potsdam hat der Verwitterung standgehalten; nicht der weiterhin ungeschützte und stark durch Umwelteinflüsse beeinträchtigte Naturwerkstein

Tabelle 4.3 Kennwerte von Steinersatzmassen im Vergleich mit einem Naturwerkstein (Sander Schilfsandstein)

Eigenschaften	Einheit	Minimal-wert	Maximal-wert	Beispiel Sander Schilfsandstein
Druckfestigkeit	N/mm^2	14	50	57
Biegezugfestigkeit	N/mm^2	3,8	16	6,7
E-Modul	kN/mm^2	6,0	17,7	9,0
Wärmedehnungskoeff.	10^{-6} K^{-1}	9,0	18,4	10,8
Quellmaß (90d)	mm/m	0,13	0,68	
Schwind-, Schrumpfmaß (90d)	mm/m	0,38	1,55	
Wasseraufnahmekoeff.	kg/(m$^2 \cdot$ h$^{1}/_{2}$)	0,02	2,1	1,3
Gesamtporosität	Volumenanteil	25	40	20
Haftzugfestigkeit	n/mm^2	0,2	1,6	1,6
Farbdifferenz ΔE_{ab}		3,0	9,4	1,6

Abb. 4.12 a, b. Starke Unterschiede in der Porosität von Mörtel und Ziegel führen bei feuchte- und salzbelastetem Ziegelmauerwerk zu starken Schäden. Das jeweils „weichere" Material wird abgetragen

4.6.4.1
Fugenreinigung

Die schadhaften Fugenmörtel, soweit noch im Mauerwerk verblieben, müssen sorgfältig entfernt werden. Es ist unbedingt darauf zu achten, daß zurückbleibendes Material keine Schäden mehr aufweist. Die Entfernung des Fugenmaterials erfolgt normalerweise mit Handhämmern und geeigneten Meißeln. Mit Lufthämmern lassen sich sicherlich größere Flächen rascher bearbeiten, doch erhöht sich dabei die Gefahr von Folgeschäden, wie Risse durch die starken Erschütterungen.

Die Benutzung von Druckwasserstrahlern ist nur dann gerechtfertigt, wenn Schädigungen wegen der eingedrungenen zusätzlichen Feuchte nicht zu erwarten sind. Für das Reinigen der ausgeräumten Fugen lassen sich Trockenstrahlgeräte mit punktförmigen Düsen gut einsetzen. Der Untergrund für eine nachfolgende Neuverfugung wird damit gut vorbereitet.

4.6.4.2
Manuelle Neuverfugung

Die Neuverfugung mit der Hand bietet zwar den Vorteil, daß sehr genau und präzise gearbeitet werden kann, doch ist oft die Bindung an den Untergrund wegen des geringen Andruckes beim Auftragen des Fugenmörtels nicht ausreichend groß.

4.6.4.3
Trockenspritzverfahren zur Fugensanierung

Im Trockenspritzverfahren wird ein Mörtelgemisch unter hohem Druck in die vorgenäßten Fugen aufgebracht. Das Gemisch wird durch eine Durchfeuchtungsdüse tief in alle freigeräumten Fugen eingebracht und ergibt nach dem Erhärten einen sehr gut verdichteten und haftenden Fugenschluß. Besonders bei historischen, denkmalgeschützten Bauten sind die Gesteins- bzw. Ziegelkanten vor einer derartigen Behandlung zu schützten, denn sowohl beim Sandstrahlen, als auch während des Trockenspritzverfahrens kann es zu unerwünschten Beschädigungen oder Verunreinigungen kommen.

4.6.5
Ersatz und Ergänzung bei Holzkonstruktionen

Von direkten Umweltschäden bei Holzkonstruktionen läßt sich eigentlich nicht sprechen, denn dieser Werkstoff weist eine enorme Resistenz gegenüber den negativen Umwelteinwirkungen aus, bzw. seine günstigen Werkstoffeigenschaften gehen auch nach einer Schadstoffeinwirkung nicht verloren

[42]. Schäden an Holzkonstruktionen treten entweder durch Schädlingsbefall, Pilze oder Fäule auf, demnach stets durch biologische Aktivitäten. Oft sind diese allerdings auf ungünstige Umweltbedingungen zurückzuführen oder wenigstens auf deutliche Veränderungen der unmittelbaren Umgebungsbedingungen der betroffenen Holzkonstruktionen.

Geschädigtes Holz läßt sich entweder durch vollständigen oder teilweisen Ersatz sanieren. Als Alternative bieten sich selbstverständlich auch Stützprothesen aus anderem Material wie Stahl oder glasfaserverstärkten Kunstharzen an. Über die letzteren Möglichkeiten soll hier nicht weiter diskutiert werden.

Im Falle des Ersatzes ganzer Teile oder, noch wichtiger, beim Ersatz beschädigter Teile durch gesundes Holzmaterial ist darauf zu achten, daß ausschließlich dasselbe Holzmaterial Verwendung findet, welches sich zuvor an der betreffenden Stelle befand. Holz ist ein hygroskopisches Material, welches aus seiner Umgebung Wasser aufnehmen kann oder dieses abgibt. Dabei kommt es zur Quellung oder Schwindung des Materials. Werden Teile ersetzt und eingefügt, muß dafür gesorgt werden, daß das Ersatzmaterial einen mehr oder minder gleichen Feuchtegehalt besitzt, wie das noch am Ort verbliebene gesunde Material [43].

Die traditionellen Holzverbindungen sind die besten Methoden, um Holzteile, auch Holzersatzteile, miteinander zu verbinden. Vereinzelt kann auf Verleimungen von Holzteilen zurückgegriffen werden. Dringend ist von einer Verklebung und Beschichtung des Holzes mit Kunstharzen abzuraten. Diese stellen Barrieren für den Wasserdampf dar, welcher vom Holz aufgenommen oder abgegeben wird. Feuchtestau ist die sicherste Methode, um Holzteile zu schädigen. Fäulnis würde nicht lange auf sich warten lassen. Aus gleichem Grund ist dringend von einem Ersatz, bzw. einem Verfüllen schadhafter Teile mit mineralischen Bindemitteln (Beton, Mörtel) abzuraten.

4.7
Mikroklima – Raumklima

4.7.1
Verbesserung der mikroklimatischen Verhältnisse

Entscheidend für das Ablaufen von physikalischen oder chemischen Zerfalls- und Umwandlungsprozessen an Werkstoffen ist deren unmittelbare Wechselwirkung mit der Umwelt. Dabei ist natürlich nicht eine großräumige Belastungssituation maßgebend, sondern die jeweils direkt an den Materialoberflächen herrschenden Umweltbedingungen. Der Einfluß des Mikroklimas, also der Orientierung von Fassaden, der Höhe über dem Boden, u.ä. bei einer von außen einwirkenden Schadstoffbelastung konnte eindrucksvoll nachgewiesen werden [44].

Der Erfolg und die Dauerhaftigkeit einer Sanierungsmaßnahme hängt nicht allein davon ab, ob die Ausführung allen Regeln der Kunst genügte und nur die besten und der jeweiligen Problemsituation am besten angepaßten Materialien und Techniken angewandt worden sind. Alle Schutzmaßnahmen, die eine Erhöhung der Widerstandsfähigkeit des betroffenen Materials nach sich ziehen, oder beim Ersatz die Uhr sozusagen wieder auf Null stellen, sind passive Schutzmaßnahmen. Aktiven Schutz kann man nur dann leisten, wenn die eigentlichen, zum Zerfall oder zur Verwitterung führenden Ursachen beseitigt, zumindest jedoch gemindert werden. Im Falle der Luftschadstoffe, wie des Schwefeldioxids, ist die Emissionsminderung eine aktive Maßnahme und wohl diejenige, welche am sichersten zum Erfolg führen würde. Es wäre allerdings eine Illusion zu glauben, daß eine Minderung des Schadstoffausstoßes bis auf einen geringen natürlichen „Hintergrund" tatsächlich in einer hochindustrialisierten Gesellschaft realisierbar ist. Doch nicht nur an der Emissionsquelle lassen sich aktive Schutzmaßnahmen treffen. Dabei muß man nicht unbedingt um die Gebäude eine „Käseglocke" bauen, wie im Falle der projektierten Überdachung der Ruine der Klosterkirche von Hamar in Norwegen oder der Überdachung einer freistehenden Skulptur (Abb. 4.13).

Abb. 4.13. Ein Schutzdach von ästhetisch zweifelhaften Reizen schützt das freistehende Richard-Wagner-Denkmal in Berlin/Tiergarten vor ungünstigen Witterungen

4.7.2
Bepflanzung

Bäume vor Fassaden üben eine durchaus bemerkenswerte Filterfunktion für Luftschadstoffe aus. Es ist hier nicht der Ort, darüber zu spekulieren, wieviel Schadstoffe ein Straßenbaum vor einer Hausfassade schadlos aufnehmen kann, ohne selbst daran zugrunde zu gehen. Tatsache ist jedoch, daß Fassadenteile unterhalb der Baumwipfelhöhe erheblich weniger Sulfat enthalten als die Fassadenteile desselben Gebäudes oberhalb der Baumwipfel [45].

Aus dieser Sicht sind Bepflanzungen vor Bauten als eine aktive Möglichkeit der Minderung von Schadstoffeinwirkungen auf die Bausubstanz in Erwägung zu ziehen. Unbestritten ist deren ausgleichende Wirkung auf die Temperaturschwankungen und diejenigen der Feuchtigkeit. Sowohl Temperatur, als auch die eng mit ihr in Verbindung stehende relative Luftfeuchtigkeit, unterliegen in abgeschatteten Bereichen einer viel langsameren Änderung und verhindern bauphysikalisch ungünstige abrupte Schwankungen. Sie tragen allerdings auch dazu bei, daß die relative Feuchtigkeit gegenüber Bereichen ohne Bepflanzung geringfügig höhere Werte annimmt. Dadurch erhöht sich die Benetzungsdauer der Materialoberflächen, welche ihrerseits zu verstärkter Korrosion beiträgt.

4.7.3
Innenraumklima

Daß in Innenräumen Schäden an den Bausubstanz infolge negativer Umwelteinwirkungen entstehen sollten, galt lange Zeit als nahezu undenkbar. Messungen in Museumsinnenräumen und in Kirchen haben jedoch gezeigt, daß auch dort die in der Außenluft vorkommenden Luftschadstoffe, wenn auch in geringerer Konzentration, vorhanden sind [46]. Hinzu kommt eine Vielzahl von Stoffen, deren Emissionsquellen in den Innenräumen selbst liegen. Zu einem ernstzunehmenden Problem werden die Innenraumbelastungen allerdings erst dann, wenn die raumklimatischen Verhältnisse sich als korrosionsfördernd herausstellen. Dazu gehören zu starke und abrupte Schwankungen der Temperatur und des Feuchtehaushaltes, Bildung von Schwitzwasser an den Oberflächen der Baustoffe und ungünstige Luftströmungen, die vor allem partikelförmige Schadstoffe (Staub und Ruß) in den Räumen verteilen.

Soweit es sich bei Schadstoffen um solche handelt, die in den Innenräumen selbst emittiert werden, kann verhältnismäßig einfach Abhilfe geschaffen werden, indem man von der Verwendung bestimmter Reinigungs- und Putzmittel (z.B. Quellen für Chloride, Hypochlorid, Ammoniak) absieht, oder Materialien austauscht (z.B. Spanplatten, Textilien, Wand- oder Bodenbelege), die Quellen für bestimmte Emissionen (z.B. Formaldehyd) sind.

Fehlerhaft konzipierte Klimaanlagen können auch in erheblichem Maß zum Schadstofftransport aus der Außenluft in das Innere von Gebäuden beitragen.

Viel schwieriger ist es, den Temperatur- und Feuchtehaushalt von Gebäuden in den Griff zu bekommen, welche durch intensive Nutzung stark beansprucht werden. Eine stabile Temperatur und eine konstante Luftfeuchtigkeit sind die Zielsetzungen für eine problemlose lange Nutzung eines Innenraums [47]. Massentourismus in Innenräumen führt zu Extrembelastungen wegen der Feuchteemission, aber auch wegen des Eintrages von Stäuben [48].

4.8
Oberflächenveredelungen und Beschichtungen

Gebäudeoberflächen werden zum Schutz vor negativen Umwelteinflüssen auf verschiedene Weise geschützt. Entweder werden temporäre Beschichtungen aufgebracht, deren Aufgabe es ist, stellvertretend für das darunterliegende Material die aus der Umgebung stammenden Schadstoffe und Partikeln aufzunehmen, um dann, nach einer bestimmten Zeit durch eine neue Beschichtung erneuert zu werden. Die darunterliegende Fläche bleibt unbeeinträchtigt.

Eine andere Möglichkeit bilden Oberflächenbehandlungen, die eine Schadstoffdeposition behindern, im günstigsten Falle sogar verhindern. Dazu zählen sowohl Anstriche, als auch oberflächliche Imprägnierungen [49].

4.8.1
Hydrophobierung

Wasser als Medium für zahlreiche Schädigungsmechanismen kann mittels einer geeigneten Hydrophobierung ferngehalten werden. Bei porösen Stoffen muß man sich jedoch darüber im klaren sein, daß eine Hydrophobierung zwar eine Oberflächenbenetzung verhindert, poröse Stoffe dennoch durchlässig für Wasserdampf bleiben. In Abschnitt 4.9.2 wird auf die Hydrophobierungsmittel und ihre Applikation näher eingegangen.

4.8.2
Kalkanstrich

Oberflächenbehandlungen und Beschichtungen auf der Grundlage von Kalk wurden zum Schutz von freistehenden Steinskulpturen oder von Architekturteilen eingesetzt. Sie fanden in begrenztem Umfang Anwendung bei Kalksteinfassaden. Die einfachste Behandlungsmethode zum Schutz der Oberfläche vor Luftverunreinigungen ist ein einfacher Anstrich mit einer Kalkschlämme. Das Erscheinungsbild der behandelten Oberfläche wird dabei natürlich verändert, was nicht immer wünschenswert ist. Anstriche dieser Art sind nicht dauerhaft und sie müssen nach vier bis fünf Jahren erneuert werden, wenn ihre Schutzwirkung beibehalten werden soll.

Ein Kalkanstrich, der auf eine ungereinigte Fassade aufgetragen wird, führt nur optisch zu einem Erfolg. Genauso, wie bei allen anderen Anstrichen und Beschichtungen ist eine vorherige Reinigung notwendig, damit Schadstoffe, welche sich an den Oberflächen befinden, nicht zwischen den Grenzflächen der Gebäudeoberfläche und des Anstrichs fixiert werden und dort ihre schädigende Wirkung entfalten können.

Eine interessante Variante wurde von Baker [50] vorgeschlagen und an der Kathedrale von Wells angewandt. Die Fassade des Kalksteins wurde mit einer heißen Kalkkompresse gereinigt und anschließend ein feingesiebtes Kalk-Sand-Gemisch mit einem kleinen Zusatz von Kasein als Bindemittel (und Formalin zum Verhindern biologischen Wachstums) in die Oberfläche eingerieben. Mit diesem Verfahren bleibt die Oberflächentextur der Fassade und der Steine nahezu unverändert in ihrem Erscheinungsbild bestehen. Sandsteine lassen sich natürlich nicht mit einem Kalkanstrich schützen.

4.8.3
Silicatfarben

Anstriche mit Schutzwirkung sind auch die entwickelten Anstriche auf der Grundlage von Silicaten [51]. Meist handelt es sich dabei um wäßrig disperse Systeme von Wasserglas. Sie können erfolgreich auf Sandstein, Kalkstein oder Betonoberflächen angewandt werden. Unter normalen Umständen ist von einer Verwendung von Wasserglas zur Festigung von porösen silicatischen Materialien eigentlich abzuraten, denn nach dem Abbinden dieser Stoffklasse entstehen lösliche Salze, die man nicht in den behandelten Materialien haben möchte. Bei den Silicat-Farbanstrichen kann jedoch auf eine mehrjährige erfolgreiche Anwendung, ohne die theoretisch vorhergesagten Schäden, zurückgeblickt werden. Die Eindringtiefe dieser Anstriche ist nicht groß, so daß die gebildeten Salze nur oberflächlich deponieren und vermutlich bereits nach dem ersten Niederschlagsereignis abgespült werden. Die Silicatfarben enthalten neben Wasserglas Quarzmehl und carbonatische Füllstoffe und im allgemeinen Titanoxid als Weißpigment, dem je nach Farbton weitere anorganische Farbpigmente zugesetzt sind. Beim Abbinden des Wasserglases und der chemischen Verbindung mit dem anorganischen silicatischen Untergrund werden die Pigmente in die Bindemittelmatrix eingeschlossen.

4.8.4
Dispersionsfarben

Anstrichsysteme, die als Bindemittel Polyvinylacetat, Polyvinylpropionat, Styrol/Acrylate und andere organische Polymere verwenden, haben sich in den letzten Jahren wegen ihrer sehr leichten Verarbeitbarkeit durchgesetzt. Die bei den ersten Produkten gemachten Fehler, nämlich zu hoher Bindemittelanteil, welcher bei den Anstrichen zur Ausbildung von Dampfsperrschichten führte, sind inzwischen weitgehend behoben. Dennoch muß vor einer Anwendung dieser Anstriche geprüft werden, ob die bauphysikalischen Kenngrößen nach einem Anstrich nicht wesentlich verändert werden.

4.8.5
Erneuerung der Betonabdeckung

Schäden an Stahlbetonbauten haben meistens ihre Ursache in Ausführungsmängeln. Dennoch tragen Umwelteinflüsse zu einer verstärkten und beschleunigten Schädigung bei und machen Sanierungsarbeiten notwendig. Probleme treten erst dann auf, wenn die stählernen Bewehrungen nicht mehr durch die alkalische Betonummantelung geschützt werden. Die Stahlkorrosion, einhergehend mit der Bildung voluminöser Oxidationsprodukte, führt zu Treiberscheinungen. Rissbildung oder gar das Absprengen ganzer Teile sind die Folge. Bei Sanierungsverfahren müssen die geschädigten Teile vollständig, entfernt werden. Bei den freigelegten Stahlbewehrungen ist dafür zu sorgen, daß schädigende Salze, vor allem Chloride und Sulfate, entfernt werden, damit nach erfolgter Sanierung ein erneuter korrosiver Angriff vermieden wird [52].

Bei der Sanierung von Stahlbetonbauten wird man versucht sein, die ursprünglich vorhandenen Formen und die Standsicherheit des Bauwerkes wiederherzustellen, meist jedoch wird die Maßnahme darüber hinausgehen müssen. Nach der Sanierung sollten die ursprünglich gemachten Fehler, wie z.B. unzureichende Abdeckung der Stahlbewehrung, nicht wiederholt werden.

Als Sanierungsverfahren bieten sich drei Alternativen an, jeweils abhängig von der Art des Schadens und von Kosten-/Nutzen-Analysen.

4.8.5.1
Anbetonieren

Wird am Bauwerk der geschädigte Beton durch praktisch gleiches Material in einer Schalung an den vorbereiteten, d.h. sorgfältig gereinigten Untergrund aufgebracht, so wird vom Anbetonieren gesprochen. Wichtig, zugleich auch problematisch, erweist sich bei diesem Verfahren ein guter Haftverbund des Untergrundes mit dem neu angetragenen Beton. Wenn erforderlich, läßt sich ein derartiger Kraftverbund durch den zusätzlichen Einbau von Bewehrungen und deren Verschweißung mit vorhandenen Stählen bewerkstelligen.

4.8.5.2
Spritzbeton

Hierbei handelt es sich um ein spezielles Anbetonierverfahren, mittels dessen das Zement-Zuschlagstoffgemisch unter hohem Druck mit Wucht auf die zu sanierende Betonoberfläche gespritzt wird [53]. Das Verfahren, auch bekannt als „Torkretieren" (benannt nach der Firma, welche es eingeführt hat) wurde für die Verarbeitung von Spritzbeton entwickelt und wird im Betonbau auch zum Sanieren geschädigter Teile eingesetzt. Als Ausgangsstoff wird ein Bindemittel (meist Zement) – Sandgemisch (Körnung 0 – 8 mm) mit einem Feuchtegehalt von 4 – 5 % eingesetzt. Dieses Gemenge wird unter hohem Druck in Schläuchen zu einer Spritzdüse befördert. In dieser Düse wird das Trockengemisch mit der notwendigen Menge Wasser vermischt und tritt dann aus dieser als frisch zubereiteter Mörtel, bzw. Spritzbeton aus.

Dabei kommt es zu einer sehr innigen Verbindung des Untergrundes mit dem frischen Spritzbeton. Für eine gute Haftung ist auch ein Vornässen des Untergrundes wichtig, damit vermieden wird, daß die zum Abbinden notwendige Feuchtigkeit zu rasch aufgesogen wird. Nach dem Erhärten verfügt der aufgebrachte Spritzbeton über eine sehr gute Haftfestigkeit zum Untergrund.

4.8.5.3
Kunstharzmörtel als Betonersatzstoffe

Ähnlich wie bei Steinergänzungen lassen sich auch großflächige Betonteile durch kunstharzgebundene Ersatzmassen ergänzen oder beschichten. Verwendung finden Reaktionsharze wie Epoxid- oder Acrylharze mit mineralischen Füllstoffen. Deren Eigenschaften weichen allerdings von denjenigen des Betons ab. Ihre Druck-, Zug- oder Biegezugfestigkeit liegt über derjenigen des Betons. Sie besitzen unterschiedliches Wärmedehn- und Elastizitätsverhalten. Diese Eigenschaften ermöglichen bei guter Haftung auf dem Untergrund eine dauerhafte Ergänzung. Die Haftfestigkeit zum Untergrund wird damit erhöht, daß diese mit einer Einlaßgrundierung aus niedrigviskosem Kunstharz behandelt worden sind. Kunstharzgebundene Ergänzungsmaterialien haben eine geringe Wärmefestigkeit.

4.9
Stabilisierung und Korrektur des Feuchtehaushaltes

Als Hauptursache für das Auftreten von Schäden an Gebäuden wird von Fachleuten immer wieder die Gegenwart von Wasser genannt [54]. Nicht zu unrecht, denn erst wenn Wasser oder Feuchtigkeit zugegen sind, können die meisten der beobachteten Schädigungsprozesse ablaufen. Als Quelle für das Wasser in Bauwerken gelten naturgemäß Niederschläge oder Kondensatfeuchtigkeit aus der Umgebung, sowie Feuchtigkeit, welche aus dem Baugrund in die Mauern gelangt. Viel seltener, wenn auch nicht immer ganz unspektakulär, dürften die Beispiele der direkten Aufnahme von Wasser in Bauwerke aus Oberflächengewässern sein (Abb. 4.14).

Direkte Schäden durch Wassereinwirkung allein entstehen durch das Herauslösen von Bestandteilen der Bausubstanz oder der Lockerung de-

Abb. 4.14. Gebäude deren Fundamente seit Jahren im Wasser stehen, wie hier die Paläste am Canale Grande in Venedig, können bei entsprechender Pflege und Nutzung dauerhaft geschützt werden

ren Struktur als Folge von Quellungsvorgängen einiger quellbarer Bestandteile, wie z.B. von Tonmineralen in einigen Natursteinen oder niedrig gebrannten Ziegeln. Die mechanischen Schäden durch Frostauf- bzw. -absprengungen, bewirkt durch den Kristallisationsdruck des Wassers bei der Eisbildung, zählen gleichfalls dazu. Diese Schäden lassen sich zwar nicht als Umweltschäden bezeichnen, dennoch sind sie eine Grundvoraussetzung für die Entstehung von Umweltschäden. Ihre Behebung ist nicht nur als vorsorgende Beseitigung der jeweiligen Schadensursachen, sondern vielmehr als aktive Schutzmaßnahme für umweltgeschädigte Bausubstanz zu betrachten.

4.9.1
Trockenlegung

Mehrere unterschiedliche Verfahren werden in der Praxis angewandt, um das Aufsteigen von Feuchtigkeit im Mauerwerk zu unterbinden. Der Erfolg der jeweils eingesetzten Verfahren richtet sich sowohl nach dem technisch realisierbaren als auch dem finanziell möglichen Aufwand. Es steht eine Vielfalt von mechanischen, mechanisch-chemischen und elektroosmotischen Trockenlegungsverfahren zur Verfügung, um ein feuchtes Mauerwerk vom durchfeuchteten Untergrund zu trennen und die Zufuhr von Feuchtigkeit aus dem Grund zu unterbinden [55]. Besonders über die elektroosmotischen Verfahren ist in den letzten Jahren viel und heftig diskutiert worden. Wenn auch keine eindeutig positiven Ergebnisse zur Wirksamkeit dieses Verfahrens vorliegen, wird hier dennoch darauf kurz eingegangen.

4.9.1.1
Mechanische Horizontalabdichtungen gegen aufsteigende Feuchte

Mauertrennverfahren

Als klassisches Verfahren der Abdichtung des Mauerwerks gilt das Mauertrennverfahren. Hierbei wird das Mauerwerk mit einer Trennscheibe oder einer Seilzugsäge horizontal durchtrennt. Die Wahl des Trennverfahrens richtet sich nach der Zugänglichkeit des Mauerwerks für die jeweils eingesetzten Sägen.

Nach abschnittsweiser Durchtrennung des Mauerwerks und der jeweils nachfolgenden Aufkeilung der getrennten Blöcke wird eine Isolierbahn eingefügt. Isolierbahnen können aus unterschiedlichen Materialien bestehen: mit Bitumen kaschierte Aluminium- oder Bleifolien, Kunststoffolien oder rostfreie Stahlbleche. Die Verlegung der Bahnen muß fugenfrei erfolgen. Eventuell entstehende Stoßfugen und andere Hohlräume werden mit wasserdichtem Fugenmörtel vergossen.

V-Schnitt-Verfahren

Eine Variante des horizontal angelegten Mauertrennverfahrens ist das V-Schnitt-Verfahren. Bei diesem werden sowohl von der Außen- als auch von der Innenseite des Mauerwerks schräge Schnitte angebracht, die mit wasserdichtem Fugenmörtel anschließend vergossen werden.

Mauerwerk-Austauschverfahren

Einen erheblichen Eingriff in die vorhandene Bausubstanz stellt das Mauerwerk-Austauschverfahren dar. Hier werden, unter Beachtung der Statik, sukzessiv ganze Teile einer Mauer horizontal ausgetauscht und mit dem Austauschmaterial gleichzeitig Isolierbahnen eingezogen (Abb. 4.15). Der Aufwand bei dieser Trockenlegungsmaßnahme ist zwar nicht unerheblich, doch ihr Vorteil besteht darin, daß gleichzeitig besonders stark versalzene Mauerwerksteile vollständig ausgetauscht werden.

Beton-Unterfangverfahren

Noch aufwendiger als das Mauerwerk Austauschverfahren ist ein Trockenlegungsverfahren, bei dem das gesamte Gebäude durch ein neues Fundament unterfangen wird. Auch bei diesem Verfahren werden, selbstverständlich unter ständiger Kontrolle der Statik, die Fundamente sukzessive ersetzt. Hier allerdings durch eine Schicht aus wasserdichtem Beton.

Abb. 4.15. Eine eingezogene horizontale Wassersperre und der Austausch von geschädigten Steinen garantieren den Weiterbestand der Grande Scuola della Misericordia in Venedig

Chromstahlblech-Verfahren

Ohne vorheriges Sägen zum Durchtrennen des Mauerwerks und dem anschließenden Einbringen der Dichtungsbahnen funktioniert das Chromstahlblech-Verfahren. Gewellt profilierte Chromstahlbleche werden in Lagerfugen des Mauerwerks so eingerammt, daß keine Stoßfugen zwischen den Blechen entstehen. Wegen der möglichen Salzbelastung des Mauerwerks müssen hierfür die korrosionsbeständigen Chromstahl-Legierungen verwandt werden, um einen dauerhaften Schutz zu gewährleisten. Durch das Einrammen der Bleche wird das Mauerwerk starken mechanischen Belastungen ausgesetzt.

4.9.1.2
Physikalisch-chemische Horizontalabdichtungen

Das Aufsteigen von Feuchtigkeit im Mauerwerk ist nur dann möglich, wenn eine offene Porosität vorhanden ist. Offenen Poren sind Voraussetzung für den kapillaren Wasseraufstieg. Gelingt es im Fundamentbereich, die kapillaren Eigenschaften des Mauerwerks dahingehend zu verändern, daß dieses für Wasser undurchlässig wird, wird das Mauerwerk trockengelegt. Neben den mechanisch eingefügten Barrieren werden in jüngerer Zeit, in zunehmenden Maß erfolgreich, auch chemische Imprägnierungsmittel eingesetzt.

4.9.1.3
Injektageverfahren

Die Sperrmittel müssen in das Mauerwerk durch Bohrungen eingeführt werden. Hierzu werden in regelmäßigen Abständen, meist zweireihig versetzt, Bohrungen schräg, mit einem Winkel von ca. 25°, in das Mauerwerk angebracht. Der Abstand der Bohrungen richtet sich nach der Eindringtiefe des Imprägnierungsmittels und muß so gewählt werden, daß sich nach der Injektage eine durchgehende vollkommen durchtränkte Schicht im Mauerwerk ausbildet. Bei drucklosem Injizieren der Tränkungsmittel betragen die Bohrlochabstände im Schnitt etwa 8–12 cm.

Im Grundsatz lassen sich hinsichtlich ihrer Wirkungsweise zweierlei Trockenlegungssysteme unterscheiden. Die einen beruhen darauf, daß sie in die Poren des Mauerwerks eindringen und diese vollständig ausfüllen, so daß eine echte Sperrschicht entsteht. Um die Eindringtiefe der injizierten Stoffe groß zu halten, ist deren Viskosität möglichst gering zu halten. Da sie ihre Wirksamkeit erst nach dem Erreichen der Durchtränkung entwickeln müssen, werden entweder makromolekulare Reaktivharze eingesetzt, die erst durch Polymerisation oder Alkalisilicate (Wasserglas), welche erst nach einer Kondensation im Mauerwerk ihre Festigkeit erreichen. Die bei der Kondensationsreaktion des Wasserglases entstehenden Salze (Kaliumcarbonat) verbleiben im Mauerwerk, was als nachteilig empfunden wird.

Das zweite System zur Trockenlegung durch Imprägnierung beruht auf einer Veränderung der Wasserdurchlässigkeit, indem die Poren mit hydrophobierenden Substanzen behandelt werden, welche ihrerseits die kapillaren Kräfte so stark mindern, daß sich ebenfalls eine Sperrschicht für Wasser ausbildet, obwohl der poröse Baustoff durchlässig für Gase (auch Wasserdampf) bleibt. Mit Alkalisiliconaten, Silanen oder oligomeren Siloxanen wird die hydrophobierende Wirkung erreicht. Silane und Siloxane müssen unter Druck bis $50 \cdot 10^5$ Pa appliziert werden. Die Alkalisiliconate können auch bei niedrigeren Drücken injiziert werden.

Die Anwendung von Injektageverfahren setzt eine außerordentlich sorgfältige Analyse des Mauerwerks voraus, damit Ungleichmäßigkeiten in der Aufnahmefähigkeit der Imprägnierungsmittel berücksichtigt werden und sich eine durchgehende Sperrschicht ausbilden kann. Bei mehrschaligem Mauerwerk ist unter Umständen die Anwendung von Injektageverfahren nicht möglich.

4.9.1.4
Vertikalabdichtungen

Das nachträgliche Einbauen von Horizontalabdichtungen gegen aufsteigende Feuchtigkeit ist stets ein sehr aufwendiges und kostenintensives Unterfangen. Häufig liegt die eigentliche Ursache für das Eindringen von Feuchtigkeit in das Mauerwerk nicht so sehr in unzureichendem Schutz des Mauerwerks vor Wasser, welches von unten eindringt, als vielmehr ungenügender Schutz vor horizontal eindringender Feuchtigkeit. Befinden sich die Fundamente unterhalb des Grundwasserspiegels, ist dieser so angestiegen, daß er oberhalb einer gegebenenfalls bereits vorhandenen Horizontalsperre zu liegen kommt oder wird Niederschlagswasser infolge ungünstiger Bodenverhältnisse unzureichend abgeleitet und gegen das Mauerwerk gedrückt, so kann Feuchtigkeit auch seitlich eindringen und es durchfeuchten.

Eine Sanierung des Mauerwerks bei seitlich eindringender Feuchtigkeit kann bereits durch den fachgerechten Einbau einer Drainage erfolgreich durchgeführt werden. Wird jedoch der Boden um das trockenzulegende Mauerwerk zu diesem Zweck ausgeschachtet, so ist der zusätzliche Aufwand für das Aufbringen einer bituminösen Sperrschicht an der Maueraußenseite nur noch gering und sollte unbedingt ausgeführt werden. Neben der Sperrschicht auf bituminöser Basis können weitere wirksame vertikale Dichtungen an der Außenseite des Mauerwerks aufgetragen werden, wie z. B. wasserdichte Sperrputze (Mörtelgruppe P III), wasserdichte Zementschlämme oder wasserdichte vorgesetzte Betonwände.

Wenn das Bauwerk bereits eine Horizontalsperre besitzt ist die Vertikalabdichtung selbstverständlich so tief zu legen, daß ihre Kante unterhalb der Horizontalsperre zu liegen kommt. Nach oben hin wird die Vertikalsperre durch die Geländeoberkannte bestimmt.

4.9.1.5
Innendichtung

Nicht immer wird es aus finanziellen oder technischen Gründen möglich sein, im Außenbereich einen Erdaushub in Vorbereitung einer Vertikalsperre ausführen zu können. In einem allerdings nur schlechtem Kompromiß wird das Mauerwerk mit einer Innenabdichtung versehen. Diese Maßnahme ändert nichts am Feuchtegehalt des Mauerwerks, welches nach wie vor durchfeuchtet bleibt. Lediglich eine der unerwünschten Auswirkungen von feuchten Mauern, nämlich diejenige auf das Innenraumklima und die Beschaffenheit der Innenwände, wird verbessert. Die Innendichtung wird mit wasserdichten Sperrputzen oder Zementschlämmen durchgeführt. Die Wasserundurchlässigkeit dieser Sperrschichten gilt selbstverständlich in beiden Richtungen: sowohl vom feuchten Mauerwerk in Richtung des trockenen Innenraums, wie auch umgekehrt. Damit ergeben sich insbesondere in der kalten Jahreszeit Probleme durch Schwitzwasser und Kondenswasserbildung an den kühleren Außenwänden. In Räumen, die in dieser Hinsicht gefährdet sind, sollten demnach zusätzlich wärmedämmende Putze aufgebracht werden. Insgesamt ist die Dauerhaftigkeit einer Innendichtung sehr fraglich.

4.9.1.6
Elektrophysikalische Trockenlegungsverfahren

Beim Transport von Wasser durch Kapillaren bilden sich im Wasser diffuse elektrische Doppelschichten aus, d. h. durch die Strömung entsteht ein geringes Potentialgefälle. Bei den elektrophysikalischen Trockenlegungsverfahren versucht man, durch Anlegen einer Spannung, diese Strömung umzukehren. Über den Erfolg dieser Verfahren wurde in den vergangenen Jahren kontrovers diskutiert. Der Erfolg ist offensichtlich sehr zweifelhaft [56]. Der Einbau von Elektroden in das Mauerwerk scheint allerdings oft den Bauherrn zu beeindrucken und zu beruhigen, so daß Anwendungen von elektronischen Verfahren immer wieder Eingang in die Sanierungspraxis finden (Abb. 4.16).

4.9.2
Regulierung des Feuchtehaushalts – Hydrophobierung

Mit der Hydrophobierung werden die Oberflächeneigenschaften von behandelten Stoffen dahingehend verändert, als sie wasserabweisende Eigenschaften

Abb. 4.16. Elektroosmotische Mauerwerksentfeuchtung an einem historischen Wohngebäude in Merseburg. Die Elektroden sind hinter den Abdeckungen im Mauerwerk eingelassen

erhalten. Die ursprünglich polaren Oberflächen von mineralischen Stoffen, meist sind es OH-Gruppen, lagern bereitwillig Wasser als dünnen Feuchtigkeitsfilm, der manchmal nur wenige Molekülschichten mächtig sein muß, an. Wenn es gelingt, an den polaren Gruppen Moleküle zu fixieren, deren Struktur bifunktional mit einem polaren und einem unpolaren Ende ist – normalerweise organischen Alkylresten –, so erhält die Oberfläche eine wasserabweisende Eigenschaft. Als physikalische Maßgröße äußert sich dieses in einer Änderung des Benetzungswinkels des Wassers an den behandelten Oberflächen, welcher bestenfalls 180° beträgt.

Als gebräuchliche Hydrophobierungsmittel werden üblicherweise Alkyltrialkoxysilane (-siloxane) verwendet [57]. Diese Stoffgruppe besitzt eine direkte an das Siliciumatom gebundene organische Alkylgruppe, welche für die hydrophoben Eigenschaften verantwortlich ist, sowie Alkoxy-Gruppen, die nach erfolgter Hydrolyse als polare Gruppe mit dem polaren Untergrund und untereinander vernetzen. Die Haftungsmechanismen der Siloxangruppen an mineralischen Untergründen ist noch nicht hinreichend bekannt. Die Auswahl eines geeigneten Hydrophobierungsmittels sollte infolgedessen erst nach einer Probehydrophobierung erfolgen [58]. Dieses ist umsomehr zu empfehlen, als vorhandene Salze, Feuchtigkeit und mechanische Barrieren, wie z.B. Risse, den Erfolg der Maßnahme beeinflussen. Offensichtlich kommt auch dem jeweils verwendeten Lösungsmittel eine besondere Bedeutung zu.

Die Hydrophobierungsmittel werden durch Fluten der Oberflächen mit den gelösten Wirkstoffen behandelt. Dabei ist es für den Erfolg der Maßnahme außerordentlich wichtig, daß keine Feuchtigkeit oder Salze zwischen der behandelten Oberfläche und den tiefer liegenden gesunden Materialschichten vorhanden sind. Sie würden zu Schäden führen. Die Konzentration der Wirkstoffe in den Lösungsmitteln richtet sich nach deren Vernetzungsgrad zu Beginn der Anwendung. Werden niedermolekulare Silane angewandt, so sind diese in etwa 40%iger Lösung in Alkoholen oder Kohlenwasserstoffen einzusetzen. Werden niedermolekulare Polysiloxane verwendet, so werden nur noch Konzentrationen von ca. 8 – 10% eingesetzt.

Bereits höher kondensierte Siliconharze finden in etwa 5%iger Lösung in Kohlenwasserstoffen ihre Anwendung.

Dadurch, daß die Hydrophobierungsmittel die Oberflächen der behandelten Stoffe bedecken, die vorhandenen Poren jedoch nicht ausfüllen, bleiben die Materialien wasserdampfdurchlässig.

Literatur

1. Johansson LG, Lindqvist O, Mangio RE (1988) in: Rosvall J (ed) Air pollution and conservation, Elsevier, S 255
2. Johnson JB et al. (1991) Atmospheric Environment 24A:2585
3. Feilden B (1982) in: Conservation of Historic Stone Buildings. National Academy Press, Washington, 22
4. Tzedakis Y (1991) in: Baer NS, Sabbioni C, Sors A (eds) Science Technology an European Cultural Heritage, Proc Europ Symp Bologna 13 – 16 June 1989. Butterworth-Heinemann, Oxford, 319

5. Wihr R (1984) in: Bayerisches Landesamt für Denkmalpflege (Hrsg). Das Südportal des Augsburger Domes. Geschichte und Konservierung, Arbeitsheft 24. Lipp, München, 103
6. Strobl S (1992) in: Preservation of Historic Stained Glass Windows, NATO-CCMS Expert Meeting Würzburg, 6.–8. Dezember 1992. ISC Würzburg, 25
7. Ashurst J (1982) in: Conservation of Historic Stone Buildings and Monuments. National Academy Press, Washington, 272
8. Fitz S (1981) Preprints ICOM-CC 6th Triennial Meeting, Ottawa 1981, 81/20/5
9. Arnold A (1981) Schweiz mineral petrogr Mitt 61:147
10. Arnold A, Zehnder K (1991) in: Cather S (ed) The Conservation of Wall Painting, The Getty Conservation Institute, Marina del Rey CA
11. Friese P (1988) in: Proc. VIth Int Congr Deterioration and Conservation of Stone. Nicholas Copernicus University, Torun, 624
12. Levin SZ (1974) Studies in Conservation 19:24
13. Schörig G (1982) Untersuchung zur Überprüfung der Wirksamkeit von chemischen Behandlungen bei der Bekämpfung bauschädlicher Salze. Diplomarbeit, Fachhochschule München
14. Fassina V, Costa F (1986) in: Wittmann FH (ed) Werkstoffwissenschaften und Bausanierung, 2. Int Kolloq., Technische Akademie Esslingen, 365
15. Fassina V (1994) ECHNLR 8 (2):35
16. Weber H (1986) Mauerfeuchtigkeit, 2. Aufl Expert, Sindelfingen
17. Merkblatt 1–85. Die bauphysikalischen und technischen Anforderungen an Sanierputze, WTA-Berichte 2/1986
18. Schwab GM (1976) in: VDI Berichte Nr. 314. VDI, Düsseldorf, 101
19. VDI Richtlinie 3798, Blatt 1 (1989)
20. Herm C (1987) Historische Methoden zur Steinkonservierung. Bayerisches Landesamt für Denkmalpflege, München, unveröffentl. Manuskript
21. Weber H (1986) in: Fassadenschutz und Bausanierung, 3. Aufl Exptert, Sindelfingen, 347
22. Snethlage R (1984) in: Steinkonservierung 1979–1983. Lipp, München, 84
23. Ettl H, Schuh H (1989) Bautenschutz Bausanierung 12:35
24. Wihr R (1987) in: Bayerisches Landesamt für Denkmalpflege (Hrsg). Das Südportal des Augsburger Domes. Geschichte und Konservierung. Arbeitsheft 23. Lipp, München, 103
25. Conrad KH (1986) Bautenschutz Bausanierung. Sonderheft, 74
26. Snethlage R (1984) in: Bayerisches Landesamt für Denkmalpflege (Hrsg) Steinkonservierung 1979–1983. Lipp, München
27. Selwitz CH (1992): Expoxy Resin in Stone Conservation. The Getty Conservation Institute, Marina del Rey, CA USA
28. Wagener S, Hessland A und Höcker H (1992) in: Snethlage R (Hrsg) Jahresberichte Steinzerfall – Steinkonservierung 1990. Ernst & Sohn, Berlin, 139
29. Auras M (1993) in: Thiel MJ (ed) Proceed Int RILEM/UNESCO Congress Conservation of Stone and Other Materials, E & FN Spon, Paris
30. Chiavarini M, Caggini F, Guidetti V, Massa V (1993) in: Thiel MJ (ed) Proceed Int RILEM/UNESCO Congress Conservation of Stone and Other Materials, E & FN Spon, Paris
31. Sasse HR (1986) Bautenschutz Bausanierung. Sonderheft, S 65
32. Snethlage R, Wihr R (1979) in: Steinkonservierung. Arbeitshefte des Bayerischen Landesamtes für Denkmalpflege, Heft Nr 4, München, 26
33. Ibach HW (1980) Bautenschutz Bausanierung 3/80:119
34. Budelmann H, Dominik A (1993) in: Knöfel D, Schubert P (Hrsg) Handbuch Mörtel und Steinergänzungsstoffe. Ernst & Sohn, Berlin, 161
35. Nodoushani M (1993) Sanierung historischer Bauwerke aus Naturstein. Bauverlag, Wiesbaden, Berlin
36. Van Gemert D (1988) in: Lemaire RM, Van Balen K (eds) Stable – Unstable. Leuven University Press, Leuven, 265
37. Naturwerkstein in der Denkmalpflege. Handbuch für den Steinmetzen und Steinbildhauer, Architekten und Denkmalpfleger (1987) Berufsbildungswerk des Steinmetz- und Bildhauerhandwerks eV, Wiesbaden (Hrsg). Ebner, Ulm

38. Mikos E (1993) in: Knöfel D, Schubert P (Hrsg) Handbuch Mörtel und Steinergänzungsstoffe in der Denkmalpflege. Ernst & Sohn, Berlin, 171
39. Krieg M, Schuhmann H (1978) Bautenschutz Bausanierung 1/78:31
40. Snethlage R (1984) in: Bayerisches Landesamt für Denkmalpflege (Hrsg). Adneter Rotmarmor. Lipp, München, 27
41. Mikos E (1990) in: Denkmalpflege und Naturwissenschaften im Gespräch, Workshop in Fulda, 32
42. Wegener G, Fengel D, Besold G (1985) in: Materialkorrosion durch Luftverunreinigungen, VDI Berichte 530. VDI, Düsseldorf, 49
43. Gerner M (1994) Handwerk und Denkmal Nr. 8, 7
44. Hoffmann D, Hanus D (1991) in: Fitz S (ed) Proceedings of the 5th Expert Meeting NATO-CCMS Pilot Study „Conservation of Historic Brick Structures", Berlin 17–18 October 1990, 32
45. Hoffmann D, Niesel K (1993) in: Fitz S (ed) Proceedings of the 6th Expert Meeting NATO-CCMS Pilot Study „Conservation of Historic Brick Structures", Williamsburg 28–31 October 1992, Berlin, 4
46. Fitz S (1985) in: Materialkorrosion durch Luftverunreinigungen, VDI Berichte 530. VDI, Düsseldorf
47. Arendt C (1993) Raumklima in großen historischen Räumen. Rudolf Müller, Köln
48. Camuffo D (1994) ECHNLR 8(1):7
49. Weber H (1978) Bautenschutz Bausanierung 1/78:6
50. Ashurst J (1982) in: Conservation of Historic Stone Buildings. National Academy Press, Washington, 272
51. Bagda E (1986) in: Weber H (Hrsg) Fassadenschutz und Bausanierung, 3. Aufl Expert, Sindelfingen, 261
52. Öchsner WP, Semet W, Stöckl F (1980) Bautenschutz Bausanierung 3/80:104
53. Ruffert G (1982) Schäden an Betonbauwerken. R. Müller, Köln-Braunsfeld
54. Gertis KA (1986) Bautenschutz Bausanierung. Sonderheft, 65
55. Arendt C, Wiesen H (1990) Verfahren zur Untersuchung von Mauerfeuchtigkeit, Schriftenreihe LBB Aachen 2.10
56. Wittmann F, Boekwijt WO (1982) Bauphysik 4
57. Weber H (1986) in: Wittmann FH (Hrsg) Werkstoffwissenchaften und Bausanierung, 2. Int Kolloq, Technische Akademie Esslingen, 571
58. Snethlage R (1986) Bautenschutz Bausanierung. Sonderheft

Sachverzeichnis

Kumuliertes Sachverzeichnis der Bände 1 bis 5

Das Sachverzeichnis enthält alle Stichworte der Bände 1 bis 5. Zur besseren Orientierung für den Leser sind die Ziffern, die den jeweiligen Band kennzeichnen in kursiver Schrift gesetzt worden, die geraden Zahlen geben hingegen die Seite an.